大航天时代的革命

——重复使用航天运输系统

路建功　李　兵　谌廷政
吕久明　张建勋　王文化　等　编著

中国宇航出版社
·北京·

图书在版编目（CIP）数据

大航天时代的革命：重复使用航天运输系统 / 路建功等编著. -- 北京：中国宇航出版社，2023.7

ISBN 978-7-5159-2258-4

Ⅰ.①大…　Ⅱ.①路…　Ⅲ.①航天一普及读物　Ⅳ.①V4-49

中国国家版本馆CIP数据核字(2023)第130066号

责任编辑　侯丽平　　**封面设计**　王晓武

出版发行	中国宇航出版社	**版　次**	2023年7月第1版 2023年7月第1次印刷
社　址	北京市阜成路8号　**邮　编**　100830 (010)68768548	**规　格**	787×1092
网　址	www.caphbook.com	**开　本**	1/16
经　销	新华书店	**印　张**	24
发行部	(010)68767386　(010)68371900 (010)68767382　(010)88100613（传真）	**字　数**	584千字
零售店	读者服务部　(010)68371105	**书　号**	ISBN 978-7-5159-2258-4
承　印	北京厚诚则铭印刷科技有限公司	**定　价**	128.00元

本书如有印装质量问题，可与发行部联系调换

序　言

——大航天时代

15 世纪到 17 世纪，人类开始漂洋过海，对地球上的陆地进行广泛的探索，这一时期被称为大航海时代。肇始于欧洲的航海探险活动，在促进地理大发现的同时，形成了沟通全球的贸易路线，加速了人类向工业文明跨越的历史进程。1492 年，哥伦布从西班牙出海，发现美洲大陆，促使了西班牙 200 年的繁荣。后来，荷兰海洋事业发展起来，称雄于世。18 世纪开始，英国海洋事业大发展，占领了众多陆地和岛屿，曾被称为“日不落帝国”。迄今，凡是海洋事业强大的国家，大多是发达国家；所有沿海国家的发达地区，几乎都处在临海一带。海洋确确实实与民族的兴旺、国家的繁荣紧密联系在一起。大航海时代的冒险探索精神和产生的巨大效益，一直影响到今天，交通工具也从早期的帆船，发展到今天的万吨巨轮和航空母舰，尤其是对海权的掌控，成为大国博弈的焦点之一。纵观美军在全球的战略布局，目标就是掌控七大洋上的战略通道：直布罗陀海峡、多佛尔海峡、马六甲海峡、霍尔木兹海峡、曼德海峡、巴拿马运河、苏伊士运河等。美国海军控制的海上通道，囊括了世界上几乎所有重要的海峡和水道。

进入 20 世纪，航空工业实现了快速发展，空中交通日益繁盛，有人也把这一时期称为大航空时代。从早期莱特兄弟发明第一架飞机开始，空中运输逐渐走入寻常百姓的生活。从最初的螺旋桨飞机，发展到喷气式飞机；从军用，发展到广泛民用；从小型飞机，发展到巨型客机。根据 CH－aviation 发布的航空运输业态势分析报告，到 2022 年 5 月，全球航空运输飞机达到 28 576 架，在役 22 810 架，停飞 5 766 架。这还不包括各国数量非常庞大的军用飞机。大航空时代的飞机具有巨型化、隐身化、高速化等系列特征。以飞机的巨型化为标志，美国波音公司推出的波音747和欧洲空中客车公司推出的A380，被看作是大航空的象征。A380－800客机最高可容纳850人，长73 m，高24 m，翼展80 m，内部空间比波音747还大54%，主要结构采用了复合材料，使飞机重量和运营成本大大降低。飞机的巨型化、规模化，也带来了航空港等基础设施的大型化。不仅是民用飞机，军用飞机也在走向大航空时代。美国前空军参谋长福格曼上将就主张要发展“全球到达”的运输飞机，“能将上百吨物资送到1万海里之外”。今天，世界上已经有了集装箱式的火车和轮船，集装箱式的飞机也行将不远。

大航海时代和大航空时代促进了人类对海洋和航空领域的开发利用，现在太空又成为世界各国竞争的新领域，尤其是某些大国谋求世界霸权的新“高地”。当前，全球航天产业正处于快速发展的新时期，航天领域已迈进确保人类生存、推动经济发展、加强太空竞争、超前谋篇布局的新时代。根据目前的航天领域发展态势，我们可以确信，人类的太空活动已经进入了大航天时代。自20世纪50年代第一颗人造卫星进入太空开始，太空已经成为有实力、有技术国家的竞争场所。经过多年的发展，航天技术已进入了一个新的阶段。太空以其超广域性、高立体性、尖端技术性和非主权性的特点，证明了其在国家安全、经济科技发展中的重要地位和作用。太空独特的高远边疆空间属性，使其相对于陆上、海上和空中具有天然的优势。根据专家预测，如果全球70亿人都过上美国人的生活，需要4.5个地球的资源，那么飞出地球摇篮，实现星际航行，在茫茫宇宙中找到新的家园，可能是人类未来永续发展之路。

在人类文明史上，在16—20世纪期间，世界科技发生了五次革命，其中“电子和信息革命”带来了网络空间。21世纪有可能发生两次新科技革命，“新生物学和再生革命”有可能给人类带来三种新“生存形式”（网络人、仿生人和再生人），“新物理学和时空革命”（新物理学、新时空、新能源、宇宙旅行）有可能带来宇宙旅行和太空家园。在21世纪末，人类将有四种生存形式（自然人、网络人、仿生人和再生人），将有两个家园（地球家园和太空家园），将生活在两个空间（物理空间和网络空间）。人类生存的四种形式、两个家园和两个空间，将构成人类文明的新形态，将塑造一个新世界。届时，地球将只是人类文明的发源地，而宇宙将成为人类高级文明的大舞台；新科技革命的赢家有可能成为新世界的主人，输者有可能成为他人的傀儡或附庸。

太空可分为近地空间、地月空间、行星际空间以及星际空间。地月空间作为人类迈向深空的第一步，将成为在未来较长一段时间内人类发展的战略空间。探索与开发地月空间对带动国家太空战略部署、推进太空技术研发以及促进太空经济发展等具有重要意义。近年来，美国积极推进重返月球战略部署，加强地月空间力量建设，为夺取太空战略新高地摩砺以须。2022 年 11 月 16 日，美国“太空发射系统”（SLS）重型运载火箭成功发射升空，标志着美国重返月球计划正式拉开帷幕。从空间结构看，地月空间向下可控制近地空间，向上可控制迈向火星等天体的行星际空间。美国的相关动作，必然会引发地月空间竞争甚至新的军备竞赛。近日，欧空局制定了月球卫星网络计划，以支持人类在月球上活动的通信、导航需求，从而实现对月球的有效探索。印度公布了新的月球探测器发射计划，计划 2023 年下半年发射“月船 3 号”。日本有关方面也提出《月球工业愿景：地球 6.0》白皮书，敦促日本政府抢占地月空间经济区。

自 2011 年航天飞机退役以来，SpaceX 公司与美国国家航空航天局（NASA）的合作越来越紧密，在美国国家航空航天局的航天发射中，SpaceX 公司所占的份额也越来越大。目前，SpaceX 公司承担了美国国家航空航天局超过半数的航天发射，包括许多科学研究载荷，还通过了 NASA 的载人认证，可执行国际空间站乘员轮换任务。此外，SpaceX 公司还被美国国家航空航天局选中为其设计月球着陆器，参与到美国国家航空航天局的重返月球计划（阿尔忒弥斯计划）中。如果超重-星舰运输系统能顺利按照计划研制成功，那么将具备 100 t 以上的低地球轨道（LEO）运载能力、重复使用能力及载人运输能力，可以通过一次发射将超大型有效载荷送入轨道。这些都符合美国重返月球计划的需求。事实远不至此，早在 2012 年，马斯克在英国皇家学会演讲时表示，他的理想是将 8 万人送上火星定居，未来 15 年到 20 年，他会首先向火星运送不到 10 名“殖民先驱”，逐步建立火星殖民地，这个殖民地最后将会扩展成一个数万人的社区。很多人都说他是“疯子”，然而，他按照自己的逻辑持续有序地推进前往火星的运输工具——“超重-星舰”。

500 多年前，有一个名叫麦哲伦的葡萄牙人宣称，要做一次环球航行，也被人们不屑一顾、嗤之以鼻。然而，他率领团队义无反顾地出发了，最终完成了历史上第一次环球航行。从此，人类文明进入了波澜壮阔的大航海时代。他们的故事告诉我们，成大事者在成功之前也许都是不被常人所待见的，但成功之后他们就是划时代的人物。殖民火星也许现在是白日梦，但将来可能变成现实，而且殖民火星不光是马斯克的个人梦想，而是事关全人类跨出“母星”摇篮、构建跨星球文明、开启大航天时代的伟大梦想。这些梦想的实现都基于最初的复用火箭路径，以及未来的完全复用航天运输模式。

航天运输系统的发展，把人类的活动领域扩展到深空及更远的宇宙空间，使人类认识自然和利用外层空间的能力发生了质的飞跃。经过多年的发展，航天运输系统的功能特点、运载能力、成本效益、技术途径、研发模式等已完成了多次跃升与革新，经历了由进入空间向天地往返、由高污染向无污染、由高成本向低成本、由一次性使用向重复使用、由政府主导向商业航天的转变。虽然传统一次性运载火箭在功能性、安全性和可靠性等方面基本能够满足目前发射任务的需求，但随着市场竞争日益激烈、太空探索任务不断拓展，以及商业航天需求与日俱增，对发射成本、发射周期、机动性、可靠性及运载能力都提出了新的要求，发展响应速度更快、成本更加低廉、更加安全可靠的重复使用航天运输系统成为必然。

以低成本发射、高可靠进出、大范围复用等为技术特点，航天运输系统形成全面性、压倒性竞争新优势；以批量化生产、规模化部署、航班化运输为产业特点，航天运输体系呈现跨代性、颠覆性新格局；以天地高效往返、全球快速到达、深度开发利用为应用特点，航天产业大格局催生涵盖众多领域、诸多环节的创新发展；跨域运输必将突破百年航空航天运输效率极限，需求多样性必将催生多样化航天运输能力，天地往返运输成为改变太空开发利用环境的必然选择。在这个时代，进出太空成本的大幅降低和快速发射能力的形成，必将有力提升一个国家的综合实力和国际竞争力，尤其是低成本、可重复、航班化的运输能力必将对其他国家形成“维度”优势。

今天的航天与数百年前的航海、百年前的航空一样，是人类探索未知世界、拓展生存空间的历史必然，必将深刻影响科技发展、文明进步的方向和进程。大航天时代，航天绝不仅仅是一个行业和领域，而是通往人类文明新纪元的一个窗口。把足迹留在更高、更远的太空，是关乎每个民族生存空间的重大战略问题。冲出近地轨道，探索更遥远的宇宙，做星际航行的领航者，是实现从航天大国向航天强国迈进的应有之义。开启中国人的大航天时代，将使中国这个具有5000年文明历史的古老国家，实现从农耕时代的“黄色文明”到工业时代的“黑色文明”，再到太空时代的“蓝色文明”的跨越；实现从“地域性文明”到“全球性文明”，再到“星际文明”的转型，中华民族必将创造更加伟大的奇迹。

写于东风航天城

2023年6月30日

前　言

20世纪50年代以来，蕴藏着巨大政治、经济、军事、科技价值的航天领域，吸引着苏联、美国等大国竞相发展航天技术，太空逐步成为航天大国争夺的重要疆域。航天运输系统是开发利用太空最重要的基础，其技术实力直接关系到一个国家在航天领域的发展水平。当前，世界航天已进入以大规模互联网星座建设、空间资源深度开发、载人月球探测和大规模深空探测为代表的新阶段，规模化进入空间的需求正在快速增长，对航天运输系统提出了更高要求。同时，随着人工智能、重复使用、新动力、新材料的快速发展，航天运输系统的发展进入了重要机遇期和爆发式增长期。

市场需求和技术创新“双轮”共同驱动重复使用航天运输系统的发展。低成本、快速响应和高可靠成为航天运输系统追求的主要目标。运载火箭技术经过几十年的发展，逐渐成熟并趋向于产业化发展，航天动力、电子器件、新材料、先进制造工艺等多个领域不断获得突破，使航天运输系统能够像飞机一样往返天地之间，并在加注推进剂和简单维护后可再次发射，以航天运输革命引发的航天产业链式变革，促进航天发射需求呈指数级增长。为构建和维持稳定运行的太空基础设施，需要大大降低进入空间的成本，将发射单位有效载荷价格由目前的6 000美元/千克（平均估算）降到2 000美元/千克以下，而大幅度降低发射成本是一次性火箭难以做到的，重复使用航天运输系统成为降低成本的重要途径。

重复使用是人类对常用工具的基本要求。以汽车为例，汽车是当代社会最常用的代步工具，但如果汽车完成一次旅程后就不得不被抛弃，那么使用汽车的费用将超出大部分人的承受范围。航天发展史上，人类用一次性运载火箭把卫星等有效载荷送入太空的成本相当高。使用一次性运载火箭很难实现低成本航天运输的理念，也很难达到快速响应的目标要求。重复使用航天运输系统是人类进出空间、探索宇宙的新“天梯”，是世界航天大国的基础装备和航天实力的标志性体现。重复使用航天运输系统可大幅降低成本，显著提升应用灵活性，是实现快速响应发射的重要途径，成为航天运输系统创新发展的主导方向。通过提高航天运输系统本身的可靠性，采用多次重复使用、费用均摊的原则，可以大大降低发射费用；通过采用新的设计理念和先进的发射方式，能缩短发射周期，提高发射的机动性、灵活性和快速性。

航天强国在重复使用航天运输系统研究方面取得了一系列成果。从美国早期研制的X系列验证机、20世纪70年代研制成功的航天飞机，到近年来SpaceX公司研制的重复使用“猎鹰”-9火箭，都凸显出重复使用技术是航天领域发展的热点。航天运输系统的发展趋势是，从一次性使用逐步向完全重复使用航天运输系统发展，在发展的过程中会经历部分重复使用技术的过渡。部分重复使用航天运输系统在发射后，关键组件可以采用气动减速装置（或反推火箭）着陆，或带翼自主返回地面，经检修和试验后重复使用，而其他不便于回收的部件则被抛掉。从目前分析看，以火箭发动机为动力的两级入轨重复使用航天运输系统，是近期各国发展的主要方向；而组合动力的单级入轨空天飞机，仍是重复使用航天运输系统的理想形式和最高奋斗目标。

按照人类的美好愿望，希望能够实现航天运输系统的全部回收和完全重复使用，比如空天飞机。但完全重复使用航天运输系统技术难度大，许多国家按照循序渐进的原则进行研制，经历了前所未有的曲折。某项计划的取消并不代表对重复使用航天运输系统研制的放弃，恰恰相反，人类总是在失败当中寻找成功的可能，失败的经验比成功的实践更具有启迪性。正是通过不断的尝试，总结失败的教训和继承已经取得的成果，重复使用航天运输技术不断取得突破性进展。有足够的理由让我们相信，在经过时间和技术的沉淀后，重复使用航天运输技术必将迎来快速发展的重大突破，推动太空领域创新链、产业链、供应链整体变革，带动航天运输系统蓬勃发展，快速、可靠、廉价地进入太空的目标将越来越近。传统的进入太空、利用太空和控制太空的方式，以及太空系统的研发生产、部署应用、管理控制模式等，将发生根本转变。廉价、便捷进入太空成为现实，规模化、批量化和重复使用成为重要趋势，航天运输系统的发展建设进入了一个向上的拐点。

2011 年 9 月，SpaceX 公司启动重复使用运载火箭发展计划，其后用了很长时间四处游说，应者摩拳擦掌，疑者众说纷纭，更多的是观望者，在等待历史的答案。直到 2015 年 12 月 21 日，SpaceX 公司创下了全球首次轨道级发射火箭的陆地回收壮举，马斯克的梦想终于照进了现实，SpaceX 公司对航天领域的巨大冲击开始显现。截至 2023 年 3 月 19 日，SpaceX 公司自 2010 年“猎鹰”-9 火箭首发以来总计进行了 210 次航天发射，150 次重复使用一级火箭，马斯克梦想的场景和形态已一一实现，重复使用火箭成为 SpaceX 公司的名片。此外，“超重-星舰”完全重复使用运输系统正如火如荼地发展，重复使用航天运输系统正以势不可挡态势奔涌而来。

谁拥有了重复使用航天运输系统，谁就拥有了自由进出太空的优势；谁拥有了自由进出太空的优势，谁就拥有了大规模开发利用太空的未来。身处大航天时代，我们对重复使用航天运输系统的规模化应用充满期待。作为新时代的航天人，有必要去深度梳理重复使用航天运输系统发展的来龙去脉。美国是开展重复使用航天运输系统研究时间最早、制定和实施计划最多、投入资金数量也最大的国家，而且其研究具有良好的持续性，取得了丰硕的成果，代表了重复使用航天运输系统的先进水平。因此，本书重点介绍美国重复使用航天运输系统的发展历程、关键技术、演示验证试验等方面的情况，并且也介绍了其他国家在重复使用航天运输系统方面的研究情况。

本书是重复使用航天运输技术创新团队共同努力的结果，也是广大重复使用航天运输系统同行学者、专家集体智慧的结晶。路建功、张洗、唐志强主要负责第 1、2、11、12、13 章的撰写，谌廷政、李文雯、吴威、赵征宇主要负责第 3、9、15 章的撰写，吕久明、陈钦碧、梁晓东、任德法主要负责第 6、8、10 章的撰写，张建勋、徐慧娟、张墨主要负责第 5、14 章的撰写，王文化、张文琪、刘欢主要负责第 4、7 章的撰写。李兵负责全书纲目制定和统稿，承担了书稿内容整体策划与设计。李晓超、邓海琴、刘嘉承担了全书的校对和第 3、5、7 章部分内容的勘正补充工作。本书在重复使用航天运输系统发展过程和验证试验方面的介绍较为详尽，对涉及的关键核心技术也进行了探讨，期望对从事这方面研究的同仁们和航天爱好者有一定的学习参考价值。

我们对重复使用航天运输系统进行了长期跟踪研究，但还是不足以撑起本书的全部内容，因此，参考了大量的文献资料和研究成果，这些文献资料为本书提供了丰富翔实的参考依据，在此，对所涉及文献的作者表示衷心的感谢。感谢中国酒泉卫星发射中心领导的关心与支持，他们的鼓励和鞭策是我们不断探索研究的强大动力。

限于作者的学识能力和技术水平，书中难免有疏漏和不妥之处，敬请读者批评指正。

写于东风航天城

2023 年 5 月 30 日

目 录

综述篇

实例篇

展望篇

综 述 篇

第 1 章　航天运输概论

1.1　发展历程

早在 19 世纪 30 年代，奥地利著名物理学家尤金·桑格尔手绘了一张草图，大胆设想了一种采用火箭发动机的飞机，第一次提出将火箭发动机作为飞往太空的工具。第二次世界大战结束后，在德国 V-2 导弹技术的基础上，苏联成功研制了本国的运载火箭，发射了世界上第一颗人造卫星；美国也研制成功了自己的火箭，并且第一个实现了人类登上月球的梦想。这个时期及后续很长一段时间，航天运输系统（Space Transportation Systems，STS）主要采用一次性运载火箭和飞船，在导弹基础上开发专用型运载工具，如苏联的“东方”、“联盟”，美国的“宇宙神”（Atlas）、“德尔它”（Delta）、“大力神”等。受火箭箭体直径、发动机、电气技术等限制，火箭运载能力有限，需要不断为新任务改进运载火箭，如美国的“德尔它”系列先后发展了 50 余种构型。经过几十年的发展，火箭运载能力从最早的几十千克，发展到近年来的 100 t 以上，活动范围从近地轨道拓展到月球乃至行星际空间。

1971 年 4 月 19 日，苏联发射了“礼炮”-1 空间站，这标志着人类载人空间站时代的到来。到目前为止，苏联共发射了三代空间站，包括“礼炮”-1～7 号及“和平”号空间站。迄今为止，引人瞩目的是以美国为首的 16 国共同参与建造的国际空间站（ISS）。这些空间站按照规模及功能又分为试验性空间站、简易空间站及永久性空间站。国外通过研制空间站，加深和促进了对航天运输系统的研究，丰富了人们对航天运输系统的认识，为发展新一代先进性能的航天运输系统奠定了基础。总体上看，航天运输系统发展脉络，大致上经历了从一次性运载火箭、载人飞船，到重复使用航天运输系统（Reusable Space Transportation Systems，RSTS）的过程，后者包括航天飞机、“猎鹰”火箭、“龙”飞船、X-37B 等。按照入轨级数来划分，可以分为单级入轨（Single Stage To Orbit，

SSTO）和两级入轨（Two Stage To Orbit，TSTO）航天运输系统，航天大国对它们的共性和差异性关键技术积极开展了深入的研究。

（1）第一代航天运输系统

自 1957 年人类第一次用运载火箭发射人造卫星以来，一次性运载火箭一直是人类航天运输的主要工具。据不完全统计，20 世纪 50 年代至今，世界各国研制了 20 多个系列 140 多种大、中、小型运载火箭，尺寸和载荷能力大小各异。最小的火箭是美国的“先锋”号，起飞质量仅为 10.2 t，起飞推力为 120 kN，只能把 25 kg 的有效载荷送入近地轨道。第一代航天运输系统中最大的两种运载火箭分别是美国的“土星”－5 和苏联的“能源”（Energia）火箭，前者的起飞质量为 2 946 t，起飞推力为 34 029 kN；后者的起飞质量为 2 400 t，起飞推力为 34 833 kN；前者可以把 120 t 的有效载荷送入近地轨道，多次把“阿波罗”飞船成功送入月球轨道，后者可以把 105 t 的有效载荷送入近地轨道。

飞船的体积利用效率较高，对火箭运载能力的要求较低，技术风险小，研制成本低，进度容易保证。同时，飞船的类型特别适合用于登陆没有大气层的月球。因此，飞船成为地球和空间站之间的运输主力，也是人类曾使用于载人登月的唯一类型的航天器。作为空间站的第一代航天运输系统，苏联研制的飞船系列用于给空间站运输货物和航天员，包括“联盟”（Soyuz）、“联盟”－T 和“联盟”－TM 等 3 种型号。随着空间站规模的扩大、运货量的增加，从 1978 年开始，苏联将“联盟”飞船改装成专门的货运飞船，称为“进步”号飞船。从 1989 年 8 月起又研制了“进步”－M 号飞船，其运货量比“进步”号飞船多 100 kg；后来又研制了“进步”－M5 号飞船。苏联研制了几代多种型号的飞船，每一代的运载能力都比上一代有所增加。但是飞船作为一种一次性的航天运输系统，还存在一些不足之处，比如过载较大、横向机动能力小、着陆散布较大和额定运输量的总费用较大。随着人类对太空的开发利用逐渐加深和扩大，以及永久性空间站的建立，对航天运输系统的性能相应地提出了更高的要求。

其实，早在载人飞船研制成功后不久，人们就认识到飞船作为航天运输系统的不足。虽然当时对航天运输系统的先进性认识还不够，但人们已意识到其在技术性能上的不足，已满足不了航天运输应用扩大的需要。飞船不可重复使用的局限性（当然，近年来 SpaceX 公司的“龙”飞船使人们改变了这一认识），使其单位有效载荷成本随发射次数的增加而直线上升，这严重制约了其应用。因此，人们希望发展技术性能更先进、能重复使用的航天运输系统，正是在这样的背景下产生了 20 世纪 60 年代末的航天飞机计划。

（2）第二代航天运输系统

1981 年，美国航天飞机的首次成功飞行，标志着第二代航天运输系统的诞生，也表明先进性能的航天运输系统的发展在实践上又前进了一大步。美国的航天飞机可向倾角为 28.5°的国际空间站往返运送 6～7 名航天员和 23.5 t 的货物。在 30 年的时间里，航天飞机的成功飞行，证明了其在技术性能上的先进性。

航天飞机与飞船相比，在技术上的巨大突破是实现了系统的重复使用。此外与飞船相比，航天飞机的任务适应能力也大大增强了。它既可以作为一个天地往返运输飞行器，完成针对国际空间站的各项任务，包括国际空间站的建造、人员的往返、物品补给等；又可以作为独立飞行的空间平台完成多项轨道任务，如各类航天器的在轨发射、捕获和维修，以及各种轨道科学技术实验和军事任务等。

航天飞机被称为第一代重复使用航天运输系统，严格来讲是部分重复使用航天运输系统（Partially Reusable Space Transportation Systems，PRSTS）。航天飞机最初的设计是通过重复使用来达到降低系统硬件成本的目的。但由于航天飞机在技术上、运行上和原理上都存在问题，尤其是没有充分认识到降低运营成本对航天运输系统全寿命周期成本的重要性，致使航天飞机虽然实现了部分重复使用，但其发射费用仍然很高，并没有实现降低发射费用的初衷。

航天飞机的发展过程使许多人认清了一个现实，一味追求技术上的先进性和适应各种任务的能力，会极大地增加飞行器的复杂性，降低了经济实用性。航天飞机运营操作复杂程度的增加，导致运营成本急剧上升，尤其是其地面操作成本占到了任务成本的45%。因此，若不尽可能地降低系统运营成本，必将导致系统总成本大大增加，抵消重复使用带来的好处。航天飞机单位有效载荷的发射成本，比20世纪60年代的飞船还高，每次发射都需要4 000人以上的庞大队伍来维持，所有这一切都源于早期设计方案对成本认识的局限性。

通过前两代航天运输系统的发展，人们对航天运输系统的先进性有了更全面的认识。从技术方案上讲，它应具有重复使用性、高可靠性和较强的任务适应能力；从系统运营操作上讲，它应有操作维护简便可靠、地面周转时间短等特点。前者可以降低系统硬件成本，后者可以降低系统运营成本。航天飞机项目中将成本最高的火箭发动机回收再使用，以求降低航天运载成本的理念是先进的，技术途径是可借鉴的。

（3）第三代航天运输系统

第三代航天运输系统的研制工作是在1986年“挑战者”号航天飞机发生事故之后开展起来的。各航天大国在总结航天飞机经验教训的基础上，积极开展重复使用航天运输系统的研究，并先后制定了各自的发展计划，提出了各种重复使用航天运输系统方案。20世纪80年代末至90年代，国外曾掀起了一场研究以火箭基冲压组合发动机（RBCC）为动力的单级入轨、完全重复使用航天运输系统（Full Reusable Space Transportation Systems，FRSTS）的高潮。例如，美国的国家空天飞机计划（National Aerospace Plane，NASP）/X－30、“德尔它”快帆（DC－X/XA）技术飞行试验计划、“冒险之星”/X－33/X－34 重复使用先进技术验证机计划、X－37 试验飞行器计划，俄罗斯的“奥廖尔”

（ORYOL）计划，欧空局的未来空间运输研究计划（FESTIP），日本的空天飞机计划和“希望”（HOPE）航天飞机计划，法国的“赫尔墨斯”（HERMES）空天飞机计划，英国的“霍托尔”（HOTOL）空天飞机计划，德国的“桑格尔”（Sanger）空天飞机计划等。澳大利亚、印度也开展了相关研究。

纵观各国名目繁多的重复使用航天运输系统方案，不外乎两类：一类是以火箭发动机为动力的方案，另一类是以组合发动机为动力的方案。在经历了一系列的方案论证之后，第三代航天运输系统的焦点集中在单级入轨、重复使用的运输系统上。采用火箭基冲压组合发动机的运输系统可以像飞机一样水平起飞、水平着陆，组合动力发动机在工作的过程中可以利用空气中的氧，省略了造价高昂的地面发射装置，这对于跨大气层飞行的运输系统极具吸引力。

但是，研制这种吸气式单级入轨完全重复使用航天运输系统的技术难度太大，尤其是关键的火箭基冲压组合发动机技术（主要是超燃冲压发动机技术）迟迟得不到突破，材料、结构、超低温、热防护等技术问题也比较突出。美国在花费了大量的财力、物力和人力之后，于1995年宣布终止国家空天飞机计划。法国、英国和德国也分别终止了“赫尔墨斯”“霍托尔”和“桑格尔”空天飞机计划。

从美国的发展策略来看，其第三代航天运输系统准备采用单级入轨方案，但由于该方案采用了大量的先进技术，技术风险高，需投入的资金多，实施起来比较困难，因此，美国国家航空航天局并未单一地发展该计划，而是多方面、多角度开展研究，比如，部分重复使用技术、两级入轨重复使用技术等，并加大对关键技术的攻关力度。

（4）第四代航天运输系统

进入21世纪，各航天大国提出循序渐进的重复使用航天运输系统验证项目，几乎同时向两个方向发展：一是基于火箭动力发展部分重复使用的两级入轨飞行器，如吸气式涡轮冲压膨胀循环（ATREX）发动机、重复使用助推系统（RBS）、X-37B等；二是基于吸气式动力技术发展高超声速飞行器，如X-43、X-51A等。同一时期，英国单级入轨“云霄塔”（Skylon）空天飞机发动机的预冷器关键技术获得重大突破，德国“锐边飞行器”（Shefex-2）、欧空局（ESA）“过渡试验飞行器”（IXV）均成功进行无动力再入返回试验。印度也在2016年5月成功发射了重复使用飞行器（RLV-TD）。

其中，以火箭发动机为动力的重复使用航天运输系统是降低航天运输费用的一种有效途径，是世界各航天大国最为关注、花费精力最大、投入资金最多的研制项目。同时，由于重复使用航天运输系统的发展受到材料技术、动力技术、工艺与电子技术发展的制约，以及研制费用投入及回报的影响，其方案本身也是航天界争论的焦点。

针对一级火箭占全部运载火箭质量和成本70%以上的情况，美国SpaceX公司提出了一级火箭垂直回收复用的思路。虽几经挫折，SpaceX公司还是成功开辟了一条一子级运载火箭回收复用之路，为未来廉价和快速进入空间创立了一条新的技术途径。相对航天飞机固体助推器，“猎鹰”-9 火箭一子级的飞行速度小（马赫数为 6 左右）、高度低（60 km 左右），其飞行环境比航天飞机固体助推器再入的热流密度低得多。同时，SpaceX 公司一子级运载火箭采用垂直着陆方式，使回收过程中的热流密度进一步降低。因此，SpaceX 公司以较低成本实现了一级发动机、箭体及其他设备的重复使用。

继“德尔它”快帆（DC-X/XA）、K-1 火箭之后，SpaceX 公司以“隼”系列发动机为核心，又提出火箭构型重复使用的航天运输系统方案。2015 年，“猎鹰”-9 火箭成功实现陆地回收，2016 年，“猎鹰”-9 火箭成功完成海上回收。2018 年 6 月，“猎鹰”重型（Falcon Heavy）火箭完成首次发射并成功回收两枚助推级。SpaceX 公司成为世界上第一个回收火箭子级并再利用的商业航天公司，成功证明了火箭的子级也能实现完整回收。与航天飞机带翼构型、水平着陆回收方式相比，“猎鹰”-9 火箭回收技术充分继承了现有一次性火箭的技术基础，无须新研制复杂外形的翼舵等机构，也无须增加复杂的防热结构，着陆时不需要几千米长的跑道，因此，发射成本较低，具有广阔的商业应用前景。该公司还在研制“超重-星舰”（Super Heavy Starship，SHS）完全重复使用运载火箭，采用了全流量补燃循环方式的“猛禽”液氧/甲烷发动机，并开展了轨道级样机的飞行试验。

SpaceX 公司的终极目标是殖民火星，现在难以评判这个计划的可持续性，未来能否有足够的资金支持这个疯狂的目标暂且不提，但至少它的“掌门人”马斯克对此十分执着。众所周知，可持续性的载人火星登陆任务，堪称 21 世纪载人深空探索领域皇冠上最耀眼的那颗明珠，其巨大的技术难度和天文数字般的资金投入几乎不需多说。作为一个商业航天企业要完成这样一个近乎痴人说梦的目标，首先要做的就是想尽一切办法降低进入太空的成本，而且必须是革命性和根本性的降低，而重复使用运输系统是最为直接和最有效的手段。

在国家太空运输政策的鼓励下，美国许多商业航天公司如雨后春笋般崛起，走在了世界商业航天发展的前列。政府的需求促进了重复使用航天运输系统的快速发展。蓝色起源（Blue Origin）公司的“新谢泼德”（New Shepard）火箭的一子级采用垂直起降技术，载人太空舱采用降落伞进行着陆回收；“火神”（Vulcan）、“新格伦”（New Glenn）火箭都计划采用重复使用技术；维珍银河公司采用载机空射技术，飞机与“太空船”均水平起降、重复使用，并已完成多次验证性飞行。

总体上，各主要航天大国航天运输系统的发展思路基本上是一致的，近期以发展改进型一次性运载火箭作为重点，同时研究组合动力重复使用航天运输系统技术；中期以研制垂直方式发射、水平方式着陆的两级入轨重复使用航天运输系统作为重点，并加大以火箭发动机为基础的组合动力技术研究的力度；远期目标为突破单级入轨重复使用航天运输系统关键技术，实现单级入轨。未来，航天运输系统应具有重复使用性、大推力、模块化任务组装、更小质量比、简化的基础设施和日常运行操作简单等特点。

1.2 基本分类

航天运输系统包括载人/载货飞船（一次性或重复使用）、运载火箭（一次性或重复使用）、航天飞机、空天飞机、新概念航天运输器、应急救生飞行器和各种辅助系统等。航天运输系统是开发利用太空、确保太空安全的基础，也是实现各类航天器快速部署、重构、扩充和维护的保障，更是大规模开发利用太空资源的运输工具，是推动人类社会进步、促进新军事变革的重要力量。

由于航天运输系统的组成较为丰富，采用合适的方法对其进行分类十分重要，按照应用的任务范围，航天运输系统可以分为四类，包括进入空间的一次性运输系统、服务于在轨有效载荷的轨道级转移运输系统、重复使用航天运输系统和新概念运输系统，如图 1－1 所示。以上四类基本可以全面覆盖现有航天运输系统的组成，同时减少相互交叉。

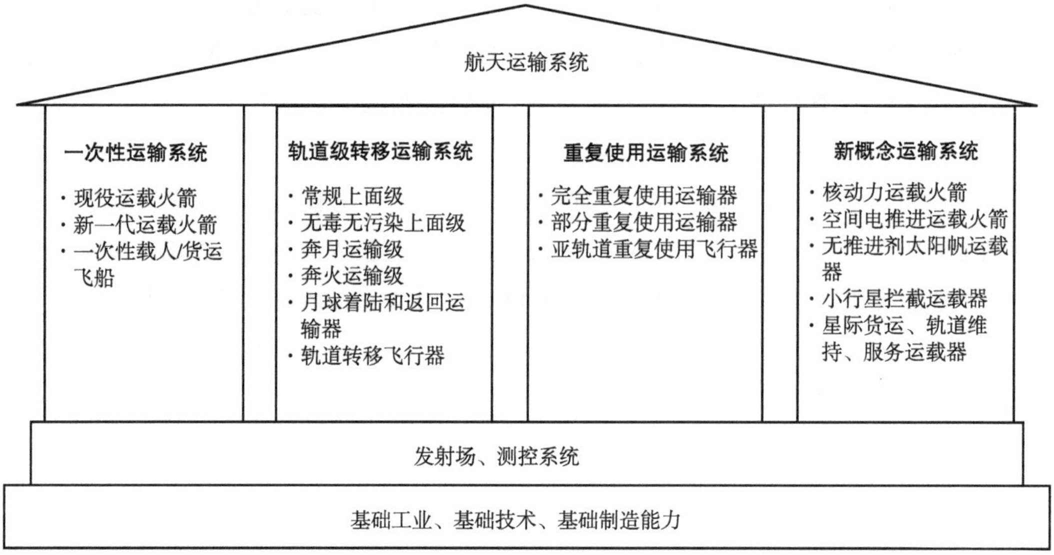

图 1－1　航天运输系统组成及分类

从目前的情况来看，一次性运载火箭、载人/载货飞船仍是满足进入太空需求的主体，重复使用火箭（“猎鹰”－9 火箭、“新谢泼德”火箭[①]、“新格伦”火箭[②]）、重复使用飞船

① 以美国第一个进入太空的航天员谢泼德的名字命名。谢泼德只是进行了亚轨道飞行，并没有真正脱离地球引力。

② 以富有传奇色彩的航天员约翰·格伦的名字命名。1962 年 2 月 20 日，约翰·格伦乘坐“水星”飞船绕地球三周。1965 年，约翰·格伦从航天员岗位和海军岗位退役进入商界，1974 年他首次当选为俄亥俄州参议员，先后 4 次连任。1988 年约翰·格伦以 77 岁的高龄乘坐“发现”号航天飞机飞向太空，创下了年龄最大的航天员纪录。2016 年 12 月 8 日格伦去世，结束了他传奇的一生。

（载人/载货“龙”飞船）、新概念运输器（超重-星舰）成为发展趋势。新一代航天飞机、空天飞行器（单级或两级入轨）等重复使用航天运输系统的研究从来都没有中断过。

其中，亚轨道重复使用空天运输系统概念，是由马斯克首先提出并应用到他的“星舰”项目之中的。他提出了重复使用的火箭也可以进行亚轨道运输，可以在1 h内将人或货物送至全世界各地。亚轨道的重复使用空天运输系统是综合利用近太空高度阻力小的特征和稠密大气层内升力起飞和滑翔降落的便利，从而实现远程极速运输，而该系统在投入应用后，将具有小时级洲际到达能力，能够催生1 h全球极速运输、大众化太空旅游等新产业。

另外，航天运输系统的分类也可能随着未来的发展进行调整。目前，主要发展在地面和地球低轨道之间、地面和月球轨道之间、地面和月球表面之间、地面和火星之间的天地往返系统，未来航天运输系统将进一步拓展至地面与更远的星球之间，并可望承担地球上点对点的高速运输任务。

（1）一次性运载火箭

一次性运载火箭（Expendable Launch Vehicle，ELV）是一次性运输系统的重要组成，是一种完成航天器发射任务后不再回收使用的航天运载器。它自身携带燃料与氧化剂，不依赖空气中的氧气助燃，既可在大气层中飞行，又可在外层空间飞行。截至目前，一次性运载火箭是承担航天发射任务的主要运载工具，支撑起了世界航天事业的蓬勃发展。进入21世纪，世界航天活动持续旺盛，全球航天发射数量逐年增长，绝大多数发射是依靠一次性运载火箭来实施的。

为争夺太空制高点，满足国家战略需求，自20世纪90年代以来，美国、俄罗斯、欧洲、日本等主要航天国家和地区，相继开发了各自的新一代一次性运载火箭，研制了“宇宙神”-5、“德尔它”-4、“安加拉”号、“阿丽亚娜”-5、H-2A/B等主力火箭。进入21世纪，国外航天产业研发机构和商业公司又纷纷提出了下一代主力运载火箭研制计划，包括美国的“猎鹰”-9、“火神”、“新格伦”，俄罗斯的“联盟”-5，欧洲的“阿丽亚娜”-6和日本的H-3火箭等。这些火箭普遍遵循模块化、通用化、系列化的发展思路，采用无毒、无污染推进剂，在系统可靠性、任务适应性等方面得到大幅提升。在提升火箭性能指标的同时，这些项目均把降低发射成本、提升灵活性和适应性作为主要研制目标。

在重型运载火箭研制方面，随着20世纪60—70年代第一轮载人登月竞赛落下帷幕和冷战的结束，世界上唯一成功服役过的重型火箭“土星”-5也随之退役。近年来，美国在深空探测需求的牵引下，开展了重型运载火箭“太空发射系统”（Space Launch System，SLS）的研制工作。2022年11月16日，“太空发射系统”（SLS）登月火箭首次发射。尽管该项目继承了航天飞机的发动机、大直径箭体结构、固体助推器等大量成熟技术，但是由于技术和管理上的诸多困难和问题，“太空发射系统”（SLS）研制进度出现严重滞后，首次发射日期一推再推。俄罗斯以载人登月为需求和目标，充分利用 RD－171 和 RD－180 等成熟发动机，以“联盟”－5/6 火箭的研制为基础，通过捆绑技术来构成“叶尼塞”号（Yenisei）重型火箭。但由于研制周期比较长，载人登月的需求过于单一，以及经费因素制约，俄罗斯的重型火箭计划的不确定性非常突出。美国 SpaceX 公司利用“猎鹰”－9 火箭的并联捆绑技术，研发成功了“猎鹰”重型火箭，低地球轨道运载能力达 63 t，成为同一个时期内在役运载能力最大的火箭。同时，SpaceX 公司的两级可完全重复使用的“超重-星舰”（SHS）研制工作也正在快速进行中。

（2）一次性载人/载货飞船

载人/载货飞船是一种运送航天员、货物到达太空并安全返回的航天运输系统。载人/载货飞船可以独立进行航天活动，也可作为往返于地面和空间站之间的载具，还能与空间站或其他航天器对接后进行整体飞行。

1）一次性货运飞船。货运飞船是一种专门运送货物到达太空的一次性使用的航天器（SpaceX 公司的“龙”货运飞船除外），主要任务是向空间站定期补给食物、用品、推进剂和仪器设备等，是空间站补给物资的重要运输工具，也是空间站的地面后勤保障系统。在结构与功能上货运飞船与载人飞船有一定的相似性，两者最大的区别在于有无生命保障系统。由于载人飞船要把航天员送上太空，就必须保证舱内环境达到适宜人类生存的温度、湿度、压力等基本指标，因此其复杂程度与成本远高于运送物资的货运飞船。

目前，国际上使用的货运飞船有俄罗斯的“进步”号飞船、美国 SpaceX 公司的“龙”飞船、中国“天舟”号飞船以及日本的“白鹳”号飞船。俄罗斯“进步”号货运飞船是人类第一艘货运飞船，首艘飞船“进步”－1 号于 1978 年 1 月 20 日成功发射。随后的 30 年共发展了两代共计 60 多艘飞船。这种飞船由仪器舱、推进舱和货舱组成。货舱容积 6.6 m^3，可运送 1.3 t 货物，推进舱可携带 1 t 推进剂。它可自行飞行 4 天，与空间站共体飞行可达 2 个月，它与空间站对接完成装卸任务后即自行进入大气层焚毁。日本“白鹳”号货运飞船是成功系数最高的飞船，其最大直径为 4.4 m，全长约 10 m，可运送 5.7 t 的货物与推进剂。它不能自动与空间站对接，而是飞到国际空间站附近，由空间站的机械臂将其“抓捕”并停靠在空间站“和谐”号节点舱的靠泊口上。

2）一次性载人飞船。载人飞船是最早使用的将人类送入太空的航天运输系统，自美国的航天飞机退役后，载人飞船成为人类进入太空唯一在役的航天运输器。按照运行方式分类，现在已成功发射的载人飞船可分为卫星式载人飞船和登月载人飞船（如早期的“阿波罗”登月飞船，目前的“猎户座”飞船）两大类。卫星式载人飞船绕低地球轨道运行，登月载人飞船用于载运登月航天员，目前尚在研究阶段的还有 SpaceX 公司的行星际载人飞船。

纵观载人飞船的发展历程，通常采用两舱式结构和三舱式结构，如有对接任务时则有对接机构，并把它放在飞船的最前边。第一代飞船是苏联的“东方”号，采用两舱式结构，飞船只载 1 人。第二代飞船是苏联的“上升”号，多了一个供出舱用的气闸舱，能载 2～3 人。而美国“双子座”飞船仍为两舱式加对接机构。第三代飞船是三舱式结构，如苏联的“联盟”号飞船，这种飞船的最前端是对接机构，然后接轨道舱，再接返回舱和服务舱，最后与运载火箭相连，有出舱任务的载人航天器都增设出舱用的气闸舱。美国“阿波罗”飞船还增设了登月舱。

(3) 轨道级转移运输系统

轨道级转移运输系统是用于不同轨道之间转移运输的一种运输工具，如上面级、轨道级转移飞行器等。它是传统运载火箭的延伸和拓展，是航天运输系统的重要组成部分。轨道级转移运输系统具有多功能性、自主性、机动性和灵活性等特点，应用前景广阔，引起了世界各航天大国的关注。

最早的轨道级转移运输系统是运载火箭的上面级或末级，多用于低地球轨道到地球同步转移轨道，或地球同步转移轨道到地球静止轨道的转移，如美国早期的有效载荷辅助舱（PAM）、有效载荷辅助舱 D（PAM－D），我国的近地点变轨火箭发动机（EPKM）、自旋稳定固体上面级 SM、三轴稳定固体上面级 SMA 等。轨道级转移运输系统一般具有独立的动力系统和控制系统，不参与下面级运载火箭的飞行控制，是实现在轨航天器快速部署、重构、扩充和维护的保障，是开发和利用空间资源的载体。

近年来，世界各国积极发展运载火箭上面级技术，增强运载火箭的任务适应性，至今已研制了数十种上面级，如美国的“半人马座”－G、“德尔它”－4 上面级，俄罗斯的“质子”－D、“微风”和“弗雷盖特”（FREGAT）上面级等。这些上面级一般具有多次启动变轨能力，可以进行多星分配轨道部署，为发展轨道转移运输系统奠定了坚实的技术基础。

在技术方面，轨道级转移运输系统经历了半个多世纪的发展，主要在三个方面取得了长足的进展：一是性能不断提高，推进剂不仅限于固体与常规液体，还拓展到低温推进剂；二是通用化、模块化发展水平不断提升，任务拓展性逐渐增强，执行航天运输任务的快速性和经济性持续提高；三是长期在轨能力不断增强，任务适应能力日益拓展。未来，各国将继续围绕上述三个方面不断提升轨道级转移运输系统的技术水平。比如，美国联合发射联盟（ULA）提出的先进通用渐进级（ACES）方案具有无限点火能力，并将液氢/液氧低温上面级的在轨工作时间从以往的几小时提升至几星期，可用于地月转移或深空探测等任务。

(4) 重复使用航天运输系统

近年来，重复使用航天运输系统呈现遍地开花的局面，为人类更深入、广泛地利用太空开辟了新路径。早期重复使用航天运输系统包括美国航天飞机的固体助推器、K－1 火箭和“德尔它”快帆（DC-X/XA）等。1981年4月12日，美国“哥伦比亚”号航天飞机首飞成功，实现了航天运输系统的部分重复使用，是重复使用航天运输系统发展史上的一个重要里程碑。受到美国航天飞机成功的鼓舞，20世纪80年代，世界各国出于政治、经济、军事发展的需要，掀起了重复使用航天运输系统的研究热潮。

1）航天飞机。航天飞机是一种可重复往返于地球与太空的航天器，由辅助的运载火箭发射脱离大气层，在完成太空任务后重返大气层，能像滑翔机一样降落在跑道上。迄今只有美国与苏联曾经制造能进入近地轨道的航天飞机，并成功发射和回收，而美国是唯一曾以航天飞机成功进行载人航天任务的国家。航天飞机升入太空时跟卫星、飞船等一次性使用航天器一样，是用火箭动力垂直起飞，但之所以将航天飞机设计成具有机翼的造型，是因为此机翼除了可在返回大气层的过程中利用气动阻力提供刹车的功能以降低下降速度外，也可在大气层内滑翔时提供升力，这样航天飞机就能够像普通飞机一样在跑道上降落。航天飞机的出现意味着人类在重复使用航天运输系统方面有了零的突破和质的飞跃。

从1981年航天飞机成功实现首飞到2011年退役，5架航天飞机共进行了135次飞行，实现了人类首个可部分重复使用航天运输系统的工程应用。但由于其技术过于复杂，使用维护不便，直到退役，仍未达到设计之初的大幅简化使用维护、提高发射频度、降低成本的目标。虽然美国航天飞机的退役一度影响过人类对重复使用航天运输系统发展前景的认识，但航天大国从来没有停止过对重复使用航天运输系统的研究。美国于2010年4月发射了X-37B，开展相关演示验证试验，这更加坚定了世界各国发展重复使用航天运输系统的决心。

2）重复使用火箭。运载火箭回收及重复使用是另一种实现航天运输系统重复使用的方式。对于重复使用的运载火箭来讲，它完成一次飞行任务后，经过较短的维护就能再次起飞，能适应频繁发射的需要。

传统火箭构型重复使用航天运输系统的特点是轴对称构型，使用火箭发动机、降落伞等方式实现返回减速，最终实现回收复用。这种方案以美国SpaceX公司“猎鹰”-9火箭为代表。2015年12月21日，在历经多次失败后，“猎鹰”-9火箭首次实现了陆上垂直回收。目前，“猎鹰-9”火箭垂直起降重复使用技术已逐渐成熟，并在商业发射市场取得了越来越明显的优势。“猎鹰”-9系列火箭凭借其火箭子级和整流罩的回收与复用技术，以及先进的研发模式获得了低成本优势，不断扩大发射市场的份额，改写着运载火箭的发展历史。SpaceX公司先后在陆上、海上成功回收“猎鹰”-9火箭的第一级，在此之前，蓝色起源公司也成功地回收了“新谢泼德”亚轨道运载火箭。此外，欧洲、日本、印度都在开展相关技术的研究。

升力体火箭动力重复使用航天运输系统的特点是，采用翼身融合升力体构型，上升段使用火箭发动机，返回时采用火箭发动机离轨、大气层内无动力滑翔，兼具航空器和航天器的特点，能够垂直起飞、水平着陆。后航天飞机时代，航天大国尝试运载器与航天器一体化，创新验证运载器和航天器完全重复使用，并拓展开发功能超强的深空探测系统。美国 SpaceX 公司提出的“超重-星舰”方案，上升段采用火箭动力，回收段基于火箭动力和升力体气动减速的组合，实现两级完全重复使用，目前正在开展第二次轨道级飞行试验的准备。研制成功后，它将成为有史以来运载能力最大且可完全重复使用的航天运输系统。

3）重复使用货运/载人飞船。货运“龙”飞船由美国 SpaceX 公司自主研发，飞船的返回舱带有热防护罩，可在返回时耐受极高温并安全降落，实现回收并重复使用，这也使得“龙”飞船成为第一种具备大量货物下行运输能力的货运飞船。货运“龙”飞船长 5.9 m，最大直径 3.6 m，自重 4.2 t，最大载荷 6 t，它采用的是降落伞水面溅落的回收方式。货运“龙”飞船主要由 3 部分组成，包括前锥体、加压舱、服务舱。“龙”飞船于 2005 年由 SpaceX 公司研制，服务于美国国家航空航天局“商业轨道运输服务”项目，分为货运和载人两种型号，为了能快速地在货运与载人能力之间转换，除乘员运输时必要的逃逸救生系统和生命保障系统之外，两种飞船的构型几乎相同。

2005 年，美国提出“星座”计划，目标是重返月球，并为未来的载人月球基地和载人火星探测任务做准备。作为该计划的一部分，美国国家航空航天局研发了“猎户座”新型重复使用载人飞船，并于 2014 年 12 月进行了第一次飞行试验。

2006 年，俄罗斯联邦航天局提出了“先进乘员运输系统”计划，即在“联盟”飞船的基础上进行改进，研制新型载人飞船。随后，俄罗斯于 2010 年完成了新型载人航天运输系统的初步设计工作，目标是向国际空间站运送人员及货物，也可以执行载人月球探测和载人火星探测任务。新型载人航天运输系统由返回舱和服务舱两部分组成，近地轨道任务总质量 12.7 t，月球任务 16.5 t，乘员人数 4～6 人，载荷容积 10 m^3，返回舱能在 15 年的设计寿命期内重复使用 10 次，以降低天地往返的运输成本。新型载人航天运输系统使用固体火箭减速装置进行着陆，着陆系统包含可伸缩的着陆支架和一个重复使用的热防护系统，从而保证飞船返回舱的安全返回并实现重复使用。

2011 年 4 月，SpaceX 公司赢得价值 7500 万美元的商业乘员发展计划第二轮合同，用于研发载人型可复用“龙”飞船。2021 年 4 月 23 日，可复用的载人“龙”飞船成功发射，成为全球载人航天史上首次使用可复用火箭和可复用飞船的载人航天任务，也是美国载人航天史上继航天飞机之后再次重复使用载人航天器。“龙”载人飞船主要包括前锥体、加压返回舱、非增压货物舱。“龙”载人飞船采用返回舱整体逃逸方式，逃逸发动机在发射过程中不抛弃，可以提供载人飞船在整个飞行中应急救生的能力，还可以利用逃逸发动机实现再入返回时的精确定点无损着陆，有利于返回舱的重复使用。

2009 年，美国国家航空航天局提出商业乘员发展计划，波音公司开始研制“乘员航天运输”-100（Crew Space Transportation 100，CST-100）飞船，主要任务是为国际空间站或将来可能的商业空间站运送乘员。CST－100 飞船由乘员舱和服务舱组成，总质量 13 t，最大乘组人数为 7 人。CST－100 飞船设计的出发点不是要运用或者发明新的技术和设备，而是采用已经成熟的技术和硬件，确保其安全性和可靠性，并降低成本。CST－100 飞船乘员舱在着陆回收的设计中采用缓冲气囊，6 个安全气囊在乘员舱着陆前的 2 min 由氮氧混合气体填充，用于减轻着陆时的冲击，以实现乘员舱主体的无损着陆，为其重复使用奠定基础。

2011 年 2 月，美国国家航空航天局宣布开发“多用途乘员飞行器”（“猎户座”飞船），用于运送乘员到达国际空间站以及地球轨道以远的太空，兼具月球探测能力。“猎户座”飞船由返回舱和服务舱组成，总重 21.2 t，乘员人数 2～4 人，载荷容积 8.95 m^3，采用传统逃逸塔方式进行发射逃逸。飞船采用一对安装在服务舱上的伞形展开式圆形太阳翼供电，在轨运行时展开。在“猎户座”飞船的重复使用设计中，返回舱可以执行 10 次飞行任务。

4）单级入轨飞行器。1994 年，美国总统克林顿宣布新的国家航天政策，并责成美国国家航空航天局负责新一代重复使用航天运输系统的研究工作，美国国家航空航天局迅速确定了以“冒险之星”/X－33 为核心，以火箭发动机为动力的单级入轨重复使用航天运输系统为发展目标，由此掀开了重复使用航天运输系统研究的第二次热潮。虽然“冒险之星”/X－33/X－34 在 2001 年 3 月相继下马，但当时世界范围的重复使用航天运输系统的研究热潮仍然有增无减。各国针对重复使用航天运输系统的研究还主要是突破关键技术，同时在单项关键技术得以突破的基础上，不断推出部分重复使用航天运输系统的方案设想，如可回收的一级火箭、重复使用亚轨道飞行器、飞回式助推器和重复使用载人飞行器等。

除了美国的航天飞机外，几十年来，其他国家的研究人员提出了许多以火箭为动力的单级入轨空天飞机概念，进行过多种方案研究，如法国和日本的小型航天飞机、美国国家空天飞机计划/X－30、英国的“霍托尔”空天飞机、德国的“桑格尔”飞行器等。这些计划由于面临着高超声速飞行动力/气动热、防热系统、重复使用发动机、再入返回控制等关键技术难题，到 20 世纪 90 年代初，大多数都处于停顿或中止状态，此时出现了重复使用航天运输系统发展的第一次低谷。

5）两级入轨飞行器。在多种两级入轨重复使用航天运输系统方案中，“重复使用助推器（Reusable Booster Vehicle，RBV）＋上面级”的配置是一种能够实现快速进出太空的可行方案。相关技术的研发与验证是降低航天运输成本的有效途径，同时又可为完全重复使用航天运输系统的实现奠定技术基础，已成为各主要航天大国的研究热点。

在两级入轨重复使用航天运输系统研究方面，美国计划于 2025 年之前研制并试验在大气层内飞行、马赫数达到 10 的高超声速巡航飞行器（HCV），同时继续论证和研制跨大气层的两级入轨航天运输系统，即第一级为可返回空间操作飞行器，第二级为空间机动飞行器（SMV），该飞行器可以入轨并返回。现阶段美国重复使用航天运输系统演示验证项目，主要包括美国空军重复使用助推系统（RBS）和X-37B空间机动飞行器（SMV）。

从以上重复使用航天运输系统发展来看，从航天飞机到空天飞机，从空天飞机到以火箭发动机为动力的单级入轨重复使用航天运输系统，再到多级入轨重复使用航天运输系统，重复使用航天运输系统的发展是与科学技术的进步和对关键技术的认知相适应的。通过航天飞机的研制，美国掌握了再入飞行器外形设计、再入返回控制、再入防热等关键技术。几十年来，从美国的国家空天飞机计划、“冒险之星”/X-33/X-34、“德尔它”快帆（DC-X/XA）、航天飞机固体助推器到XS-1、X-51A等，美国重复使用航天运输系统项目多达上百个，发展道路跌宕起伏。随着发展目标的不断调整，各国更加清晰地认识到，发展目标和方案必须与关键技术的发展水平相适应，目标制定得过高、技术指标过于先进就会增加关键技术的难度，同时难以降低成本、提高可靠性，并且直接影响目标的可实现性，增加了研制风险。

（5）新概念航天运输系统

无论是一次性使用航天运输系统，还是重复使用航天运输系统，其未来发展都面临着性能进一步提升、响应进一步加快、成本进一步降低等需求。必须有创新的概念和创新的技术途径来实现以上目标。随着各国深空探测的步伐加快，各国提出了一些新方向和新项目，并有重点地开展基础预研和关键技术攻关，如核动力运载火箭、空间电推进运载火箭、无推进剂太阳帆运载器、小行星拦截运载器等。

核推进、电推进、爆震发动机、光帆推进、智能变构型等前沿运载器方兴未艾，目前已经开展了总体构型气动布局、发动机和总体结构一体化设计、新型材料应用等技术攻关，以支撑未来大范围轨道转移、深空探测、星表基地建设等空间任务建设需求。2022年6月，美国维纳斯航空航天公司推出“观星者”高超声速飞机概念，采用旋转爆震发动机作为动力系统，可实现马赫数为9的飞行，并于10月成功完成了旋转爆震发动机的地面试验。

基于电推进、离子推进、微波推进等新概念动力技术的航天运载器在未来的大规模空间开发、应用和服务中具有广阔的应用前景，目前这些新概念的动力技术都已经得到了前期开发和初步应用，其具有高比冲的特点。

1.3 能力拓展

从航天运输系统的发展过程来看，随着航天运输技术的快速发展，航天运输系统的概念有了很大的变化，新的技术催生出新的概念，重复使用的概念越来越受到重视，颠覆了对传统航天运输系统概念的认知。重复使用航天运输系统具有“自由进出空间、按需返回地面、多次重复使用”的典型特征，是降低航天运输成本、提高安全可靠性的理想运输工具。重复使用不仅仅带来运输成本的下降，还将催生新的应用场景和需求。例如，利用回收级开展搭载试验、实施空间飞行器（如卫星）的回收和利用等。从上述世界航天运输系统的发展历程看，航天运输系统共经历了三个方面的拓展。

（1）概念拓展

到目前为止，航天运输系统的概念由一次性运载火箭、一次性飞船（载人/载货）拓展到重复使用运载火箭、重复使用飞船、天地往返航天运输系统、空间转移运输系统，以及新概念航天运载器。一次性运载火箭具有运载能力大、运载效率高的优势，仍将是未来一定时期内进入空间的主要方式；先进的空间转移运载器是构建轨道间/星际间低成本、强适应性的摆渡运输服务体系的基础；重复使用航天运输系统是自由进出空间技术发展的必然趋势，对有效载荷的快速运输、低成本快速进出空间和全球“点对点”快速抵达等能力的形成具有重要战略意义；新概念航天运载器将是航天技术的创新高地和竞争热点，作为未来进入空间、利用空间和控制空间的关键支撑，已成为世界航天强国航天发展战略中的重点。

（2）任务拓展

航天运输系统是一个国家自主进出空间能力的集中体现，是独立自主利用空间的基本前提和基础，是和平利用外层空间、维护国家利益、实现和保持空间安全的核心能力。航天运输系统的运载能力有多大，航天的舞台就有多大。航天运输系统的任务由单纯的运载，逐渐向天地往返运输、在轨维修服务、深空探测、空间救援等方向发展；由“进入空间”为主逐渐向“进入空间、空间转移、空间返回、重复使用”方向发展。

（3）技术拓展

航天运输系统除满足基本的运载能力、入轨精度等要求外，进一步向“可靠、安全、环保、快速、机动、廉价”等方面发展。特别是近年来，重复使用技术的新突破使得未来进入空间的成本和门槛不断降低，空间活动规模在现有基础上大幅扩大已成为可能。美国SpaceX公司的“猎鹰”-9火箭的垂直起降重复使用技术已逐渐成熟，并在商业发射市场取得了越来越明显的优势。基于火箭动力的垂直起降重复使用航天运输系统，可充分利用火箭动力的优势，技术路线清晰，可结合新型火箭的研制，尽早实现重复使用技术的突破和工程应用。升力体火箭动力重复使用在缩比飞行演示验证基础上，需进一步突破气动力热、飞行控制、高效结构等核心技术。组合动力重复使用技术在现阶段应以组合动力发动机为主攻方向，在突破部分关键技术的基础上，加速工程化应用研究。

当前，航天运输正在由“解决如何进入空间”问题转向“解决如何低成本进出空间”问题，发展重复使用技术可实现快速和高频次进出空间。确保安全、可靠、快速、低成本进出空间是大规模开发利用空间资源的前提，实现低成本、快速周转发射进出空间，将有力支撑未来规模化发射、应急发射等高密度发射活动，有利于发展绿色航天。发展重复使用技术可以引领科学技术创新，推进航天技术自主可控，带动航天产业变革与国民经济建设。实现航天运输由一次性向重复使用的重大跨越，将有力带动先进空天动力、耐高温轻质材料、先进制造与检测等基础学科进入世界先进水平。重复使用技术将大幅推动空间产业变革，亚轨道重复使用运载器未来可应用于亚轨道旅客高速运输、货物快速运输、太空观光旅游等，还能以此为基础建设舒适的航天港，实现太空度假，以及在失重、真空、无菌环境下进行产品加工、生物制药等，极大地改变人们的生产和生活方式。

第2章 困境——传统航天

2.1 概述

航天科技是人类高科技的代表，但在有些方面却是处于发展缓慢的状态。航天大国中，俄罗斯目前的主力火箭有两款，一款是“联盟”号火箭，这是一款中等运载能力的火箭，其低地球轨道运载能力是7～8 t，而地球同步转移轨道运载能力是2～3 t，向国际空间站发射“联盟”号载人飞船和“进步”号货运飞船的任务主要依靠这款火箭，可谓是骨干中的骨干。但很多人想不到的是，这款火箭就是1957年人类发射第一颗人造地球卫星“斯普特尼克”的R-7火箭的改进型号，其主要技术在后来这60多年里并没有太大变化。俄罗斯的另一款主力火箭是“质子”号火箭，这款火箭按照发射能力属于重型火箭，可以将20 t级的载荷送入低地球轨道，将5 t的载荷送入地球同步转移轨道。不管是当年苏联的“礼炮”-1号到“礼炮”-7号空间站，还是苏联研发的月球和金星探测器，以及后来国际空间站的部分舱段，都是靠该型火箭发射入轨。这款火箭自20世纪60年代后期开始服役，到现在也60多年了，它和“联盟”号火箭一样，长期以来在技术状态和运作模式等方面并没有什么大的变化。

俄罗斯是这样，一向以高科技标榜的美国其实变化也不大，虽然美国现在的商业运载火箭发展超前一些，但主力火箭仍然使用传统模式和技术。“宇宙神”-5火箭用的是20世纪80年代苏联研制“能源”火箭时留下的RD-180液氧/煤油发动机，而“德尔它”-4火箭则是采用了美国自己研发的大推力液氢/液氧发动机RS-68。RS-68是20年前首飞的，这款发动机的最主要优势是成本低，但就技术指标来讲，比20世纪70年代开发的RS-25发动机要低不少。因此，目前美国国家航空航天局正在发展的新一代“太空发射系统”，是从可部分重复使用的航天飞机主动倒退回来的一款彻头彻尾的一次性运载火箭。“太空发射系统”的主发动机直接采用当年航天飞机退役后遗留下来的RS-25发动机，就是这款航天飞机辛辛苦苦带回地面的发动机，却被“太空发射系统”发射时毫不吝惜地扔进大海里。

火箭发动机所使用的推进剂也没什么变化。当年德国研制的V-2导弹用的是液氧和酒精燃料，这种推进剂性能并不高，比冲较低。现在使用的推进剂是为发展弹道导弹而采用的偏二甲肼或混肼加四氧化二氮组合、液氧/煤油组合，以及液氢/液氧组合，还有一种是固体推进剂。这些推进剂从20世纪50年代被采用开始，到现在其性能没有太大的变化。相比之下，反倒是火箭所用材料性能进步大一些，从早期的不锈钢、铝合金，到铝锂合金、复合材料等，重量的减轻相当明显，这也是后来SpaceX公司技术成就的基础之一。

火箭是如此，飞船又如何？当我们把现在人类所用的“联盟”飞船与20世纪60年代的“联盟”或“阿波罗”飞船比较时，同样会发现除了舱内的电脑等设备是随着技术进步而焕然一新外，整个体系的运作模式也没有多大的变化。航天活动的成本同样变化很缓慢，一枚低地球轨道10 t级别运力的“联盟”或者“长征”-3火箭，现在的发射价格是6 000万～9 000万美元；而像欧洲“阿丽亚娜”-5或者美国“宇宙神”-5这样的低地球轨道20 t级别运力的火箭，则是1亿～2亿亿美元；如果是为了军方特殊载荷发射的“宇宙神”-5大推力火箭，或者“德尔它”-4重型火箭，则高达3亿～4亿美元，相比当年执行类似任务的“大力神”火箭是降低了一点，但是并不明显。

为什么会出现这种局面？首先就是进入太空的难度确实太高，以至于人类所能借用的能量转换方式早就逼近了现有物理规则极限。人类文明进步的一个基础因素就是对能源的利用，一直遵循能量守恒定律。从燃烧薪柴到煤炭，再到石油和天然气，以及核裂变，每一次变化都带来人类文明的飞跃。火箭需要获得足够的速度，以克服巨大的地球引力作用飞上几百千米乃至更高的高度，更要命的是中途还不能加油，所能采取的技术手段很早就被人类思考得八九不离十了。盘点现在运载火箭的基本特征，基本还在俄国人齐奥尔科夫斯基、美国人约翰·戈达德以及德国人冯·布劳恩等科学家的思考范围之内。多级火箭模式、液体或固体火箭发动机、燃气发生器循环或者多级补燃，能想到的有效方式都被论证和尝试过。液体火箭发动机能用到的燃料和氧化剂组合也经过早期的广泛尝试探索而最终锁定在少数几种类型。换句话说，在现有的技术框架下想让火箭性能得到飞跃式的、类似活塞发动机到喷气式发动机那样的进步是非常困难的。

而且这些已经被人类摸熟的技术路线，因为任务的苛刻，其设计和加工制造都是游走在材料和工艺的极限边缘。苏联为“能源”火箭研制的世界推力最大的液体火箭发动机RD-170，其燃料泵的功率达到25.7万马力，燃料流量1.5 t/s，这是十分惊人的能力。这对于体积小的火箭发动机来说，已经逼近材料和结构的极限。因此，研发、测试和制造这些极限机械的成本不可能不高。即使是以控制成本为导向而在性能上做出一定妥协的“猎鹰”-9火箭所用的“隼”发动机，一台也近百万美元，这比等体积的其他机械产品要贵得多。正是因为我们所能看到的问题在过去几十年内都变化缓慢，所以才会出现航天科技长期在几个关键方面陷于停滞的局面。

但是有一个方面仍然孕育着质变的可能，那就是航天器的重复使用。航天器是技术要求高、昂贵的工业产品，这点和民航客机类似。一架大型喷气式客机价格通常在 1 亿美元左右，可以一年飞行千百架次依旧保持良好的状态，可以在一台发动机失效的情况下有能力寻找临近机场降落，可以将燃油的利用效率达到极致。为什么坐飞机却并不算太昂贵，平民就可以承受呢？关键原因就是飞机是重复使用的。如果航天运输系统也可以重复使用，就可以突破一个关键瓶颈，让航天发展进入一个新境界。

人类空间活动的日益频繁与高昂的运载费用，是当今航天领域存在的一对主要矛盾。重复使用是实现可靠、经济、快速航天发射的重要技术途径，一直是世界各航天国家和地区的研究热点，其中美国的研究进展尤为突出，处于前沿位置，引领了人类在该领域的探索方向。随着人类社会的不断进步，特别是近年来航天科技的迅猛发展，世界航天已进入以太空资源开发与利用、大规模深空探测等为代表的新阶段，各国正在规划和实施大规模星座计划、载人月球探测计划、载人火星探测、地月空间经济圈等项目，进入空间的需求快速增长。若采用一次性运载火箭实施发射任务，对发射成本和运载火箭产能将是巨大挑战。重复使用是降低发射成本和应对产能问题的必然选择。同时重复使用航天运输系统技术的发展还能够有效支撑人类地外星体着陆、起飞和返回任务的实现。

重复使用不仅可以带来运输成本的下降，还将催生新的应用场景和需求。无论是在亚轨道还是轨道级的飞行，重复使用的航天技术将促进商业太空旅游业的发展。重复使用技术使太空探索成本降低，给很多国家提供了机会。美国、英国、日本和俄罗斯的很多航天公司开始开发旅游飞船。通过采用重复使用设计理念和简易发射方式，能够有效缩短发射周期、提高发射灵活性，同时基于多次重复使用、费用均摊的原则，可以大幅降低发射费用，最终实现低成本自由进出空间、高效利用空间、和平开发空间。

2.2　主要问题

传统航天运输系统运载方式经历了由一次性使用运载火箭、航天飞机到重复使用运载火箭的发展历程，体现了人类对不断降低发射费用的探索与实践。多级火箭是目前人类进入空间的主要手段，但现役的多级运载火箭仍存在一定的不足：单发火箭生产与测试周期较长，发射密度难以突破，无法满足快速响应发射需求；运载器发射过程中推进剂费用仅占发射成本的极小部分，而运载器主体框架与发动机成本相对昂贵，若能将运载器主要零部件实现回收并通过维护实现重复利用，可有效降低发射成本。为突破传统运载火箭的局限性，重复使用航天运输系统的概念逐渐产生并受到业界的重视。

（1）一次性使用运载火箭

长期以来，航天发射主要采用多级运载火箭。垂直发射快速穿过 50 km 的稠密大气层，然后再逐渐倾斜至水平入轨。由于火箭发动机的比冲低（液氧/煤油发动机的地面比冲约为 300 s，液氢/液氧发动机约为 390 s），为实现入轨飞行，运载火箭需采用多级形式，在飞行中依次抛掉已工作完毕的一级、二级火箭，减小后级加速质量，才能将卫星不断加速并送入轨道。各级火箭残骸落入大气层坠毁或烧毁，可见运载火箭一次性使用是导致运载费用很高的重要原因。

一次性使用运载器的产品制造费用占发射总费用的比例很大。例如，法国的“阿丽亚娜”火箭（2004 年数据），产品制造费用占每次发射总费用的 81.4%，而发射操作费用只占 15%，其他费用占 3.6%。在一次性使用运载火箭产品研制成本构成中，发动机约占总成本的 54.3%，箭体结构约占总成本的 23.6%，电气系统约占 8%，阀门管路及执行机构约占 8.1%，点火、级间分离等火工品约占 5.3%，推进剂成本约占 0.7%。一次性使用运载火箭对于低地球轨道发射费用约为 3 000 万美元/吨，难以满足未来大规模低成本空间开发需求。

因此，降低发射成本的一个最有效途径就是降低运载火箭的硬件成本。但是以目前的技术水平，要大幅度降低一次性使用运载器的硬件成本是不可能的。即便是发展改进型一次性运载火箭也不可能大幅度地降低硬件成本。如果运载器能够重复使用，那么就可以将运载器的硬件成本分摊到每次发射上，单次发射的硬件成本就降低了，从而也就实现了降低单次发射总费用的目标。

近年来，随着美国 SpaceX 公司的“猎鹰”-9 系列火箭成功发射及应用，运载火箭发射市场中私营航天的力量逐渐崭露头角，创新能力和竞争能力不断增强，商业发射市场的竞争日趋激烈。“猎鹰”-9 系列火箭凭借其火箭子级和整流罩的回收与复用技术，以及先进研发模式获得了低成本优势，不断扩大发射市场的占有份额，改写着运载火箭的发展历史。SpaceX 公司利用其“猎鹰”-9 的并联捆绑技术，研发成功了“猎鹰-9”重型火箭，低轨运载能力达 63 t。同时，两级可完全重复使用的“超重-星舰”的研制工作也正在快速进行中。

（2）航天飞机

火箭发动机和箭体结构的成本约占运载火箭成本的 78%，高价值发动机和箭体结构的一次性使用是发射成本较高的重要原因。因此，20 世纪 70 年代美国启动了航天飞机项目研发，试图通过火箭发动机和整机水平着陆方式回收并重复使用，从而大幅降低发射成本。

航天飞机最初设想是通过关键部分重复使用技术来大幅度降低运输成本，但实际上这一目的远远没有达到。由于大量使用新技术、结构过于复杂、维修量过大、发射操作不够灵活、飞行次数与发射频率太低、助推器和防热结构没有达到预期的重复使用率，以及载人载货混合等一系列问题，导致航天飞机发射费用大幅上升。尽管如此，美国航天飞机第一次采用升力体返回并使用弹道式气动减速装置，回收了固体火箭助推器，为重复使用航天运输系统开创了先例。

航天飞机在再入大气层过程中气动加热严酷，机体表面需要历经 2 000℃高温的灼烧，面临高温、冲刷、热密封等严酷难题，然而重复使用结构热防护技术不成熟，使得返场着陆后需要进行大量的拆解、检测和维护，特别是热防护瓦的探测、维护和更换使航天飞机发射及维护成本居高不下。航天飞机实际单次发射成本高达 7.75 亿美元，仍未达到设计之初的大幅简化使用维护、提高发射频度、降低成本的目标，因此，不得不在 2011 年退役。虽然航天飞机没有达到大幅降低发射费用的目标，但其在重复使用技术方面做出了有益探索，并指明了探索方向。

2.3 基本出路

自 20 世纪 90 年代以来，为应对国际发射市场残酷的竞争形势，航天强国把运载火箭系列化、通用化、组合化设计，简化发射流程，利用重复使用技术，降低成本作为重要发展方向。低成本已经成为航天运输系统发展的方向之一，欧洲“阿丽亚娜”-6 火箭、日本 H-3 火箭、美国“猎鹰”-9 火箭等都在向着降低研制成本和发射成本发展。通过继承已有技术成果、使用商业化电子设备、采用新技术简化系统及操作流程等措施，降低了运载火箭的成本。美国 SpaceX 公司持续开展飞行试验以验证垂直起降技术，通过发展部分重复使用技术以期降低有效载荷发射成本。国内外降低运载火箭成本的途径，主要包括：一是从产品入手，在设计、研制、生产、发射等多环节降低运载火箭成本；二是发展重复使用技术，通过费用均摊降低发射成本；三是积极探索前沿技术，应用于新型航天运输系统，实现发射成本的突破性变革。重复使用技术始终是航天低成本发射的重要途径之一。

一次性使用运载火箭的箭体和发动机无法重复使用，发射准备周期长，难以满足未来大规模低成本空间开发需求。人类要想大规模开展空间探索，就需要尽可能降低发射费用。要达到这一目标，有两个途径：一是降低制造技术的成本，这需要突破性的技术发展，在短时间内显然难以实现；二是对运载器的重复利用以降低发射成本。最早的能重复使用的运载器——航天飞机，虽然实现了轨道器和助推器的重复使用，但是维修成本高昂，事故率高，最终在 2011 年退役。此后，英国、德国和美国相继提出过空天飞机或两级入轨的方案，均没有投入实际运用。但在 2015 年，美国 SpaceX 公司成功地对其“猎鹰”-9 火箭的一级进行了回收，由此，人们将火箭回收的研究重点逐渐转向对单个子级的回收。

（1）重复使用运载火箭

在过去的 60 多年里，各国航天专家开展了大量的重复使用航天运输系统研究，一致认为重复使用航天运输系统是运载器发展的重要方向，研制和使用重复使用航天运输系统是大幅度降低进入空间费用最有效的手段，也是实现大规模航天应用的基础。各国发展重复使用航天运输系统的一个重要目标是将单位质量有效载荷的发射费用降低到已有水平的 1/10，甚至更低，为大规模空间应用铺平道路。如何降低单位有效载荷的发射费用？当然是研制高性能、低成本、高可靠性的火箭发动机，开发高强度的轻型材料，设计先进的总体结构，运用精确的制导和入轨、再入技术等。总而言之，重复使用航天运输系统应是性能高、可靠性高、可操作性好的新一代工具。在过去的几十年里，动力、结构材料、制造、操纵、制导、导航、回收等技术取得了显著的进展，使得研制重复使用航天运输系统具备实现的可能。

重复使用运载火箭实现了箭体、火箭发动机及其他部分设备的垂直回收和再次使用，有望通过多次重复使用将运载成本降低至一次性使用火箭发射成本的 1/3。

从某种程度上讲，火箭重复使用与垂直回收技术是依据现有需求进行的逆向思维工程。因此，正向思维可能具有惯性，而逆向思维往往具有颠覆性。SpaceX 公司在冒出复用这个想法的时候正好是人类历史上第一款可复用航天运载器——航天飞机退役后不久，也是人类对可复用航天运载器最绝望的一个时期，任何可复用航天运输系统的设计几乎都被怀疑。SpaceX 公司在可复用运载火箭这条道路上如此执着，一方面是因为航天飞机的途径暂时堵死了，可回收的运载火箭成了短期内唯一的救命稻草；另一方面，也是最重要的，SpaceX 公司诞生的初衷是推动人类成为一个多星球物种，火星则是他们设想中最靠谱的第一站。

依据美国空军工程大学的运载工具成本分析模型，重复使用航天运输系统每次发射任务都会分摊部分制造成本，单位质量有效载荷发射成本随着发射次数的增多而逐渐下降。但是随着重复使用次数的增加，推进剂和维护费用占比将不断上升，当重复使用次数达到一定的数量之后，重复使用运载火箭的航天发射成本将趋于平稳。以“猎鹰”-9 火箭为例，对重复使用运载火箭的运载成本进行了估算，一子级火箭为重复使用，二子级火箭为一次性使用；考虑运载火箭的制造成本、重复使用维护成本和每次发射的推进剂成本，不考虑运载火箭的研发成本，随着重复使用次数增加，运载成本逐渐降低，并趋于平缓，重复使用 18 次后，运载成本接近一次性使用运载火箭成本的 1/3。马斯克表示，“猎鹰”-9 火箭的每枚运载成本为 5 000 万～6 000 万美元，但推进剂成本只有 20 万美元，这项计划具有重大的里程碑意义。

（2）重复使用空天飞行器

一次性使用运载火箭、航天飞机和重复使用运载火箭难以进一步大幅度降低成本的主要原因是火箭发动机比冲较低，所以不得不采用多级运载方式入轨，该运载方式增加了火箭发动机和箭体数量，导致成本难以大幅度降低。同时传统运载器的火箭发动机动力形式不得不携带大量氧化剂，致使推进剂质量占比相当高，如运载火箭推进剂占比高达90%以上。即使一级火箭全部重复使用，重复使用发射100次时，推进剂费用将占发射费用的40%以上，而一子级费用占全部运载火箭费用的70%以上。上述分析表明，进一步大规模降低发射费用的技术发展方向之一是采用新型动力。该新型动力应尽可能利用空气中的氧气工作，大幅度降低氧化剂携带量。

空天飞行器是采用吸气式组合动力、升力体构型，能在普通机场水平起降，可在稠密大气、临近空间、轨道空间飞行的重复使用航天运输系统。由于空天飞行器既可充分利用大气层中的氧气，大幅降低氧化剂的携带量，从而大幅度降低发射质量和规模，同时又采用升力体构型，利用升力克服重力，只需较小推力即可实现不断加速。因而有望实现完全重复使用，大幅降低发射成本，满足未来廉价、快速、便捷、自由进出空间的需求，具有巨大的发展潜力。为此，国外自20世纪60年代以来，以水平起降重复使用空天飞行器为目标，持续开展了吸气式组合动力天地往返运输系统关键技术攻关及验证工作，并实施了许多国家层面的研究计划。

由于重复使用空天飞行器需要水平起降，并且在0～40 km的高度范围内，完成从马赫数0到马赫数8的加速过程，因此，动力装置为了利用空气中的氧气来提高运载效能，需要采用涡轮、涡轮-亚燃冲压、亚燃-超燃冲压、火箭冲压，以及涡轮火箭等组合动力装置。组合动力与火箭动力相比，一是不需要大量的氧化剂，二是具有较高的比冲特性。因此，采用组合动力的运输系统，在运送同等质量载荷时所需的推进剂量显著减少，运载效能得到大幅提高。

当然，重复使用航天系统能否大幅度缩减成本，除了动力因素外还涉及其他方面的因素。一是材料因素，箭体的材料需要能够承受多次高速飞行任务，其成本会有所增加。二是额外加装的系统因素，回收过程需要多种控制和导航系统，这在增加预算和载重外，系统的整体设计难度也上升了一个台阶。三是推进剂因素，除了发射所需，火箭还需要预留更多的推进剂为回收时的反向推动提供动力，这对动力系统又提出了更高的要求，额外增加的推进剂重量又会减少有效载荷的空间，导致发射效率降低；为了达到同样的发射能力，就需要更大的系统设计。四是维护成本因素，系统回收后还需要进行全面的检查和维护，任何纰漏都可能导致后续发射失败。五是产业化因素，就像工业中的流水线作业，在数量较少的情况下并不划算，航天发射如果没有达到一定数量，单靠重复利用降低成本效果不理想，只有当航天服务更加普及，重复利用才会显现出惊人的价值。

第3章 期冀——重复使用

3.1 概述

航天运输系统除了可靠性外，成本一直是需要重点解决的问题，设计师们早在20世纪初就想到要通过发射系统的复用，实现成本的数量级下降。运输系统的多次重复使用分摊了全寿命周期成本，可有效降低航天运输系统的单次使用成本。重复使用技术是航天运输发展的前沿技术，是实现安全、可靠、快速、自由、低成本进出空间的有效途径，具有满足空间开发应用、降低发射成本、提高发射效率等重要意义。重复使用航天运输系统作为可多次往返于地面与空间轨道、多次重复使用的航天运输工具，具有“自由进出空间、按需返回地面、多次重复使用”的典型特征。

航天先驱们提出了多种重复使用技术路线，不断地探索尝试，整个尝试过程就是一个不断试错的过程。早期的航天飞机，虽然做到了重复使用，但维护成本居高不下，而且也只是实现了轨道级的产品复用。直到SpaceX公司的介入，才真正实现了航天运输系统的低成本复用。经过几十年的发展，主要航天大国已拥有不同程度的重复使用技术储备，形成了多种典型的重复使用航天运输系统方案，包括重复使用火箭、重复使用载人/货运飞船、航天飞机、天地往返空天飞机、高超声速空天飞行器等。

美、俄等国家和地区在先后开展的相关研制项目中积累了诸多经验，并将这些既有成果运用到后续相关重复使用航天运输系统研制计划中去，保持了技术基础的延续性。同时，世界各航天大国均充分认识到重复使用航天运输系统的重要性，也坚定不移地把它作为未来航天运输系统的主要发展方向之一。重复使用不仅能够满足未来的商业航天发射需求，推动科学技术的发展，同时在军事航天中也拥有巨大的应用潜力。因此，即使研制历程一波三折，各航天大国仍不遗余力地提出相关计划并投入巨额费用，不断验证组合动力、热防护、制导导航与控制、着陆装置等方面的关键技术。

重复使用概念最早可追溯到20世纪30年代初，奥地利的维也纳人赫费特、瓦里尔和桑格尔等就曾提出“利用火箭发动机作为动力装置的飞机”设计思想，试图以这种飞行器进行空间飞行并重复使用。这也可以看作是重复使用航天运输系统的早期思想的萌芽。后来许多科学家在此基础上提出了相关设想，但由于当时的技术条件限制，根本无法实现。但发展重复使用航天运输系统，作为自由进出太空的理念，却从来没有被放弃过，研究工作也从未间断过。

1952年，火箭专家冯·布劳恩论述了重复使用的大型助推火箭概念，提出近地轨道重复使用航天运输系统的设想，也就是“空天飞行器”概念。它是一种像普通飞机一样能在外层空间和大气层内自由飞行和起降的飞行器。1962年，中国科学家钱学森设想出一种两级入轨的运载工具，第一级采用的是一架喷气发动机推进的大型飞机，第二级采用的是火箭发动机推进的飞机。

1999年，美国国家航空航天局提出综合航天运输计划（Integrated Space Transportation Plan，ISTP），预测了未来重复使用航天运输系统的发展前景。据美国国家航空航天局预测，到2040年重复使用航天运输系统的发展将经历三代。航天飞机作为第一代重复使用航天运输系统，在20世纪80年代已经研制成功。当前正在研制使用的是第二代重复使用航天运输系统，目标是将运载费用降低到目前的1/10，安全性提高100倍；未来第三代重复使用航天运输系统将使航天产业成为可能，运载费用将降低到目前的1/100，安全性提高10 000倍，为了满足这一目标而制定的技术发展计划是：实现一种被称为Space Liner 100的第三代重复使用航天运输系统。

当初，美国关于重复使用航天运输系统计划的总体考虑是，2010年在第二代重复使用航天运输系统研制成功之后，开始第三代重复使用航天运输系统的研制，2025年左右研制成功。第三代重复使用航天运输系统将像今天的飞机一样完成飞行任务。在2025年前，重复使用航天运输系统仍然是由火箭发动机推进，但技术的发展，使得人们已经能够在这些发动机的设计中引入一些根本性的改进，最大的进步是飞行器携带的推进剂将大大减少。比如，飞行器将不再携带所需的所有氧化剂（如液氧），而是通过吸入大气中的氧气来提供燃烧所需的氧化剂。飞行器也不再从发射架上通过火箭发动机的推力垂直发射，而是沿着轨道水平起飞，它将通过磁悬浮技术减小滑行阻力，利用线性电推进发动机将重复使用航天运输系统加速到1 000 km/h的速度。

第三代重复使用航天运输系统利用这些具有重大意义的革新技术，能够降低起飞重量，飞行器仅携带一部分推进剂，用于在大气层以外飞行和入轨时使用，这是采用这些革新技术所得到的最大好处。同时这些技术还会带来另外一些优势，比如1 000 km/h的初始速度使得发动机不必安装涡轮压缩机就能以冲压模态开始工作。安装涡轮压缩机不仅会给系统研制增添相当大的复杂度，同时增加了飞行过程中的死重。水平起飞方式使得飞行器机体维护、装卸货物、上下旅客等地面维护过程大大简化，而简单化是降低进入空间费用的关键因素之一。

第三代重复使用航天运输系统的推进部分采用先进的组合动力方案。早在20世纪60年代，美国就进行了火箭基冲压组合发动机的研究。相关研究工作主要集中在适用于火箭基冲压组合发动机的进气道系统。进气道系统是吸气式发动机的一个关键组成部件，必须能够提供所有飞行速度条件下所需的进气量，允许下游的内流通道采用真正的变几何结构，使进气道引起发动机点火失败的可能性最小，保证发动机稳定工作。该动力系统将集成冲压发动机和火箭发动机，同时必须开展配套的先进材料和先进推进剂研究。

按照美国的构想，发展第二代、第三代重复使用航天运输系统并不是为了发展一种特定的运输系统而制定的计划，其目的是制定一系列的技术发展蓝本，规划一条通往重复使用航天运输系统的技术发展路线，用来指导那些尚不存在的先进技术的验证和实现，这些技术是发展第二代、第三代重复使用航天运输系统所必需的基础。其研究内容包括一系列的地面研究、研制飞行验证机及飞行试验，重大项目包括国家空天飞机计划（NASP）/X-30、“冒险之星”/X-33/X-34、X-37试验飞行器计划、“先进航天运输系统计划”和Future-X计划。

3.2 基本分类

20世纪70年代，美国和苏联均研制了以航天飞机为代表的重复使用航天运输系统。特别是美国，从1981年至2011年，航天飞机共执行了135次飞行任务，代表了一个航天时代的顶峰。但由于高昂的发射维护成本和2架在发射和返回过程中爆炸损毁等原因，航天飞机最终退出历史舞台。进入20世纪90年代，美国先后提出了多个重复使用空天飞机研制计划，如国防部和NASA提出的国家空天飞机计划（NASP）/X-30、麦道公司的“德尔它”快帆（DC-X/XA）以及洛马公司的“冒险之星”缩比原型机（X-33）。然而，由于当时技术和经费等诸多问题，上述项目均被搁置。21世纪初期，美国再次尝试各类计划，如以提高战时响应能力为目标的“快速响应、小载荷、经济上可承担的发射”计划、“经济可承受快速响应航天运输”计划等，均同样由于高额的经费预算而中止。在此时间段，除了X-37B轨道试验飞行器外，重复使用技术的应用研发基本停滞不前。

近年来，随着商业航天的崛起，低成本商业化需求促进了重复使用航天运输系统的快速发展。其中，美国的SpaceX公司“猎鹰”-9火箭一子级进行了多次受控精确着陆回收和重复使用尝试，并取得了成功；X-37B飞行器实现了长时间在轨飞行，多次回收并重复执行飞行任务。2014年5月，英国广播公司披露了“云霄塔”计划，其主发动机“佩刀”研制取得重大进展，并将其纳入英国空间技术规划。这些工作的进展，尤其是其所带来的低成本的愿景，使得航天领域再次掀起了重复使用航天运输系统的研究浪潮。这些航天运输系统所使用的动力可分为火箭发动机动力和组合动力。由于火箭发动机拥有较丰富的技术积累，因此，两级入轨、部分重复使用、火箭动力的重复使用方案受到普遍关注。同时，这些国家还在开展吸气式发动机的探索研究和原理试验工作，如美国的涡轮基冲压组合发动机和英国的"佩刀"发动机。

从技术发展规律看，航天运输系统从一次性使用向重复使用发展是科技主导的必然结果。重复使用航天运输系统有多种分类方式，如按动力模式可分为火箭动力和组合动力；按运载器气动外形可分为传统柱状火箭构型和升力体构型等。其中，组合动力兼具航空与航天动力优势，具有很好的发展前景，但技术难度较大。重复使用航天运输系统具体可依据复用程度、入轨级数、产品构型、动力模式和起降方式等五种不同形式进行分类，如图 3-1 所示。

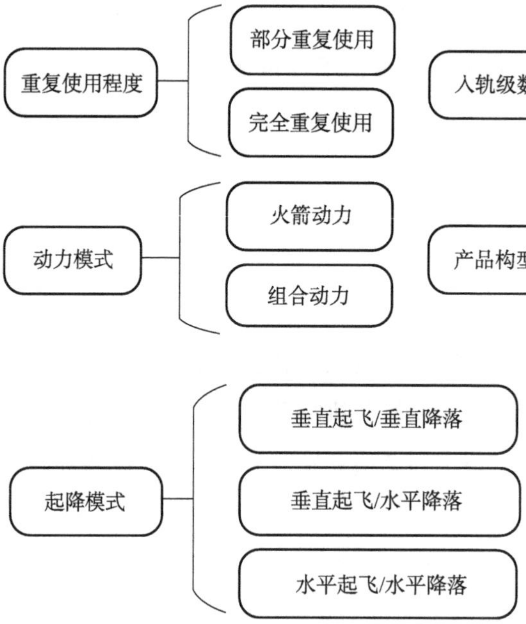

图 3-1　重复使用航天运输系统分类

（1）按起降模式分类

重复使用航天运输系统研制活动最早始于 20 世纪 70 年代，研制工作主要集中在回收火箭助推器（包括芯一级助推器和捆绑助推器）或火箭一级主发动机等关键部件，通过重复使用火箭助推器或关键部件降低发射成本。早期主要针对传统运载火箭构型，增加着陆支撑机构、气动减速和控制机构以及用于回收的相关控制系统设备等，返回过程利用气动减速和主发动机反推减速，最后依靠减速伞或着陆支撑机构垂直着陆。该方式继承了传统运载火箭构型设计，运载器整体结构效率较高，对着陆点要求低，应用范围较广，特别适用于未来地外星体着陆和起飞。当前月球和火星着陆基本都采用这种方式，典型的产品如

“猎鹰”-9火箭一级和“超重-星舰”。

重复使用航天运输系统的回收分为弹道式回收和带翼飞回式回收。弹道式回收一般是利用减速伞或反推火箭装置将运载器中价值昂贵的关键组件或系统（如动力系统、电子设备或整级火箭）的降落速度减至一定范围，再利用其他回收设备将这些组件或系统在海上或陆上回收，经过整修和处理后重新使用。回收地点又分为返场回收和落区回收。返场回收通常需要大范围横向机动，需要牺牲一部分运载能力，落区回收运载能力损失相对较小。回收时，反推火箭减速装置通常在回收质量较大的部件时配合减速伞一起使用。美国通用动力公司先进运载系统（Advanced Launch System，ALS）由一个组合式芯级飞行器和一个助推器组成。先进运载系统全部采用液氢/液氧发动机，助推器有7个发动机，芯级有3个发动机，可以运送54 t载荷到达低地球轨道。该火箭可以通过安装在助推器回收舱内的回收系统回收7个发动机以供重新使用。ALS只有助推器回收舱能够重复使用，其他部分及芯级仍是一次性使用的。

带翼飞回式重复使用是指运载器的关键系统（助推器、芯级或轨道器）采用带翼结构进行飞回式回收。返回的系统在指定的机场或发射场水平着陆，经过检修与测试后重新使用。飞回式采用带翼结构，具有很高的机动性，加之绝大部分组件都能重复使用，因此降低成本的幅度也大，是发展未来完全重复使用航天运输系统的必经之路。美国航天飞机是世界上最早投入使用的部分重复使用航天运输系统，它的重复使用部分主要是轨道器，固体火箭助推器的壳体也可以回收与重复使用。

随着技术的发展和新型运载器的诞生，重复使用起降方式也得到了较大拓展，具体包括：垂直起飞垂直降落（Vertical Takeoff and Vertical Landing，VTVL，简称垂起垂降）、垂直起飞水平降落（Vertical Takeoff and Horizontal Landing，VTHL，简称垂起平降）和水平起飞水平降落（Horizontal Takeoff and Horizontal Landing，HTHL，简称平起平降）三种方式。

1）垂起垂降重复使用航天运输系统，是指运载器采用垂直发射方式起飞，重复使用部分采用垂直降落方式返回着陆。相较于其他两种方案，垂起垂降运输系统以火箭发动机作动力，采用传统火箭外形并进行小幅改动（增加着陆缓冲机构、栅格舵等），无需新研外形及相关火箭系统，也无需增加复杂热防护和翼舵等，可在较小面积的陆上水泥场坪或海面船舶甲板上进行垂直着陆，无需长距离的大型跑道，技术跨度较小，研发成本较低。近年来，SpaceX等公司推出的低成本垂起垂降运输系统成功实现了“猎鹰”-9火箭一级助推的垂直回收并多次复用。垂起垂降已被证明是一种可行的技术途径，在商业航天发射市场具有较强的竞争力，在未来月球、火星等行星际任务中也具有广泛的应用前景。

2）垂起平降重复使用航天运输系统，是指运载器发射时采用垂直方式起飞，返回时采用水平降落方式着陆。垂起平降技术路线，按照其一级的实现模式又可分为3种类型：

一次性使用型、水平返回型和垂直返回型。垂起平降是垂起垂降被成功应用之前的主流技术路线，部分升力体构型的重复使用航天运输系统主要采用此种方式。典型应用产品如美国的航天飞机、XS-1验证机（亚轨道运载器）等。垂起平降对于可复用、高机动在轨侦察具有较高的军事应用价值，如小型化的无人空天飞机（X-37B），已被美国太空军用于高机动、长时间驻留在轨侦察，不定期返回维护，最长一次在轨时间达到908天。但是垂起平降在商业航天领域的发展潜力还有待进一步验证。这方面可以关注“追梦者”航天飞机，看它未来的成本和可靠性能否达到和超越同类垂起平降技术路线的水平，这一点将关系到未来垂起平降技术路线能否在商业航天市场上生存。

3）平起平降重复使用航天运输系统，是指运载器发射时采用水平方式起飞，返回时采用水平降落方式着陆[①]。部分升力体构型的重复使用航天运输系统采用此种方式，典型的产品如基于英国“佩刀”发动机的组合动力运载器、麦道公司的“德尔它”快帆（DC-X/XA）试验机、可完全重复使用的国家空天飞机计划（NASP）/X-30和“冒险之星”/X-33/X-34，英国的空天飞机和两级入轨飞行器。垂起平降和平起平降方式在返回时都需要依靠大气提供足够的升力，这就需要设计机翼来满足升力需求，返回升阻比大，机动能力强，需要在特定机场降落，并设计相应的起落架机构，结构效率相对较低。

（2）按入轨级数分类

重复使用航天运输系统按入轨级数分为单级入轨与两级入轨两种方案，由于设计要求不同，方案本身差别也很大。单级入轨重复使用航天运输系统，指一次性将航天器送入指定轨道，中间没有级间分离，运输系统进入轨道后可释放空间卫星载荷或自身作为空间应用载荷执行特定任务。任务完成后，运输系统依靠自身组合动力返回并重复使用。根据美国国家航空航天局正在实施的先进运载技术计划，单级入轨方案有3种，即垂起垂降方案、垂起平降的翼身融合体方案和平起平降升力体方案。单级入轨空天飞机从普通机场起飞，突破大气层进入太空；返回时从太空再入大气层降落在普通机场。单级入轨空天飞机一般装备3套发动机，一套喷气发动机用于起降和空中飞行；一套冲压喷气发动机用于突破地球引力提升高度；一套极速火箭发动机以第一宇宙速度冲破卡门线，进入太空飞行。

航天运输系统重复使用是降低运输费用、提高操作效率的十分有效的途径，其最终发展方向是达到完全重复使用与单级入轨。为了实现单级入轨，需要解决一个十分重要的质量比问题，即航天运输系统净重不能超过起飞质量的10%左右。换言之，航天运输系统携带的推进剂质量应占起飞质量的90%左右，这样才能使航天运输系统顺利地单级入轨。目前使用的运载火箭其携带的推进剂质量只占起飞质量的50%～70%，即使是部分重复使用的航天飞机也才达到84%。按照这个质量比，20世纪70年代以前的材料发展水平根本达

① 近几年，出现了空中发射方式，其载机相当于火箭的第一级，虽然属于水平起降，可以重复使用，但它与海上平台发射、地面车载机动发射、井下发射、潜艇发射等方式一样，是运载火箭发射平台的一种，不在本书的研究之列。

不到单级入轨的要求。

两级入轨重复使用航天运输系统，指运载器由多级组成，将航天器送入指定轨道前需进行多次级间分离；或由运输系统直接送入亚轨道，分离后航天器依靠自身火箭动力进入轨道。多级入轨方案可以采用现有的成熟技术，研制风险小，能够在较短的时间内获得成功。因此，航天大国也同样非常重视多级入轨技术。传统运载火箭构型和大部分升力体构型的重复使用航天运输系统主要采用多级入轨方式，例如，美国凯斯特勒（Kistler）公司研制的保温瓶状的两级型、全部重复使用的 K－1 运载火箭。空天飞机一般有两套动力装置，它的动力、爆发力、速度达不到冲出大气层的需求，因此，通常利用传统火箭作为一级进行发射；或搭载在一架大型专用运输机上，从普通机场起飞，当大型运输机到达一定的高度，空天飞机从运输机上起飞，突破大气层进入太空。

2016 年 11 月 17 日，据 BBC 网站披露，澳大利亚昆士兰大学正在研究一种不同于上述两种的技术方案——三级入轨运载器，目标是将 500 kg 卫星低成本送入轨道。该三级入轨运载器名为 Spartan，由重复使用火箭助推器、重复使用超燃冲压发动机和传统的小型火箭发动机相继提供动力。该运载器可像传统的火箭一样起飞，第一级助推火箭发动机将其加速到马赫数 5 以上后分离。第二级展开机翼，由超燃冲压发动机接力工作，将飞行速度提高到马赫数 10，并飞越 2/3 的航程，将运载器送入大气层外。第二级分离后，第三级开始工作。第一级和第二级在工作结束后都会飞回基地。与美国国防高级研究计划局（DARPA）研制的 XS－1 基于“重复使用一级运载器＋上面级”的太空飞机方案相比，Spartan 的三级入轨方案更具有经济优势，可以降低将卫星送入轨道的成本。

应该说，Spartan 的三级入轨方案是目前在技术风险和发射成本间较为现实的折中选择，在规避复杂的组合动力技术挑战的同时，尽量利用相对简单的重复使用动力技术，通过接力工作的方式降低入轨成本，提供了一种非常值得借鉴的低成本入轨方式。但是，由于各级动力装置分别独立工作，无法有机融合、优势互补，因此该三级入轨方案也存在着一定的技术局限性。

（3）按动力模式分类

重复使用航天运输系统的动力模式可分为火箭动力和组合动力。动力技术作为重复使用航天运输系统的核心技术之一，各国的技术方案也不尽相同。航天飞机主发动机采用了氢氧推进剂的分级燃烧循环，5 架航天飞机执行了 135 次飞行任务，其最初的设计目标是轨道器重复使用 100 次，主发动机使用 50 次，但实际执行下来，单台发动机最多重复使用了 39 次。“猎鹰”－9 火箭设计之初就考虑了通用性，全箭用一种型号火箭发动机。美国空军研制的 X－37B 轨道试验飞行器为重复使用技术的验证机，使用一次性火箭“宇宙神”－5 发射入轨，已完成了重复使用飞行试验，主动力装置是过氧化氢/煤油发动机。

对于火箭动力两级入轨重复使用航天运输系统的一级，国外主要按一次性火箭构型和升力体构型两种技术途径开展研究工作。火箭动力是指单纯采用火箭发动机提供动力的运输方式，动力系统在大气层内和大气层外都必须依靠运载器自身携带的推进剂提供动力，分级工作，将航天器送入轨道。基于传统火箭构型的重复使用运载火箭在国外备受关注，并得到持续发展，主要包括垂直降落和伞降回收型两类。垂直降落的典型案例是美国SpaceX公司的“猎鹰”-9运载火箭。联合发射联盟通过“智能化模块式自主返回技术”来实现“火神”火箭第一级发动机的重复使用，选用蓝色起源公司的BE-4液氧/甲烷发动机。该发动机采用分级燃烧循环，推力达240 t，设计复用次数100次以上。俄罗斯正在研制以200 t液氧/甲烷发动机RD-0162为芯级及助推器动力的“联盟”-5火箭，并将作为亚轨道太空飞机重复使用火箭助推器。动力机械制造科研联合体（NPO Energomash）在2013—2014年进行了RD-0192液氧/甲烷发动机的研制。

组合动力是以液体火箭发动机、冲压发动机、涡轮发动机等基本动力形式为基础，由两种或两种以上动力进行组合而成的动力系统。组合动力技术是将涡轮、火箭、冲压等多种先进动力进行有机融合，形成一种新型动力，能在宽广的飞行包线内为飞行器提供所需动力。也就是说，采用航空发动机和火箭发动机组合提供动力的运输方式。采用组合动力、升力体构型，能够在稠密大气层、临近空间、轨道空间自由往返飞行，是降低航天运输成本、提高安全可靠性、快速进出空间的理想途径，是未来主流的发展方向，是世界航天大国的标志性装备和基础能力。目前，国内外组合动力的典型设计方案有：涡轮基冲压组合发动机（TBCC）、火箭基冲压组合发动机（RBCC）、空气涡轮火箭发动机（ATR）。它们是涡轮、冲压和火箭动力之间两种组合或三种动力进行组合的方案。其中，RBCC将火箭助推器和双模态超燃冲压发动机有机组合在一起，通过高推重比、低比冲的火箭发动机和低推重比、高比冲的吸气式发动机的有机融合，使二者扬长避短，成功实现了航天推进的高效率和经济性。

组合动力系统在大气层内以航空发动机或超燃冲压发动机的工作方式，利用自身携带的燃料和外部空气中的氧气混合燃烧提供动力；在大气层外，依靠运输系统自身携带的推进剂（燃料和氧化剂），以火箭发动机工作方式产生动力推进。英国提出的“云霄塔”，采用带预冷器的组合动力方案。其“佩刀”发动机采用“亚燃-超燃”双模态工作，一种是吸气模式，另一种是火箭发动机模式，可利用大气中的氧气作为氧化剂，减少自身携带的推进剂重量，提高运载能力。

（4）按产品构型分类

重复使用航天运输系统按外形分可为传统火箭构型和升力体构型。传统火箭构型重复使用航天运输系统，是指运载器的气动外形采用传统的头锥型柱状火箭作为运载器，火箭的一级、二级或整流罩等产品部分或全部回收并重复使用。典型产品如SpaceX公司的“猎鹰”-9火箭。

升力体构型是在没有机翼等结构的情况下仍然靠本身形成的升力稳定飞行的气动结构。升力体构型没有常规航空飞行器的机翼，而是采用锥形体、升力体、翼身融合体（BWB）或乘波体等形式的气动布局来产生升力。

锥形体是轴对称的，即由一条母线围绕某轴回转而成的构型。其任意一个截面都是圆形的，外形特点是尖头或钝头部、大细长比、大后掠角、小展弦比。锥形体布局为高超声速飞行器中比较常见的气动布局，优点是技术比较成熟，升阻比较大。

翼身融合体是由飞行器的机翼与机身两个部件融合而成的一体化布局，两者没有明显的界线。翼身融合体的优点是：结构质量小、内部容积大、气动阻力小。这些优点可使飞行器的飞行性能有较大改善。由于消除了机翼与机身交接处的直角，翼身融合体也有助于减小雷达反射截面积，大幅提升了隐身性能。气动布局消除了机身等部件所产生的附加阻力和机翼与机身间的干扰，提高了升阻比，从而改善了系统的总体性能。该构型具有较强的升阻比和机动性能，是空天飞行器气动构型的首选方案，主要用在航天飞机、重复使用的运载器以及空天飞机等飞行器外形设计中。自1975年以来，有关升力体构型飞行器的试验已进行了225次，包括美国国家航空航天局研究的“冒险之星”/X-33/X-34系列都采用升力体气动布局。

乘波体的概念是1959年首次提出来的，是一种在所有前缘都具有附体激波的声速、高超声速飞行器气动布局。乘波体的特点是升阻比高，高马赫数下气动性能好，动力系统可与气动外形高度整合。乘波体下激波可提高发动机进气压力，下激波在发动机后形成等效的扩散喷口，进一步加速超声速气流。实用化的乘波体飞行器不仅要实现高升阻比，还要实现高容积率、热防护等多目标优化。由于乘波体所产生的激波位于其升力面的下方，上下表面没有压力沟通，所以不存在飞行器下表面和上表面的流场干涉问题，上下表面可以分开处理，有效简化了飞行器的初步设计和计算过程。因此，在高超声速飞行领域内，乘波体已被公认为是最好的气动布局外形。美国X-43、X-51A采用了吸气式超燃冲压发动机为动力的乘波体外形，并完成了飞行试验验证。

升力体构型的火箭动力重复使用航天运输系统又可分为亚轨道级和轨道级。美国航天飞机是典型的轨道级重复使用运输系统。进入21世纪，美国提出了火箭动力、自主垂起平降的亚轨道运输飞行器技术验证机XS-1计划，重点验证低成本、快速周转、快速发射等相关技术。XS-1项目体现出了明显的继承性、兼容性和互补性，虽然受限于任务形势的迫切性和技术的复杂性，项目于2020年中止，但并不影响美国在带翼重复使用飞行器研制和低成本发射技术方面的研究。2020年7月11日，英国维珍银河公司研制的“太空船”-2亚轨道飞行器，采用升力体构型，由母机“白骑士二号”带至高空投放，启动火箭发动机，飞升到距地面约86 km高空，再入返回后水平着陆。

（5）按重复使用程度分类

重复使用航天运输系统按重复使用程度可以分为：部分重复使用运输系统和完全重复使用运输系统。部分重复使用运输系统是指关键组件在发射后采用弹道式气动减速装置（或反推火箭）或带翼自主返回地面，经检修和试验后重复使用。

完全重复使用航天运输系统是指系统可整体回收并重复使用，回收后仅需简单清洗、维护、重新加注推进剂或更新载荷，即可投入再次发射。完全重复使用两级入轨技术除了像 K－1 火箭一样采用两级液体火箭的方案外，还有一种助推级（驮运助推飞机）加轨道级的方案，如德国的“桑格尔”空天飞机，它是以冲压发动机及火箭发动机为动力的两级方案，由两架飞机分别构成其助推级和轨道级。这种方案利用助推飞机把轨道级加速并升到一定高度，从而减少轨道级所需的推进剂消耗量。但是，这种方案的运载能力会受到助推飞机技术限制。由于助推飞机运载能力有限，轨道级航天器的尺寸、运载能力就不能做得很大。实现这种方案的主要关键技术是研制大尺寸、大运载能力、高马赫数飞行的助推飞机。就目前的技术发展水平来看，高马赫数的冲压发动机技术及大型飞机的制造试验技术，所需研制经费多，研制周期长，近期内不容易实现。

20 世纪 70 年代，美国决定研制部分重复使用的航天飞机，其轨道器和固体助推器能重复使用，虽然向完全重复使用航天运输系统方面迈出了重要的一步，但还是远远没有达到人们最初设想的大幅度降低运输成本的目的。航天飞机结构过于复杂，发射操作不够灵活，飞行次数和发射频率太低，轨道器和固体助推器需要较长时间维修，两次发射之间的平均返场准备时间长达 3 个月左右，所需的维修技术人员高达 8 000 多人，所有这些都直接导致航天飞机发射成本的增加。

20 世纪 80 年代末、90 年代初，国外掀起了一场以吸气组合式发动机（即超燃冲压发动机）为动力的完全重复使用航天运输系统的研究高潮。这一阶段研究的重点型号有美国国家空天飞机计划（NASP）/X－30、德国的“桑格尔”和英国的“霍托尔”空天飞机等。尽管这些型号研究计划由于技术难度太大（尤其是超燃冲压发动机）和经费有限等问题而相继停止，但对关键技术的研究并没有停止，其研究成果对未来研制重复使用航天运输系统产生了重大影响。

3.3 发展方向

半个多世纪的发展历程表明，重复使用航天运输系统的研制具有极大的挑战性。单级入轨重复使用航天运输系统作为重复使用航天运输系统发展的远景目标，在技术上短期内难以实现。为了满足未来航天运输需求，实现天地往返航班化运输能力，各国经过长期反复的论证后，均将多级入轨、部分重复使用作为航天运输系统近期可行的方案，投入了大量的经费和资源进行研究。两级入轨完全重复使用运输系统应该是一个比较适宜的中远期发展目标。

与轨道级重复使用航天运输系统相比，亚轨道重复使用航天运输系统可作为两级入轨完全重复使用运输系统的第一级，在技术难度上有所降低，并且能够在一定程度上实现快速、廉价进入空间。再入返回过程中，飞行速度相对轨道级再入要小很多，承受的气动力和热环境易于克服，对飞行器材料和结构的要求并不十分苛刻，研制难度和经费投入规模可大幅降低。美国空军研究实验室同时授出多个合同用于研制重复使用助推器系统（RBS）验证器并进行飞行试验，对该计划展示方案的总体性能、技术指标、运行模式及应用模式等分析表明，美国的重复使用助推器系统在一定程度上说明了亚轨道重复使用技术难度相对较小，是近期可行的起步方案。

轨道级重复使用航天运输系统可作为两级入轨完全重复使用运输系统的上面级，其飞行剖面能够覆盖轨道再入的全过程，同时具备在轨驻留和轨道机动等能力。尽管技术难度上有所提高，但从技术发展的角度看，轨道级是重复使用航天运输系统技术发展的必然阶段，可作为一个跨越式发展的技术平台，牵引相关技术的攻关，从而降低单级入轨重复使用航天运输系统的技术实现难度。各国在发展重复使用航天运输系统技术的过程中，都瞄准了轨道级重复使用航天运输系统技术大力攻关，开展了众多的研究计划。美国的X-37B作为空间机动飞行器（SMV）的综合技术验证机，实际上就是一种轨道级重复使用航天运输系统。因此，在以亚轨道重复使用航天运输系统作为起步方案的同时，各国加大了轨道级重复使用航天运输系统的投入和研究力度。在两级入轨完全重复使用运输系统的实现过程中，与现有航天运输系统结合起来，通过亚轨道和轨道级重复使用航天运输系统的逐步实现，可快速形成多级入轨部分重复使用的天地往返运输系统，满足对快速、低成本天地往返运输能力的需求。

亚轨道重复使用航天运输系统和一次性使用上面级组合，可以构成多级入轨部分重复使用运输系统，通过助推级的重复使用，可有效降低发射成本，缩短发射周期；轨道级重复使用航天运输系统和一次性运载火箭相结合，可以构成另一种多级入轨部分重复使用运输系统，与亚轨道和一次性使用上面级的组合模式相比，具有更大的灵活性，增加了从轨道空间（如空间站）向地面的运输能力。

发展完全重复使用航天运输系统，世界上并不存在统一的模式和技术途径。从当前国外研究状况看，单纯采用火箭发动机的带翼方案不占主导地位，采用涡轮基冲压组合发动机＋火箭基冲压组合发动机，或采用涡轮基冲压组合发动机＋火箭发动机的平起平降方案代表着主流方向。随着重复使用航天运输系统技术的发展，亚轨道和轨道级重复使用航天运输系统技术成熟度不断提高，未来将实现亚轨道重复使用航天运输系统和轨道级重复使用航天运输系统的结合，构建两级入轨完全重复使用运输系统，实现由部分重复使用到完全重复使用的跨越，形成更为便宜、便捷、高效的天地往返运输能力。

第 4 章　争鸣——国外发展

4.1　美国

美国作为世界航天技术的“领跑者”，一直高度重视、持续投入航天运输系统的研究与发展，全方位谋求绝对优势和技术全面领先，其发展过程呈现出“安全战略主导、发展战略牵引、发展主体多元、发展重点聚焦”等特征。在重复使用航天运输系统方面，美国是开展研究时间最早、制定和实施的计划最多、投入的经费也最多的国家，而且具有良好的持续性，取得了丰硕的研究成果，代表了世界重复使用航天运输系统的先进水平。

自 20 世纪 60 年代开始，美国国家航空航天局先后开展了多项重复使用航天运输系统的研究计划，早期包括凯斯特勒公司的 K-1 火箭、先锋火箭公司的“探路者”、波音公司的单级入轨和两级入轨飞行器、轨道科学公司的“太空的士”，以及美国国家航空航天局负责的 X 系列飞行器，如 X-15、X-20、国家空天飞机计划（NASP）/X-30、“冒险之星”/X-33/X-34、X-37、X-40A 及 X-43 等。

这些计划的开展始终围绕着两条主线，一条主线是基于吸气式组合动力的重复使用航天运输系统，主要包括国家空天飞机计划（NASP）/X-30、X-43A 高超声速技术验证机和“猎鹰”计划下的高超声速巡航飞行器（HCV）等；另一条主线是基于火箭动力的重复使用航天运输系统的研制，主要包括：航天飞机、“冒险之星”/X-33/X-34、X-37、“德尔它”快帆（DC-X/XA）、轨道空间飞机（OSP）计划、快速响应与经济适用型发射系统（RASCAL）。上述计划中只有航天飞机投入了实际使用，其他计划有的进行了演示验证飞行（如 X-15、DC-X/XA、X-43A），有的处于暂停状态，有的已经停止（如 X-20、X-30、“冒险之星”/X-33/X-34），还有的正在执行中（如 X-37B）。进入新世纪后，美国重点研制了基于火箭动力部分重复使用的两级入轨飞行器，如 X-37B 等，并继续研发基于吸气式动力技术的高超声速飞行器，如 X-51A 等。

总体上看，美国在重复使用航天运输系统研究方面，虽然经历了几起几落，但还是处于快速发展的状态，其发展过程既积累了丰富的经验，也有可贵的教训，概括起来就是如何平衡处理技术风险、费用和回报问题。纵观美国重复使用航天运输系统的发展历程，主要经历了以下四个阶段，如图 4－1 所示。

（1）第一个阶段（1950—1970 年）：提出概念并初步验证关键技术

20 世纪 50/60 年代，美国开展了 X 系列验证机的大量研究，通过实施 X－15、X－20、X－23、X－24 等关键技术验证计划，以及“水星”“双子星”“阿波罗”等载人飞船，为航天飞机研制积累了经验。其中，美国空军提出的“极超声速滑翔火箭武器系统”，也就是 X－20 高超声速飞机，这一项目基于先前德国人桑格尔提出的“银鸟”计划和贝尔公司提出的 BOMI、RoBo 火箭轰炸机项目，希望研发一款由火箭发射的临近空间载人飞行器，用以执行侦察、轰炸等军事任务。尽管 X－20 最终因内部因素在原型机制造阶段下马，但它作为人类第一款实际的空天飞机和第一次太空军事化的尝试仍然值得我们借鉴，其促进了风洞技术和超声速气动设计的进步。

（2）第二个阶段（1970—1980 年）：航天飞机研制与首飞

航天飞机是一种重复使用固体助推器和重复使用轨道器的结合物，它可以运送人员和货物往返于地球和近地轨道之间。美国从 20 世纪 60 年代末开始进行航天飞机的方案论证，1972 年正式批准立项。1981 年 4 月 12 日，哥伦比亚号航天飞机首飞成功，实现了航天运输系统的部分重复使用，拉开了重复使用航天运输系统应用的序幕。航天飞机主发动机是世界上第一款实现重复使用的液体火箭发动机，其单台飞行重复使用次数最多 8 次。与此同时，由于美国航天飞机无法满足人们在项目早期赋予它的种种期待，美国期待发展一种新的航天运输系统以替代航天飞机，比如空天飞机，但并没有考虑运载火箭的重用性。

（3）第三个阶段（1980—2000 年）：单级入轨完全重复使用研制浪潮

1986 年，在美国航天飞机技术成功的鼓舞下，美国提出了更加先进的基于吸气式组合动力的平起平降国家空天飞机计划（NASP），X－30 等新一代航天运输系统项目应运而生，且选择了单级入轨重复使用设计。单级入轨完全重复使用航天运输系统的吸气式组合动力发动机、轻质结构与材料等新技术，其难度远远超过当时的工程实现能力，因实际投资远超预期，在 20 世纪 90 年代初期相继下马，但空天飞机的概念引发了对跨大气层飞行的设想，此设想今天依然具有超前性。

1994 年 8 月 5 日，美国总统克林顿签署了《国家太空运输政策》(*National Space Transportation Policy*)，新政策决定暂时不研制新型运载火箭，在 2000 年之前要求国防部负责改进型一次性运载火箭，重点是大幅度降低发射成本，特别是大型卫星的发射成本；同时，要求美国国家航空航天局负责下一代重复使用航天运输系统的技术开发和验证。于是，美国国家航空航天局根据该政策发起了“先进航天运输系统计划”（Advance

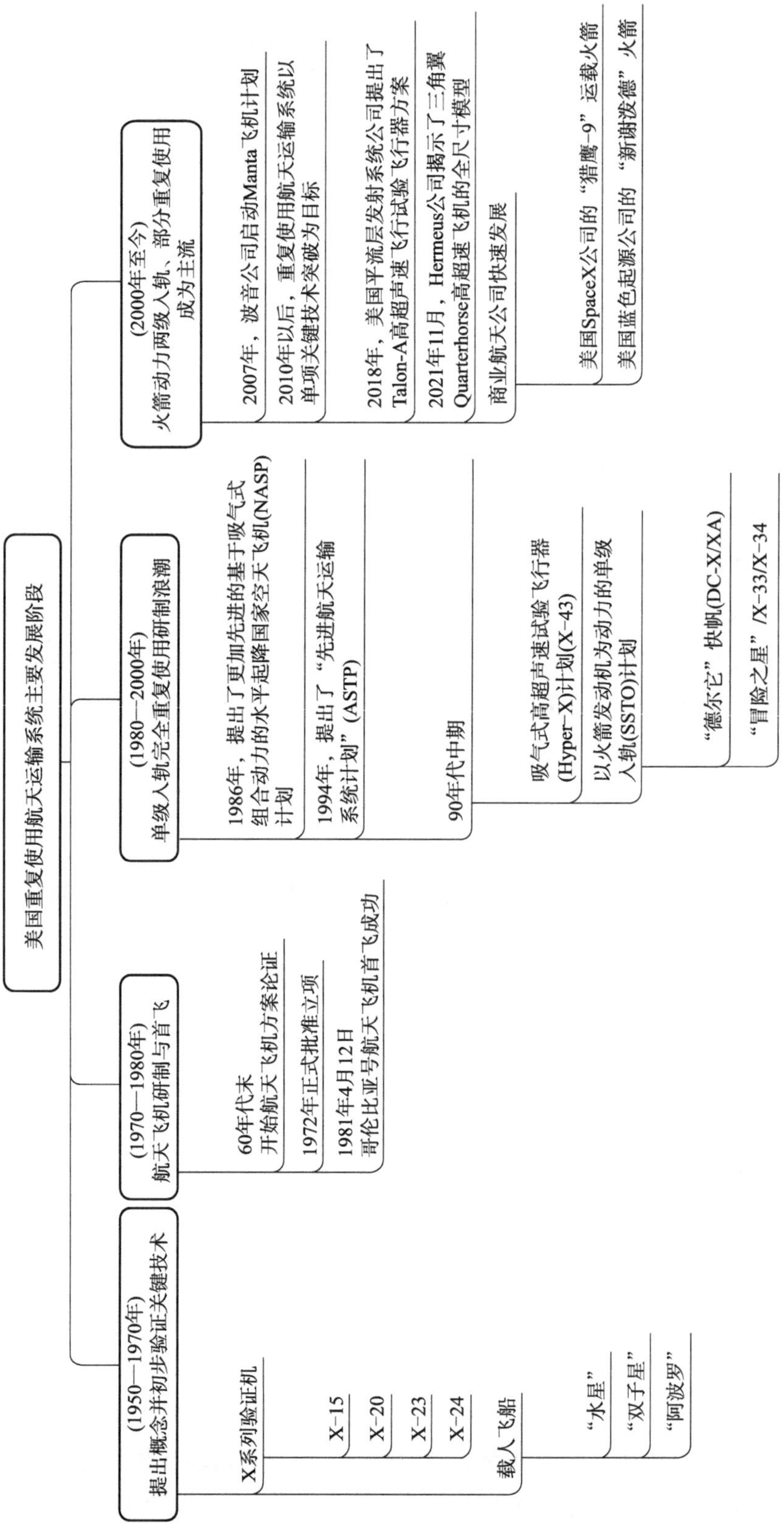

图4-1　美国重复使用航天运输系统主要发展阶段

Space Transportation Program，ASTP）。《国家太空运输政策》指定美国国家航空航天局负责重复使用航天运输系统的技术发展，所发展的技术用于在未来建造低费用运输系统，其运载费用为目前费用的1/10。“先进航天运输系统计划”的实施，使美国的航天运输重新充满活力，以便其能够重新占领世界的商业发射市场，同时在很大程度上改善美国国家航空航天局执行空间科学任务的运载能力。

1996年，美国的国家太空政策再一次重申了美国国家航空航天局的目标，美国国家航空航天局开始向那些能够保证美国在未来的航天运载领域领先的技术投资，以保证美国工业部门能够采用这些先进技术研制新一代重复使用航天运输系统，占领发射市场，并在太空开发应用中寻求更多的商业机会。美国国家航空航天局在航天运输系统方面的核心技术计划由“先进航天运输系统计划”来具体实施。该计划的目标是大幅增加航天运输系统的安全性和可靠性，同时大幅降低运输费用。从长期规划来看，“先进航天运输系统计划”是美国国家航空航天局“冒险之星”计划的下一步。先期通过这些飞行验证机计划，逐渐掌握研制第二代重复使用航天运输系统的关键技术，使航天运输系统在操作上更接近飞机（水平起飞和水平着陆），使两次发射之间所需的周转时间更短，并且只需很少的地面工作人员就能够支持系统运行。

20世纪90年代中期，航天界认为吸气式单级入轨飞行器需要首先突破超燃冲压发动技术，因此将超燃冲压发动机作为一个研究方向。同时，重复使用航天运输系统开始瞄准火箭动力单级入轨发展方向。美国启动了吸气式高超声速试验飞行器（Hyper－X）计划（X－43）和以火箭发动机为动力的单级入轨计划［“德尔它”快帆（DC－X/XA）、“冒险之星”/X－33/X－34］。其中高超声速试验飞行器（Hyper－X）X－43A验证机试飞成功，初步验证了超燃冲压发动机的可行性，而“德尔它”快帆（DC－X/XA）、“冒险之星”/X -33/X－34因技术难度太大而下马。随后重复使用航天运输系统技术研究从单级入轨转向更为务实的两级入轨。

（4）第四个阶段（2000年至今）：火箭动力两级入轨、部分重复使用成为主流

进入21世纪后，美国在充分总结历史经验和教训的基础上，提出国家航天倡议（NAI）。其中，重复使用组合动力运载器是高速/高超声速技术与进入空间技术方向的共同核心，提出了计划25年内实现组合动力空天飞行的宏伟目标。美国在国家航天倡议的牵引下，对组合动力运载器进行了顶层规划和统筹安排，涵盖了从基础研究到飞行演示验证的所有任务，循序渐进地推动以超燃冲压发动机为核心的组合动力运载器的发展。

同时，美国空军独立发展重复使用军用空间飞机（MSP）系统，执行进入空间和空间作战任务。在军用空间飞机顶层规划下，美国先后成功完成了空间机动飞行器（SMV）技术验证机X－37B的飞行试验，验证了长期在轨飞行、大范围轨道机动、再入重复使用等关键技术。2010年以后，重复使用航天运输系统技术发展策略更趋务实，以单项关键

技术突破为目标，开展持续研究。2013 年，美国启动了火箭动力、垂起平降的亚轨道运输飞行器（SOV）技术验证机 XS－1 计划，通过助推级重复使用来降低发射费用，同时提高发射的机动性和灵活性。在重复使用高超声速平台研究方面，X－51A 项目脱颖而出，验证了吸气式超燃冲压发动机技术，但它并不是在高超声速条件下能够获得良好飞行性能和重复使用的飞行器。经历过高超声速环境，并能够重复使用的 X－37B 飞行器，以轨道服务为目标，其发射还需要借助运载火箭。

2007 年，美国波音公司启动 Manta 飞机计划，研制临近空间侦察、打击平台项目，最大飞行马赫数 7。Manta 采用涡轮基冲压组合发动机，采用"内外乘波＋大后掠无尾"升力体布局形式，前体内外乘波设计，提高宽速域进气道效率和前体升力；大后掠 S 形前缘三角翼设计，提高低速非线性涡升力；高效内倾双垂尾设计，同时布置 4 块舵面，提高全速域横航向稳定性和飞行控制能力。2018 年，美国波音公司在美国航空航天学会科技研讨会上公开了 Manta 计划升级版的高超声速作战飞机相关概念方案及研制计划等信息，满重 84 t，空重 34 t。气动布局设计采用大长细比高脊背机身、大边条、大后掠小展弦比薄机翼、大后掠双垂尾翼身融合体布局形式，突出低速和跨声速升阻力设计的特点。

2016 年 9 月中旬，美国空军研究实验室公布了基于英国"佩刀"吸气式火箭发动机的两级入轨组合动力运载器概念。一子级采用"佩刀"发动机作为动力，可自主返回，二子级为一次性火箭，计划 2028 年后具备工程应用条件。

2018 年，美国平流层发射系统公司提出了 Talon－A 高超声速飞行试验飞行器方案，旨在设计一种完全重复使用的、自主的、以液体火箭驱动的飞行器，采用大后掠三角翼设计，机体长 8.5 m，翼展 3.44 m，并配置有一个垂直尾翼，发射重量约为 2 722 kg，飞行速度达到马赫数 7。Talon－A 可搭载于"平流层发射"载机，从跑道上起飞，爬升至 10.7 km 高度后与载机分离，发动机点火加速，进行高超声速飞行试验，最后滑翔返回，在常规跑道上水平着陆。

2021 年 11 月，Hermeus 公司（由 SpaceX、蓝色起源和 Generation Orbit 前成员于 2018 年成立的一家初创企业）揭示了旗下高度流线型的三角翼 Quarterhorse 高超声速飞机的全尺寸模型，该飞行器获得了美国空军 6 000 万美元的合同，以商用市场上的 GEJ85 涡喷发动机为基础，升级为涡轮基冲压组合发动机，采用头锥部进气，预期飞行最高速度达到马赫数 5。

近年来，随着商业航天的崛起，低成本商业化需求促进了重复使用航天运输系统的快速发展。其中，美国 SpaceX 公司的"猎鹰"－9 运载火箭采取垂起垂降技术，单个子级最多使用 14 次，连续 2 次发射中转周期最短至 27 天。该公司还在研制"超重-星舰"完全重复使用运载火箭，并开展多次轨道级样机 SN/S 系列验证机的飞行试验。此外，美国蓝色起源公司"新谢泼德"火箭的一子级也采用垂起垂降技术，载人太空舱采用降落伞进行着陆回收。英国维珍银河公司采用载机空射技术，太空舱垂起平降重复使用，并均完成多次验证性飞行。上述公司的成功，得益于前人开展的大量研究工作。其中，垂起垂降方案适用于子级模块规模大、发动机数量多的大中型火箭，其发动机节流能力较易实现。而对于中小型运载火箭，尤其在发动机数量少、推力大、深度节流困难的条件下，伞降回收也是一个可选方案，技术成熟度高，但回收体规模也较小，着陆冲击难以克服。

4.1.1 新兴企业

航天飞机退役后，美国极力想恢复其载人航天能力，以商业航天为导向，在近地轨道投送和支持能力方面，全面推动新兴商业航天企业的发展，催生出了以 SpaceX 公司为代表的一大批私营航天企业。由于私营航天创业公司管理机制灵活高效，因而研制航天运输系统的周期短，成本也较低。除了出现商业航天运输系统研制公司之外，美国还出现了许多发展商业空间站、太空旅游和火星探索的私营公司。美国采用"政府＋市场"双轮驱动的政策，积极鼓励商业航天企业，对世界航天事业的发展产生了深远的影响。在载人航天计划、国际空间站建设等诸多成就背后，商业航天公司才是奠定美国航空航天国际地位的各路"明星"，美国国家航空航天局更像是一个"导演"。

美国国家航空航天局的航天计划始终和商业航天公司紧密相连，从研发到制造，美国国家航空航天局一向痴迷于"外包"。美国国家航空航天局有向工业部门征集最佳设计方案和举行竞标的传统，使美国各商业公司处在激烈竞争中，也正是在这些竞争中美国国家航空航天局获得了"物美价廉"的设计方案和设备。2021 年 9 月 24 日，美国太空系统司令部（SSC）宣布，美国太空军已授出总价值为 8 800 万美元的四份合同，用于研发下一代火箭。SpaceX 公司获得了 1 450 万美元的资金，联合发射联盟获得 2 440 万美元，用于进一步对"火神-半人马座"火箭进行上行链路指挥与控制研发，火箭实验室（Rocket Lab）公司获得 2 440 万美元，用于其正在建造的"中子"号（Neutron）火箭的前期开发，蓝色起源公司不敌美国联合发射联盟与美国 SpaceX 公司，但仍获得了 2 440 万美元的资金，用于其"新格伦"火箭第 2 阶段的低温流体管理。

（1）蓝色起源公司

亚马逊的贝索斯于 2000 年创立了蓝色起源公司，开始追逐自己的航天梦想。贝索斯投入巨资，挖了很多人才，吸收了部分原"德尔它"快帆（DC－X/XA）的研究人员，其中很多就是从 SpaceX 公司挖的，他们选择了先攻克垂直回收技术、再攻克入轨火箭的路线。贝索斯打算以此为起点实现太空旅游和太空移民。

"不积跬步，无以至千里"，贝索斯从难度低的亚轨道旅游做起，开始研制垂直起降的亚轨道试验器和飞行器。2015 年 4 月 29 日，"新谢泼德"火箭进行了第一次试飞，火箭飞到了 93.5 km 的高空，但助推器返回时液压系统出现故障，火箭回收失败。2015 年 11 月

23 日，蓝色起源公司成功发射采用 BE－3 发动机（液氢/液氧）的亚轨道火箭“新谢泼德”（100.5 km 高度），并成功实现助推级的垂直软着陆，首次完成亚轨道垂直起降重复使用运载器助推级的发射和定点垂直软着陆回收，实现了人类首次完整回收亚轨道级火箭的壮举。

在这之后，蓝色起源公司稳步推进研发计划。2016 年 1 月 22 日，回收的助推级再次发射（101.7 km 高度）并成功定点垂直软着陆（图 4－2），率先完成亚轨道垂直起降重复使用运载器助推级箭体的回收后再次复用。2016 年 4 月 2 日、2016 年 6 月 19 日和 2016 年 10 月 5 日，同一箭体进行了第 3 次、第 4 次和第 5 次（最后 1 次）发射并成功回收。2021 年 7 月 20 日，“新谢泼德”执行了第一次载人飞行（任务编号：NS－16），乘客包括公司创始人贝索斯。截至 2022 年年底，“新谢泼德”已经载人飞行了 3 次。

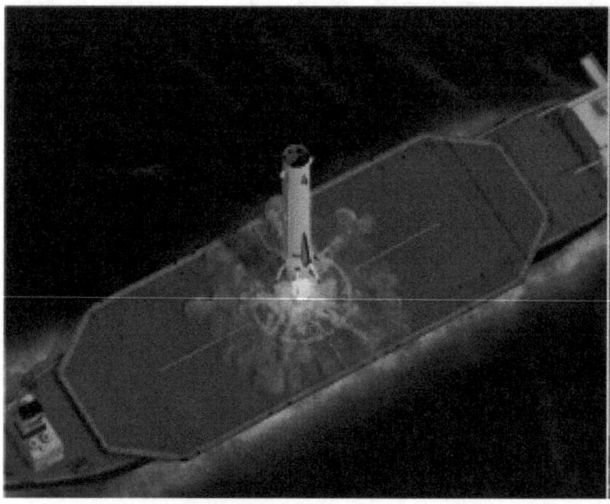

(a)“新格伦”火箭一级回收

(b)“新谢泼德”火箭一级回收

图 4－2　蓝色起源公司火箭回收景象

事实上，蓝色起源公司的垂直起降试验要比太空探索技术公司更早。2006 年开始，蓝色起源公司就进行了一系列垂直起降试验，其中第二个试验飞行器（PM2）2011 年甚至突破声速飞到 14 000 m 的高空，虽然在这次试验中该飞行器在高空失控坠毁了，但它的纪录尚未被 SpaceX 公司的“蚱蜢”试验机打破。沉寂几年后，“新谢泼德”（New Shepard）火箭的试验开始了，它飞到了更高的高度，并在第二次试验中突破卡门线实现了成功返回着陆，成为新一代可回收利用的火箭。

从技术角度讲，“新谢泼德”火箭的技术难度并不是太高。要说速度，“新谢泼德”的速度只达到了马赫数 3.72，这虽然足以使它突破卡门线，但突破卡门线的飞行器并不罕见。2004 年著名设计师鲁坦研制的“太空船”－1 就成功突破了卡门线并着陆，获得了 X 大奖，只不过“太空船”－1 号是由“白骑士”载机携带起飞，采用水平着陆回收，而不是一个垂直起飞垂直降落的飞行器。该飞行器使用混合式固体火箭发动机，于 2004 年 6

月首飞成功，此后还成功地进行了载人飞行。“太空船”-1号和航天飞机不同，是先由一架“白色骑士”号飞机载上高空（15 000 m左右），接着它的火箭发动机点火工作；80 s后飞行速度达到3倍声速，此时，发动机熄火，“太空船”-1号利用惯性飞行上升到100 km以上的顶点；然后下落，再入大气层，完成载人亚轨道飞行。在整个飞行期间，“太空船”-1号大约有200 s处于失重状态。

更早更著名的X-15试验飞行器，达到了108 km的飞行高度，而且最高速度几乎是“新谢泼德”的两倍，达到了马赫数6.72，但它是被携带到空中释放并水平着陆的试验机。“新谢泼德”的BE-3发动机节流能力较强，这是它成功着陆的基础，但它本身结构质量较大。“新谢泼德”着陆时有一个明显的空中悬停修正姿态的动作，这对着陆成功是非常有利的。

简言之，“新谢泼德”的成就只能限定在垂直起降领域，如果没有“猎鹰”-9火箭多次垂直着陆失败的对比，它也不会这么引人注目。更重要的是“新谢泼德”的目标也相对简单，瞄准了亚轨道旅游服务，这与众多航天爱好者梦寐以求的通过重复使用降低发射成本，实在有着太大的差距。当然，“新谢泼德”的成功，意味着蓝色起源公司占据了亚轨道旅游市场的先机，有望成为亚轨道旅游的领头羊。

蓝色起源公司于2016年9年公布了其正在研发的下一代垂直起降重复使用火箭——“新格伦”，用于执行轨道发射任务，近地轨道有效载荷为45 t，箭体直径为7 m，分为两级（箭长82 m）和三级版本（箭长95 m）（图4-3）。“新格伦”火箭是个庞然大物，个头比之前的“德尔它”-4重型火箭还大。一级采用7台BE-4发动机（液氧/甲烷），该发动机采用分级燃烧循环，推力达240 t，可实现100次以上复用；二级采用7台BE-4真空发动机（液氧/甲烷），三级采用一台BE-3U发动机（液氢/液氧）。与“新谢泼德”类似，“新格伦”的助推级垂直起降重复使用。“新格伦”火箭一子级在发射分离后可垂直返回至海上驳船并回收使用，设计重复使用次数可达50次。

该方案与SpaceX公司“猎鹰”-9火箭类似，但对一子级气动外形进行了改进，增加了一对滑翔翼，分离再入后可以充分利用气动力来进行减速和轨迹控制，发动机仅需要一次点火即可实现软着陆回收，能够明显减少返回所需的推进剂。

蓝色起源公司在前几年闷头发展，开发了一款BE-4液氧/甲烷发动机，技术指标不错，连美国联合发射联盟都看上了，打算作为自己的下一代主力运载火箭“火神”的主发动机。但该发动机与亚轨道的“新谢泼德”火箭没有多大关系。贝索斯最终的梦想是把地球上的重工业搬到太空中，包括对地球环境造成沉重负担的化工厂、钢铁厂、水泥厂等。如果把重工业搬到太空中，就不存在污染排放问题了。不难发现，这些商业航天的倡导者都是一些有远大梦想的企业家，并正在把这些梦想变成现实。

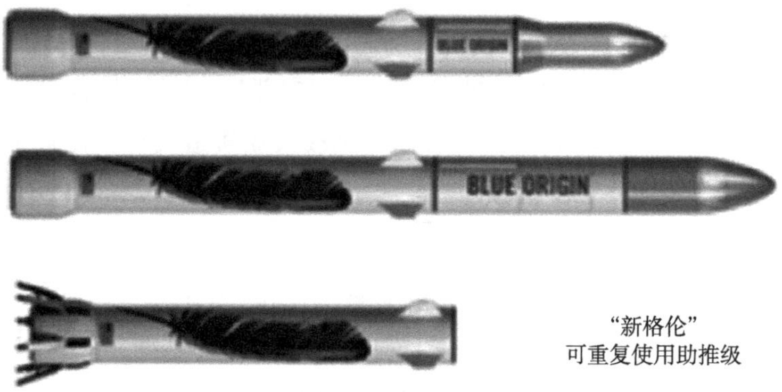

图 4-3 蓝色起源公司的"新格伦"火箭

(2) SpaceX 公司

太空探索技术公司(Space Exploration Technologies,简称 SpaceX),由马斯克于2002 年 3 月创立并兼任 CEO 和 CTO,总部设在加利福尼亚州霍桑市。公司总部包括办公场所、"猎鹰"系列火箭和"龙"飞船制造中心、飞行控制中心。2003 年 6 月,SpaceX 公司在国会山设立华盛顿办公室。自成立后,SpaceX 公司以惊人的速度陆续实现火箭发射入轨、火箭回收复用、载人航天发射、批量部署"星链"低轨卫星等里程碑式的成果。这让 SpaceX 公司在成为美国最主要的发射服务商的同时,又逐步成为世界上最大的卫星运营商之一。2022 年 6 月,SpaceX 公司通过股权融资筹集 16.8 亿美元,估值高达1 270 亿美元,一跃成为全球第三大独角兽,仅次于字节跳动和蚂蚁集团,并且这一估值规模已经相当于半个阿里巴巴的市值。

马斯克是第一个拥有运载火箭和"龙"飞船的私人投资者,而波音和洛马公司的航天系统虽然也是私营公司设计建造,但这些系统却为政府所有。SpaceX 公司是航天市场上第一个完全自主的私营公司和运营商,马斯克的发展设想是完全商业化,不会像波音、洛马受制于美国国防部那样,不能实现全面商业化,缺乏竞争力。被称为私营商业航天企业主要有两方面原因:一是该公司并未上市,在国外这类企业被称为"私营公司"(Private Company),而上市企业则被称为"公众公司"(Public Company);二是政府虽然按合同向 SpaceX 公司提供资助,但在拨款额度上无法与波音和洛马等大公司相提并论,因此缺乏稳定而持续的资金来源。

公司的设计和制造设施位于洛杉矶国际机场附近,充分利用了南加州雄厚的航空航天人才储备,具有齐全的动力与结构试验设施。内部设施包括办公区、生产车间和产品区,占地 6.5 万平方米,是加利福尼亚州大型生产设施之一,SpaceX 公司的航天器设计与制造有 80%来自这个工厂。它可容纳多条"猎鹰"-9 生产线,近 24 个"隼"发动机组装站和"龙"飞船生产区域,还包括测试实验室、热特性实验室和任务控制中心。它可应用最新技术进行产品加工、质量管理、焊接和复合材料的生产。公司还在得克萨斯州有发动机测试中心，占地255万平方米，拥有生产设施、自动测量控制和高速数据传输系统，可进行所有结构件和助推系统的生产。

SpaceX公司将自动化、信息流、工作地点与团队配合进行了有效融合利用，将自主开发的软件平台与第三方软件系统进行集成，并通过训练与仿真来简化任务系统，从而实现了前后方人员的优化合理配置和发射任务的快速响应，保障了工作的持续性。公司绝大部分员工都在总部工作，火箭和飞船的设计和制造也是在总部进行的。除了发射场控制中心外，公司总部还设立了一个任务控制中心，负责监控“龙”飞船在轨运行以及“猎鹰”火箭发射过程中的遥控和运行管理。该任务控制中心的布局使工作人员能够快捷地获取火箭和飞船的数据信息。任务控制、工程研发和制造团队是在同一办公大楼工作，使公司资源能有效协调。较高的自动化能力，不仅减少了任务监控的工作量，也精简了发射场的操作人员。

作为一家私营商业航天企业，成本控制是SpaceX公司最关注的，为此，他们想要通过回收火箭达到重复使用的目的，从而降低成本。就在这样一个并不起眼的公司里，马斯克计划利用过去半个世纪迅速发展的计算机科学和材料科学，大大提高性价比，在航天领域掀起一场革命。这不仅可以使得SpaceX公司获得巨大的商业利润，而且对军事、科学都有深远的影响。40年前，全球80%的火箭发射业务由美国承担，在SpaceX公司成立时已经不到20%。到2010年全球至少有30个国家具备发射火箭的能力，但SpaceX公司可以用2 000万美元完成运载火箭的发射，可以在4个月内完成一枚火箭的生产，可以用25人团队完成火箭发射操作，显然SpaceX公司具有十分明朗的发展前景。

蓝色起源公司成功之时，正是SpaceX公司屡战屡败之际，这或许会令许多人产生错觉，认为蓝色起源公司的技术和成就更卓越。其实，两者虽然都进行了垂直起降运载器的试验，但试验内容、试验目的和试验难度显著不同，它们之间没有多大的可比性。虽然在2015年11月24日，蓝色起源公司成功完成了对火箭的回收，但需要指出的是，蓝色起源公司的“新谢泼德”仅仅完成亚轨道飞行，并且由于只是测试，没有携带大量的载荷。而SpaceX公司的“猎鹰”-9火箭进行了轨道飞行，完成既定任务后才进行回收。虽然当时“猎鹰”-9火箭的返回试验尚未成功，但它的技术和工程难度要高得多，而且具有更大的前景和价值。

目前，“猎鹰”系列火箭包括“猎鹰”-9和“猎鹰”重型，是唯一实现了部分可复用的火箭。SpaceX公司花了6年时间完成了100次成功回收。“超重-星舰”将是人类历史上推力和运力最强的超级重型火箭，其推力是载人登月火箭“土星”-5号的2倍，近地轨道运力150 t，也将是第一枚轨道级全复用运载火箭，采用垂起垂降技术路线。它将是实现人类移民火星的运输系统。

总的来说，在航天运输系统的每个领域都可以看到向重复使用的转变。SpaceX 公司是第一个实现部分重复使用火箭的公司，也可能是第一个实现完全重复使用系统的公司，而其他公司也在迅速走向重复使用。由于 SpaceX 公司在重复使用火箭的成功应用，各商业公司为了保证其竞争力，大多开始将可复用作为发射系统研制的标准配置。垂起垂降技术路线目前在美国占了主导地位，采用平起平降技术路线的内华达山脉公司的“追梦者”航天飞机，尚未进行首飞。至于采用垂起平降技术路线的维珍银河的“太空船”-2，只能开展亚轨道飞行，其飞行高度尚未达到 100 km 的卡门线。

(3) 火箭实验室

火箭实验室（Rocket Lab）是一家美国私营航空航天制造商和小型卫星发射服务提供商，由新西兰工程师彼得·贝克（Peter Beck）创建，2013 年在美国加州设立了总部，在新西兰拥有全资子公司。该公司火箭包括现役的轻型火箭“电子”号（Electron）和在研的部分复用火箭“中子”号，两型火箭均为轨道级发射火箭。火箭实验室利用 10 年时间自主完成了“卢瑟福”（Rutherford）发动机以及“电子”号火箭的研制。

自 2017 年以来，截至 2023 年 3 月 17 日，火箭实验室的“电子”号火箭已经从新西兰北岛的一个私有基地发射了 32 次，成功 29 次，将 152 颗卫星送入轨道。从美国弗吉尼亚本土发射了 1 次，成功 1 次，将 3 颗卫星送入轨道。根据火箭实验室的说法，“电子”号火箭可以将 200 kg 的有效载荷运送到 500 km 的太阳同步轨道上。火箭实验室在全球发射市场上占有一席之地，专门向近地轨道运送小型卫星。火箭实验室还有更多“野心”，包括正在尝试伞降回收“电子”号火箭第一级；正在开发可完全复用的中型火箭“中子”号；一度瞄上金星，试图成为全世界首家发射金星探测器的私营航天企业。

1）“电子”号。“电子”号火箭属于部分复用两级入轨火箭，采用垂起垂降技术路线，其一子级在返回最后阶段采用伞降回收模式。“卢瑟福”发动机采用液氧/煤油推进剂，其推进剂涡轮由电力驱动，部分部件采用 3D 打印制造，主要发射小型立方体卫星和微纳卫星，目前处于在役状态。自 2017 年首飞以来，“电子”号火箭已成为世界主力小卫星发射商业火箭，承担了大量军民商发射任务。2019—2020 年，火箭实验室先后完成了子级回收制导控制系统、降落伞系统、直升机空中抓取系统等的研制和试验工作，并在 2020 年 11 月 20 日成功进行了火箭一子级海面溅落伞降回收试验（图 4-4），验证了降落伞系统、热防护系统等关键技术，向实现火箭重复使用迈出了关键一步。

2020 年，火箭实验室解密了火箭回收技术，不同于“猎鹰”-9 火箭垂直起降技术，“电子”号火箭采用硬核的降落伞+直升机的回收方案：一子级分离后（约 78 km），控制系统调整箭体姿态，箭体结构在隔热罩保护下以 8 倍声速再入大气层，并承受高达 2 400 ℃ 的温度。当再入减速到低于 2 倍声速后，减速伞打开用来稳定箭体结构并继续减速。之后，主降落伞打开，进一步增加阻力，然后利用两架直升机对箭体结构实施空中捕获，使箭体结构能够以低于 10 m/s 的速度在海面软着陆。之后，工作人员采用海洋回收捕获装置（ORCA）实施回收，并将部段返厂检查。

2022 年 5 月 3 日，火箭实验室“电子”号火箭执行“那儿与再一次返回”任务（There and Back Again）。该火箭从位于新西兰 Mahia 半岛的 LC－1A 发射平台发射升空，并部署了 34 个有效载荷。这是火箭实验室第 1 次尝试通过直升机对伞降的“电子”号火箭一级助推器进行回收。当助推器被抓住时，飞行员经历了意想不到的拉力，并决定切断助推器悬挂的绳子。此后助推器溅落在海中，由火箭实验室的回收船完成回收。2022 年 6 月 28 日，“电子”号火箭在新西兰成功发射美国国家航空航天局的立方星（CAPSTONE）。本次发射是“电子”号火箭及其火箭实验室公司发展中的一大里程碑，是作为“阿尔忒弥斯”（Artemis）计划中的第一次飞行任务，揭开了美国重返月球的大幕。

图 4－4 “电子”号火箭一级回收

火箭实验室为什么使用似乎已经被验证淘汰的技术路线？这自有它的道理。垂直返回需要解决发动机多次启停和矢量推力控制问题，需要预留返回过程中发动机的推进剂。第一个问题需要先进的发动机技术，第二个问题意味着会损失一定的有效载荷运送能力。这也是 SpaceX 公司的“猎鹰”－9 火箭有可复用和消耗型两种配置方案的原因，二者有效载荷发射能力和报价都是不一样的。

2）“中子”号。“中子”号火箭属于部分复用两级火箭，采用垂起垂降技术路线。该火箭概念于 2021 年 12 月 2 日正式对外发布，号称是面向 2050 年的火箭，首飞时间尚未公布。其先进性包括了其二子级设计、专有的碳纤维材料和液氧/甲烷发动机。其主要指标包括：高度 40 m、直径 7 m、整流罩内部直径 5 m；一子级使用 9 台“阿基米德”发动机，二子级使用 1 台发动机，推进剂为液氧/甲烷；一子级复用状态下近地轨道最大运载能力13 t，一子级一次性状态下最大运载能力 15 t，起飞重量 480 t，发动机推力

7 000 kN。

彼得·贝克认为2050年的火箭应该具有如下特征：重复使用；先进的材料，可以承受返回的冲击，节约成本且容易制造；发动机可以反复使用，没有一个绝对的限制；返回到发射场，而不是海上的驳船；采用不抛整流罩的复用方式；简单的发射平台，没有笨重而昂贵的发射基础设施。总之，除了上面级和有效载荷，火箭的其他部分可以反复使用。火箭实验室目前正在全力投入该型火箭的研发，贮箱原型正在制造中，2023 年将进行“阿基米德”发动机的第一次点火。

最引人注目的是其两级火箭的设计，为了提高回收的效率，该火箭看似一枚单级火箭，其实是将二子级火箭包裹在火箭的整流罩中，整流罩打开但不分离，二子级携带有效载荷分离后入轨，整流罩重新闭合随一子级返回；一子级采用固定支撑，部分替代地面发射支撑机构的功能。火箭整流罩采用 4 枚瓜片不分离的模式，释放内裹的二子级火箭（图 4－5)，整流罩合拢后返回发射平台。不过，这种模式可能会造成上面级偏小，一级火箭的推进时间延长，从而导致火箭有效载荷运力下降。

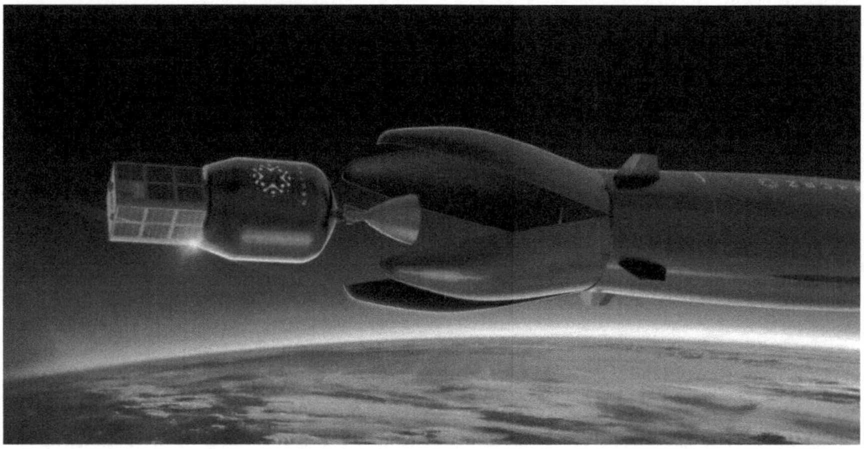

图 4－5　“中子”号火箭释放第二级示意图

（4）相对论空间公司

相对论空间（Relativity Space）公司是由埃利斯（Ellis）和乔丹·努恩（Jordan Noone）在 2015 年创立的，他们是大学同学，曾在蓝色起源公司和 SpaceX 公司做过短期的工程师。现年 32 岁的埃利斯目前担任相对论空间公司的首席执行官，而 30 岁的乔丹·努恩则于 2020 年接受了该公司首席技术官的职务。该公司目前拥有约 1 000 名员工，在加利福尼亚州长滩拥有一个占地 100 万平方英尺的总部和工厂。

“人族一号”（Terran 1）是相对论空间公司研发的一款小型液体两级火箭，高 35.2 m，直径 2.3 m（图 4－6)，近地轨道运载能力 1.25 t。一级火箭动力由 9 台液氧/甲烷发动机并联提供，二级火箭使用 1 台真空版液氧/甲烷发动机。“人族一号”火箭 85%以上零件由3D打印制造，是3D打印史上最大的金属物体。根据相对论空间公司2020年6月发布的广告，每枚火箭的搭载发射报价为1 200万美元。以该公司宣称的1 250 kg运载能力计算，每千克载荷的发射价格不到1万美元。

2023年3月23日，相对论空间公司在佛罗里达州卡纳维拉尔角太空军基地发射“人族一号”液氧/甲烷运载火箭，火箭点火后，一级飞行正常，一二级分离正常，但二级未能顺利点火，飞行异常，发射任务失利。

相对论空间公司已经开始研发一种更大的、两级完全重复使用的“人族R”火箭，采用垂起垂降技术路线。该火箭的大小和运载能力与SpaceX公司的主力火箭“猎鹰”-9相当，但其外观更接近于一个缩小版的“星舰”（Starship），近地轨道运力约20 t，最早在2024年进行首次轨道试验飞行，将从卡纳维拉尔角的LC-16号发射台发射升空。“人族R”火箭制造将充分使用该公司独有的“星门”（Stargate）3D打印机，实现发射成本的大幅下降。该公司表示，这种火箭将成为在地球、月球和火星之间执行太空货运任务的重要航天运输工具。

图4-6 “人族一号”火箭与世界主要液氧/甲烷火箭对比

（5）内华达山脉公司

内华达山脉公司主攻的业务是带滑翔翼的“追梦者”航天飞机，包括货运和载人两个版本，将为国际空间站提供载人和货运服务。由于采用了航天飞机那样的滑翔降落方式，其降落时乘员的感受会更好。因此，这家公司也有一定的技术能力，但是该公司并不开发自己的火箭，其“追梦者”航天飞机需要搭乘其他公司的火箭才能上天。

“追梦者”航天飞机类似于X-37B，采用顶推式发射，使用了美国国家航空航天局开发的升力体构型，采用垂起平降技术路线。“追梦者”航天飞机本身可以回收，但是发射入轨的运载系统会消耗掉，所以严格意义上，它不是真正的完全回收，成本也不会低。

"追梦者"航天飞机将由美国联合发射联盟的"宇宙神"-5或后续的"火神"火箭发射。其欧洲版将由"阿丽亚娜"火箭作为发射载具，计划在2023年进行首次试验飞行。

2022年，内华达山脉公司持续推进"追梦者"航天飞机的研制工作，启动首架飞行器的总装工作，并选定日本大分机场、美国航空航天港等多个新着陆点，计划2023年利用"火神"火箭发射执行首飞任务，为国际空间站提供货运补给。此外，内华达山脉公司也参与到美国军方"火箭货运"计划，探索利用"追梦者"航天飞机为军方提供3h全球到达能力。

（6）维珍银河公司

维珍银河公司由英国亿万富翁理查德·布兰森（Richard Branson）创建，总部设在加利福尼亚州海滩，成立于2017年，投资者包括布兰森旗下的维珍集团（Virgin Group）和阿布扎比主权财富基金穆巴达拉（Mubadala）。其主打产品是火箭"运载器"-1（Launcher One）和"太空船"（Space ship），"运载器"-1由维珍银河公司的分公司维珍轨道公司研制。这家公司主攻业务和贝索斯的蓝色起源公司类似，都是亚轨道旅游。"运载器"-1和"太空船"组合体由白骑士（White Knight）双体载机机载发射，提供亚轨道旅游服务，"太空船"水平起降重复使用；而蓝色起源公司是用火箭把观景舱发射到亚轨道后垂直返回。太空旅行来回仅需2.5 h，单人船票支出也从最初的几千万美元大大地缩减为20万美元。开往太空的船票一时"洛阳纸贵"，布兰森自然是乐开了花。

"太空船"原计划2009年实现首飞，但计划一直推迟。在2014年进行的首次飞行试验中发生了人员伤亡事故。2020年5月，"运载器"-1首飞以失败告终，2021年1月第2次发射取得成功，随后宣布投入使用，并在2021年6月30日进行了第三次发射。2021年7月11日，布兰森搭乘"太空船"-2到达了86.1 km的太空边缘。因此，维珍银河公司成为第一个实现平民亚轨道飞行的公司。为支撑更高密度的发射，该公司拟把火箭生产周期从一年压缩到6个月。2021年11月17日，公司首席执行官哈特在一场活动上说，新载机可能还是波音747，也可能会是一架货机，具体要看市场情况而定。货机由于能携载两套火箭和有效载荷，所以更适合承担国家安全任务。

"运载器"-1火箭是第一个从空中平台飞入轨道的液体燃料运载火箭，是"飞马座"之后的第二型将卫星送入轨道的空中发射火箭，"运载器"-1火箭加注推进剂后重约29 t，长约21 m，可以将500 kg的载荷送入500 km左右的太阳同步轨道。2021年1月18日，维珍轨道公司成功将10颗立方星送入了500 km的轨道。从波音747客机上部署空中发射的火箭存在一些局限性和技术挑战（图4-7），但维珍轨道公司表示，该模式在发射地点和到达轨道方面具有灵活性。除了该公司在加利福尼亚州莫哈韦的主要发射基地外，维珍轨道公司还计划从关岛发射，并正在研究在英国和世界其他地点进行发射任务的可行性。维珍轨道公司还着手把英国康沃尔航天港纳入其发射场之列。2021年11月，维珍轨道公司宣布同日本就“购买‘运载器’-1火箭，从日本大分县一座机场开展20次飞行”签署了一项不具约束力的协议。哈特在2022年1月11日的记者会上说，从大分机场的发射预计将在2023年启动。该公司还在同巴西进行相关磋商，澳大利亚和几个欧洲国家也有这方面的意向。

图4-7 波音747载机挂载及释放“运载器”-1火箭

2022年1月13日，先是SpaceX公司的“猎鹰”-9火箭执行第三次拼车任务，在美国东海岸卡纳维拉尔角把来自不同国家不同机构的105颗卫星送入太阳同步轨道；随后是维珍银河公司的波音747飞机+“运载器”-1组合，在美国西海岸外把7颗卫星送入轨道倾角45°的500 km近地轨道。倾角45°的近地轨道是个很少用的目标轨道，其由于抛弃箭体会落到美国本土甚至国外，美国西海岸本不适合执行这类任务，但维珍银河公司拥有波音747空射平台，把火箭带到外海从空中发射，解决了这一难题。发射报价高达每千克载荷4万美元（8倍于SpaceX公司“拼单”发射），但7颗卫星的搭载量说明还是有人愿意花钱买方便。

（7）联合发射联盟

2015年，为应对SpaceX公司“猎鹰”系列火箭对发射服务市场份额的挑战，以及摆脱美国运载火箭对俄罗斯发动机的依赖，联合发射联盟提出了“火神”火箭项目，用于替代美国空军现役主力火箭“德尔它”-4和“宇宙神”-5，目标是实现年发射10～20次，单次发射价格低于1亿美元，运载能力超过“宇宙神”-5火箭。

“火神”为两级半构型——捆绑固体助推器的液体火箭，一级采用直径5 m贮箱和2台海平面推力247.5 kN的BE-4液氧/甲烷发动机（或AR-1液氧/煤油发动机），上面级采用改进的RL-10氢氧发动机或BE-3U液氧/甲烷发动机，最多可捆绑6台固体火箭助推器，整流罩直径4 m或5 m，地球静止轨道运载能力超过8 t。该型号采用“敏感模块自主返回技术”实现第一级主发动机回收，其技术方案是，火箭一级完成预定飞行任务与上面级分离后，一级主发动机系统和贮箱脱离，随后利用自身携带的充气式热防护罩以高超声速再入大气层，到达一定高度后展开翼伞减缓下降速度，最终由直升机在空中抓取并实现回收，经过检测和维修后可再次使用。

联合发射联盟表示，其发动机组件成本占整个一子级成本的65%，回收复用可使一子级动力系统成本降低 90%，且该方案将比 SpaceX 公司回收整个子级箭体的方式更加简单，也易于实现。联合发射联盟曾在 2007—2008 年间开展过“宇宙神”-5 火箭动力舱段空中回收技术研究，奠定了一定的技术基础，未来其还计划回收其他火箭组件，以进一步降低发射成本。

4.1.2 主要特点

综观美国的重复使用航天运输系统发展历程，其研制并不是一帆风顺。值得注意的是，美国在先后开展的研制计划中积累了诸多经验，并将这些既有成果运用到后续相关重复使用航天运输系统研制计划中，保持了技术基础的延续性。同时，也坚定不移地把重复使用航天运输系统作为未来的发展方向之一，充分认识到重复使用航天运输系统的重要性。它不仅能够满足未来的商业发射需求，推动科学技术的发展，同时在未来军事航天中也拥有巨大的应用价值。因此，即使研制历程一波三折，但仍不遗余力地提出相关计划并投入巨额费用，不断验证动力、热防护、制导导航与控制、着陆装置等方面的关键技术。重复使用运载技术的发展具有高成本、高风险性，其研制仍然有待各项重大关键技术的突破，未来还需要较长时间来研究。美国遵循了技术发展规律，在飞行演示验证阶段进行关键技术攻关验证，努力打牢技术基础，并不急于进行工程研制。

（1）目标明确

实现快速、可靠、廉价地进入空间能力是美国发展重复使用航天运输系统最重要的目标。只有大幅度地降低进入空间的费用，才能开展大规模的空间应用活动。这里的应用既指民用和商业应用，也指政治和军事应用。卫星通信技术的迅猛发展、空间探测和空间开发的迫切要求都需要有低成本的发射能力来支撑。对于军事应用而言，快速、可靠地进入空间的能力尤为重要。未来高技术战争，只有快速地掌握了瞬息万变的战况才能够立于不败之地。快速可靠地获取和传送信息、部署军事侦察卫星、完成对高价值目标的攻击，对于战争态势的发展起着决定性的作用。军事需求的推动，决定了美国将发展重复使用航天运输系统的目标确定为实现快速、可靠、低成本地进入空间能力。

（2）由易到难

人类对重复使用火箭的实践研究在单级完全重复使用、多级完全重复使用和多级部分重复使用之间多次反复。实践证明，完全重复使用超越了时代和技术能力，在当前的技术条件下是无法实现的。即使是多级完全重复使用，由于火箭末级以轨道速度再入，其承受的再入力和热环境是火箭一级再入的数倍，在控制、热防护、材料等方面的研制难度则又呈数量级增加，远不如一级重复使用来得实际。同时，运载火箭一级费用占火箭整体费用的 50%以上，即使仅实现一级重复使用也能使火箭发射费用得到可观的降低，同时为末级火箭回收积累技术和实践经验。因而，由易到难，先实现一级重复使用，再逐步探索多级完全重复使用，直至单级入轨完全重复使用，已成为业界的发展策略。

(3) 途径多样

美国先后开展的重复使用航天运输系统研究，可谓途径多样。美国先后开展了航天飞机、“冒险之星”/X－33/X－34、国家空天飞机（NASP）/X－30、X－37、高超声速飞行器计划（Hyper－X）、Future－X 等项目。X－33 是单级的、垂直起飞、水平降落的亚轨道重复使用验证机。X－34 验证机是由载机空中发射的试验飞行器。作为重复使用航天运输系统技术验证平台的 X－34，计划在高度 75 km、马赫数为 8 的范围内试验重复使用航天运输系统的结构材料、操作使用、控制、制导导航、返回着陆等技术。X－37 验证机则主要演示验证在轨飞行和再入段飞行技术。美国国家航空航天局还开展了国家空天飞机计划（NASP）/X－30。该计划 1984 年开始，因技术难度太大和经费过多于 1994 年取消。美国国家航空航天局还发起了斥资 9 000 万美元的 Future－X 计划，目的是寻找比 X－33 和 X－34 更先进一代的运载工具。美国国家航空航天局的高超声速飞行器计划（Hyper－X）耗资 1.7 亿美元，重点是开展超燃冲压发动机和火箭基冲压组合发动机的研究。在计划框架内，美国国家航空航天局拨款 3 000 万美元用于氢燃料超燃冲压发动机（马赫数 10）的研制。

除了美国政府和美国国家航空航天局开展重复使用航天运输系统研究外，美国有不少私营公司也开展了重复使用航天运输系统研究，它们的重复使用航天运输系统方案大都立足现有成熟技术，采用的形式也各不相同，但都颇为新颖。例如，凯斯特勒（Kistler）公司的 K－1 运载器是两级入轨完全重复使用航天运输系统；凯利空间技术公司的“宇宙航班”（Astroliner）采取独特的空中拖曳发射方案；SpaceX 公司“猎鹰”－9 火箭采用垂直返回方案；维珍银河公司采用载机空射技术，飞机与“太空船”均水平起降重复使用。总之，美国进行重复使用航天运输系统研究的单位，既有政府和军方，也有私营商业公司，发展途径多样。任何一种途径得到突破，都将会推动重复使用航天运输系统研究的进一步发展。

(4) 重点突出

美国国家航空航天局虽然先后开展了多个与重复使用航天运输系统相关的计划，但可以看出，美国国家航空航天局在这些计划中并非均匀使劲，而是在投资策略上有轻有重。从美国国家航空航天局经费支持力度上看，当时“冒险之星”/X－33 计划是研究重复使用航天运输系统的主线，X－34、X－37 是辅线。先发展以火箭发动机为动力的重复使用航天运输系统，然后发展以吸气式火箭基组合发动机为动力的单级入轨重复使用航天运输系统。美国原计划在 2010 年左右实现以火箭发动机为动力的单级入轨重复使用航天运输系统，将进入空间的成本降低一个数量级。

为了实现这一目标，还有一系列关键技术需要验证，而“冒险之星”/X－33/X－34、

X－37 等计划就是为了验证重复使用航天运输系统关键技术而开展的。X－33 计划投资达 13 亿美元，主要目的是验证直排式（线性）气动塞式喷管发动机的飞行性能、复合材料低温贮箱的制造和耐久型热防护系统等关键技术。如果 X－33 被证明是可行的，美国国家航空航天局和工业部门将投资建造全尺寸的单级入轨重复使用航天运输系统。对于以吸气式火箭基组合发动机为动力的单级入轨重复使用航天运输系统，由于技术难度太大，还不具备研制的条件，所以还没有一个明确的时间表，工作重点集中在攻克超燃冲压发动机技术上。

（5）合理规划

虽然美国开展的重复使用航天运输系统技术计划种类繁多，但可以看出，美国政府和美国国家航空航天局在安排这些计划时经过了充分考虑并进行了合理规划，努力做到技术计划之间所验证的技术不重叠，或重叠的部分不大。比如 X－34、X－37 计划都要验证返回和回收技术，但各计划验证的具体内容是不同的。X－34 将系统地验证从亚轨道返回、着陆、回收这一系列过程。X－37 将是首架在轨道飞行和再入环境下飞行的试验飞行器，主要验证在轨飞行和再入飞行技术。这些计划验证的技术有前有后，其中一个计划得到验证的技术可以用于支持另一个计划。例如，X－34 计划进行得比 X－33 计划快，X－34 计划得到验证的返回技术就可支持 X－33 计划的开展，减小了研制和试验 X－33 先进技术验证机的风险。一旦所有的关键技术都得到验证，就可以开始研制全尺寸的重复使用航天运输系统。

（6）坚持不懈

美国在重复使用航天运输系统计划中提出的许多方案一般都有很长时间的预研基础。如塞式喷管发动机原是航天飞机主发动机的投标方案，在 20 世纪 70 年代已进行了 5 000 次冷试车和 260 次热试车；升力体可重复使用运载器在 20 世纪 60 年代就进行过 X－24A 的飞行试验，之后在 F－117 战斗机等工程上都有成功应用，后来将该技术用在 X－33 先进技术验证机上。1994 年国家空天飞机计划被取消，1996 年美国国家航空航天局继续完成了马赫数 6.45 的超燃冲压发动机飞行试验。美国国家航空航天局兰利研究中心（Langley）的超燃冲压发动机飞行试验也在安排之中。1996 年当工业部门退出X－34 计划后，美国国家航空航天局在改变了部分计划内容后，独自执行了 X－34 飞行试验计划。因此，只要技术方向正确，预研工作就应该持之以恒，坚持不懈。

4.2 其他国家和地区

长期以来，俄罗斯、欧洲、印度、日本等国家或地区积极开展重复使用航天运输系统的基础技术研究和验证工作，他们采取的普遍做法是近期发展效费比高的火箭动力两级入轨重复使用运载器，同时探索单级入轨运载器技术，正在研究利用火箭发动机发展重复使用运载器基础级，以及开展轨道再入飞行试验验证（图 4 - 8）。同时，其他国家对组合动力重复使用运载器也开展了多种方案研究，包括德国提出“桑格尔”两级入轨方式，第一级实际上相当于一架超声速运输机，第二级是以火箭发动机为动力的有翼飞行器；英国“霍托尔”空天飞机采用罗尔斯·罗伊斯公司设计的 RB - 545 吸气式氢/氧发动机实现单级入轨，由于技术难度及研制经费限制相继下马，但“云霄塔”计划还在继续。随着航天技术的成熟，各世界航天大国除了继续关注太空安全外，还将重点转向发展太空经济与太空探索，在看到 SpaceX 公司垂起垂降技术路线趋于成熟后，都推出了自己的重复使用航天运输系统研究计划。

(a) 印度RLV-TD

(b) 日本轨道运载器

(c) 德国“桑格尔”概念图

(d) 英国“云霄塔”飞行器

图 4 - 8　空天飞行器概念图

日本为了实现政治和军事大国的野心，不遗余力地发展航天技术，以求成为航天大国，在未来的竞争中抢占制高点。重复使用航天运输系统代表着航天运输系统的发展方向，并且具有十分明显的军事意义，所以日本在重复使用航天运输系统研究方面一直表现得很积极，只是迫于国际舆论压力，对发展重复使用航天运输系统的意图一直高度保密。

日本在重复使用航天运输系统方面进行了垂起平降和垂起垂降技术路线的探索。其垂起垂降的技术路线，起步于 SpaceX 公司成立之前，是继美国和俄罗斯之后，较早开展此技术路线探索的国家，但整体进度较慢，主要是通过技术验证为重复使用航天运输系统打下技术基础，其指导思想是循序渐进。日本比较重视充分利用本国已掌握的技术，并对本国欠缺但发展重复使用航天运输系统必需的技术展开积极的研究，以积累技术和经验，降低重复使用航天运输系统的研制风险。目前，正在大力研究复合材料主结构、低温复合材料贮箱、耐用热防护系统、高比冲（提高 10 s）和高推重比（T/W，大于 70）动力系统等技术。

为实现低成本进入太空，印度国家航天局（ISRO）正在实施雄心勃勃的重复使用运载器研究计划。在这期间印度历经政坛动荡、战争干扰、国际制裁等，但在执行计划方面从未走样。印度已开始研制重复使用上百次的小型航天飞机（RLV－TD），并宣布准备向月球发射无人探测器。通过印度国家航天局和国防部下属的国防研究和发展组织（DRDO）两条线，开展包括平起平降、垂起平降、垂起垂降技术路线的重复使用航天运输系统的研制工作。

欧空局在未来运载器准备计划下规划了规模从小到大的三型技术验证机，即“青蛙”（Frog）、“克里斯托（Callisto）、“忒弥斯”（Themis），为未来的下一代“阿丽亚娜”火箭的重复使用进行技术验证。日本也参与了欧洲的“克里斯托”验证计划，为 H－3 火箭之后的下一代运载火箭打下重复使用技术基础。无论是在亚轨道还是轨道级的飞行，重复使用的航天技术还将促进商业太空旅行业的发展。重复使用技术使太空探索成本降低，给很多国家提供了机会，英国、日本和俄罗斯很多公司开始开发旅游飞船。

4.2.1 俄罗斯

俄罗斯是极具实力的传统航天大国，一直都在从事重复使用航天运输系统的研究工作，只是由于经济实力所限，没有像美国一样全面展开，而是基本围绕以火箭发动机和吸气式发动机两条线展开研究。“暴风雪”航天飞机的成功飞行，标志着俄罗斯已具备了研制重复使用航天运输系统的基本条件。早期，苏联先后开展了平起平降“螺旋”计划（Spiral Program）、垂起平降“暴风雪”航天飞机的研制。之后，俄罗斯继承了苏联丰厚的航天遗产，虽然研发方面在走下坡路，但仍然启动了基于垂起垂降技术路线的重复使用航天系统的研制。

20 世纪 90 年代初，俄罗斯实施了基于小型航天飞行器（Molniya）的多用途航空航天系统（MAKS）计划，但由于当时俄罗斯出现了经济危机，该计划被取消。1998 年，俄罗斯提出在新型“安加拉”运载火箭基础上，研制重复使用助推器“贝加尔”号，通过重复使用来降低发射成本。俄罗斯曾提出多种重复使用火箭助推器方案，如赫鲁尼契夫国家航天科研生产中心提出的以航空发动机为动力、可使火箭助推器返回发射场并水平着陆的带翼“贝加尔”方案，垂直发射、火箭一级带翼滑翔返回并水平着陆的（MRKS－1）运载火箭方案，马克耶夫国家导弹航天中心提出的利用火箭动力实现一级垂直回收的“俄罗斯女人”运载火箭方案等。

其中“贝加尔”的模型早在2001年就进行了公开展示，其装有为运载火箭提供动力的RD-191M火箭发动机和液氧/煤油推进剂贮箱，采用航空发动机提供返回动力，返回飞行半径410 km，可在发射场的跑道上水平着陆，重复使用10次，通过与“安加拉”火箭组合，形成不同运载能力的“安加拉-贝加尔”运载火箭系列，但这一方案已提出近20年，至今未见“贝加尔”的进展报道，而且“安加拉”火箭也未投入使用。2016年年初，俄中央机构制造研究院表示，在《2016—2025年联邦航天计划（草案）》框架下，俄罗斯开展了包括重复使用第一级在内的运载火箭系统性方案研究，回收方案包括带翼飞回式水平着陆、火箭动力垂直回收和降落伞回收等。2016年6月，俄罗斯国家航天公司火箭项目负责人表示，恢复重复使用运载系统研制部门，为建造重复使用火箭第一级样机进行准备。但从俄罗斯火箭研制来看，新型一次性运载火箭项目尚难按计划顺利实施，重复使用火箭研制估计要面临更多问题。2019年，俄罗斯动力机械制造科研联合体（NPO Energomash）的一个主要设计师宣称，该公司正在加紧推进重复使用运载火箭计划。该设计师还表示，希望改装已经取得成功的RD-180发动机，使其重复使用次数多达10次。目前，俄罗斯米亚西舍夫设计局（Myasishchev）正在设计重复使用运载火箭的第一级，在与第二级分离后可返回发射场。

在以吸气式发动机为动力的重复使用运载器方面，自20世纪60年代以来，以苏联中央空气流体动力研究院为代表的多家研究机构，长期致力于高超声速技术基础理论研究，在亚/超燃冲压发动机、碳/氢燃料、耐高温材料和一体化设计技术等方面取得了重大突破，先后开展了“冷”计划、“针”计划和“鹰”计划等。“冷”计划的主要目的是通过飞行试验验证“亚燃-超燃”双模态超燃冲压发动机技术，高超声速试验飞行器于1991—1998年共进行了5次飞行试验，其中后4次分别与法国和美国合作进行，最大飞行马赫数达到6.5。“针”计划是20世纪90年代初由俄罗斯中央空气流体动力研究院与俄罗斯中央航空发动机研究院共同开展的高超声速技术研究计划（IGLA），主要用于研究高超声速飞行器的流体动力学、热防护及其动力系统的可控性与稳定性。“针”计划进行了大量的地面与风洞试验，取得了很多成果，但尚未进行飞行试验。“针”计划的基本构想是，该系列验证机由SS-19运载系统垂直发射升空，在80 km的高度其飞行马赫数将达到17，此时验证机与SS-19运载系统分离，超燃冲压发动机将在马赫数10时点火工作，工作结束后对其进行回收。“鹰”计划于1993年由俄罗斯航天局启动，后来“针”计划也被并入到该计划中。“鹰”计划是军民两用的高超声速飞行器演示验证计划，其主要目的是为俄罗斯21世纪研制重复使用航天运输系统奠定技术基础。

（1）“米格”-105空天飞机

“米格”-105（MiG 105）空天飞机属于苏联的“螺旋”计划（Spiral Program）项

目，该计划也被称为“乘客实验轨道飞行器”（EPOS），采用平起平降的技术路线。“螺旋”计划的设计理念是通过定制的超声速载机将“米格”-105和液体助推器搭载到一定高度后，再点火进入轨道。这个项目的工作始于1965年，在1969年停止，在1974年作为对美国航天飞机计划的回应而重新启动。1976年，飞行器进行了第一次亚声速自由飞行测试。在1978年之前，总共进行了8次飞行试验。当苏联决定转而开展“暴风雪”项目时，该项目被取消。

（2）“暴风雪”（Buran）航天飞机

20世纪70年代中期，受美国航天飞机计划的影响，苏联决定研制航天飞机。1975年，苏共二十五大在制定1976—1980年第10个“五年”计划时，曾向各界征求研制航天飞机的意见。最后，航天飞机计划得到正式批准，并于1976年开始实施，这就是“暴风雪”航天飞机计划，也被称为VKK太空轨道器计划（VKK Space Orbiter Programme）。

“暴风雪”航天飞机类似于美国的航天飞机，由新研制的重型“能源”运载火箭发射。1987年5月15日，“能源”首次发射时搭载了一个100 t的模拟载荷。由于上面级发动机故障，载荷最终未能进入轨道，但火箭本身是成功的。1988年11月15日，“能源”火箭将不载人的“暴风雪”航天飞机送入预定的250 km的圆形轨道，前后用时47 min。采用的发射模式是：“能源”火箭首先将航天飞机送入亚轨道，再由两个小型发动机将其送入任务轨道。“暴风雪”航天飞机自动绕地球飞行两圈，在轨道上运行3 h后，按预定计划于当日受控返回地面，准确降落在距发射场12 km外的机场。

1993年6月30日，叶利钦政府宣布航天飞机计划下马，主要原因是苏联解体，俄罗斯的经济状况不允许为该计划投入巨资。另一个不可忽略的原因是，俄罗斯已有的火箭足以应付各类航天发射，“暴风雪”航天飞机无用武之地。由于“暴风雪”航天飞机的外形、尺寸和性能与美国航天飞机极为相似，外界纷纷猜测苏联借鉴了美国的设计。但“暴风雪”航天飞机确有许多创新之处，某些方面甚至比美国的航天飞机更合理。例如，“暴风雪”航天飞机与“能源”火箭是相互独立的，“暴风雪”航天飞机仅仅是“能源”火箭的有效载荷，因而使用时受限少，提高了可靠性和安全性。“暴风雪”航天飞机的主发动机不是装在航天飞机尾部，而是安装在“能源”火箭上。“暴风雪”航天飞机在尾部安装了两个小型轨道级发动机，大大降低了航天飞机的发射重量，其有效载荷舱尺寸和运载能力也优于美国航天飞机。返回时由小型发动机推进，进场着陆相对比较容易，横向机动距离较大，比无动力滑翔方便得多，万一着陆失败，还可以将航天飞机升起来进行第二次着陆，从而提高了可靠性。

“能源”火箭各级全部使用液体推进剂，可以保证在助推器或芯级中任意一个发动机出现故障的情况下继续飞行，这是使用固体助推器的美国航天飞机所达不到的。“暴风雪”航天飞机在大气层滑翔时，能像普通飞机那样借助于副翼、操纵舵和减速板进行控制。

"暴风雪"航天飞机与美国航天飞机的机翼形状略有不同，美国航天飞机机翼的空气动力学特性较好，但其加工和装配比较复杂；"暴风雪"航天飞机装备了自动飞行控制系统，可以实现无人自动轨道飞行，在进行货运发射时没有机组人员安全问题。

"暴风雪"航天飞机首航成功，为苏联建立重复使用航天运输系统奠定了基础。原计划一年后进行载人飞行，但由于机上系统的安全性和可靠性尚未得到充分保证，加之其后政治和经济等方面的原因，载人飞行的时间便推迟了。俄罗斯在此基础上，于20世纪90年代初开展了"鹰"重复使用运载器研究计划，多家航天公司提出多种垂直或水平起飞的重复使用航天运输系统的概念。

（3）萨莉亚飞船

萨莉亚（Zarya）飞船原是苏联的一个非公开项目，1985—1989年由动力机械制造科研联合体（NPO Energomash）负责研制，采用垂起垂降模式入轨及返回，目标是在20世纪80年代末，具备替换"联盟"飞船的能力。1991年苏联解体后，因经费原因被搁置。

（4）科罗娜（Corona/Korona）火箭

原本因火箭落区位于内陆对垂起垂降方案持反对态度的俄罗斯，近几年也抓紧垂直起降复用火箭的研制。科罗娜火箭采用垂直发射、垂直返回模式，由俄罗斯航天国际集团公司在1992—2012年研制，2012年因经费原因暂停。2016年俄罗斯宣布重启该项目。在2021年制定的最新方案中，该飞行器高度为31 m，发射重量300 t，可以将13 t有效载荷送入近地轨道。

（5）"快船"（Kliper/Clipper）方案

进入21世纪，俄罗斯推出"快船"方案，它由可多次使用的返回舱和一次使用的轨道舱、服务舱组成，采用折叠舱翼，即在飞船重返地球大气层准备降落时，返回舱的舱翼展开，以使飞船像飞机一样着陆，主要用于国际空间站相关人员和物资的运输，以取代"联盟"飞船。但后来由于邀请美国、欧洲合作未果，研制经费缺口过大而下马。

（6）"伊尔库特"号火箭

据俄新社报道，2021年10月9日，俄罗斯国防部公布了首个超轻型运载火箭"伊尔库特"号的外形和技术参数，该火箭将于2024年在普列谢茨克航天发射场进行发射。其相关信息被发表在俄罗斯航天集团"能源"（Energia）的学术期刊《航天设备与技术》上。

俄罗斯航天局2021年度报告也首次披露了超轻型运载火箭"伊尔库特"号研制的消息。该运载火箭包括一次性的和重复使用的两种形式。据介绍，一次性火箭起飞重量为23.6 t；重复使用火箭起飞重量为25 t。载荷方面，一次性火箭可向近地轨道（200 km）运送584 kg货物，向地球静止轨道运送84 kg货物；重复使用火箭则分别为398 kg和60 kg。

（7）“阿穆尔”（Amur）火箭

21世纪初，俄罗斯又提出了研发“快船”号重复使用航天运输系统，用于取代已服役多年的“联盟”系列飞船。同时，也提出了代号为“阿穆尔”的垂起垂降重复使用运载火箭研制计划，期望将发射成本降至2200万美元。“阿穆尔”火箭高55 m，直径4.1 m，近地轨道运载能力复用状态下10.5 t、不复用状态下13.6 t。据俄罗斯卫星通讯社2020年4月13日报道，俄罗斯航天集团公司投资约8 000万美元，研制“阿穆尔”重复使用的液氧/甲烷运载火箭，计划在2026年首飞。根据要求，首飞试验应确保运载火箭第一级返回并在发射点区域垂直降落。2022年11月，“阿穆尔”火箭完成了设计方案评审，2023年3月，俄罗斯开始了“阿穆尔”液氧/甲烷两级火箭（Amur - LNG）的技术设计。

4.2.2 欧洲

欧洲航天技术的发展主要由跨政府组织——欧空局主导，该组织成立于1975年5月，其前身为欧洲运载火箭发展组织（ELDO）和欧洲空间研究组织（ESRO）。目前欧空局有22个成员国。欧空局主导各成员国，除了通过这个跨政府组织进行大部分统一步调的研制外，也会有一些自留地，各国独立开展本国的航天研制工作，特别是商业航天兴起后，欧洲各国出现了很多私营性质的航天公司。

欧空局在20世纪80年代就认识到，要维护未来欧洲的商业利益和军事安全格局，有必要研究重复使用航天运输系统技术，并协调各成员国的行动，对各种重复使用航天运输系统技术方案进行研究。在20世纪80年代研究基础上，从1994年开始，欧空局及各成员国的30多家承包商共同参与完成了未来欧洲空间运输研究计划（FESTIP），并建议将其作为未来运载器技术计划（FLTP）的研究重点。空间运输研究计划在1995年年底结束，随后由未来运载器技术计划继续开展工作，主要任务是选择和确定重复使用航天运输系统方案，验证新一代欧洲运载器所需的技术。

未来空间运输研究计划通过对多个重复使用运载器方案（包括以火箭发动机为动力的单级入轨运载器和以吸气式发动机为动力的两级入轨运载器）进行研究和评估，研究了重复使用空间运输系统的可行性，目标是大幅度降低航天发射成本，提高其商业和科学应用前景。欧空局对7类13种重复使用运载器进行了广泛的分析和研究，包括平起平降的有翼单级入轨运载器，平起平降的有翼两级入轨运载器，空中发射水平降落的有翼两级入轨运载器，火箭推进的垂起垂降弹道式单级入轨运载器，火箭推进的垂起平降的有翼单级入轨运载器，火箭推进平起平降的单级入轨有翼运载器，以及升力体构型运载器等。

1998年9月15日至16日，欧空局的概念选择专门小组从技术可靠性和经济性两方面选择了亚轨道重复使用火箭运载器方案和二级部分重复使用的火箭运载器方案。该小组重点对单级入轨、两级入轨以及亚轨道单级一圈返回（Sub - Orbital Single Stage One -

Around，SSOS-OA）重复使用航天运输系统进行了研究，最终得出如下结论：

一是单级入轨——基于欧洲的技术积累，认为不是有希望的解决方案。

二是两级入轨——虽然短期内可行，但不是一个感兴趣的方案。报告通过分析各种两级运输器组合，提出了一级复用二级消耗为该模式的最佳选择。但是，同时指出这种可复用型火箭与消耗型相比并不会节约多少成本，而后者的可靠性和安全性更高，认为目前“阿丽亚娜”-5火箭是一个更具进化潜力的现代发射器。

三是亚轨道单机一圈返回（SSOS-OA）——很有前途的解决方案。认为该解决方案可以实现亚声速、超声速和高超声速覆盖，垂直和水平起飞具有相同的推力和安全裕度，载机水平起飞模式使用吸气式发动机更具优势，同时也可以作为全球点对点高速运输系统的解决方案。

因此，在相当长的时间里，欧空局仍然将其运输系统聚焦在消耗型火箭的研制上，直到SpaceX公司用实际案例证明了垂起垂降火箭的经济性和技术上的可行性。目前其主力火箭仍然为“阿丽亚娜”-5，2022年以后欧空局（ESA）将实现“阿丽亚娜”-6（消耗型）的首飞。

欧空局一直在执行的未来运载器准备计划（Future Launcher Preparatory Programme，FLPP），是从技术的角度出发，在以往成功研制各类运载火箭的基础上，整合欧洲工业部门的力量，开展一系列系统研究和关键技术演示验证试验，培育新的技术能力，为研制出欧洲下一代运载火箭做好准备，其最终目的是发展重复使用运载器乃至空天飞机。2008年11月，欧空局部长级会议决定重新调整未来运载器准备计划，保留了4个验证项目，包括：过渡性试验飞行器（Intermediate eXperimental Vehicle，IXV）、低温上面级技术验证机、大推力发动机验证机和固体推进验证机。

其中，过渡性试验飞行器（其验证机又被命名为Pre-X）针对采用升力体构型飞行器的高超声速无动力机动再入飞行能力进行验证，旨在测试包括热防护系统、制导导航和热结构的再入技术，于2012年年底进行了演示验证飞行。过渡性试验飞行器也作为未来运载器准备计划中一个技术验证平台，飞行器为升力体布局，长4.4 m、宽2.2 m、高1.6 m、重1815 kg，升阻比约为0.7，尾部两个体襟翼用于飞行控制。2015年2月11日，过渡性试验飞行器由欧洲新研制的“织女星”（Vega）小型运载火箭发射升空，自主爬升到距地面412 km轨道后再入大气层，经过1 h 40 min的飞行，最终成功按计划溅落在太平洋预定海域。此次飞行试验验证了气动、制导导航、热防护、热控等一系列再入技术。

2016年，完成了过渡性试验飞行器热防护系统等的飞行后评估。后续，欧洲将基于已有的飞行试验技术基础，进一步开展重复使用轨道验证机的研究。于是，欧空局随即启动了“太空骑手”轨道飞行器的研制。“太空骑手”采用升力体构型，无翼面结构，有效载荷能力为800 kg，能够在400 km的地球轨道上运行数月，届时可打开有效载荷舱门，把试验设备暴露给太空环境。

（1）法国“赫尔墨斯”航天飞机

“赫尔墨斯”（Hermes）航天飞机设想的提出比“阿丽亚娜”-5火箭更早，但它走过的路却更艰难而曲折。“赫尔墨斯”航天飞机最初是法国自己的项目。早在1976年“阿丽亚娜”运载火箭还未研制成功之时，法国空间研究中心（CNES）就开始研究用这种火箭发射载人空间飞行器的可能性，并讨论了几种航天器方案。在研究的第一阶段，比较集中地讨论了两种载人航天器方案：重复使用的有翼高超声速滑翔机和一次性使用的弹道再入飞行器。经过多次论证，法国空间研究中心会同法国宇航公司选择了重复使用的小型“赫尔墨斯”航天飞机方案。它借助“阿丽亚娜”-5助推垂直起飞，在轨道上完成任务后像高超声速飞机一样再入并水平降落在指定的跑道上。

1983年，法国空间研究中心正式提出研制“阿丽亚娜”火箭；1984年10月，其向欧洲工业部门介绍了“阿丽亚娜”火箭的方案和设想；1985年1月在罗马会议上，欧空局正式批准了该项计划。在此期间，经过深入研究，已经形成了带翼滑翔机方案，即“赫尔墨斯”号小型航天飞机。在1985年5月第36届巴黎航展上，“赫尔墨斯”号航天飞机模型公开展出，引起外界很大兴趣。1985年11月22日，欧空局正式宣布，批准“赫尔墨斯”航天飞机计划。

“赫尔墨斯”航天飞机尺寸较小，从尺寸上说，“赫尔墨斯”同当时的歼击机相差不多，系统比美国航天飞机简单得多。该机机长17.9 m，翼展11 m，机身直径3.4 m，起飞重量13.1～16.7 t，近地轨道最大运载能力4.5 t，可以实现载人飞行。在气动布局上采用大后掠三角翼、无垂尾；升降副翼/刹车板位于机翼后缘，采用上下两层结构；后机身下方还有一块机身襟翼。

1986年，“挑战者”号航天飞机失事后，欧空局重新审查了安全问题。经过一年多的论证，对“赫尔墨斯”航天飞机进行了重大改进，将重量提高到25 t，远超过“阿丽亚娜”火箭的运载能力。法国空间研究中心建议将有效载荷从4.5 t减为3 t，乘员从6人减为3人，使起飞重量降为21 t。1987年3月，欧空局批准了这一系列提高安全性的改进措施。从1988年1月开始，“赫尔墨斯”航天飞机进入研制阶段。在两年多的研制中，设计方案还做了一些修改。两台主发动机从尾部移开，作为适配器通过一个连接部装在“阿丽亚娜”火箭的顶部。这样，“赫尔墨斯”航天飞机实际上没有主发动机。在原来装动力系统的地方，设置了一个资源舱，除配备各种设备外，一端还装有与国际空间站对接的端口。

按照计划，1988—1990年进行项目前期设计，但是由于项目进度、性能指标、经费等问题，加上美国广泛游说合作研制建造国际空间站，于是，欧洲认为自己的载人航天系统就显得没有必要，该项目在1992年被取消。2010年，欧空局以“赫尔墨斯”航天飞机成果为基础的部分重复使用空天飞机项目（SOAR）启动，但也在研发一段时间后，由于承担任务的瑞士公司破产而终止。

（2）德国“桑格尔”空天飞机

从某种意义上说，德国是航天飞机的故乡，至少航天飞机设计思想首先来自德国。早在 1943 年，德国工程师欧根·桑格尔就提出过以火箭推进的环球轰炸机的设想。1967 年，根据桑格尔的建议，德国 MBB 公司和容克斯飞机公司开始研究两级入轨空间运输系统。20 世纪 60 年代末期，德国对航天器再入大气层技术也做过不少探索工作。1969 年，MBB 公司研究了欧洲第一个弹道式单级入轨的航天飞机“贝塔”。它的起飞重量为 130 t，可载 3 t 有效载荷入轨。1973 年，德国曾执行过 ART 计划，对现代超声速运输系统进行了模拟研究。同年，德国还提出了一种弹道式单级入轨的运载器方案。它以 28 台空气涡轮-冲压-火箭组合发动机和芯级液氢/液氧火箭发动机为动力垂直起飞，完全重复使用。不过，上述工作是相当初步的，只是进行了一些探索工作，没有上升到航天计划阶段。1984 年，MBB 公司开始把高超声速导弹作为重大研究课题。受美国航天飞机成功以及法国“赫尔墨斯”号的影响，该公司提出了“霍罗斯”（Horns）两级入轨航天飞机方案，与“赫尔墨斯”号非常相似。该方案没有得到欧空局的批准。

为了提出有竞争力的新计划，1985 年，德国研究与技术部同几家宇航公司签订了一系列合同，继续深入开展航天飞机技术研究，内容包括飞行控制与制导、气动加热、材料、动力装置和高超声速空气动力学等。德国为谋求在欧洲空间运载技术方面的领先地位，在近一年的研究论证基础上，提出了一种比英国“霍托尔”号空天飞机风险稍小的空天飞机方案——“桑格尔”号，作为“赫尔墨斯”号的后继型。1986 年 6 月，德国向欧空局提交了该方案，希望作为与“霍托尔”号方案竞争的另一个可供选择的方案。

欧洲在空天飞机的研究历程中，具备一定可行性的方案是德国提出的“桑格尔”方案。它是一种平起平降两级入轨有翼空间运输器。第一级是背运飞机，大小与波音 747 相当，采用吸气式冲压发动机；第二级是轨道器，采用液氢/液氧火箭发动机，重约 50 t。“桑格尔”的第一级采用空气吸气式发动机，能把第二级轨道飞行器以马赫数 7 的速度带到35 km 的高度。轨道飞行器使用自身的液体火箭发动机在 35 km 高度与载机分离后，进入轨道。第一级完成任务后立即返回，第二级再入大气层后像美国航天飞机轨道飞行器那样水平返回着陆。“挑战者”号的失事，促使德国于 1987—1988 年对“桑格尔”方案进行重大修改。新的方案重新考虑了安全性问题，主要思路是尽量排除“客货混载”。新方案设计了两种轨道器，一种是载人的“霍罗斯”型，另一种是不载人的“阿古斯”型。前者起飞重量 91 t，有效载荷 2～4 t；后者起飞重量 76 t，有效载荷 10～15 t。

德国认为，英国向欧空局提出的“霍托尔”水平起降方案作为法国“赫尔墨斯”航天飞机的下一代来发展，其技术难度，特别是动力系统技术的难度极大，从空气中取氧的

RB545 组合式发动机仍然是纸上的东西，不一定在 2000 年前取得突破。因此，德国也把“桑格尔”作为欧空局成员国联合发展的“赫尔墨斯”航天飞机的下一代来发展。其目的不是同“霍托尔”进行竞争，而是考虑如果英国的“霍托尔”因动力技术上的困难不能实现，那么“桑格尔”可以作为一个替补方案，使欧洲在航天飞机之后不至于出现依赖他人的局面。

1989 年 2 月 24 日，德国政府决定为“桑格尔”空天飞机计划第一阶段拨款 2.2 亿马克，另由德国宇航研究院和工业部门筹款 1.5 亿马克，使许多重要的基础研究工作得以开展。德国宇航界对“桑格尔”寄予很大希望。东西德统一后，德国政府于 1990 年 11 月决定放弃“霍罗斯”，只研制不载人的“阿古斯”。1991 年春，德国政府又宣布，暂缓“桑格尔”空天飞机发展计划，留待欧空局最终评判，只以高超声速技术发展计划的名义继续支持。而当时欧空局已对其长远航天计划进行了压缩，“赫尔墨斯”也面临下马。由于“桑格尔”的开发成本很高，仅凭一国之力难以承受，且进一步研究表明，其经济性并没有比火箭好多少，于是德国政府在 1994 年决定放弃该计划。

值得一提的是，在“霍托尔”、“桑格尔”和 X－30 这三种方案中，“霍托尔”的发动机能充分利用大气中的氧，自然减少了机载液氧携带量，使飞机的起飞重量大大减轻，故有极大的吸引力。美国的 X－30 需要把低速动力装置超声速冲压发动机和火箭发动机有效地组合在一起，形成一个新的动力系统。在超声速冲压发动机依然处在研究阶段的情况下，组合成新的动力系统的技术复杂程度是可想而知的，加之 X－30 出大气层后，必须把不再工作的吸气式发动机的死重带入轨道，怎样使这种死重达到最小，解决起来肯定十分困难。相比之下，西德的“桑格尔”方案使用的常规技术较多，吸气式发动机仅安装在第一级上，作为第二级的轨道飞行器只带火箭发动机。因此也就不存在像 X－30 的方案那样，存在吸气式发动机在轨道上不工作而产生的死重，在技术上实现起来要容易些。另外，“桑格尔”的第一级尺寸与美国的波音 747 民用运输机的尺寸差不多，有进一步发展的余地，可以继轨道发射型之后，以第一级为基础派生出高超声速民用运输机。这种飞机不但在商业上有着光明的前景，而且对整个飞机工业具有极大的推动作用。

（3）“忒弥斯”计划

SpaceX 公司的“猎鹰”-9 火箭在 2015 年取得一子级着陆回收的突破后，欧洲积极响应，从 2015 年开始酝酿和启动垂直起降验证计划，设立了“青蛙”（Frog）、“克里斯托”（Callisto）、“忒弥斯”3 项计划。在后续发展过程中，“阿丽亚娜”集团提出以“忒弥斯”全尺寸验证机为基础，先发展“马伊亚”小型复用火箭作为过渡和应用验证，再全面应用“阿丽亚娜”下一代复用火箭。除了“普罗米修斯”和“忒弥斯”验证以外，欧洲空间局还在未来运载器准备计划下开展了栅格舵、多发动机并联设计、健康与使用监测系统、检测维护所需的诊断技术、推进剂管理等相关技术预研活动，为 2030 年的“阿丽亚娜”下一代火箭储备技术。

“青蛙”验证机是由法国国家空间研究中心以验证垂直起降复用方案的制导、导航与控制为目标的小型验证机项目，直径仅为 0.3 m，在 2019 年已经完成低高度跳跃试验。“克里斯托”项目同样由法国国家空间研究中心牵头，德国宇航中心（DLR）和日本宇宙航空研究开发机构（JAXA）共同参与，直径为 1 m，重点验证地面操作和周转时间，计划于 2024 年首飞。

“忒弥斯”计划是由欧空局在 2020 年 12 月提出的一个基于垂起垂降技术路线的部分复用火箭项目，原型火箭也被称为“忒弥斯”，采用 3 台“普罗米修斯”发动机，目标是对火箭一子级飞行包络进行验证，明确“阿丽亚娜”下一代复用火箭方案，计划于 2024 年开展低空飞行试验，2025 年之后开展高空飞行试验。目前，“忒弥斯”火箭进展到推进剂贮罐冷冻试验阶段。该试验是利用法国弗农（Vernon）的“阿丽亚娜”试验设施进行的。与此同时，用于“忒弥斯”火箭的“普罗米修斯”（Prometheus）液氧/甲烷发动机于 2022 年在德国兰波德肖森（Lampoldshausen）进行点火测试。该发动机从 2017 年开始研制，计划在 2025 年完成最后的测试阶段的工作，实现 3 个发动机的高空跳跃测试及回收，2030 年左右实现首飞。

“普罗米修斯”液氧/甲烷重复使用火箭发动机，是欧洲发展重复使用火箭的基础，成本将降至现役“火神”-2（Vulcan-2）发动机的 1/10，大约为 100 万欧元，计划在 2030 年前后和复用火箭同时投入使用，共用于一二子级，以通用化来降低制造成本。在技术方案上，“普罗米修斯”发动机推力为 100 t 级，研制过程中仍在持续迭代优化和提升推力，具备 30%～110%大范围变推力能力，循环方式沿用“火神”-2 发动机的燃气发生器循环。“普罗米修斯”发动机首台工程样机已经应用于“忒弥斯”验证机的首个地面操作样机，并在 2022 年年底基于该样机进行了首次试车，同时对发动机、贮箱及增压输送系统进行了验证。截至 2022 年年底，欧洲已经为“普罗米修斯”发动机投入超过 2.5 亿欧元的研制经费。

（4）“阿丽亚娜”下一代火箭

在运载火箭重复使用方面，法国空客防务及航天公司认为，没有必要回收整个火箭，因为这样做的难度和代价太大，不如只回收占运载火箭成本约 70%～80%的火箭推进器和电子系统。于是，2015 年 6 月 5 日，法国空客防务及航天公司提出“拥有创新性、经济性发动机的一次性先进运载火箭”（Adeline）概念。运载火箭在完成发射任务后将抛弃火箭的第一级推进剂箱，同时抛出一个由热屏蔽外壳防护的发动机和系统模块返回大气层，一旦该模块进入大气层后，会立即打开两侧的机翼，并由两个小涡轮推进系统提供动力，成为一架常规的小型无人机，在一个简易机场滑跑降落回收。

法国空客防务及航天公司已经为“拥有创新性、经济性发动机的一次性先进运载火箭”投入了1 500万欧元，主要是为新一代“阿丽亚娜”-6火箭预研。法国空客防务及航天公司声称“拥有创新性、经济性发动机的一次性先进运载火箭”不仅能使“阿丽亚娜”-6火箭的“火神”-2发动机重复使用10～20次，同时能降低“阿丽亚娜”-6火箭30%的发射成本。

在此基础上，2020年，法国提出“阿丽亚娜”下一代火箭的垂直起降复用方案规划。该型火箭继承于“阿丽亚娜”-6火箭，采用类似与SpaceX公司“猎鹰”-9火箭的模式，实现一级火箭的重复使用，目标是将“阿丽亚娜”-6火箭的成本减半。计划在2030年实现发射服务。为了研制“阿丽亚娜”下一代可回收火箭，欧空局先期开展了相关的技术演示和前序项目。

其中，“青蛙”（Frog）是相关的技术演示和前序项目之一，是一个用于测试火箭垂直着陆的小型演示器，在2019年进行了几次演示飞行。“引导运载器创新的阶段抛回操作合作行动”“克里斯托”等项目与单级、重复使用的垂起垂降演示火箭相关，由火箭发动机提供动力。德国宇航中心、法国航天局（CNES）和日本航天局（JAXA）参与了该火箭的研发，旨在用于改进制造重复使用发射装置所需的技术。欧洲和日本合作的“克里斯托”（Callisto）验证机在气动、结构、控制等方面的论证研制工作全面铺开并取得了一定进展，但总体进度仍比较缓慢，需要到2025年之后才有可能得到应用。

（5）法国“马伊亚”火箭

2021年10月，法国总统马克龙表示，法国将投资300亿欧元推动工业创新，其中约15亿欧元将用于航天企业。2021年12月8日，法国宣布了一项最新的计划，旨在通过更短的时间开发重复使用火箭。新计划要求“阿丽亚娜”集团公司在2026年之前开发一种名为“马伊亚”（Maïa）的新型运载火箭，作为小型重复使用运载火箭的初始构型，其将直接以“忒弥斯”验证机为基础发展而来，并且是由“阿丽亚娜”集团公司新成立的“马伊亚”航天公司负责研制，发挥新兴商业航天企业快速灵活的优势。目前有关“马伊亚”火箭的技术细节不多，“马伊亚”火箭的近地轨道投送能力为1 t，并由重复使用的“普罗米修斯”发动机提供动力。这比欧空局先前设定的开发更大的、重复使用的火箭计划至少提前了4年。但是，1 t的低地球轨道投送能力不具有低成本商业竞争优势。

在过去的5年中，德国、意大利和英国都在培育小型发射公司。其中很多企业研发运载能力在几百千克的近地轨道火箭。法国给“阿丽亚娜”集团公司一份开发“马伊亚”火箭的大合同，也是想要将其他欧洲国家的商业竞争扼杀在萌芽中的一种做法，有点类似美国国家航空航天局资助联合发射联盟打造重复使用火箭。与此同时，法国呼吁开展比“马伊亚”火箭更小的重复使用微型发射项目。法国轨道系统公司（French Venture Orbital Systems）和斯特拉图空间系统公司（Strato Space Systems）参与了竞争，法国航天局为获胜者提供了技术支持并签订发射合同。

(6) 英国“霍托尔”空天飞机

受美国航天飞机的影响，英国宇航公司自筹资金，在20世纪80年代初对平起平降、单级入轨的航天运输工具进行了研究。1982年10月，英国的一些航天专家举行非正式会议，提出了“霍托尔”号（Horizontal Takeoff and Landing vehicle，HOTOL）平起平降单级入轨空天飞机的概念，原计划1995年首次试飞，2000年投入使用。英国宇航公司和罗尔斯·罗伊斯公司经过两年的深入研究，于1984年8月提出了“霍托尔”号设计方案。该机机身长62 m，最大直径5.7 m，最大起飞重量196 t，有效载荷7～11 t。“霍托尔”采用罗尔斯·罗伊斯公司提出的先进单一机体吸气式RB545型发动机，并由火箭辅助起飞。1984年9月，“霍托尔”的1∶100模型在英国范堡罗航空博览会上正式展出，引起国际宇航界的很大兴趣。英国感到高度复杂的空天飞机远非一国所能胜任，必须借助欧空局各成员国的力量，因此希望“霍托尔”能够作为“赫尔墨斯”号航天飞机的后继型纳入欧洲长期规划。在1985年1月举行的罗马会议上，英国代表推荐了“霍托尔”号方案，供欧空局决策。但由于欧空局没有精力和资金同时进行两个天地往返航天运输系统项目的研究，最终“霍托尔”号空天飞机没有被采纳。

“霍托尔”方案的新颖之处，在于采用了一种新的动力装置。这种动力装置是英国罗尔斯·罗伊斯公司新命名的RB545型混合式发动机。据报道，RB545发动机在初始飞行阶段能够充分利用大气中的氧，这就大大减轻了机内所要携带的推进剂的重量，使有效载荷与起飞重量的比值增大，因此具有极大的吸引力。

1986年，英国政府开始为“霍托尔”号空天飞机项目投资。随着研究的深入，又决定将发动机移至中部，使得运载能力明显下降。1988年英国政府取消了对该项目的进一步投资，英国宇航公司和罗尔斯·罗伊斯公司只能进行一些基础性的探索研究。1989年由于技术难度和经费等原因该项目被取消。1991年，两家公司提出与俄罗斯合作，采用安-225作为载机，这个方案不久也被放弃了。

(7)“云霄塔”空天飞机

2003年，英国在“霍托尔”项目研究成果的基础上，启动了单级入轨“云霄塔”研究方案，并于2014年公布了“云霄塔”最新进展，其取得了重大技术突破，计划2025年开展缩比样机飞行试验。2019年年初，“佩刀”发动机核心部件成功通过初始设计评审，先后完成大尺寸预冷却器样机HTX在马赫数3.3和马赫数5模拟条件下的高温考核试验，轻质换热器技术取得重大突破。“云霄塔”外形与普通飞机类似，是世界上首个采用组合动力的天地往返运输器（图4-9）。采用半硬壳式结构是“云霄塔”空天飞机机身设计的重要创新，在许多方面与“齐柏林”飞艇相似。其主要承力结构是采用碳纤维增强塑料复合材料制成的结构。“云霄塔”机体长约85 m，翼展约25 m，对称安装2台“佩刀”发动机，起飞重量为325 t，低地球轨道运载能力为15 t，使用寿命200次，发射失败概率为

1%，损毁概率为 0.005%。“云霄塔”预计批产 30 架，每架将花费 5.65 亿欧元（7.68 亿美元）。在使用中，“云霄塔”运载器的每次发射费用为 690 万欧元（939 万美元）。

(a) “云霄塔” 概念图

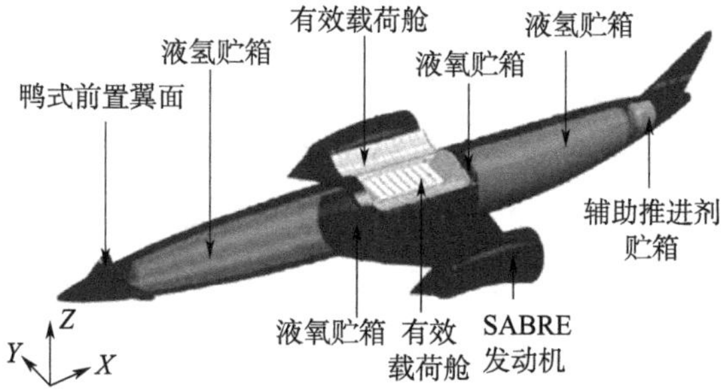

(b) “云霄塔” 基本布局

图 4-9　英国“云霄塔”空天飞行器

“云霄塔”的气动外壳采用被动辐射冷却技术，这样在上升段飞行期间，可使外壳最高温度达到 582 ℃。再入期间通过实时测量和闭环反馈动态控制飞行轨迹，使外壳温度保持在 727 ℃以下。“云霄塔”的机身蒙皮厚度为 0.5 mm，采用简单的波纹板冲压技术。波纹可增强气动外壳纵向弯曲刚度和强度，使机体结构允许热膨胀位移，同时也能增强机身表面的摩擦阻力。气动外壳采用碳化硅（SiC）波纹板增强玻璃陶瓷材料，其模型成型仅需简单的热压操作。

“云霄塔”在起飞前，发动机采用吸气模式点火操作，燃烧液氢和预先冷却的压缩空气，从跑道上滑跑起飞。起飞后持续飞行约 11.5 min，到达高度 26 km，速度达到马赫数 5.5，推进系统转换到纯火箭动力。在火箭动力下迅速爬升 4.75 min 后，主发动机关机，达到距地面 80 km 高度。随后，“云霄塔”释放主推进剂贮箱内的残余推进剂，继续沿着弹道轨迹飞行 44 min，达到 300 km 高度的远地点。在返回阶段，轨道机动系统发动机点火执行制动工作，以便实现合适的再入速度，通过一系列 S 型转弯（与航天飞机相同）实现无动力滑翔下降返回到指定着陆场。“云霄塔”可在返场 48 h 后再次起飞，重复使用周期短。

据分析研究，通过重复使用“云霄塔”的运载成本为一次性使用传统运载火箭的 1/10。2019 年 10 月，“佩刀”发动机全尺寸预冷却器样机完成马赫数 3.3、马赫数 5 条件下的地面高温考核试验，成功在 0.05 s 内将高达 1 000 ℃的高温气流冷却到 100 ℃，2020 年启动技术飞行演示验证平台方案研究。目前，该项目由英国喷气发动机公司主导，联合欧洲其他研究机构共同开发，并得到了英国政府和欧空局的经费支持。2022 年，英国喷气发动机公司为继续推动开发用于高马赫飞机、导弹和空间飞行器的预冷器技术，正在进行一项由美国空军支持的旨在显著提高预冷器系统性能的试验计划。该公司研制的以预冷循环方式为主的“佩刀”发动机取得很大进展，2022年7月，“佩刀”发动机的集成氢预燃器系统开始进行地面试验。

为探索单级入轨空天飞行器的新型发动机，20世纪80年代末，英国喷气发动机公司在“霍托尔”RB545发动机的基础上提出了“佩刀”发动机。该发动机实质上是一种“涡轮＋冲压＋火箭”组合动力发动机。工作速域宽、空域大，可平起平降，实现单级入轨，也可为高超声速飞机提供动力。由于利用空气中的氧作为氧化剂，因此吸气式模态范围发动机推重比和比冲较高（比火箭发动机的比冲高一个数量级以上）。“佩刀”发动机涉及3个关键技术。第一个关键技术主要关注在空气进入发动机时，对其进行冷却的革命性预冷装置。第二个关键技术是燃烧室的冷却。燃烧室是推进剂混合及燃烧并产生大约3 000 ℃水蒸气的装置。“佩刀”发动机利用空气或液氧作为冷却液，这是一个重要且不寻常的设计特点，因为大多数火箭发动机利用液氢燃料进行冷却。第三个关键技术是探索可以适应周围大气压力的先进排气喷嘴。这三个关键技术的突破，为“云霄塔”整个开发项目铺平了道路。

（8）“太空骑士”无人航天飞机

2017年，泰雷兹·阿莱尼亚空间意大利公司和艾维欧公司启动“太空骑士”（Space Rider）的研制工作。该项目在2016年11月欧空局召开的“航天19＋”部长会议上拿到了全额经费支持。10个欧空局成员国报名参与该项目，并提供了充足的资金用于技术开发和项目研制。为保证“太空骑士”在2023年发射，泰雷兹·阿莱尼亚空间意大利公司最大限度地使用了现有成熟技术，以有限的风险和较低的成本来攻克关键技术，以此保证按时发射升空。2020年12月，欧空局同泰雷兹·阿莱尼亚空间意大利公司和艾维欧公司正式签署了2亿美元的合同，要求按2023年年中到年底发射的进度，安排交付欧洲首架“太空骑士”无人航天飞机。“太空骑士”是一种小型重复使用轨道机动飞行器，它不仅能为欧洲用户提供控制、数据处理和遥测等服务，还能满足载荷多样化的轨道高度和轨道倾角需求，用于开展微重力实验，以及对地观测、科学、通信和机器人探索技术。

“太空骑士”无人航天飞机由重复使用再入舱、一次性使用服务舱和动力系统三部分组成。再入舱由泰雷兹·阿莱尼亚空间意大利公司负责制造，采用升力体设计，重复使用6次，能装载800 kg有效载荷。服务舱和动力系统由艾维欧公司负责制造，该公司也是“织女星”-C火箭的研制单位。服务舱可以延长留轨时间，使“太空骑士”的在轨飞行时间超过2个月，从而充当自由飞行轨道平台，开展各式各样的任务，其功能类似于美国空军的X-37B无人空天飞机。服务舱装有太阳能电池帆板，在轨飞行时可为自己提供能量。“织女星”-C火箭的AVUM＋上面级同时也是“太空骑士”的动力系统，可提供600 W功率，并为飞行器进入轨道时提供动力和方向操纵。除了上述两家公司外，欧空局还与意大利空间通信公司和意大利航天局下属航空航天后勤技术工程公司签署了合同，研制“太空骑士”的地面系统。根据设计，“太空骑士”安装在“织女星”-C火箭的顶部，连接到AVUM+上面级装置，密封在火箭整流罩内。该飞行器在轨运行期间，可以根据科学载荷的指向需求进行旋转，调整姿态。如果进行对地观测，飞行器可以倒置，如果观测的目标在太空中，还能侧向飞行。当“太空骑士”完成任务后抛掉服务舱，再入舱自行离轨，调整角度重新进入大气层，在完成减速后，借助可控翼伞降落在地面。经过不超过6个月的维护和翻修，移除有效载荷并安装新设备后，又可以再次前往太空执行任务。

“太空骑士”由欧空局“过渡性实验飞行器”（IXV）发展而来，向前则可以追溯到“赫尔墨斯”空天飞机。截至目前，欧空局先后研制了“过渡性实验飞行器”和“太空骑士”两种无人重复使用飞行器。“过渡型试验飞行器”项目从概念提出到方案设计、工程研制、模拟试验和飞行试验，走过了十几年时间，飞行试验取得圆满成功，发展和验证了新型飞行器从近地轨道自主控制到再入大气层所需的关键系统和技术，为后来“太空骑士”的研制奠定了坚实基础。

如果一切顺利，“太空骑士”将在2023年的第三季度由“织女星”-C火箭从法属圭亚那的库鲁航天中心发射升空。随后，该飞行器将在轨停留2个月，并执行相关任务，然后以水平状态软着陆地面。目前，欧空局正在考虑的首飞任务着陆场有两个，主着陆场位于法属圭亚那，备选着陆场位于葡萄牙亚速尔群岛的圣玛丽亚岛。按照计划，“太空骑士”将开展多次验证飞行，验证包括在轨验证与鉴定、国防与安全应用，以及商业用途等能力。

（9）“苏西”全复用火箭上面级

2022年9月18日，阿丽亚娜集团在巴黎举行的2022国际宇航大会（IAC 2022）上首次展示了命名为“苏西”（Smart Upper Stage for Innovative Exploration，SUSIE）的全复用火箭上面级——全复用飞船。阿丽亚娜集团战略和创新主管莫雷娜·贝尔纳迪尼（Morena Bernardini）表示，“对于太空探索和载人航天，以及这一领域所倡导的发展方向，阿丽亚娜集团提出了‘苏西’（SUSIE）方案。‘苏西’是我们设计团队数年工作的成果，为未来的空间服务（包括无人或载人飞行）提供了一个精巧的解决方案，并将适应未来需求的不断增长。这是一个基于阿丽亚娜集团和欧洲行业内所有技术的项目，它与空间运输的需求和复用的技术发展要求是一致的。我们的责任是为这一雄心壮志做出贡献，为欧洲决策者提供智能的技术解决方案，并能够帮助欧空局独立进入太空，为欧洲太空探索打开大门，满足未来几十年商业和机构对太空服务的需求。”

“苏西”采用垂起垂降模式，是一种灵活、模块化、安全可靠的货运/载人飞船，其加压舱容量达到40 m^3，这将使其适用于货物、有效载荷运输以及载人飞行。在载人模式下，该飞船最多可以搭载5名航天员，并在高精度大气再入后返回地球，实现软着陆，从而为载人任务中的乘员提供最大的端到端安全。“苏西”采用完全集成的概念，以最大限度地发挥其重复使用潜力，并降低运营成本。特别是，其自身将包括执行任务所需各类设备，如包括在轨支持设备、着陆设备以及乘组安全设备等。“苏西”的安全系统涵盖从起飞到着陆的整个任务，从而确保飞行乘组的最大安全。

“苏西”的设计旨在适应未来长期存在的不同类型运载系统。初期，它将由正在研制的“阿丽亚娜”-64（为“阿丽亚娜”-6运载火箭的一种配置类型，4意味着在芯一级火箭上捆绑4个固体助推器）火箭发射。“苏西”的货运版本中无须对“阿丽亚娜”-64火箭进行任何修改；对于载人版本，将对运载火箭和地面设施进行一些调整。在没有重大修改的情况下，“苏西”同样适用于下一代欧洲可复用重型运载火箭，从而为实现欧洲未来完全可重复太空运输系统铺平道路，苏西本身也是欧空局主导的“新欧洲太空运输解决方案”（New European Space Transportation Solutions，NESTS）的一部分。

欧空局认为，目前，从地球到太空的空间运输都是基于直接的“点对点”方法，这涉及运载火箭要根据载荷的质量和目的地进行不同的配置。在不久的将来，为了优化开发和运营成本，并能够执行各种各样的任务，将有必要采取“网络化”模式，类似于目前的航空运输“枢纽”的方案。基于这一新方法，运载工具将服务于位于近地轨道的范艾伦带之外的一个新轨道，也就是“停泊轨道”（parking orbit）。从这里，有效载荷将由其他航天器接管，并送往最终目的地。“苏西”的目标是成为这一未来具有弹性和可扩展性的航天运输系统的一员。

4.2.3 日本

从20世纪50年代开始，在美国的帮助下，日本形成了以低成本深空探测和依靠国际空间站开展科学试验为主的航天发展思路，取得了众多创新成果：独立的航天发射中心，自主研发的多型火箭，多项亚洲和世界之最。“隼鸟”2号的成功更是把日本推到了前沿，让全世界为之震惊。近年来，日本通过多次修改《宇宙基本法》，大力发展军事航天力量，在太空战略、政策法规、武器装备、作战力量建设、国际合作、军费预算等多个维度加快发展。

相对于世界其他国家，日本在重复使用航天运输系统研究方面的投入比较大，仅次于美国。日本通过一系列试验，已经积累了一定的重复使用航天运输系统再入返回技术。在突破重复使用航天运输系统关键技术方面走在了世界的前列。1994年，日本航天活动委员会（SAC）制定了长期航天政策，要求开展重复使用运载器的研究工作，近期目标是在2010年左右，研制出以火箭发动机为动力的重复使用航天运输系统，远期目标是在2020年左右，研制出以火箭基冲压组合发动机（RBCC）为动力的平起平降单级入轨空天飞机。日本航天活动委员会于2000年5月提出了从现有一次使用运载火箭（ELV）向重复使用航天运输系统发展的规划。其中，两级入轨重复使用航天运输系统作为发展目标，其第一级采用吸气式发动机，第二级采用重复使用火箭发动机。日本重复使用航天运输系统的研制计划分为 3 个阶段，每个阶段的研究成果都经过严格的评审和修订。

第 1 阶段研究的重点是发动机系统，包括吸气式发动机和重复使用火箭发动机。“希望”（HOPE）实验飞行器承担第二级运载器的飞行试验任务。在第 1 阶段的前 5 年，重点研制涡扇直径为 30 cm 的吸气式涡轮冲压膨胀循环（ATREX）发动机。吸气式涡轮冲压膨胀循环发动机可使“希望”（H－Ⅱ Orbiting Plane Experiment，HOPE－X）实验飞行器的飞行马赫数达到 6。除了进行基础技术研究外，第 1 阶段还将研制 10 t 级的重复使用发动机。这些基础技术研究的成果经过地面试验和空中试验来完成。在超声速和再入飞行区域，运载器的系统性能将通过“希望”实验飞行器的后续飞行试验来评估和验证。“希望”实验飞行器在某种程度上具有重复使用能力，“希望”实验飞行器计划的高速飞行经验有助于两级入轨第二级的研制，对采用吸气式发动机的实验飞行器的研制也有帮助。

第 2 阶段研制大尺寸两级入轨实验飞行器，每个飞行器都单独进行飞行试验，其中第二级实验飞行器将由现有的一次性运载火箭发射。该阶段还研制涡扇直径为 60 cm 的吸气式涡轮冲压膨胀循环发动机和重复使用的 LE－7A 火箭发动机。两台涡扇直径为 60 cm 的吸气式涡轮冲压膨胀循环发动机安装在第一级的实验飞行器上，其起飞质量为 20 t，飞行高度达到 30 km 时，飞行马赫数达到 6，飞行试验结束后该实验飞行器返回起飞跑道。第一级实验飞行器携带 1 个模拟的第二级实验飞行器，以便在最高高度进行单独试验。第二级实验飞行器重 120 t，使用 100 t 推力级的重复使用发动机，由一次性运载火箭发射并进入低地球轨道，轨道再入试验结束后飞回跑道并水平着陆。如果可能，第二级实验飞行器研制的结果可以随时应用到重复使用航天运输系统（包括多级入轨和单级入轨）的研制中。

第 3 阶段制造全尺寸实验飞行器。可以把 8 t 的有效载荷运送到近地轨道。实验飞行器的第一级装有 6 台涡扇直径为 120 cm 的吸气式涡轮冲压膨胀循环发动机，第二级仍采用第 2 阶段的设计。该飞行器验证两级入轨重复使用航天运输系统的可靠性和操作能力。

3 个研究阶段完成后，2015 年研制可操作的两级入轨运载器，作为日本重复使用航天运输系统。在重复使用航天运输系统在进行研制的同时，日本改进一次性运载火箭（ELV），以提供更优的航天运输系统，满足各种地球同步轨道运输、深空探测和其他行星探测任务的需求。日本航天活动委员会（SAC）的规划还指出，成功地研制两级入轨重复使用航天运输系统，可以使日本具有研制载人空间运输系统的能力。

在“希望”计划制定后的前几年内，日本一直按照上述规划进行重复使用航天运输系统的研制和开发，但是由于后来试验接连失败，日本停止了“希望”实验飞行器计划，决定重建航天运输系统技术发展的框架。日本宇宙科学研究所（ISAS）、国家宇航实验室（NAL）和日本宇宙开发事业团（NASDA）合作制定了新的计划。

2005年4月，日本宇宙航空研究开发机构（JAXA）公布了《2005—2025年日本航空航天新构想》，为日本航天发展制定了战略方针。在新构想中，发展航天运输系统成为日本提高自主航天活动能力而采取措施的重要部分，重复使用航天运输系统的相关技术是发展航天运输系统的关键所在，为了促进这类技术的发展和成熟，需要在早期阶段开始技术验证工作，同时通过验证不断积累必要的技术。2015年前，以H-2A运载火箭和HTV为基础，发展轨道转移飞行器和不载人返回式飞行器技术，积累经验并使重复使用技术趋于成熟。在2025年前，发展不载人重复使用试验飞行器，为日本自主研发重复使用载人航天运输系统奠定技术基础。

（1）“希望”航天飞机

日本从1978年开始研究航天飞机。1984年以来，日本航空航天实验室进行了一系列风洞试验。其风洞试验模型由日本宇宙航空研究开发机构（JAXA）提供，有三种模型：第一种是单垂尾机翼模型，与美国航天飞机机翼类似；第二种是三角翼模型，垂尾可单可双；最后一种是无垂尾模型，翼尖有尺寸较大的翼梢小翼，整个外形与法国的“赫尔墨斯”航天飞机相似。

1986年年初，日本航天活动委员会召开长期政策恳谈会，对日本的长远航天发展进行了充分研讨。这次会议形成的主要目标有：一是为了在21世纪初使日本成为与美、苏、西欧和中国并列的“航天大国”，就要大力推进独立自主的航天活动；二是改变1984年《宇宙开发政策大纲》中关于原则上不搞日本独立的载人航天活动的方针，决心依靠本国力量开展载人航天活动，以迎接宇宙工业化时代的到来；三是决定自主开发航天飞机，建立空间站，研制轨道间运输系统。在这一新政策背景下，日本提出了研制大型H-2运载火箭和“希望”小型航天飞机的设想，并得到宇宙开发委员会的批准。“希望”号航天飞机的机长约10.5 m，机身宽2.3 m，翼展6.24 m，整个系统的起飞重量约10 t。它可以载人发射，也可以不载人发射；载人时可将4名航天员送入轨道，不载人时可实现自主飞行。

日本还认为，以其现有的技术基础，还没有能力开始研制重复使用航天运输系统，还有一系列所必需的关键技术没有掌握，所要做的是积累这些技术。“希望”计划就是以此为出发点的一个技术演示验证计划，该计划的主要目的是发展重复使用航天运输系统所需的飞行器再入技术，同时研制出一个具有潜在实用用途的、能够经济地完成任务的飞行器，该飞行器可以进行轨道实验、对地观测和往返于低地球轨道的回收等任务。

“希望”航天飞机总体技术不算很先进，但由于长期以来日本缺乏研制大型航天器的技术和经验，因而在计划执行阶段遇到了许多困难。日本政府对这项计划的态度不是很明朗，这也为发展工作带来困难。1993年国际空间站计划正式实施后，它与日本实验舱一道成为国际空间站项目，获得了一些政府投资。为了降低发展全尺寸航天飞机的风险，日本提出先期研制缩小的“希望”返回式试验飞行器。

在开展“希望”计划的过程中，日本一直采取循序渐进的步骤，从1994年到1996年先后成功地进行了自动着陆飞行试验（ALFLEX）、高超声速飞行试验（HYFLEX）、轨道再入飞行试验（OREX）等，对自动着陆和低空飞行技术、高超声速飞行器的设计制造技术，以及大气层再入技术等进行了演示验证。1994年2月4日，H-2A大型火箭首次发射。有效载荷中有一个轨道再入试验器件，上面装有多种先进的防热瓦，主要任务是试验航天飞机的防热系统和再入技术。此后，日本还用H-1火箭、直升机和气球等工具进行了多项与航天飞机有关的技术验证试验。

1994年成功地进行了直径为3.4 m的轨道舱从450 km圆形LEO再入试验（OREX）。1996年成功地进行了圆头柱体飞行器的亚轨道高超声速飞行试验（HYFLEX），飞行马赫数为14。该飞行器装有气动稳定尾翼，总质量为1.07 t，总长度4.4 m。1996年在澳大利亚的武麦拉成功地进行了“希望”1/3缩尺模型的自动着陆飞行试验，该模型重0.76 t，长6.1 m，从1.5 km高的直升机上投放降落。

1998年，日本航天活动委员会重新调整了“希望”的研制进度和飞行器方案，并决定启动新的高速飞行验证（HSFD）计划，进一步降低“希望”首飞风险。“希望”飞行试验原计划在2005年进行，由于H-2火箭多次发射失败，不得不修改计划。日本开始重新评估后续航天计划，加之1998—2002年航天预算大幅度削减，“希望”发射计划被迫拖延。2000年8月，日本宇宙开发委员会决定冻结制造“希望”模型。随着日本航天政策的不断修订，其航天预算的不断减少，加之更加重视侦察卫星的研制，“希望”的研制必要性被质疑。2004年，“希望”航天飞机计划正式下马，但继续从事与可复用运载器的基础技术相关的研究和开发工作。

日本宇宙航空研究开发机构还正在开展一项远期重复使用航天飞机可行性论证，并制订了路线图。路线图的设想包括一种火箭动力、航程2 000 km的亚轨道点到点飞行器，还包括另一种航程10 000 km的点到点飞行器和一种完全可复用的两级入轨载人航天飞机。2 000 km型亚轨道点到点飞行器是一种火箭滑翔机，重约53.5 t，能在利用分级燃烧航空航天发动机使速度达到马赫数14以上后滑翔飞往目的地。10 000 km型点到点飞行器采用乘波体（升力体的一种）设计，总重约300 t，在加速到高超声速后滑翔飞往目的地，还能进行更长距离的高超声速巡航。这种高超声速飞机的设计包括一个能为动力系统压缩来流空气的前机体，动力系统集火箭和冲压发动机于一体。

（2）重复使用飞行器测试项目

1998年日本宇宙航空研究开发机构提出了重复使用飞行器测试（Reusable Vehicle Testing，RVT）项目，对发动机、快速复用、高性能、轻量化结构和材料等关键技术进行验证。重复使用飞行器测试项目（RVT）由JAXA与三菱重工（Mitsubishi Heavy

Industries）合作开发，旨在验证垂起垂降能力，验证飞行高度为100 m，目标是完成基于垂起垂降技术的高频率复用验证。重复使用飞行器测试项目试验样机外形与麦道公司的“德尔它”快帆（DC-X/XA）相似，同样具有4个着陆支架，仅采用1台液氢/液氧发动机，到2009年重复使用飞行器测试项目共进行14次测试。2018年，进行了地面点火试验后，无后续相关报道。

（3）高速飞行验证计划（HSFD）

高速飞行验证计划是日本1999年1月启动的项目计划。它是一项使用缩尺试验飞行器模型进行的飞行试验计划，是“希望”不载人再入飞行器计划的一部分。高速飞行验证计划主要用于验证飞行器亚声速和跨声速的飞行特性。这两个速度范围以前没有验证过，还存在某些不确定因素。该计划也因此分为两个阶段：第一阶段进行亚声速飞行验证，第二阶段进行跨声速飞行验证。

1999年3月，日本宇宙科学研究所、宇宙开发事业团、富士重工业公司联合工作组开始进行高速飞行验证的系统设计。高速飞行验证第1阶段的3次飞行试验在2002年10月至11月间进行。2002年10月18日，宇宙开发事业团和宇宙科学研究所成功完成了高速飞行验证第1阶段试验飞行器的首次飞行试验。该试验飞行器从基里巴斯共和国圣诞岛的一条跑道水平起飞，飞至大约5 km的高空，最大飞行马赫数达0.6，最后在1.8 km长的跑道上着陆，飞行时间共计9 min 30 s。这次试验的主要任务是验证试验飞行器的自主飞行性能，以及在飞行控制计算机控制下全自动着陆的过程。此外，导航系统的性能等也在验证范围之内。2002年11月5日，宇宙开发事业团和宇宙科学研究所又进行了第二次飞行试验，所用试验飞行器与第一次相同。试验飞行器升至2.5 km高空，然后以13°的攻角迅速下降。此次试验持续了18 min 30 s。2002年11月16日，第三次飞行试验获得成功。在18 min的试验过程中，试验飞行器飞至5 km的高空后又成功降落。这样，高速飞行验证计划第二阶段的3次飞行试验已经全部完成。在第一次飞行试验中，飞行器在下降过程中发生过弹跳现象，通过改变控制系统中飞行器姿态控制参数避免了这种情况的再次发生。在随后的飞行试验中，试验飞行器均平稳着陆。

第二阶段的试验飞行器也是由“希望”方案衍生出来的1/4缩尺模型。由于其目标是获得“希望”跨声速飞行的气动特性参考数据，所以试验飞行器的外形尽可能地接近“希望”。高速飞行验证第二阶段的试验在瑞典基律纳欧洲航天试验场（Esrange）进行，目的是弄清“希望”的跨声速气动特性，并依据风洞试验和计算流体力学（CFD）数据对其进行评估。高速飞行验证飞行器的试验结果还可以应用到未来空天飞机计划中。与第一阶段一样，第二阶段的试验飞行器也是自主飞行。

试验飞行器由平流层气球携带至20～30 km的高空释放，之后自由下落并加速至跨声速范围。在数据采集阶段，飞行器的飞行马赫数将维持在0.8、1.05或1.2的水平上不变。数据采集完毕后，开始启动回收控制。飞行器将使用降落伞回收，并利用安装在下表面处的气囊缓冲着陆。回收后的飞行器经整修后用于下次飞行，总共进行6次飞行。2003年7月1日，高速飞行验证进行第二阶段的首次飞行试验。试验中，试验飞行器由平流层气球携带，在13 km的高度与气球分离，自由下落后加速到马赫数0.8，下落过程大约持续了5 min。但是在着陆时，飞行器携带的3个降落伞中有2个没有打开，试验飞行器坠落在地面，造成左机翼和头锥（即飞机头部）毁坏。宇宙开发事业团称，数据采集工作顺利，除回收的试验飞行器有部分破损外，首次飞行试验基本完成。高速飞行验证第二阶段的试验是与法国国家空间研究中心（CNES）合作进行的。合作将使双方受益，并使第二阶段试验的成功机会大大增加。

（4）单级入轨空天飞机项目

在“希望”计划之后，日本于1997年7月发布了发展完全重复使用航天运输系统的调研报告，计划在21世纪20年代研制成功采用“吸气＋火箭”组合式发动机的单级入轨空天飞机。作为过渡性目标，在21世纪头10年研制成功以火箭发动机为动力的单级入轨运载器。据此，日本宇宙开发事业团和国家宇航实验室提出一种以火箭发动机为动力的单级入轨方案（SSTO－R）。该方案选取了有翼圆柱型机身、垂直起飞水平着陆、液氢/液氧火箭发动机推进、单级入轨作为基本要素。在近地轨道运载能力10 t、动力系统比冲为450 s、起飞总重量为500 t条件下，飞行器净重量约为50 t，经估算运载器净重量比要求的重量重35%，为了解决轻质材料和结构的技术挑战，日本开始研究低温推进剂复合燃料贮箱。

日本宇宙开发事业团已经在马赫数为4、6、8的飞行条件下对缩比尺寸的超燃冲压发动机进行了燃烧试验。另外，日本宇宙科学研究所提出利用涡轮基冲压组合发动机作为第一级发动机的两级入轨空天飞机方案，研制了一种预冷膨胀器循环的吸气式涡轮冲压膨胀循环（ATREX）发动机，发动机在飞行平台下进行了大量试验。

（5）可复用火箭计划

一直以来，日本火箭在国际发射市场的价格竞争中优势不大，在太空产业日益活跃、发射需求高涨的形势下，日本的火箭发射费用比美国的SpaceX公司贵40%左右。日方担心差距会越来越大，因此决定开发火箭回收技术。2020年4月16日，据日本共同社报道，日本宇宙航空研究开发机构正在开发火箭回收技术，旨在削减发射费用。2021年9月，日本汽车制造商本田公司（Honda）公布了一项计划：开发一种基于垂起垂降技术路线的部分重复使用小型运载火箭，并计划于2030年进行测试发射，该火箭可以将重量不超过1 t的卫星送入近地轨道。根据计划，火箭长约7 m、直径1.8 m，搭载可再次使用的发动机，在箭体下部设置着陆支架。在火箭上升至100 m的高度后，通过发动机的推力悬停并水平移动，一边保持平衡，一边向地表着陆。JAXA计划在此基础上，研制更接近实际火箭的

Callisto 火箭，在 30 km 高度时使箭体像“猎鹰”火箭第一级那样转向，争取在发射点附近或海上平台着陆。

本田公司是从 2019 年年底开始研究重复使用火箭的，并且已经具备了火箭试车等能力。本田公司计划从战略角度扩大其业务组合，包括生产可以电动垂直起飞和降落（eVTOL）的飞行汽车。该公司计划在未来 6 年，在研发上投入 450 亿美元（5 万亿日元）。

2021 年 11 月，本田公司宣布完成了重复使用原型发动机的试车，从尾焰可以看到明显的马赫环（Mach diamonds）。同时，日本宇宙航空研究开发机构宣布，与近 30 家日本公司和机构合作，开发基于垂起垂降技术路线的重复使用火箭，目标是到 2030 年实现首飞，发射成本降至目前水平的 1/4 以下，使成本竞争力提升至全球市场领导者 SpaceX 公司的水平。负责监管日本宇宙航空研究开发机构的日本文部科学省曾表示，重复使用火箭对下一代运载器的开发至关重要。JAXA 计划与 30 多家企业和机构，共同研制开发重复使用火箭，主要分工如下：三菱重工和日邮（NYK Line）将负责协调物流，特别是使用无人船的火箭回收；全日空（ANA）将研究飞机的操作和维护；NIPPI 公司和 GH Craft 公司将创建一种着陆系统；名古屋大学将开发一种抗振动的锂离子电池；佳能 IT 解决方案将采用混合现实技术来简化生产流程；千叶工学院被指派研究低成本的小型电动泵；金泽理工学院研究火箭的复合材料。分工中并未提及火箭和发动机等核心工作的分工，按照目前日本主力火箭研制情况，应该是由三菱重工具体负责。JAXA 计划在 2026 年之前开发出原型，并在 2030 年进行第一次发射测试。通过建立重复使用的技术和增加发射次数，JAXA 希望到 21 世纪 40 年代早期将发射成本降低到 5 亿日元左右。

4.2.4 印度

长期以来，印度着眼于“立足南亚、称雄印度洋、争当世界军事强国”的梦想，将发展太空军事力量纳入国家发展战略，将发展航天技术视作其提升国家地位和加快科技发展的重要手段。经过 50 多年的不懈努力，印度在运载火箭、人造卫星、导弹武器等方面取得了巨大成就，已经成为一个新兴的航天大国。

印度国家航天局（ISRO）表示，印度发展航天技术的最终目标是建立空间站和星际基地，而发展单级入轨、平起平降的重复使用运载器（SSTO - RLV）和载人航天是实现这一目标的必由之路。目前，印度的航天科技水平正在向实现两级入轨重复使用努力，在实现两级入轨重复使用运载器之前，印度还必须掌握高超声速再入相关的关键技术。因此，印度需要研制重复试验飞行器（RLV - TD）来实现这一目的。根据上述思路，印度的重复使用计划分为 3 个阶段（图 4 - 10）：第 1 阶段，研制可重使用运载器技术验证机，攻克高超声速再入等关键技术；第 2 阶段，在现有技术的基础上研制两级入轨重复使用运载器；第 3 阶段，研制单级入轨、平起平降的重复使用运载器。

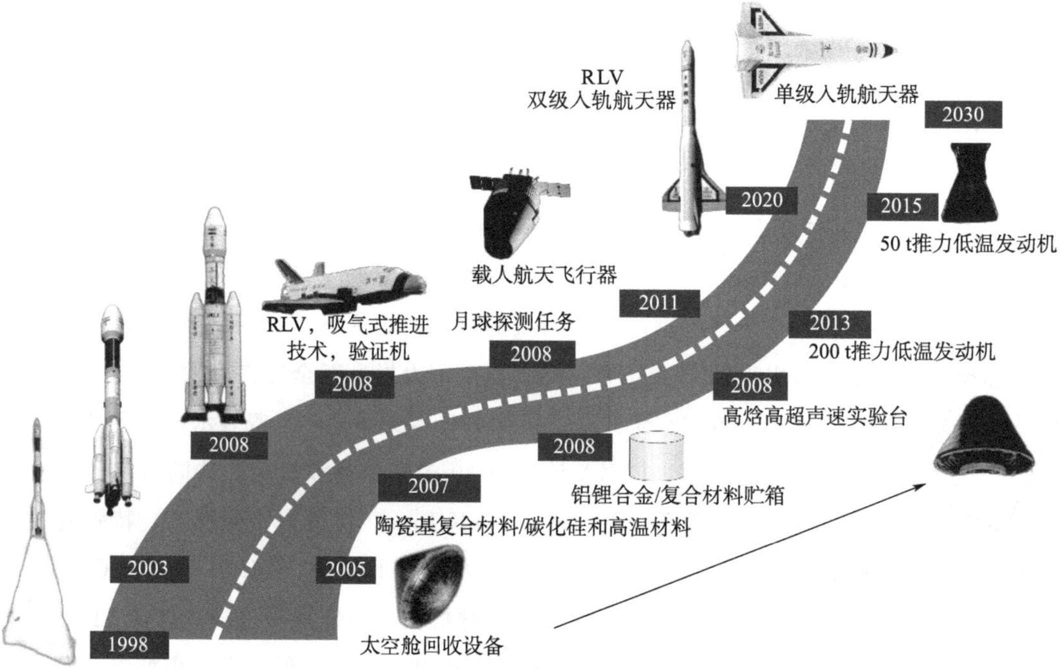

图 4-10　印度航天运输计划（1998—2030 年）

在航天运输领域，印度“十一五”计划（2008—2012 年）明确提出，完善有效载荷回收和再入技术，到“十一五”计划中期完成吸气式发动机验证机的研制并进行回收试验；通过两级入轨重复使用运载器的技术验证飞行，完成重复使用运载器各个阶段的技术论证任务；在 2025 年研制出先进的两级入轨运载器。在“十一五”期间，印度在航天运输领域的投资达到 34.08 亿美元，有力地支撑了重复使用计划相关研究工作的开展。加强国际合作与自主发展相结合是印度实施重复使用计划的重要策略，除了印度国内的空间研究组织等 25 家研究机构共同参与重复使用研究计划外，印度还与美国、俄罗斯、欧洲、乌克兰等国家及国际组织开展国际合作，获取所需相关技术、设备支持。

（1）“艾瓦塔”航天飞机

“艾瓦塔”（Avatar）方案是印度重复使用计划的重要组成部分。“艾瓦塔”航天飞机全称“跨大气高超声速航空航天运输的有氧飞行器（Aerobic Vehicle for Transatmospheric Hypersonic Aerospace TrAnspoRtation）”，是一个由印度国防部下属的国防研究和发展组织（DRDO）负责的载人单级入轨微型航天飞机项目，该飞机采用平起平降技术路线，用于低成本的军事和商业卫星空间发射任务。1990 年，印度曾提出过一个 230 t 重的“超级飞机”（Hyper plane）计划，后因成本太高（估计需 100 亿～120 亿美元）而被取消。1998 年 5 月，印度正式宣布“艾瓦塔”航天飞机项目启动。Avatar 在梵文中是“复活”之意，寓意为“超级飞机”计划又获得新生。

“艾瓦塔”航天飞机起飞重量25 t，其中60%是液氢燃料，发动机将兼具冲压、超燃冲压和液体火箭发动机的特性。该项目的指标是将1 t有效载荷送入近地轨道，并具有100次发射和再入能力。“艾瓦塔”利用涡轮风扇冲压式喷气发动机作动力，水平起飞爬升到巡航高度，此时转换到超燃冲压发动机，到巡航速度达到马赫数为7时，利用火箭发动机加速进入轨道。完成任务后，“艾瓦塔”便脱离轨道，再入大气层，利用自身的动力降落。在起飞时，“艾瓦塔”只携带极少量用于驱动冲压式喷气发动机涡轮所需的液氧。火箭发动机工作时所需的液氧，将由“艾瓦塔”航天飞机上的一个系统自己制造。该系统在“艾瓦塔”航天飞机巡航阶段能收集空气并液化，分离出其中的液氧，并贮存起来供火箭发动机使用。

“艾瓦塔”航天飞机在两个技术领域取得了进展：一是1998年3月，冲压式喷气发动机研究组在海得拉巴的国防研究开发局（DRDO）实验室中，第一次用超声速压缩空气使氢燃料点火成功；二是1998年4月18日，在班加罗尔的印度科学院，科学家们利用涡旋管（vortex tube）空气分离技术，在模拟飞行条件下制取了液氧。印度国防研究开发局批准了下一阶段的工作，主要是提高氧的纯度和制取更多的液氧。“艾瓦塔”虽然是作为发射低地球轨道小型通信卫星和导航卫星的低风险、低成本和重复使用运载器而提出来的，但去掉火箭发动机，它就是一架航空飞机，能以马赫数为7的速度在30 km的高空飞行，执行天对地打击、情报搜集、监视和侦察等任务。

（2）重复试验飞行器项目

重复试验飞行器（RLV-TD）是由印度国家航天局负责的基于垂起平降技术路线的两级入轨重复使用航天运输系统，目标是使航天发射成本压缩为原有成本的1/10。重复试验飞行器设计思想是首先使用已有的技术，并且将逐渐采用和试验新技术。在3～6年的时间内，重复试验飞行器（RLV-TD）在节约经费的原则下，验证全尺寸的两级入轨重复使用运载器设计和研发全过程所需的关键技术，从而确定技术实施途径。重复试验飞行器作为试验平台可验证关键技术，如自主着陆、动力巡航、利用吸气式动力系统超声速飞行等。

根据印度国家航天局的计划，两级入轨航天器分为两部分。第一级是火箭助推级，发射时放置在火箭发射台上垂直发射，这一级属于一次性使用，不可重复回收利用。第二级就是空天飞机级，即重复试验飞行器验证机的放大版，这一级在外层空间与火箭助推级分离后，自主入轨，之后自主返回并滑跑降落。两级入轨航天器研制成功后，将成为印度航天发射的主力机型。因此，雄心勃勃的宇宙开发和探测计划，才是重复试验飞行器验证机研制的主要动因。如果能够如期实现4架验证机的试验，那么到2025—2030年，印度将拥有成熟的空天飞机发射系统，其航天发射能力将实现飞跃，跻身世界航天强国之列。

在高超声速飞行试验期间，重复试验飞行器将以火箭发动机为动力，完成任务后在海上收回。2010 年 3 月，印度国家航天局称，已经完成重复发射飞行器的研制工作。重复试验飞行器外形为翼身融合体，缩比样机如图 4 - 11 所示。

图 4 - 11　印度 RLV - TD 技术验证机缩比模型①

从机体结构和设备来看，重复试验飞行器（RLV - TD）分为三部分。第一部分为头部，这里主要是导航舱，用于安装导航、传感器等机载电子设备和系统。头部机鼻位置铺设了“碳-碳”+碳化硅材料的热防护层，以抵抗飞行中的高热现象。第二部分是机身系统（设备舱），第三部分是中后部的推进剂和发动机系统。从印度国家航天局公布的工厂生产装配图片和资料来看，第二部分机身系统采用了薄壁（板）+肋环式的结构。从承力结构设计上看，机身系统远比大气层内航空器简单，属于航天器设计。航空器在大气层内飞行，承力要求和结构力学设计要求很高，而航天器在大气层外飞行，结构设计要求相对较低。从这点就可以看出，重复试验飞行器并非大气层内外来回穿梭的空天作战飞行器，只是适用临近空间和轨道运输的小型空天飞机。从重复试验飞行器验证机设备舱装配过程中看到的密密麻麻的线缆，可以判断它已经初步安装了少量的机载电子设备及传感器，可用于初步测试。重复试验飞行器还没有安装火箭发动机在内的动力装置、太阳能电池和锂电池在内的供蓄电装置、飞行控制等多种子系统，说明其功能较少，技术完成度有限。

---

① RLV - TD 采用飞机式正常气动布局，采用三角翼、大角度 V 形尾翼，从外形上看，如一架缩比的航天飞机。它通过火箭运载、垂直点火发射，火箭进入外层空间后，RLV - TD 与运载器分离，释放轨道器，RLV - TD 像常规飞机一样在跑道上滑跑降落。无论从气动布局还是回收方式来看，RLV - TD 都与美国 X - 37B 空天飞机极为相似，事实上，RLV - TD 就是印度版的 X - 37B。它的设计理念是小型航天飞机，采用自主水平降落的回收方式，这一技术方式经美国航天飞机多年使用，被证明是目前最成熟的、最稳妥可靠的航天器重复使用方式。从印度方面公布的数据看，该飞行器长 6.5 m，重 1.5 t，而美国 NASA 研发试验的 X - 37B 长 8.9 m，空重 3.5 t。可以看出，虽然同为缩比的技术验证机，RLV - TD 尺寸比 X - 37B 更小。与 X - 37B 比较成熟的试验相比，RLV - TD 的飞行试验还处于最初阶段，水平还很低，要达到 X - 37B 的技术成熟度和试验阶段，保守估计还要进行至少 3 次以上试验，逐步完善自主回收降落系统、动力系统等。

2012 年 1 月，印度国家航天局宣布重复试验飞行器项目被批准建造和测试，该项目为后续重复使用航天运输系统项目的缩小版原型机。2015 年，在印度维克拉姆·萨拉巴伊航天中心，重复试验飞行器的首架样机进行了组装，包括飞行器表面敷设防热瓦、安装热防护系统，并进行测试。重复试验飞行器的飞行试验共分为四个阶段。

1）第 1 阶段飞行试验：高超声速飞行（HEX），2016 年完成。

按照计划，重复试验飞行器首次高超声速飞行试验在 2010—2011 年间进行，但由于种种原因一拖再拖，在组装一年后的 2016 年 5 月才进行了首次试射。在此次试验中，印度的运载火箭-3 第一级（被称作 S-9）将用作试验的助推火箭。助推火箭携带重复试验飞行器飞到要求的高度，释放重复试验飞行器后落入大海，重复试验飞行器入轨。计划在任务结束后，重复试验飞行器再入大气层在海上降落，进行回收。出于成本考虑，印度维克拉姆·萨拉巴依航天中心宣布重复试验飞行器首次飞行试验将不会从海上回收，只通过遥测获得再入、减速和返回的相关数据。

2016 年 5 月 23 日重复试验飞行器从萨迪什·达万航天中心发射，进行高超声速飞行试验。这次亚轨道试飞持续了 773.6 s，飞行高度达到 65 km，进入大气层的速度为马赫数 5，飞行距离 450 km，自动转向位于孟加拉湾的目标溅落区，飞行器在与海面碰撞时解体。从首次试飞的重复试验飞行器验证机来看，其机体表面敷设了白色的材料，这就是防热瓦。这次自由滑翔试验，重复试验飞行器没有安装发动机等设备，主要是依靠有限的机载飞行控制系统实现自由滑翔减速降落。

2）第 2 阶段飞行试验：超燃冲压发动机推进（SPEX），第一次试验在 2010 年完成。

使用超燃冲压发动机的重复使用飞行器在称为“先进技术飞行器”（ATV）的项目中完成了试验。2010 年 3 月 3 日，印度国家航天局为重复使用飞行器技术演示项目进行了第一次无动力超燃冲压发动机试验。先进技术飞行器 ATV-D01 助推组合质量约 3 t，由火箭在 120 s 内推升到 46 km 的高度，整个试验过程持续了 240 s。火箭助推器携带被动式超燃冲压发动机加速到马赫数 6，持续了 7 s 工作时间。印度国家航天局称此次试验取得了圆满成功，并将在不久后进行 ATV-D02 试验。

3）第 3 阶段飞行试验：回程飞行（REX）。

重复使用飞行器将会被发射入轨，任务完成后再入大气层，最终在飞机跑道上降落。这一步主要试验没有使用超燃冲压发动机推进的重复使用飞行器。火箭助推器工作停止后与重复使用飞行器分离，重复使用飞行器依靠惯性继续无动力爬升。爬升结束后重复使用飞行器以高超声速再入大气层，利用空气动力减速。重复使用飞行器以大约 272 m/s 的速度无动力滑行，进一步降低速度，直至水平降落。

4）第 4 阶段飞行试验：着陆实验（LEX）。

着陆实验原计划 2021 年实施，因新冠疫情推迟。2023 年 4 月 2 日，印度重复使用飞行器在位于印度南部卡纳塔克邦的一个试验场进行了自主着陆试验。重复使用飞行器由印度空军的“奇努克”直升机空运到 4 500 m 的高度释放。然后，重复使用飞行器展示了一系列进场和着陆动作，并安全着陆。这标志着印度距离重复使用航天运输的梦想又近了一步。

（3）垂起垂降（VTVL）火箭研制计划

印度国家航天局在 2021 年的新年贺词中，第一次提到了开展基于垂起垂降技术路线的运载火箭的研制。目标是在未来 10 年，实现可复用火箭将 5.5 t 有效载荷送入地球同步转移轨道。根据印度国家航天局在 2021 年 9 月发布的消息，目前该机构正在进行垂起垂降技术路线的可复用太空发射系统的研究，并开展小型项目验证，以实现其火箭的垂直着陆。

印度计划基于现役的中型运载火箭（GSLV Mk3）进行可回收火箭研制，中型运载火箭由 3 级火箭发动机组成：一级为 2 个 S200 固体火箭发动机，二级为 L110 常温液体火箭发动机，三级为 C25 低温火箭发动机。复用目标是实现一级和二级火箭发动机的回收，中型运载火箭的二级将改为采用低温燃料推进，航电系统将进行小型化，发动机壳体将采用高强度的复合材料，低温推进剂发动机将在 2～3 年内完成研制。

第 5 章　瓶颈——关键技术

5.1　概述

重复使用航天运输系统涉及诸多新技术，牵引和带动了多门学科的综合发展，对相关领域产生巨大的辐射作用。开展重复使用航天运输系统技术研究，能够有力支撑未来自由进出空间、空间站建设、载人登月登火、深空探测等任务，推动航天运输技术的革命性发展，并对未来人类生活方式产生深远的影响。

重复使用航天运输系统技术的关键突破点在于，如何解决由一次性使用向多次重复使用转变的问题。从航天运输系统的固有性能出发，突破航天运输系统设计中的总体、气动、结构、热防护、动力、控制等核心关键技术，明确飞行过程经历的复杂环境条件，并有针对性地开展面向多次重复使用的设计和分析，解决结构、热防护、动力等重复使用设计问题。在此基础上，要权衡性能和经济性，构建重复使用技术指标体系，明确重复使用性能和经济性评估标准和方法，具备全寿命周期自主保障能力和健康管理能力，满足高可靠、长寿命、低成本要求。

与一次性使用运载火箭相比，重复使用航天运输系统的技术难度要大得多，需要突破高超声速气动力/气动热、先进的火箭发动机、防热材料和轻质材料、再入返回等关键技术。从航天飞机到空天飞机，从空天飞机到以火箭发动机为动力的单级入轨重复使用运输系统，从以火箭发动机为动力的单级入轨重复使用运输系统到多级入轨重复使用运输系统，重复使用航天运输系统的发展目标一次次地不断调整，使得人们日益认识到，总体发展目标必须与关键技术的发展水平相适应。

如果目标太高、指标太先进就会增加关键技术的难度和数量，也难以降低成本和提高可靠性，并且直接影响目标的可实现性。比如，从航天飞机到空天飞机，技术继承性很少，这种跳跃式的发展，在技术、经费和进度等条件受到制约时必然遭到失败。美国提出的3个单级入轨方案之中，应该说，洛克韦尔公司（现属于波音公司）的圆柱型带翼方案，在技术上最成熟，和航天飞机在技术上也有继承性，但美国国家航空航天局的决策者，还是看重技术最先进而风险最大的洛马公司的X-33升力体方案。在这个方案中，塞式发动机、复合材料液氢箱、金属热防护系统、高性能健康管理系统等技术，都困扰着X-33的研制工作。最终单级入轨研制计划也正是由于这些关键技术难以在短期内解决而中途夭折，从中得到的一个重大教训是，不能过度追求技术的先进性而忽视了技术本身发展的渐进性。

在2003年之前，美国在第二代重复使用航天运输系统研制时，都放弃了原来的单级入轨方案，而采用两级或三级入轨方案，所有各级都将重复使用。正如美国国家航空航天局在“冒险之星”/X-33/X-34计划被取消以后作的评论所说，还不是研究单级入轨的第二代重复使用航天运输系统的时候。美国国家航空航天局甚至说，美国的第三代重复使用航天运输系统也不打算采用单级入轨方案。以火箭发动机为动力的两级入轨重复使用航天运输系统可以大大降低对发动机、轻质材料等重大关键技术的要求，必将是重复使用航天运输系统的首选发展方向。

与一次性运载器相比，各航天大国在研制过程中都非常重视总体方案和关键技术的飞行演示验证。通过演示验证来检验总体方案的可行性和关键技术，针对暴露存在的问题，进一步完善总体方案，以降低技术风险和投资风险，有利于全尺寸样机的工程研制。因此，美国走的是样机战略，其总体方案验证机，有国家空天飞机计划（NASP）/X-30、“冒险之星”/X-33/X-34等；其关键技术验证机，有X-34、X-37、X-40A、X-43A、Phoenix等。SpaceX公司在垂直起降技术上也是采取了“陆上验证机验证—海上垂直降落受控试验—火箭改进—火箭回收”技术路线。

苏联也在研制“暴风雪”航天飞机之前，进行过多次演示验证的飞行试验，20世纪80年代初进行了“宇宙”-1374、“宇宙”-1445、“宇宙”-1517、“宇宙”-1614等4次专门的演示验证飞行试验。日本的“希望”，本身就是飞行验证机，在它之前已经完成了3次技术验证飞行试验，但日本认为还需要研制新型高速飞行验证机（HSFD），并完成两次低速和跨声速飞行试验后，“希望”才进行了首飞。欧空局在2000年6月通过了一项决议，确定了欧洲的航天运输系统政策，其具体要求中有一条“为长远竞争所需的新型运载系统（RLV）做必要的技术准备，对这些技术进行研制，并进行地面和飞行试验。”欧空局已经认识到样机飞行试验是欧洲重复使用航天运输系统研制中必不可少的组成部分，样机飞行试验的演示验证内容包括：验证关键技术、与重复使用相关的操作和维修技术等。为了进行飞行试验，需要研制出试验飞行器样机，目的是在典型飞行环境下测试重复使用航天运输系统的相关技术。典型飞行试验是作为地面技术试验的补充，显著降低了研制风险，有助于欧洲做出研制重复使用航天运输系统的决策。

欧空局认为，为了使重复使用航天运输系统的使用寿命达到100次，返场准备时间为7天，并达到低成本操作，重复使用航天运输系统在使用操作上必须达到飞机一样的标准，包括老化研究、维护、无损检测、维修、健康监测、寿命周期等。欧洲要想掌握重复使用技术，只有通过运输系统样机的不断飞行才能得到验证。欧空局也认为，要完成重复使用航天运输系统全部任务，包括垂直/水平发射、上升飞行、入轨、再入大气层、高超声速飞行、末段能量管理和最终在跑道上自动着陆，对欧洲来说是一个重大挑战。欧洲在垂直发射、上升飞行和入轨阶段有足够的经验，因此飞行试验的重点应放在其他阶段上。

5.2 重复使用发动机技术

重复使用动力技术主要涉及发动机推力深度调节与多次启动技术、新型推进剂技术、发动机健康管理与寿命评估技术、重复使用发动机设计方法与准则研究、发动机先进材料和智能制造技术，以及重复使用发动机热防护技术等。由于飞行器气动力/热环境也具有特殊性，历经连续流、滑移流、过渡流和稀薄流区，其技术难点主要体现在气动力/热、飞行控制、轻质高强结构、重复使用评估等方面。

(1) 发动机设计制造技术

尽管已有航天飞机发动机重复使用等成功案例，但总体来说，液体火箭发动机的重复使用发展缓慢，直接原因是大部分航天运载器动力是从战略武器转换而来造成的，客观原因是设计理念、主要用途及工作环境的限制。在航天飞机研制中，航天飞机主发动机就按重复使用次数50次进行设计，尽管实际工作中没有达到这一目标，重复使用时的检测和维护工作又很多，但毕竟是实现了液体火箭发动机的重复使用，技术上取得了很大进步。2001年前后，为改进航天飞机设计，美国又提出RS-84、RS-76及TR-107液氧/煤油发动机、RS-83和液氢/液氧等多个重复使用发动机方案，这些发动机重复使用设计次数达到100次。

2011年9月，SpaceX公司宣布研发重复使用航天运输系统，开启了运载火箭重复使用的先河。2015年12月实现了“猎鹰”-9火箭垂直起飞和一级的垂直回收。“猎鹰”-9的动力系统为“隼”-1D发动机，使用液氧/煤油推进剂，海平面推力620 kN，可二次启动，推力调节范围70%～100%。2014年，蓝色起源公司提出了液氧/甲烷推进剂、海平面推力2 446 kN的BE-4发动机，用于未来的重复使用。

20世纪70/80年代，苏联在研制RD-170液氧/煤油发动机和RD-0120液氢/液氧发动机时，就按重复使用考虑，组件设计使用寿命不小于50次，整机重复使用15次。但用此发动机的“能源”火箭仅飞行两次，发动机并未实现重复使用。20世纪90年代，俄罗斯动力机械制造科研联合体（NPO Energomash）以RD-170发动机为基础，研制重复使用的三组元发动机 RD－701。最初计划用于 MAKS 空天飞机，计划重复使用 15 次。

20 世纪 90 年代，日本以“希望”为目标，利用 LE－5 和 LE－7 液氢/液氧发动机进行了重复使用技术研究。2004 年开始，欧洲开展了 VEDA 液氢/液氧发动机研究，用于新一代两级完全重复使用运载器，发动机设计使用次数为 25 次。同时期，欧洲提出多种重复使用液氧/甲烷发动机，包括 VOLGA、Ular 及 ACE－42R 等。

（2）发动机推力大范围调节与多次启动技术

根据运载火箭能力和返回方式，发动机需进行推力深度调节和多次启动，实现着陆飞行控制，以及减速适应再入返回热环境。发动机大范围推力调节需要通过多个系统来实现，调节控制复杂，同时喷注器、压力泵等关键组件也要具备可靠工作的能力，需开展大量研究试验工作。因此，为突破发动机大范围推力调节方案和多次启动技术研究，SpaceX 公司建立非线性大范围推力调节模型，开展点火方案、启动关机时序和特性参数等对比研究，获得推力室和压力泵等核心组件的适应性，掌握发动机深度推力调节规律，实现启动、关机过程的品质优化。我国目前的 1 200 kN 液氧/煤油高压补燃循环发动机，现阶段实现单机推力调节能力达 50％～100％，确保发动机至少 4 次可靠启动。

（3）姿态控制技术

由于重复使用航天运输系统返回地面比上升段的难度与危险性要大，多次穿插于真空、稀薄大气层与稠密大气层之间，必须采取复杂的姿态控制方式。姿态控制技术是火箭返回过程及着陆过程中的一项关键及难点技术。在真空状态下，必须利用喷气反作用力进行控制；在稀薄大气层内飞行可能导致动压不足，单纯依靠气动力会引起控制失效，需要喷气反作用控制与气动控制系统配合使用；在稠密大气层中，可以利用气动力（矩）进行控制。在再入大气层时，它必须不断地精确调整好火箭的状态和角度，这对火箭的可操控性和稳定性要求都很高。在返回过程中，火箭或飞行器再入速度大，在 5～20 km 高度经过“大风区”（湍流区）时，会受到较大的干扰，因此，还要在恰当的时候进行发动机点火反推减速，以降低载荷，避免因过载较大带来机体结构解体的隐患。

（4）新型推进剂技术

在重复使用液体火箭推进剂技术方面，各国主要开展了液氧/煤油、液氢/液氧和液氧/甲烷发动机推进剂技术研究。目前，液氢/液氧、液氧/甲烷、液氧/煤油等组合推进剂能够满足重复使用发动机基本需求，而且在国外重复使用发动机研究中皆取得了一定的成果。重复使用发动机的鼻祖航天飞机主发动机（SSME）就采用了液氢/液氧推进剂，使用液氧/煤油推进剂的 SpaceX 公司“隼”发动机已经多次飞行回收成功。蓝色起源公司使用液氢/液氧推进剂的 BE－3 和 RL10 发动机也获得了成功回收。美国国家航空航天局将 RS－18 改造为月球着陆器下降级液氧/甲烷发动机，开展了高空模拟试车和推进剂在月球表面的长期贮存模拟试验研究。美国联合发射联盟与蓝色起源公司合作研制 250 t 级 BE－4

液氧/甲烷发动机，作为“宇宙神”-5火箭一级RD-180液氧/煤油发动机的替代方案，也成为“火神”和“新格伦”重复使用火箭的主要选择之一。“猛禽”发动机是SpaceX公司研制的一型液氧/甲烷发动机，采用分级燃烧循环，该发动机应用于SpaceX公司的“超重-星舰”。俄罗斯以液氧/煤油发动机RD-0110MD和液氢/液氧发动机KVD-1作为演示样机，开展了液氧/甲烷可复用发动机工作研究，液氧/煤油发动机有70%～80%的组件可以借鉴使用。欧洲明确提出了将液氧/甲烷发动机用于未来重复使用运输系统和升级一次性运载火箭的发展设想，开展了200 t级液氧/甲烷发动机“伏尔加”（Volga）的研究，作为未来重复使用运载火箭一级动力。为了降低发射成本，日本宇宙航天研究开发机构计划用液氧/甲烷发动机代替“艾普斯龙”运载火箭的固体三子级和上面级。

（5）发动机健康管理与寿命评估技术

根据统计，动力系统占航天产品故障率的51%，是制约航天运输系统可靠性的瓶颈。因此需要开展发动机状态监控技术研究，辨识影响发动机寿命的主要影响因素，实时监控发动机及各组件的状态，确保工作可靠；开展发动机重复使用维护技术研究，采用智能化检测方法，制定发动机全寿命周期维护流程，确定发动机小修、中修以及大修的方案，综合评估发动机的健康状态；开展发动机智能减损控制技术研究，探索减损控制规律，减少关键零部件的损伤增量，延长发动机工作寿命。

（6）重复使用发动机设计方法与准则

与一次性发动机相比，重复使用发动机在性能、可靠性、安全性、维修性、成本、使用次数和寿命等方面有更高的要求。重复使用发动机设计方法与准则研究，是突破重复使用技术的关键。针对发动机失效模式和机理，建立发动机重复使用全寿命周期模型和寿命预估模型，形成重复使用设计方法，以及开展重复使用发动机的指标体系研究，形成发动机及核心组件的重复使用设计准则和设计流程。

（7）发动机先进材料和智能制造技术

随着高密度常态化航天发射和重复使用动力的发展，传统的材料应用和制造方式逐渐无法适应新的需求，急需推动先进材料在发动机上的应用和开展发动机智能制造技术研究，革新研制模式。通过引入碳纤维增强复合材料、耐高温抗氧化抗冲刷热防护材料等，减轻发动机的结构质量，提高工作可靠性；应用增材制造、智能装配等先进技术，提高复杂精密构件的设计、制造水平。例如，发动机喷注器采用增材制造技术，则无需进行喷嘴和喷注器盘之间异种金属材料的扩散钎焊连接，可以大幅减少中间工序和零部组件的数量，实现喷注器整体结构的一次成型，显著降低生产成本和加工复杂度，提高发动机的可靠性。

（8）重复使用发动机热防护技术

对于重复使用发动机，再入大气减速时喷管尾焰反流严重，会对部件表面产生气动力、气动热作用，使部件产生结构应力、热应力，这些都会改变结构原有的应力分布，影响发动机的重复使用次数。应开展再入返回过程的发动机热环境仿真研究，对敏感组件进行热环境试验，进行气动力、气动热效应测量，确定热影响薄弱环节，制定发动机热防护方案。开展低密度防热防烧蚀复合材料的研究工作，例如，密度低于 2 g/cm^3 的填料增强酚醛树脂、环氧树脂或有机硅弹性体等。

5.3 组合动力飞行器技术

传统的比较典型的航天运输动力装置包括涡轮动力、火箭动力和冲压动力三种。其中，采用涡轮动力的装置，如航空发动机；采用火箭动力的，如传统的火箭；采用冲压动力的，如一体火箭、固体火箭高超声速巡航飞行器。各类发动机所适应的工作速域、工作空域等不同，综合性能差异很大，不同类型发动机适应飞行速度情况如图 5－1 所示。

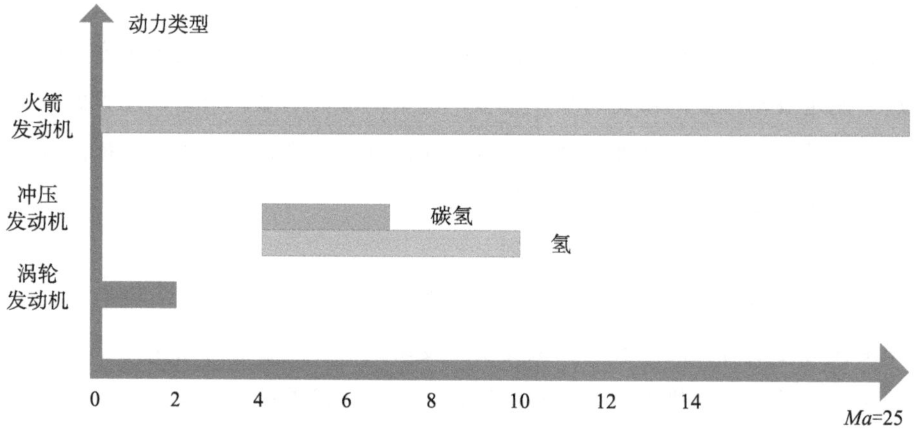

图 5－1　不同类型发动机适应飞行速度范围

涡轮发动机是一种利用旋转机件从来流流体中汲取动能的内燃机形式。涡轮发动机在低飞行速度下性能优异，由于内部涡轮组件对进气温度、压力的约束，其可允许使用的飞行速度上限较低，通常马赫数小于 3。为了在更高马赫数下利用空气中的氧，冲压发动机去掉了涡轮发动机中的复杂压缩组件，依靠高速迎面空气流的减速增压作用工作（即高速空气通过特殊进气道减速增压）。冲压发动机在高马赫数时性能好，但不能自启动，需要加速到一定速度才可以自主工作（马赫数大于 4）。火箭发动机自身携带氧化剂和燃烧剂，不依赖空气中氧气，能够适应高空域、高速域飞行，但其在低速域的比冲性能欠佳，成本较高，不适合多次重复使用。

组合动力技术可将两种或两种以上的动力类型通过热力循环、结构布局等方式有机结合，各动力单元相互融合，功能相互补充，针对不同飞行阶段，采取最高效的动力推进方式，最大限度地发挥不同动力的优点，从而极大拓展飞行器的“高度-速度”包线。比如，采用大气层内航空动力（涡轮或冲压发动机）和大气层外火箭动力（火箭发动机）接力工作的入轨或返回工作方式；采用亚轨道运载器和入轨航天器两级组合，先由亚轨道运载器发送至亚轨道后进行两级分离，再由入轨航天器利用自身火箭动力点火实施入轨的工作方式；单级入轨是利用自身组合动力直接入轨并返回的工作方式。各航天大国认为，组合动力飞行器是未来军用及民用航天的重要发展方向。与采用传统火箭动力相比，使用吸气式动力作为重复使用航天运输系统的动力有三大优点：一是与火箭相比具有更好的发射、飞行和着陆操作性能，可提高飞行器使用的灵活性、便捷性、舒适性及安全性；二是随着载荷质量增加，吸气动力飞行器对质量增长率的敏感性低于火箭动力飞行器；三是与已经相当成熟、性能接近极限的火箭发动机相比，吸气式动力还有很大的性能提升空间，是未来更经济的空天飞行的发展方向。

国际上普遍认为高超声速气动力/气动热、重复使用发动机和防热与轻质结构为重复使用航天运输系统的三大关键技术，重复使用发动机作为重复使用航天运输系统关键技术之一，其结构具有一体化布局设计特点。组合动力技术应用于航天运输，可为天地往返系统提供低成本、高性能的动力系统方案；应用于高超声速飞行器，可显著拓宽飞行包线、提高机动能力。以美国为首的发达国家最先对组合动力技术产生了浓厚兴趣，先后颁布多个国家级战略来稳步推动，历经半个多世纪的攻关，获得了大量技术成果与基础试验数据，美国也因此成为组合动力运载飞行领域技术储备最雄厚、工程实践经验最丰富的国家。

5.3.1 组合动力技术发展

伴随着对深远空间无尽探索和研究，伴随着重复使用航天运输系统的迫切需求和技术发展，组合动力技术的研究和发展从20世纪80年代以来就一直未曾停止过。

20世纪80年代，美国开展的国家空天飞机计划（NASP）/X-30单级入轨飞行器研制计划，对多种火箭基冲压组合发动机（RBCC）开展了大量研究。1999年，美国国家航空航天局提出的“综合航天运输”计划（ISTP），其中设想的第三代重复使用航天运输系统（Space liner 100）考虑优先发展火箭基冲压组合发动机。2002年，空间发射倡议（Space Launch Initiative，SLI）在其“下一代发射技术”（NGLT）计划中，规划了火箭基冲压组合发动机和涡轮基冲压组合发动机系统研究。美国空军的“组合动力发动机组件”（Combined Cycle Engine Components，CCEC）计划，对火箭基冲压组合发动机和涡轮基冲压组合发动机用于两级入轨飞行器进行了多方案分析评估，包括用火箭基冲压组合发动机（RBCC）＋火箭发动机、垂起平降的两级入轨军用空天飞机（Sentinel）方案和采用涡轮基冲压组合发动机（TBCC）＋火箭发动机、平起平降的两级入轨空天飞机（Quicksat）方案。之后的“完全重复使用进入太空技术”（Fully Reusable Access to Space Technologies，FAST）计划，分别对以涡轮发动机、火箭发动机、涡轮基冲压组合发动机、火箭基冲压组合发动机为动力的两级入轨飞行器，在体积和空载质量等方面进行分析和论证。

2008年，美国国防部发布的高超声速飞行器发展路线图明确提出了以重复使用涡轮发动机或涡轮基冲压组合发动机为第一级动力、重复使用火箭基冲压组合发动机为第二级动力的两级入轨飞行器发展计划，使美国空间进入能力由一次性垂直“按计划发射”转换到像飞机一样的“按需求发射”。美国空军委托Astrox公司对多种两级入轨飞行器的构型进行比较（图5-2）。

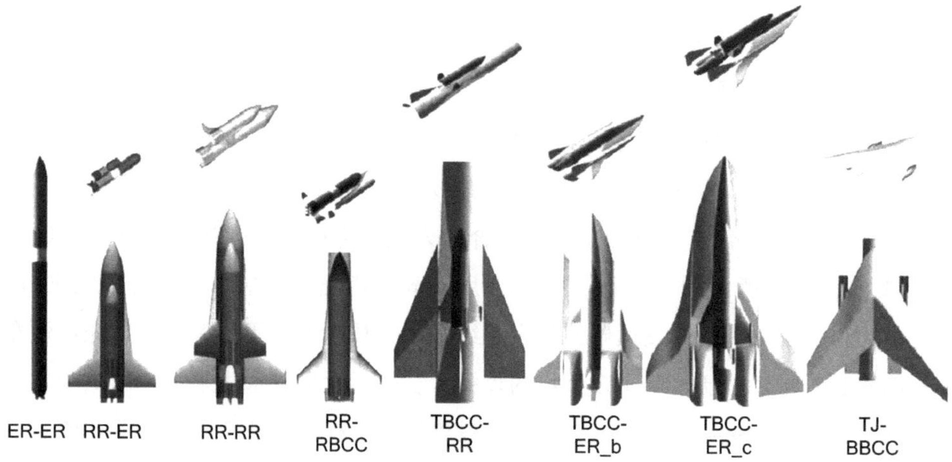

图5-2　不同动力形式的两级入轨飞行器对比

2010年5月，美国空军发布《技术地平线——2010—2030年空军科技发展愿景》，该计划提出一级采用重复使用火箭，二级采用火箭基冲压组合发动机的两级入轨高超声速空间飞行器。2012年，美国国家航空航天局技术路线图指导委员会、航空航天工程局及美国科学院完成的《美国国家航空航天局空间技术路线图和优先级：恢复美国国家航空航天局技术优势并为空间新纪元铺平道路》，又将涡轮基冲压组合发动机和火箭基冲压组合发动机作为美国未来重复使用航天运输系统优先发展的动力系统。

苏联/俄罗斯、欧洲和日本等都一直在探索发展组合动力技术路线和实现途径，进行了大量研究，提出多种技术方案。20世纪90年代，日本宇宙航空研究开发机构开展重复使用单级入轨飞行器研究，主要开展火箭基冲压组合发动机动力系统研究。2005年制定的未来20年航天长期发展战略，将火箭基冲压组合发动机列为重复使用轨道级飞行器的重要研究方向，并开展了试验研究工作。2015年，日本宇宙航空研究开发机构公布了组合动力运载器发展路线，以涡轮基冲压组合发动机为动力，计划10年内开展大尺度飞行器飞行试验。欧空局在20世纪90年代推出的未来空间运输研究计划，安排了火箭基冲压组合发动机系统研究。2005年，欧空局制定的长期先进推进概念和技术研究计划

(LAPCAT）也规划开展火箭基冲压组合发动机关键技术和飞行器研究。英国喷气发动机公司提出的“佩刀”发动机的目标，就是未来研制重复使用的单级入轨“云霄塔”飞行器，目前已突破空气预冷等关键技术。

5.3.2 超燃冲压发动机技术

将距离地表 20～100 km 的空间称之为临近空间。这个空间非常尴尬，空气稀薄，飞机上不去；但是空气又不足够稀薄，对飞行器的阻力太大。所以无论是空气舵面控制还是喷气发动机控制，在这一高度都不好使。但是随着一款发动机的成熟，给了临近空间飞行器一个代替火箭第一级的希望——冲压发动机。而组合动力的关键技术和制约组合动力应用的主要是超燃冲压发动机技术。为此，各航天大国在组合动力研究的过程中相继开展了大量超燃冲压发动机技术研究计划项目。

美国曾在 1986 年发起国家空天飞机计划（NASP）时，就计划在 20 世纪末研制出速度达马赫数 25 的单级入轨空天飞机，并突破所需的氢燃料超声速燃烧冲压发动机和高温材料等关键技术。在 20 世纪 90 年代后期，美国国家航空航天局启动了一个缩比超燃冲压发动机飞行试验 X-43 计划，目的是演示验证马赫数 7 和 10 的氢燃料超燃冲压发动机。X-43 从空中发射，由改型的“飞马座”火箭将其加速到超燃冲压发动机工作所需的速度。此后，美国国家航空航天局和空军各自实施了自己的氢燃料和碳氢燃料超燃冲压发动机技术验证计划，分别称为 X-43A 和 X-51A 计划。同时，苏联/俄罗斯以“冷”计划（Kholod）、“彩虹-D2”以及“鹰”计划等为代表的项目为超燃冲压发动机关键技术的突破奠定了扎实的技术基础，取得了重大成就。近年来，俄罗斯“锆石”“匕首”“先锋”等高超声速导弹的相继呈现和列装就是重要的例证。法国、日本以及澳大利亚等国都陆续单独或合作开展了超燃冲压发动机技术研究和试验，积累了大量的技术成果和试验数据，为后续超燃冲压发动机技术快速发展提供了充实的技术资源。

冲压发动机按照燃烧室入口气流速度的大小分为亚燃冲压发动机和超燃冲压发动机。亚燃冲压发动机燃烧室入口气流速度为亚声速，燃烧室内燃气流的燃烧主要在亚声速气流中进行，该类发动机已经在各类超声速导弹和高空侦察机中得到广泛应用。超燃冲压发动机燃烧室入口气流速度则为超声速，高温燃气在超声速气流中燃烧。超燃冲压发动机的工作原理如图 5-3 所示，主要由进气道、隔离段、燃烧室和尾喷管等部件组成。

1）进气道。高超声速进气道一般可分为前体压缩面、进气道内压缩段。前体压缩面主要是为进气道提供品质足够好的流场、达到要求流量的预压缩气道；进气道内压缩段的功能是对气流进一步压缩，使气流的马赫数、压力满足设计指标要求。目前开展研究的进气道主要包括二维超声速进气道、三维侧压进气道以及三维内收缩进气道等。

2）隔离段。隔离段的主要作用是，隔离进气道与燃烧室两者之间的相互干扰，让超燃冲压发动机工作既可以在亚燃模态工作，也可以在超燃模态工作，且可以相互转换。隔离段的关键在于激波串的设计，生成符合要求的激波串，平衡燃烧室与进气道的作用。

3）燃烧室。燃烧室是超燃冲压发动机的核心关键，在此狭小的空间里实现燃料喷入、油气混合、点火及燃烧。为实现油气充分混合、稳定可靠燃烧，燃烧室采用了燃油喷射、混合增强以及稳焰等多种技术。

4）尾喷管。尾喷管的主要作用是使燃烧室出口的高焓气流充分膨胀，以产生尽可能大的推力，同时保证垂直于飞行方向上的升力不能太大，以免影响飞行器的操稳特性。

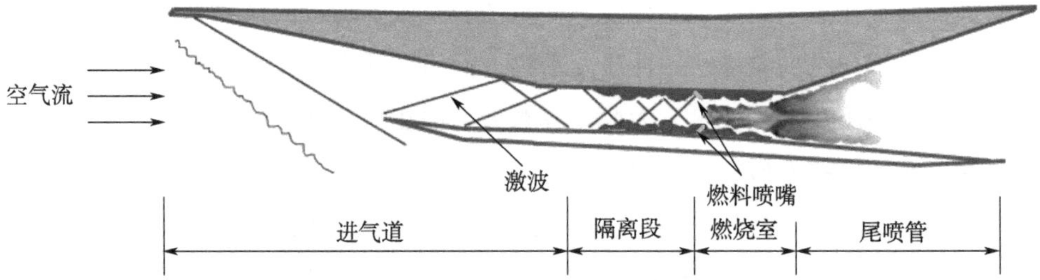

图 5-3　超燃冲压发动机工作原理

超燃冲压发动机是利用与机体高度一体化的进气道所产生的激波系将高超声速空气来流吸入燃烧室，利用激波串进行减速和压缩，然后在燃烧室内喷入燃料（通常是碳氢燃料，X-30 采用氢燃料），使空气与燃料在超声速流态下混合燃烧，燃烧后喷出气流产生推力。这一描述起来非常简单的过程却被形象地形容成“在风暴中划火柴”。冲压发动机面临的问题不止于此，如何让空气相对发动机高速运动，即如何让发动机达到基本的“点火速度”一直是该型发动机的最大问题，这也牵扯出了一系列的组合动力方案。

超燃冲压发动机技术涉及空气动力学、气动热力学、计算流体力学、燃烧学、材料学等多学科的前沿问题，是超声速燃烧、吸热型碳氢燃料、热防护、发动机飞行器机体一体化、地面模拟试验和飞行试验等众多高新技术的集成。目前，超燃冲压发动机技术已完成了概念和原理探索阶段的攻关，并且已成功应用于高超声速导弹，为组合动力重复使用航天运载器提供动力铺平了道路。目前，以组合动力重复使用运载器为应用背景的项目，正在各航天强国中紧锣密鼓地开展深入研究与试验。美国最先对组合动力开展研究，其他国家紧随其后，对组合动力重复使用运载器均开展了多种方案研究。德国提出“桑格尔”两级入轨方式，第一级实际上相当于一架超声速运输机，第二级是以火箭发动机为动力的有翼飞行器。英国“霍托尔”采用 RB545 喷气发动机+液氢/液氧火箭组合发动机，实现单级入轨。由于当时的技术难度及研制经费限制，上述项目相继下马，但其后续的单级入轨组合动力运载器“云霄塔”计划还在继续。

组合动力系统是将几种发动机有机地组合到一起，在功能上相互补充，以达到性能最佳的发动机系统，关键技术在于以超燃冲压发动机为主体的吸气式组合动力系统。冲压发动机其最佳工作范围为大气稠密的空间，约为 0～30 km，而 30 km 以上组合动力发动机需自身携带氧化剂和燃料，与火箭发动机完全相同。航天运输系统要达到 200 km 以上的轨道高度，30 km 以上大气密度下降至 1%，主要依靠火箭动力实现推进。目前，组合动力发动机的基本装置主要有涡轮喷气发动机、亚燃冲压发动机、超燃冲压发动机和火箭发动机等。涡轮发动机在高速条件下性能下降严重，在马赫数 1.5 以下占据优势，而亚燃冲压发动机在马赫数 2.3～4.0 速度区间与 20 km 以下高度占据优势，而到了马赫数 6.5 及 30 km 以上超燃冲压发动机的优势凸显。当使用常规碳氢燃料时，各发动机的工作包线和比冲变化如图 5-4 所示。从图中可以看出，涡轮喷气发动机的工作区间为 0～30 km、马赫数 0～3；亚燃冲压发动机的工作区间为 20～40 km、马赫数 2.5～6.5；超燃冲压发动机的工作区间为 35～60 km、马赫数 5～10。

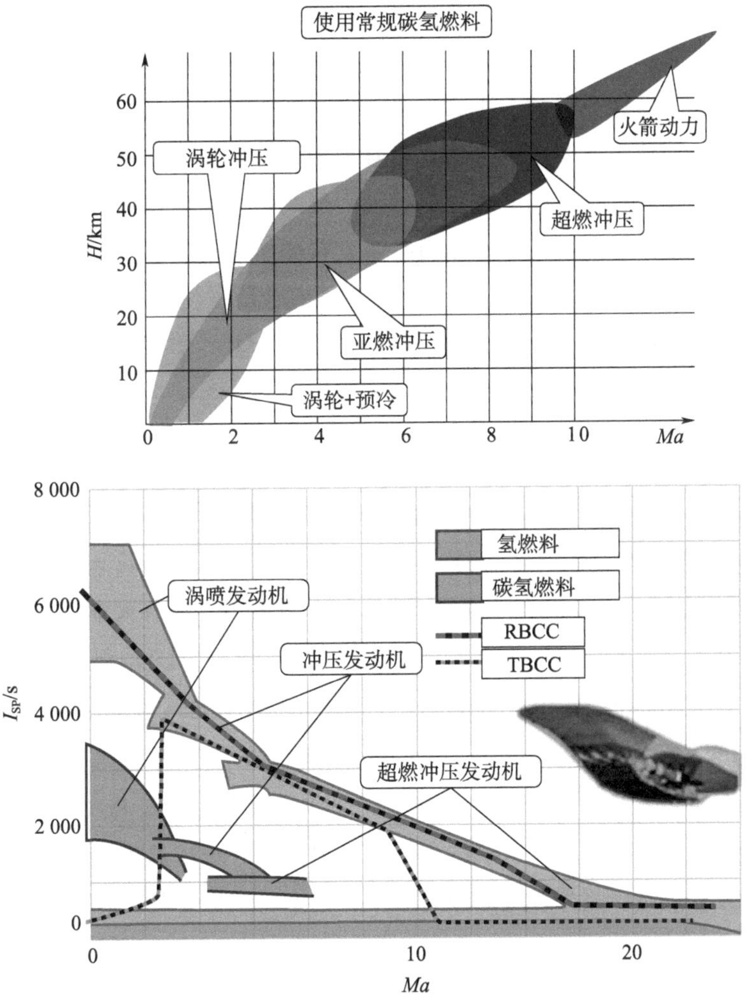

图 5-4 不同发动机工作区间

对于采用吸气式组合动力完成水平起飞、爬升、加速、入轨的运载器来说，其动力性能、气动特性、飞行状态和性能指标间有着很强的相互制约关系；同时，组合动力系统中不同的工作模态对飞行状态和环境有着不同的需求。

吸气式组合动力技术按马赫数划分成五个区域，分别是涡轮＋预冷、涡轮冲压、亚燃冲压、超燃冲压、火箭动力。目前，仅第一区域是可实现的，第五区域实际是火箭单级入轨，第二、三、四区域马赫数越高技术难度越大，均处于研究探索阶段，但各国都没有放慢研究的步伐。美、俄、法等集中于超燃冲压发动机，日本偏重于第二、三区域的发动机，如液化空气循环发动机（LACE)、吸气式涡轮冲压膨胀循环发动机（ATREX）等。

高超声速阶段（马赫数 5 以上）是对组合动力发动机的严峻考验，推重比（T/W）和比冲是衡量发动机的两个主要技术指标，恰是区分不同组合动力发动机的主要依据，虽然目前各自的最佳方案也不同，但未来发展方向则是殊途同归，均是采用重复使用组合发动机的单级入轨空天飞机。水平起降空天飞机在上升段将跨越几十千米的空域和十几马赫的速域；此外，不同飞行任务对动力系统的要求也大不相同，如巡航飞行要求高比冲，宜采用涡轮发动机；而加速飞行要求推重比大，宜采用火箭发动机。不同类型的动力形式具有不同的最佳工作环境和工作区间，仅靠一种动力形式是无法单独完成上升段飞行，必须将几种动力组合搭配使用。吸气式组合动力是最有可能实现这一目标的动力形式。

5.3.3 组合动力技术分类

经过几十年的发展，组合动力技术已获得重大进步，组合动力技术发动机通常有多种组合，即涡轮基冲压组合发动机（Turbine Based Combined Cycle，TBCC)、火箭基冲压组合发动机（Rocket Based Combined Cycle，BRCC)、空气涡轮火箭组合发动机（Air Turbo Rocket，ATR)，分类及组合如图 5 - 5 所示。另外，还有火箭涡轮冲压三组合发动机（Trijet)，包括“佩刀”协同吸气式火箭组合循环（SABRE)、涡轮辅助火箭增强冲压组合循环（Turbo Rocket Ramjet Engine，TRRE)、预冷空气涡轮火箭组合循环（Pre - Cooling Air Turbo Rocket，PATR)、基于爆震发动机的组合发动机等。三组合动力装置则是火箭、冲压和涡轮的组合。这种动力装置把原先两两组合过程中的一些缺点避免掉，可以用于未来的高速飞机和两级入轨的飞行器动力系统。每种动力形式都有自己的技术优势和适用的速域与空域，需综合考量战略需求、技术特点以及技术储备等多种因素，以科学合理地发展重复使用高超声速飞行动力技术。

目前，组合动力技术最关心的不是单级入轨，而是两级入轨方案。即一级采用升力体构型，以组合发动机作为主动力，采用水平起降方式。组合动力发动机应用于重复使用运载器，需充分利用大气，延长组合动力发动机在大气中的飞行时间，将飞行器的速度增加到一个“极值”。两级入轨重复使用航天运输系统，一、二级的分离点高度通常为 25～30 km，分离点速度通常为马赫数 6～10。二级可以是一次性运载火箭，也可以是升力体火箭动力重复使用飞行器。

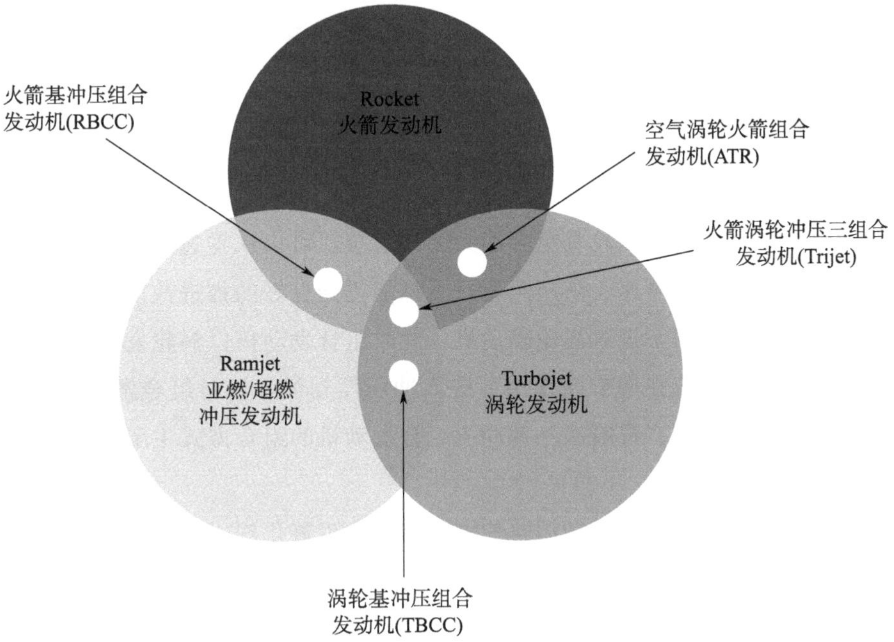

图 5－5 组合动力发动机的不同组合方式

基于多年的探索研究，2016 年 2 月，美国国防高级研究计划局在预算申请中透露，计划在 2017 年启动名为先进全速域发动机（AFRE）项目，如图 5－6 所示，并在 8 月发布了通告。该项目旨在利用现有涡轮发动机完成全尺寸涡轮基冲压组合发动机模态转换的地面集成验证，研究确立高超声速情报收集、监视、侦察（ISR）飞行器用涡轮基冲压组合发动机动力系统工程化的可行性。

美国国防高级研究计划局明确提出将采取现货涡轮发动机＋宽速域“亚燃-超燃”双模冲压发动机方案（其中现货涡轮发动机将采用射流预冷技术进一步扩展工作包线），并指出这一技术途径在短期内具有更好的技术可行性和经济可承受性。与前期 FaCET、MoTr（围绕缩比涡轮基冲压组合发动机开展研究）等工作相比，先进全速域发动机（AFRE）更加关注全尺寸涡轮基冲压组合发动机的全系统解决方案，并将同步开展高超声速飞行器概念研究以及基线飞行器设计，以确保先进全速域发动机地面演示验证系统与未来高超声速 ISR 飞行器设计具有更好的匹配性，更强调应用集成，实用性更强，面向工程应用转化的针对性更强。

（1）涡轮基冲压组合发动机技术

涡轮基冲压组合发动机是由涡轮发动机、亚燃冲压发动机和超燃冲压发动机，通过物

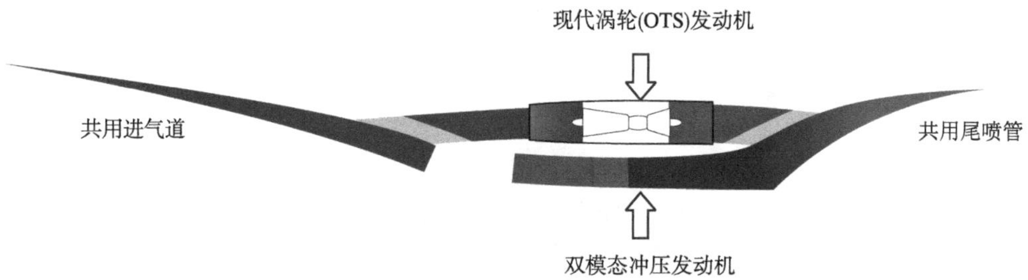

图 5-6　先进全速域发动机（AFRE）项目

理结构上串联或并联构成的涡轮基组合动力循环系统，可以从零速启动，使飞行器在不同的飞行条件（亚声速、超声速、高超声速）下都能得到良好的推进性能。在飞行器低速飞行时，气流在调节阀作用下进入涡轮发动机，此时组合发动机以涡轮发动机方式工作；在飞行器高速飞行时，气流在调节阀作用下进入冲压发动机，此时组合发动机以“亚燃-超燃”冲压发动机方式工作。目前涡轮基冲压组合发动机的组合方式主要有两种：串联布局和并联布局。

涡轮基冲压组合发动机，因利用空气中的氧气作为氧化剂，具有更高的比冲、更低的燃料消耗量，能自主起飞和着陆，且飞行轨迹比较灵活，可作为高超声速情报收集、监视与侦察飞行器的动力系统和空天飞行器的第一级动力系统，被众多国家寄予了极高期望。

美国黑鸟高空高速侦察机 SR-71 的动力系统——J-58 是最早投入使用的涡轮基冲压组合发动机。J-58 具有涡轮和冲压两种模态，在低速涡轮模态时，所有气流进入主燃烧室，发动机以涡轮喷气方式工作；在高速冲压模态时，部分气流绕过主燃烧室进入冲压燃烧室，发动机主要以冲压模态工作，同时涡轮进入慢车状态。该发动机能够在 26 km 的高度上将 SR-71 加速至马赫数 3.2 以上。以 J-58 为基础，在“先进空间运输高超声速”计划（ASTP）的推动下，美国国家航空航天局提出了“革新涡轮加速器”（RTA）计划，旨在以现有涡轮发动机为基础，进一步提高飞行马赫数和推重比，并用于高超声速导弹、全球快速攻击飞机和天地往返运载器。美国在“革新涡轮加速器”计划中先后设计并建造了两台验证机（代号 RTA-1 和 RTA-2）。其中，RTA-1 是一台带动力的变循环涡扇发动机，最大马赫数达 4.0；RTA-2 以 RTA-1 为基础，主要用于考核发射与飞行一体化技术。2009 年，美国国家航空航天局在“革新涡轮加速器”（RTA）的基础上以 FaCET 计划、HTV 以及 SR-72 等项目，延续了对涡轮基冲压组合发动机的研究，并于 2010 年 6 月和 2011 年 4 月分别进行了涡轮发动机（WJ38）的地面试验和全加力、单膨胀斜面喷管的整机试验。

法国北方航空公司自 1951 年起便开始研究涡轮基冲压组合发动机，并于 1957 年在 Griffon-Ⅱ飞机上完成了飞行试验。该公司先后为美国空军完成了基于前置风扇涡轮发动机的 X61、基于普惠公司 JTF10 发动机的 X71 以及基于普惠公司 TF-33-P7 发动机的

X81、X91和X101等方案设计和试验。另外，苏联中央航空发动机研究院自20世纪60年代就开展了涡轮基冲压组合发动机的研究，并对串联和并联式两种不同结构的涡轮基冲压组合发动机进行了大量计算和试验，内容包括组合发动机工作原理、涡轮冲压模态转换、涡轮发动机风车状态等，获取了丰富的试验成果。

(2) 火箭基冲压组合发动机技术

从技术成熟度来看，以火箭发动机为核心的火箭基冲压组合发动机的应用比较成熟，其技术简单来说就是在冲压发动机后绑上一个大火箭，靠火箭的推力提升飞行器速度至冲压发动机的点火速度。火箭基冲压组合发动机将火箭发动机和吸气式动力系统结合在一起，组成了一个一体化的动力系统，其整合了火箭发动机、亚燃冲压发动机和超燃冲压发动机技术。

火箭基冲压组合发动机既可以爬升又可以巡航，速度可以达到马赫数20，所以性能非常优秀，并且可以重复使用，将是单级入轨飞行器和临近空间高速飞行平台的主要动力。火箭基冲压组合发动机还可以采用常温推进剂，便于携带，比冲高，非常适合巡航。

火箭基冲压组合发动机将“高推重、低比冲”的火箭发动机与“低推重、高比冲”的吸气式发动机有机地结合在一个流道中，充分发挥了两种推进方式的优势和特点。在不同的马赫数和高度情况下，火箭基冲压组合发动机均能以最优的方式进行工作，实现了经济性和高效性的最佳组合。对于一个典型的单级入轨任务，火箭基冲压组合发动机平均比冲可达到5 860 N·s/kg，推重比约为22∶1，分别介于火箭和吸气式动力系统之间。常规火箭平均比冲为4 600 N·s/kg，推重比约为60∶1，用于单级入轨任务的空天飞机平均比冲为7 550 N·s/kg，推重比约为6∶1。采用火箭基冲压组合发动机的飞行器目前已被世界各航天大国重视，它可以从地面起飞，通过火箭动力加速入轨。在降落回收时，主要使用“亚燃-超燃”冲压发动机，这样可以实现在大气层内的自主持续飞行，最终在跑道上常规降落。

在火箭基冲压组合发动机的发展历程中，以美国和日本的研究成果最具代表性。20世纪60年代，美国便在发展重复使用运载器的大环境下开始了火箭基冲压组合发动机相关的研究工作；但航天飞机的出现使得相关研究因经费问题而被迫终止。20世纪90年代初，美国重新开始了火箭基冲压组合发动机研究工作，其中以航空喷气公司研究的支板引射火箭冲压发动机最具代表性。20世纪90年代，日本开始研究火箭基冲压组合发动机，取得了许多重要成果。日本宇宙开发事业团于1994年起便针对超燃冲压发动机技术展开了一系列研究工作；在积累了近十年的研究基础后，于2003年开始了组合动力发动机的研发工作，并于2004年和2007年在海平面静止条件下进行了4、6、8马赫下的缩比发动机测试试验。截至2015年，日本完成了火箭基冲压组合发动机马赫数0～11的自由射流试验验证。除美国和日本外，欧空局在“未来欧洲空间运输研究规划”中对用于水平起降重复使用运载器的核心部分——火箭基冲压组合发动机技术进行了深入研究。另外，荷兰用了 10 年的时间掌握了冲压发动机技术，其自主研发的引射试验装置取得了许多重要成果。

火箭基冲压组合发动机、涡轮基冲压组合发动机两者的一个重要区别就是，前者以垂直回收为主，后者以水平回收为主，使用涡轮发动机在低速段产生推力，比冲大，能采用普通的燃料和润滑剂，成本也低。这两种系统在性能上各有所长。

(3) 空气涡轮火箭组合发动机

空气涡轮火箭组合动力（ATR）是一种综合了冲压喷气和涡轮喷气特点的吸气式组合动力系统，将传统涡轮发动机主燃烧室更换为独立的火箭发动机，为涡轮提供驱动工质，实现压气机空气路与涡轮燃气路并联，将流经压气机的空气参数与涡轮来流参数解耦，使涡轮来流参数不受飞行工况影响。该发动机原理图如图 5－7 所示。该发动机具有大空域、宽速域等特点。空气涡轮火箭组合循环具有较好的高空特性，可在马赫数为 0～5 的速度范围、0～30 km 的高度范围内工作。根据燃气发生器的推进剂类型，空气涡轮火箭组合循环可分为：固体燃料 ATR 发动机（Solid Propellant Air Turbo Rocket，SPATR）和液体燃料 ATR 发动机（Liquid Propellant Air Turbo Rocket，LPATR）两类。固体 ATR 结构简单，可靠性高，燃料密度大，但燃气发生器调节难度较大；液体 ATR 的燃气发生器调节灵活，无预冷装置工作到马赫数 3，有预冷装置可到马赫数 6，但结构复杂。在高空环境下，相比于火箭发动机，空气涡轮火箭组合发动机可充分利用空气中的氧气，具有更高的比冲；相比于航空发动机，空气涡轮火箭组合发动机可利用自身携带氧化剂与燃烧剂克服空气流量不足的问题，从而产生更高的推力。

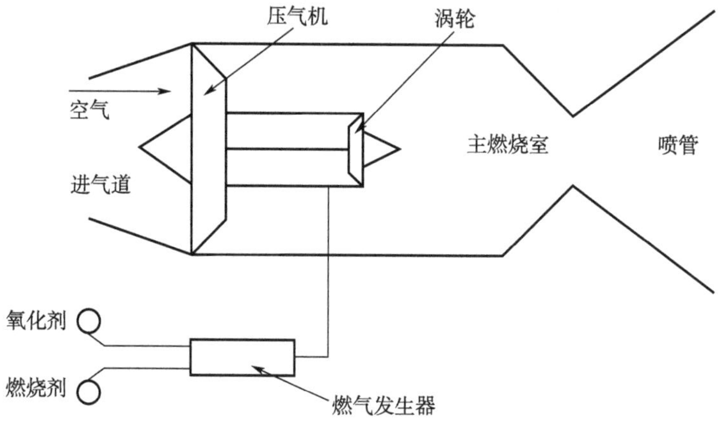

图 5－7 ATR 发动机原理示意图

(4) 火箭涡轮冲压三组合发动机

①预冷空气涡轮火箭组合循环发动机技术

当飞行器速度达到马赫数 5 时，进气滞止温度可达 950 ℃，此时进气量将急剧减小，同时压缩空气所做的功也将急剧增大，对发动机性能造成较大的影响。而通过在发动机进气道加装预冷换热器/射流预冷装置可以降低进气温度，并在增大进气量的同时减小涡轮压气机的压缩功，对于扩展飞行器飞行包线以及提高发动机推重比（T/W）有重要的意义。

近年来在组合循环动力方面，预冷组合循环动力被广泛进行研究，具有很大的发展优势和技术潜力。它在传统发动机前增设预冷装置，预先冷却压气机进口空气，从而提高进气密度以增大进气质量和流量，进而增大推力，提高发动机性能，有效拓宽发动机工作范围，是未来宽速域、大空域天地往返运输系统的理想动力方案之一。

预冷空气涡轮火箭组合循环（PATR）发动机是一种预冷循环发动机创新方案，是空气涡轮、氢氧火箭发动机与氢燃料冲压发动机的有机融合。其原理是对进气道空气进行预冷、增压，将吸气模态的高比冲工作范围拓宽至马赫数0～5，再与火箭模态结合，最终实现马赫数0～25、高度0～200 km的跨空域速域飞行。

预冷组合循环动力是宽速域大空域组合循环动力的理想方案之一，关键组成部分是预冷热交换系统，主要涉及空气、液氢、氦气三路循环，具有调节平衡参数多，热力学变化过程复杂的特点；采用第三流体循环技术，降低了方案难度，但氦气分子量小、定压比热大、声速大，因此流动换热和压缩膨胀过程控制难度高；需突破高效预冷换热与工艺技术，将1 240 K来流空气冷却到400 K左右，冷热端温差大、换热功率高、预冷器结构工艺复杂。

英国基于液化空气循环发动机（LACE）的研究基础，提出了一种吸气式火箭发动机RB545，用于单级入轨“霍托尔”空天飞机。RB545发动机继承了液化空气循环发动机对来流空气预冷的设计思想，但放弃了对空气的液化，这样不仅回避了液化空气循环发动机诸如两相热交换、液态空气处理等技术难题，而且在比冲性能上具有更大的优势。日本研制的吸气式涡轮冲压膨胀循环（ATREX）发动机，利用液氢将来流温度最低降至160 K，可作为高超声速飞行器或两级入轨可往返式空天飞机的一级动力，能将飞行器从海平面静止状态推到30 km高空、马赫数6的飞行状态。

美国MSE技术应用公司提出了射流预冷却涡轮基冲压组合发动机（MIPCC-TBCC）方案，在传统涡轮发动机压气机前部加装液体喷射装置，通过在进气道内喷射冷却介质（多为液体，如水、液氧、氮氧化物或混合物），有效降低压气机进口空气温度。当高空高速飞行时，由于压气机进口冷却介质的注入及空气中氧含量的降低，为防止发动机熄火，通常需在压气机后注入氧化剂。

②协同吸气式火箭组合发动机（SABRE）技术

协同吸气式火箭组合发动机的典型代表就是英国的“佩刀”复合预冷发动机。英国在空天飞机计划终止后，在其基础上，开展了“佩刀”复合预冷发动机及“云霄塔”单级入轨飞行器研究。“佩刀”发动机是通过使用液氢燃料来冷却闭式循环预冷器中的氦，从而快速降低发动机入口处的空气温度；然后将吸入的空气用于燃烧，类似于常规飞机发动机。一旦氦离开预冷器，其就被预燃烧器中的产物进一步加热，可以为驱动涡轮机和液氢泵提供足够的能量。“佩刀”发动机包含涡轮发动机和火箭发动机两个工作模态。低空低速飞行时，涡轮发动机单独工作，沿飞行轨迹发动机推力逐渐达到最大；在 25 km 高空、马赫数 5 时，开始模态转换，一旦脱离大气层，火箭发动机将单独工作。“佩刀”发动机具有低费用、高可靠、完全重复使用等特点。目前，英国喷气发动机有限公司已对该发动机推力、空气流量、压气机增压比、预冷器工作范围等进行了优化，方案迭代到“佩刀”发动机第四阶段，提高了工程可实现性。

“佩刀”发动机在马赫数 0～5 时采用吸气式模态，发动机以液氢为燃料和冷却剂，采用以氦为冷媒的封闭循环高效热交换系统冷却来流；在马赫数 5 以上、大约 25 km 的高度，采用火箭模态，发动机以自身携带的液氢/液氧为推进剂。这种发动机相较于传统的纯火箭发动机而言有效地降低了入轨速度需求。纯火箭需要达到相当于约 9 200 m/s 的速度（7 700 m/s 的轨道速度和 1 500 m/s 的各种轨道损耗）才能进入近地轨道，而“佩刀”发动机在吸气模态下可提供约 1 500 m/s 的轨道速度和补偿约 1 200 m/s 的轨道损耗。因此，火箭模态下仅需提供 6 500 m/s 的速度。在两级发射系统中，携带有效载荷的上一级将在大约 150 km 的高度释放，继续其轨道运行，而第一级将返回地球着陆并重复使用。

在吸气式发动机工作模式下，氦介质闭式循环驱动的涡轮和带预冷却的压气机共同工作（马赫数为 0～5），从进气道吸入的空气中的氧气作为氧化剂，通过轴对称进气道吸入发动机后，首先通过预冷器的热交换器降至低温温度（该预冷器热交换器采用一套闭环氦循环回路，使用进入燃烧室前氢燃料散热），冷却后的空气经压缩后进入燃烧室燃烧，多余的空气通过溢流管弥补一些推力损失。

在火箭发动机工作模式下，闭式循环的液氢/液氧高比冲火箭发动机工作，发动机同样使用液态氢作为燃料，但氧化剂为其自身携带的液态氧。

“云霄塔”飞行器和协同吸气式火箭组合发动机是当前世界范围内少有的吸气式火箭动力、单级入轨（SSTO）重复使用航天飞行器方案，其新颖的设计方案和采用的新技术有很高的借鉴价值。“云霄塔”空天飞机的成败取决于“佩刀”发动机的研发。

③新型组合动力系统（RBCC＋TBCC）

对于涡轮基冲压组合发动机而言，其难点在于解决马赫数 2～3 之间以及模态转换段的推力鸿沟问题，继而能够使涡轮和冲压方式工作包线顺滑衔接过渡。对于火箭基冲压组合发动机而言，其难点在于解决马赫数 0～2 的火箭引射推力增益不足问题。

美国的空气喷气动力公司正在研究一种新型组合动力系统，由涡轮发动机＋火箭增强型引射冲压发动机＋“亚燃-超燃”双模超燃冲压发动机构成，可用于重复使用高超声速飞行器。新型组合动力系统充分利用了火箭基冲压组合发动机、涡轮基冲压组合发动机两种技术的优点，并试图克服二者的缺陷，即涡轮基冲压组合发动机的涡轮发动机尺寸和质量大，占用大量的燃料贮存空间，在跨声速时加速能力差；火箭基冲压组合发动机在燃料的燃烧效率上远低于涡轮基冲压组合发动机。

④基于爆震发动机的组合发动机技术

爆震发动机是基于爆震燃烧的新概念发动机。爆震燃烧是一种等容燃烧，爆震波以5～10 倍声速向未燃反应物传播，能产生极高的峰值压力（15～30 倍于传统发动机），使燃料化学能在短时间内高效转化为热能，并膨胀做功，因此爆震发动机具有热循环效率高、比冲高、耗油率低等优势。基于爆震燃烧模式的发动机主要包括脉冲爆震发动机、连续旋转爆震发动机、斜爆震冲压发动机。

2008 年 1 月，继美国空军技术研究中心多管脉冲爆震发动机飞行演示验证以来，国外爆震发动机研究取得了日新月异的进展，阶段性研究成果不断涌现。2008 年美国国防高级研究计划局（DARPA）启动了“火神”计划，旨在将爆震与涡轮喷气发动机集成，实现飞行器从静止状态加速到马赫数 4 以上。2013 年普惠公司称其已经完成了“火神”火箭第二阶段的研究工作，发动机性能大大超出美国国防高级研究计划局的预期。

俄罗斯开展爆震发动机技术研究已超过 50 年。2014 年，俄罗斯先期研究基金会启动了液氧/煤油连续旋转爆震发动机样机研究项目，旨在优化爆震燃烧组织技术，并研究能耐受高温高压燃气的无冷却壁燃烧室结构，提高连续旋转爆震发动机的推力和经济性。2016 年 7—9 月，俄罗斯先期研究基金会对连续旋转爆震发动机成功进行了 33 次试验，在燃烧室无冷却壁的条件下，利用自适应技术实现了连续爆震燃烧，频率达上千赫兹，证实了连续旋转爆震技术基本原理的可行性。

爆震发动机可单独作为动力，也可与涡轮发动机或冲压发动机组合使用，当用于冲压发动机时，因爆震发动机对来流的宽适应性以及面燃烧带来的快释热性，发动机工作范围更宽，稳定性更好；当用于涡喷发动机时，在较低的增压比下可产生更大的有效功，可减小压气机的级数，发动机结构更紧凑，推重比更高。这一新型动力技术一旦实现突破，将突破现有基于等压燃烧的传统发动机的性能极限，大大推动新一代导弹和重复使用高超声速飞行器的发展，给航空航天动力带来划时代的变革。

5.3.4 组合动力技术难点

空天组合动力需具备由水平起降，跨亚声速、超声速、高超声速直至入轨速度的极宽速域，跨稠密大气、临近空间、外层空间的极宽空域范围进行工作的能力。组合动力空天飞行器将在跨声障、模态转换、高超声速下面临尖锐的推阻矛盾，即“力”的挑战，在高超声速下面临热力循环效率低及结构热防护难的问题，即“热”的挑战；在宽域、跨域面临能否可靠工作的问题，即“域”的挑战；具备在临近空间远程巡航、机动飞行、天地往返运输、轨道驻留、再入返回等多任务适应及故障自修复情况下，面临热力循环效率及推进效率等飞行效率优化的问题，即“效”的挑战；面临多任务适应、多点设计最佳和难度极高等问题，即“智”的挑战。同时组合动力空天飞行器需具备多次重复使用、易维护的使用特点，实现低成本应用。

（1）力的挑战

组合动力在实际工程应用前，需着力解决飞行器跨声障、模态转换、高超声速下均面临的推力和阻力之间的“推力陷阱”问题。对于跨大气层、入轨任务，需能够在外空间提供推力，实现全域工作。国内外相关高超声速飞行器推阻研究成果表明，组合动力在跨声速、不同动力间模态转换、高超声速加速过程中均面临尖锐的推阻矛盾，即发动机所提供的推力无法满足飞行器加速需求，甚至小于飞行器阻力。涡轮基冲压组合发动机面临着“推力陷阱”国际难题，经过多技术途径探索攻关，至今尚未突破。

（2）热的挑战

根据气体动力学，当来流马赫数逐渐增加后，空气总温呈指数型增长趋势，马赫数 6 时来流总温可达 1 650 K，马赫数 8 时来流总温达到 2 680 K。对于涡轮发动机，压气机、涡轮等部件无法耐受如此高温；对于冲压发动机，若仍压缩到低亚声速进行燃烧，压缩损失极大，热离解严重，性能严重恶化。在如此高温环境下，发动机的热防护难度异常突出，空天动力的循环效率、热结构均面临极大的挑战。

（3）域的挑战

空天飞行器要求动力系统的工作空域是稠密大气、临近空间、外层空间，工作速域是零速、亚声速、超声速、高超声速直至入轨速度。根据传统单一动力的工作范围和性能优势分析看，涡轮发动机适合在亚声速和超声速下工作；冲压发动机在高超声速下性能最优，无法零速启动；火箭发动机可全域工作，但无法经济巡航飞行。因此，为提高空天飞行器的载荷和航程，要充分利用大气中的氧，且具备跨大气层能力，组合发动机是空天飞行器动力的必然发展趋势。这对组合动力提出了很大的挑战。

（4）效的挑战

在推进效率方面，临近空间高超声速飞行器的飞行剖面包括加速和巡航两个阶段，其中加速段飞行效率取决于平均比冲和加速时间，即有效比冲。巡航段飞行效率取决于比冲，因此全程飞行效率是发动机比冲和推力综合优化的结果。通常情况下，提高推力都会导致比冲的下降，如何综合权衡优化、获得最佳效率面临极大的挑战。在循环效率方面，多个热力循环组合后在压缩、燃烧、膨胀及换热等过程均存在优化空间，探索新型高效组合热力循环模式是必须克服的难题。此外，燃料的热值、热沉等能量水平直接决定发动机的燃烧及换热等工作效率，急需探索更优的燃料。

5.4 传统火箭回收技术

自从人类开始研制运载火箭以来，就一直关注运载火箭的回收问题，例如，在钱学森20世纪60年代初编著的《星际航行概论》中，已经有专门探讨运载火箭回收的章节。运载火箭要实现重复使用，安全可靠回收是第一步，也是最为关键的步骤。对于现役常规推进剂的运载火箭，尽管无法重复使用，可通过采用回收技术实现落区精确控制，解决航区安全问题。运载火箭回收的最大难点在于要让箭体在不影响全箭飞行的情况下，从与上面级分离位置起，经过一系列的操作进行减速、调姿，最后稳定地着陆在指定位置。要使箭体返回地面，需要通过降低飞行速度并改变飞行弹道，着陆时应保证速度足够小，落点足够准确。

从减速方法来看，主要有两种：一种是利用空气阻力或升力减速，即气动减速；另外一种是通过火箭动力减速，即反推减速。气动减速回收技术虽然技术难度小，种类多，应用也较为广泛，但是受到其本身技术原理的限制，减速效果不能满足回收的速度要求，无法控制着陆落点，精确度低，因而不能作为大型火箭回收的主要方式。反推减速主要是在火箭一、二级分离后，一级通过燃烧剩余的推进剂提供动力，调整姿态和轨道，并控制箭体着陆在指定位置。通常，运载火箭都采用垂直着陆的方式，以减少着陆时对火箭气动结构的磨损。反推减速需要让火箭通过自身动力系统改变飞行方向，回到发射场附近，对火箭动力系统和控制系统提出了很高的要求。反推减速目前得到广泛应用，以美国SpaceX公司为首的多家公司已经完成了火箭回收和重复使用。

从回收技术来看，运载火箭目前有伞降回收、垂直返回、带翼飞回和空中回收四种方式，表5-1给出了各国运载火箭回收技术分类情况。伞降回收主要利用降落伞减速，实现陆地、海上或空中回收。垂直回收主要利用发动机重启，反推减速，结合高精度控制手段，实现陆地或海上精确着陆回收。带翼返回还只是停留在概念研究或技术攻关阶段。空中回收技术也有成功的范例。垂直起降回收方案适用于子级模块规模大、发动机数量多的大中型火箭，其发动机节流能力较易实现。而对于中小型运载火箭，尤其在发动机数量少、推力大、深度节流困难的条件下，伞降回收是较优的可选方案，技术成熟度高，但回收体规模也较小，着陆冲击难以克服。另外，还有一种网系垂直起降回收方案，在着陆阶段采用网系回收装置实现软着陆。该方案下再入过程在发动机减速基础上，还利用气动舵进行控制与减速；着陆阶段采用网系回收装置，将更多返回用机构从箭上转移至地面，减少箭上负担的同时，利用网系绳索对火箭进行阻尼减速，实现软着陆。

表 5-1 运载火箭子级回收技术分类情况

类型	型号	进展
伞降回收	“土星”-1	完成缩比试验
	航天飞机固体助推器	工程应用，重复使用
	“能源”火箭助推器	提出概念
	“阿丽亚娜”-5 火箭助推器	工程应用，子级回收
	“战神”-1 火箭一子级	完成飞行试验
	K-1 火箭	完成空投试验
	“电子”号火箭一子级	成功回收
	“火神”火箭一子级	成功回收
垂直返回	“德尔它”快帆（DC-X/XA）	完成低空飞行试验
	“猎鹰”-9 火箭一子级	成为实现 100 多次回收
	“新谢泼德” 火箭一子级	完成多次重复使用飞行试验
	“新格伦”火箭	提出概念
带翼飞回	“贝加尔”	提出概念
	MRKS-1 运载器	提出概念
	“艾德林”	攻关中
	XS-1	提出概念
空中回收	“探索-14”的返回式卫星	多次成功回收
	“新世纪样品返回舱”	多次成功回收
	“起源号”太阳风粒子探测器返回舱	成功回收
	“火神”火箭一子级	成功回收

从回收平台来看，陆地回收方式灵活性高，精度要求和控制难度较低；而海上回收方式地点相对固定，精度要求和控制难度较高。但在实际的回收活动中，出于经济性考虑和技术水平的限制，这两种回收方式都可能采用。不同的发射任务将需要不同的回收方式，需要考虑任务中运载火箭所携载推进剂的多少与运载能力大小。陆地回收需要火箭“飞回”陆地着陆场，因此需要更多的火箭推进剂。在发射至地球静止轨道等高轨发射任务或大载荷发射任务中，火箭剩余的推进剂就不足以支撑火箭“飞回”陆地着陆场，宜采用海上回收。海上回收的着陆场可选在回收火箭可降落的海洋范围内，从而节约大量推进剂。

纵观以上运载火箭多种回收技术，采用着陆缓冲机构垂直回收的方式无疑最具有可行性和应用前景。伞降或“伞降＋气囊”回收的方式虽然广泛应用于载人飞船返回舱的回收，但当运载火箭回收时姿态控制要求较高，并不适用。伞降回收方式除了着陆时垂直和水平速度较大容易造成箭体损伤以外，增加伞降系统带来的结构增重也较大。有翼水平回收和旋翼回收虽然原理可行，但系统过于复杂，可实现性差。

5.4.1　伞降回收

伞降回收方案，即在火箭分离后先进行空中制动变轨，进入地球大气层的返回轨道，接着在低空采用降落伞减速，最后打开气囊或用缓冲发动机着陆。还有一种办法是在箭体着陆前配合反推发动机、气囊共同使用，实现箭体以接近零速度软着陆，或通过直升机抓取实现空中回收，这样就可以避免箭体着陆瞬间受到冲击。

第二次世界大战结束之后，随着同盟国对德国的分区占领，以 V-2 导弹为代表的德国火箭技术也被美苏两国瓜分一空。然而 V-2 导弹结构复杂、生产困难且耗时，美国空军无力补充因实验损耗的 V-2 导弹，因而试图用特制降落伞回收导弹。1947 年，在首次尝试回收 V-2 导弹时，工程师还对超声速气流缺乏了解，因此，降落伞毫不意外地被强劲的超声速气流撕碎，人类第一次回收尝试宣告失败。

20 世纪 70/80 年代，美国和欧洲均开展了利用降落伞回收大型捆绑火箭助推器的研制，美国利用降落伞系统实现了海上溅落回收高约 47 m、结构质量约 83 t 的航天飞机固体助推器（SRB）组件。利用降落伞减速，最终实现陆地、海上和空中回收，技术成熟度最高，运载能力损失小。助推器与运载火箭分离后惯性飞行，再入过程中，由助推器自身气动性能和质量特性产生合适的姿态，当下落至预定参数状态时，启动安全回收系统，弹出稳定伞和减速伞进行减速，展开翼伞控制助推器机动飞行，将助推器导引至安全区域降落，可大幅度缩小落区范围。

欧空局曾经完成了利用降落伞系统海上回收高约 32 m、结构质量约 40 t 的“阿丽亚娜”-5 火箭捆绑助推器的方案。回收系统主要由降落伞系统、控制系统、信标、结构件和火工品装置等组成。上述伞降回收项目虽然成功实施，但并未实现大幅降低发射成本的目标。

2022 年，美国火箭实验室（Rocket Lab）在多次开展一子级伞降落海打捞及直升机空中捕获一子级样机的演示试验后，在 2022 年 5 月 3 日成功利用直升机空中捕获了伞降返回的“电子号”火箭一子级，但由于直升机飞行受到影响，被迫又松开了一子级，使其成功落入海中。而 2022 年 11 月的回收尝试中，因为一子级定位问题未能成功将其捕获，但是已经对伞降回收方案进行了验证。2023 年 7 月 18 日，7 颗小型卫星由“电子”号火箭从新西兰玛西亚半岛火箭实验室 1 号发射场 LC-1B 工位发射升空，将卫星送入太阳同步轨道。通过伞降溅落海面对一子级进行回收，并将其运回生产基地开展分析研究，为未来回收和复用任务提供信息。

联合发射联盟（ULA）计划在“火神”火箭上采用发动机部段伞降回收的方案，且为了提高回收效率，降低操作成本，2022 年将直升机捕获的环节取消，直接伞降到海上打捞回收。“火神”火箭伞降回收采用的充气式超声速减速装置，已经在 2022 年 11 月 10

日进行的首次轨道返回试验中取得了圆满成功，证明充气式热防护和减速装置具有很好的热防护和减速效果。

（1）航天飞机固体助推器回收

美国航天飞机的助推器（SRB）相当于运载火箭的第一级，它在分离后飞行速度不大，所以没有进行空中变轨制动，回收采用降落伞垂直下降方案。航天飞机助推器采用的降落伞系统为 1 个引导伞、1 个稳定减速伞和 3 个主伞。1985 年前，降落伞系统所有伞型均为 200 锥形带条伞，为尼龙材料制备。1986 年后，鉴于国际空间站的任务要求，航天飞机必须携带更多的有效载荷。为了实现大幅度减小质量，降落伞和伞包改用高强度质量比的材料凯夫拉和斯贝拉，伞衣结构由新型连续带条结构代替厚重的伞衣副结构。伞衣结构采用 1/4 球面形伞衣取代锥形伞衣，这种新型主伞直径为 37.5 m，效率更高。

航天飞机固体助推器伞降回收基于传统火箭构型，采用火箭发动机，总体设计变化小，技术成熟度高，短期内可实现，但其回收过程中存在对箭体的冲击。其技术难点体现在超声速条件下降落伞研制难度高，大质量箭体降落伞的设计、仿真和试验技术要求高，大风区箭体姿态稳定困难等方面。自 1981 年至 1996 年，先后 80 次成功完成航天飞机固体火箭助推器的回收，回收过程如图 5－8 所示，海面回收溅落景象如图 5－9 所示。

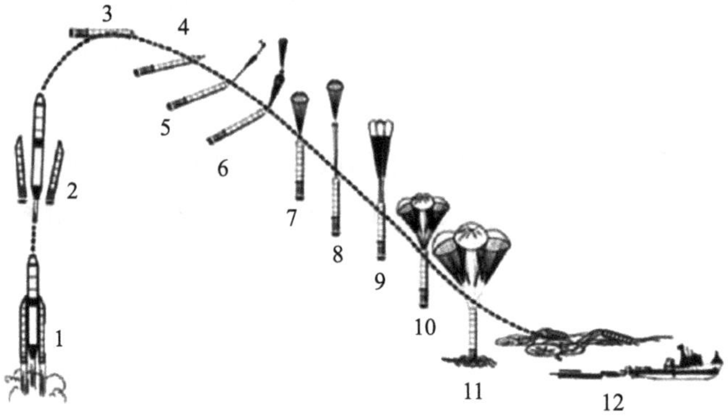

图 5－8　航天飞机助推器回收工作过程

1—航天飞机起飞升空；2—助推器与航天飞机分离；3—助推器飞行至弹道最高点；4—以纵轴垂直于速度方向下降；5—引导伞拉出；6—引导伞分离，拉出减速伞；7—减速伞张满；8—减速伞分离，拉出 3 个主伞；9—主伞充气；10—主伞全张满；11—助推器溅落海上；12—回收

（2）K－1 火箭子级回收

最早研制两级重复使用运载火箭是美国凯斯特勒公司（Kistler）的 K－1 火箭。K－1 火箭研究计划始于 1993 年，期望通过重复使用运载器降低发射费用，用于商业发射。1998 年美国政府出台鼓励私人投资航天运载器的政策后，凯斯特勒公司等私营企业开始进入重复使用运载器领域，开展了利用降落伞回收 K－1 两级火箭的研制工作。为了加速

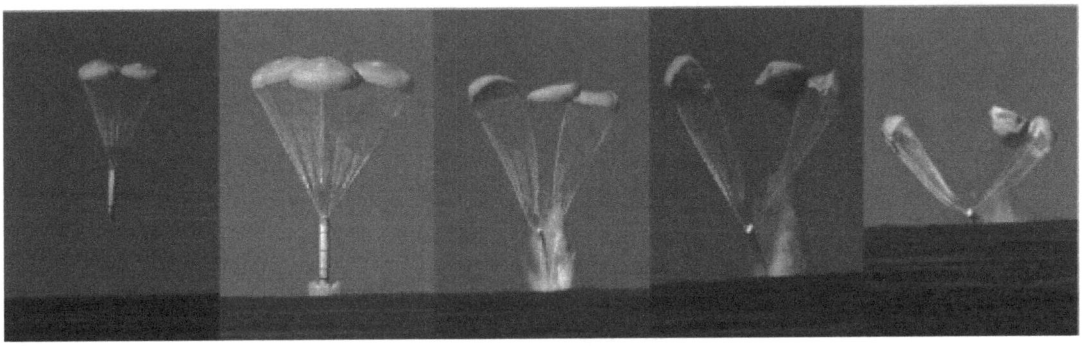

图 5 - 9　航天飞机固体助推器在海面回收溅落

K - 1 火箭的研制，美国国家航空航天局在 2001 年 5 月与 22 家工业公司和大学签署第一批空间运输倡议（SLI）的合同，向 K - 1 火箭的飞行试验投入了 1.354 亿美元以弥补资金的不足。由此可见，美国国家航空航天局研制重复使用运载器的决心。

K - 1 火箭为两级完全重复使用运载器，一子级分离体采用“降落伞＋缓冲气囊”的回收方案。有效载荷释放后，二子级再入大气层并向发射场返回，同样采用“降落伞＋缓冲气囊”的回收方案。K - 1 运载火箭回收着陆系统的绝大部分研制试验已经完成，原计划在 2002 年进行试飞，并设想成为世界上第一个可完全重复使用的低地球轨道运载器。由于两级完全重复使用运载器的研制难度较大，项目经费无法得到保障，因此 K - 1 火箭的研制计划曾经出现起伏，进行了一定的试验验证后，没有最终投入实际应用。对于 K - 1 火箭的子级回收技术，由于项目下马未能得到飞行验证，但回收着陆系统的绝大部分研制试验已经完成，通过飞机搭载演示验证试验，验证了“群伞＋气囊”回收技术途径的可行性。K - 1 火箭回收过程如图 5 - 10 所示。

K - 1 运载火箭一级运载器回收质量约 20.5 t。一级运载器在 43 km 高度与二级运载器分离。一级运载器再入后，在 7.6 km 高度时，首先弹射两个直径 12.25 m 两级收口的带条型减速伞进行稳定与减速；在 4.5 km 高度时减速伞分离，拉出 6 个直径 47.55 m 两级收口的环帆型主伞，在主伞第一级收口状态下即进行转换吊挂，使一级运载器攻角转换为 90°；主伞两次解除收口后，在 3 km 高度时完全充满。一级运载器着陆前对气囊充气，通过气囊缓冲最终的着陆冲击。二级运载器使用的减速伞和主伞基本设计是相同的，只是在具体的收口设计等方面有所不同。

K - 1 运载火箭二级运载器将有效载荷送入轨道后再入大气层返回，回收质量约 12.2 t。二级运载器的回收系统，在高度 24 km 左右、速度为马赫数 2.5 时打开一个直径 7.01 m 的稳定伞使运载器减速至亚声速；然后在 8 km 左右高度时，分离稳定伞并拉出一个直径 12.25 m 的减速伞（伞型为带条伞），减速伞一级收口；减速伞全部充满后，在主伞开伞前进行一次转吊挂动作，把运载器下落姿态由零攻角转换为 90°；在 4～5 km 高度

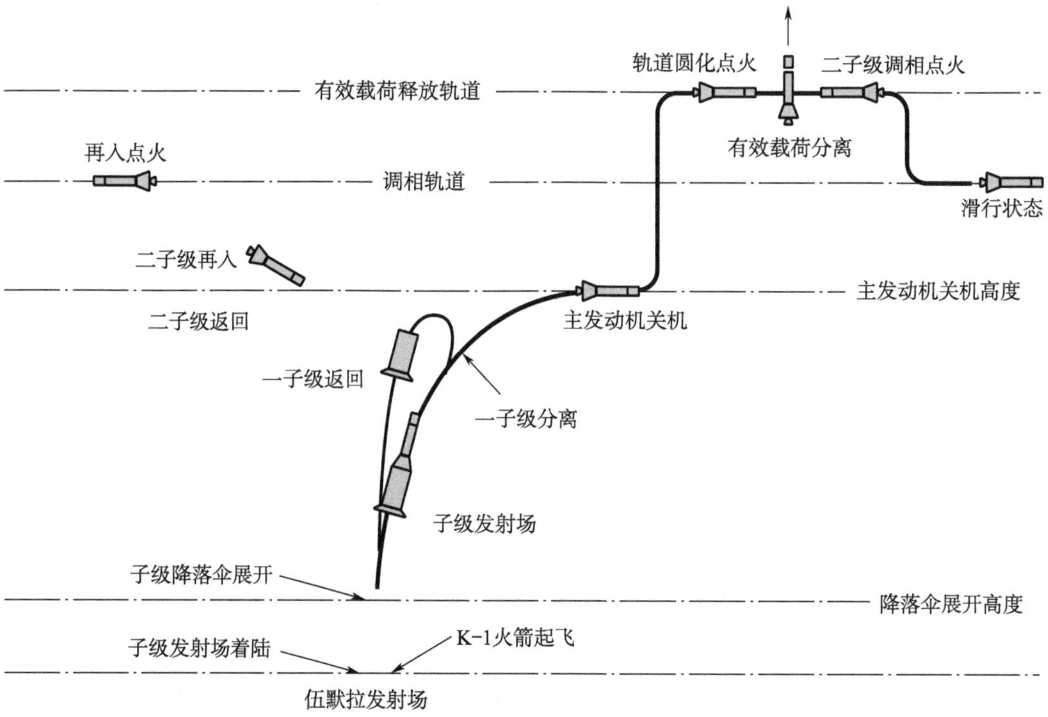

图 5-10　K-1 火箭回收过程示意图

时，抛减速伞并拉出 3 个直径 47.55 m 的主伞（伞型为环帆伞），采用两级收口；在3 km 高度时主伞完全充满。在二级运载器下降至 1.5 km 高度时气囊开始充气，采用气囊进行着陆缓冲。

(3)“战神”-1 运载火箭第一级回收

“战神”-1 运载火箭是美国“星座”计划开发的运载工具，原计划主要用于发射“猎户座”飞船，向国际空间站运送人员和货物，执行重返月球任务以及载人登陆火星甚至探索更遥远星球的任务。“战神”-1 火箭设计为第一级可回收重复使用，其工作过程如图 5-11所示。火箭起飞后利用第一级动力飞行 126 s，到达 57.5 km 高度时，马赫数为 5.9。第一级发动机燃料耗尽后分离，在降落伞回收系统作用下安全溅落海上回收。

“战神”-1 一子级降落伞回收系统的方案继承自航天飞机固体助推器降落伞回收系统，采用了 1 个引导伞、1 个减速伞与 3 个主伞，但是主伞尺寸有较大的增加，其主伞名义直径为 45.7 m，质量约 1 t，设计承受最大飞行载荷为 113 t。截止到 2009 年 10 月，“战神”-1 火箭降落伞回收系统开展了多次火箭橇试验（验证引导伞、减速伞的开伞状态）与空投试验（验证全部降落伞系统），其中空投模型最大达到 33 t，降落伞系统得到了有效的验证。但由于美国“星座”计划的取消，“战神”火箭的研制也终止了。

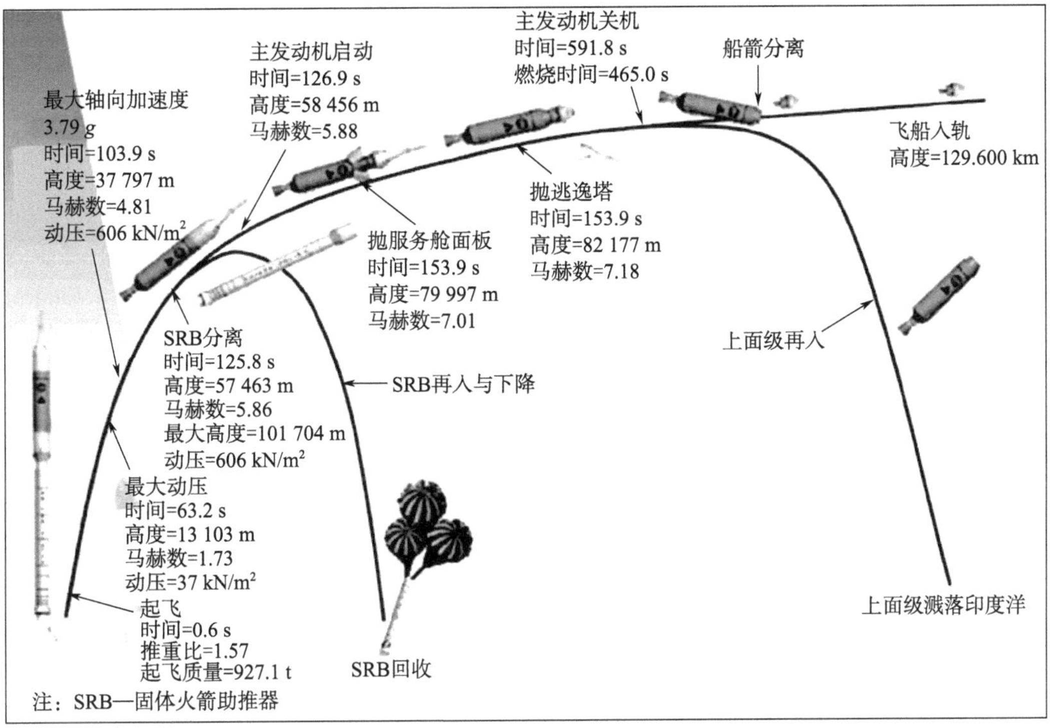

图 5－11 “战神”－1 运载火箭第一级回收工作过程

（4）“能源”火箭助推器

20 世纪 70 年代至 90 年代，俄罗斯进行了“能源”大型运载火箭的研制，“能源”火箭设计为其液体助推器可回收重复使用。助推器回收系统设计为一种通用的伞降回收系统，其适用范围为：回收质量 5～70 t，开伞时回收体下降速度 0.5～2.5 m/s，高度 5.5～15 km。根据回收体的质量和飞行弹道的特性，可对通用件进行组合选择。“能源”火箭助推器的主要回收系统由 1 个二级收口的 186 m² 的引导伞、3 个 200 m² 的减速伞、3 个 1 800 m² 且二级收口的主伞和着陆反推发动机组成。

由于助推器具有长细比大的特点，在乘主降落伞降落过程中达到稳定速度后，主降落伞与助推器的连接由垂直状态转换为水平状态，着陆前装在助推器两端的反推发动机点火，使助推器以接近零的速度软着陆。虽然最终由于“能源”火箭型号任务的下马，该回收系统没有得到型号飞行试验验证，但已完成主要研制工作与地面试验验证，降落伞系统的有效性得到验证，后续应用在了“阿丽亚娜”火箭助推器的伞降回收着陆系统方案中。

（5）“阿丽亚娜”火箭助推器

20 世纪 80 年代中期，欧空局与俄罗斯合作开始了“阿丽亚娜”固体火箭助推器（回收质量 40 t，长度 31 m，直径 3 m）回收技术的研究。“阿丽亚娜”－5 助推器降落伞回收系统安装在助推器的前部和头锥内，包括引导伞、减速伞、主伞和附加伞等 6 个降落伞组成，附加伞是为了限制主伞开伞过程中速度的增加，主伞直接借用俄罗斯“能源”火箭助推器回收主伞。引导伞为直径 1.96 m 的平面圆伞，材料为尼龙。引导伞通过连在头锥上的 14 m 长芳纶拖带拉出 3 个减速伞，减速伞直径为 10.8 m 的平面圆伞，为了控制开伞过载，采用了 4～5 级收口，附加伞不收口。“阿丽亚娜”-5 助推器回收系统工作程序如图 5-12 所示。

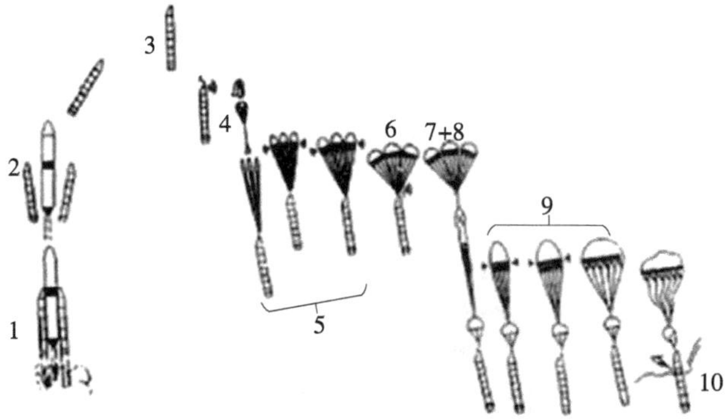

图 5-12 “阿丽亚娜”助推器回收过程示意

1—火箭发射；2—助推器分离；3—助推器到达高点；4—引导伞拉出 3 具减速伞；5—减速伞收口状工作；6—减速伞全开；7—减速伞拉出主伞；8—主伞拉出附加伞；9—主伞收口及全开；10—主伞附加伞携带助推器落入海面

火箭起飞后 126 s，到达 59 km 左右高度，助推器与芯级分离。助推器沿分离弹道继续上升到弹道顶点 150 km，然后下降再入大气。助推器下降到 5 km 左右时，头锥分离装置将头锥弹出并拉出引导伞，引导伞张满后拉出 3 个减速伞，减速伞逐级解除收口至完全张满。当助推器下降到 1.3～2.7 km 时，分离减速伞，并拉出主伞和附加伞。主伞逐级解除收口至完全张满，最终携带助推器以小于 27 m/s 的垂直速度溅落海上。

“阿丽亚娜”-5 运载火箭的首次发射试验（“阿丽亚娜”-502 任务）于 1996 年 6 月进行，由于控制系统故障，火箭升空 30 s 后发生故障，伞降回收着陆系统未得到考验。1998 年 10 月的“阿丽亚娜”-503 任务中，助推器伞降回收着陆系统得以工作，成功回收一个助推器，另一个助推器在再入时因姿态处于不利状态遇到了最大气动压力而断成两节，未能回收。

目前，伞降回收多项关键技术成熟度已达到较高水平，如大型群伞技术、超声速开伞技术、大型气囊技术、回收过程姿态稳定技术等。伞降回收技术将应用到现役运载火箭助推器、一子级回收，主要瓶颈是解决助推器、一子级落区精确控制及航区安全问题。SpaceX 公司在“猎鹰”-9 火箭整流罩的回收和再利用方面已取得了坚实的成果，但是为了达到更好的效果，SpaceX 公司对其整流罩支援船进行了改造，增加充气装置避免整流罩碰撞冲击，增加新索具提升操作效率。联合发射联盟（ULA）计划在“火神”火箭上采用发动机部段伞降回收的方案，且为了提高回收效率，降低操作成本，2022 年将直升机捕获的环节取消，直接伞降到海上打捞回收。“火神”火箭伞降回收采用的充气式超声速减速装置已在“宇宙神”-5 火箭 2022 年 11 月的发射任务中成功进行了验证，证明充气式热防护和减速装置具有很好的热防护和减速效果。

5.4.2 垂直返回

在火箭动力垂直起降重复使用运载技术研究领域，各国研究的重点是返回式重复使用一子级部分。重复使用一子级采用成熟的火箭与航空航天技术，技术难度较低，易于实现。采用重复使用一子级的运载火箭能够降低成本，是提高火箭竞争力、降低发射成本、延长使用寿命的有效途径。采用返回式一子级的部分重复使用运载火箭，将是一次性火箭与重复使用航天运输系统之间的较好过渡方式。

（1）“阿波罗”登月舱

火箭子级垂直返回时，变轨制动与伞降回收类似，但在下降阶段采用发动机反推减速，以垂直下降方式降落返回。20 世纪 60 年代，美国麦克唐纳·道格拉斯公司（Douglas Aircraft Company，简称麦道公司，现已并入波音）提出了重复使用垂直降落单级入轨运载器的概念，是重复使用垂直起降运载器的先驱。同一时期，为实现载人登月并返回地球，美国“阿波罗”计划设计了月球垂直起降两级飞行器——“阿波罗”登月舱（Apollo Lunar Module）（图 5-13）。“阿波罗”登月舱由下降级和上升级组成，通过下降级火箭垂直软着陆在月球表面；任务完成后上升级与下降级分离，上升级发动机点火垂直起飞离开月球。1969 年“阿波罗”-11 号成功登月并返回，垂直起降运载器概念得到工程验证。

图 5-13　阿波罗登月舱

（2）“德尔它”快帆（DC-X/XA）

经过一系列垂直起降运载器方案的研究后，20 世纪 90 年代麦道公司提出的“德尔它”快帆（DC-X/XA）方案，采用动力反推垂直下降技术，并重复使用（图 5-14）。“德尔它”快帆（DC－X/XA）共进行了12次飞行试验，最大飞行高度3 155 m，验证了垂直起降、快速返回和简化地面保障等技术。“德尔它”快帆（DC－X/XA）是世界上第一个以火箭发动机为动力、垂起垂降（VTVL）的重复使用运载器。由于在最后一次飞行试验中“德尔它”快帆（DC－X/XA）被烧毁，使该计划提前结束。“德尔它”快帆（DC－X/XA）的垂直起降试验部分验证了采用火箭动力反推垂直下降技术的可行性。

图5－14　“德尔它”快帆示意图

（3）欧空局（ESA）FESTIP计划/俄罗斯“冷”计划

欧空局（ESA）于1992年11月通过了未来欧洲空间运输研究计划（FESTIP），并于1994年启动，俄罗斯也在1993年开始了“冷”计划，双方在1995年开始合作研究。在两个计划的众多方案中，“冷”计划的重复使用单级运载火箭（RSSLV）方案和空间运输研究计划（FESTIP）的FSSC－3方案均使用了液氢/液氧火箭发动机的单级入轨垂直起飞、头部先入式再入和垂直降落技术，但均未形成实际型号。

（4）“新谢泼德”/“新格伦”

蓝色起源公司运营着太空旅游用的“新谢泼德”亚轨道两级重复使用飞行器，由火箭助推器和载人舱组成，最大飞行高度100 km，旨在未来用于提供太空旅游服务。载人舱利用降落伞返回地面，火箭装有减速板、稳定翼进行姿态控制，利用发动机点火反推实现垂直软着陆。蓝色起源公司于2016年开始“新格伦”火箭的研究，计划将支撑腿数量增加至6条，重复次数提高至100次。截至目前，“新谢泼德”亚轨道飞行器已经完成10次回收工作。

（5）“猎鹰”－9火箭

SpaceX公司在进行垂直返回技术验证之前，曾进行了伞降直升机回收的试验。经历了屡次失败后，SpaceX公司将火箭回收的技术路线调整到了目前采用的垂直回收方式。

2011年9月，SpaceX公司对外宣布了重复使用“猎鹰”-9火箭方案。重复使用“猎鹰”-9火箭方案包括重复使用的一子级和二子级，第一级由亚轨道垂直返回发射场（图5-15），第二级在轨道分离后，也是垂直返回发射场，目前还未成功回收。2015年12月21日，“猎鹰”-9火箭第一级成功回收，火箭重复使用技术迈出了关键的一步。2017年3月30日，SpaceX公司首次利用回收的“猎鹰”-9火箭第一级成功发射，让人们看到了“廉价航天”的曙光。大出风头的SpaceX公司，正是凭借“猎鹰”-9火箭的回收和重复使用，在降低航天发射成本方面迈出了跨越性的一步。火箭可回收、可复用的成功，宣告低成本火箭发射时代的真正到来。SpaceX公司“猎鹰”-9和“猎鹰”重型火箭的垂直回收技术已经成熟，正在研制运载能力100 t级、重复使用次数100次的“超重-星舰”运载器。

图5-15 “猎鹰”-9火箭回收景象

2015年12月21日，第一次成功回收“猎鹰”-9火箭一子级，逐步彰显出垂直起降重复运载器在商业航天发射市场的强大竞争力。图5-16是“猎鹰”-9火箭飞行及一子级回收的任务剖面。火箭一子级垂直返回全程需历经调姿段、修航段、高空下降段、高空有动力减速段、大气层内无动力气动减速段和垂直着陆段。

考虑到垂直返回飞行空域宽且速域大，具有多飞行段、多变复杂的环境特性，其内外扰动和不确定性强，通常包括风干扰、质量偏差、推力偏差、大气偏差、气动参数偏差等。因此，垂直起降运载器制导和控制问题呈现出强约束、非线性和高动态的特点，需开展能够适应不同飞行段特性的制导控制方法研究，为后续返回全程制导控制方案设计奠定基础。

调姿段和高空下降段起始于高度120 km、马赫数7，终止于高度25 km、马赫数2.5，其再入飞行包线大，飞行状态变化剧烈，先后经历了低动压、中动压和高动压区，位置修正能力弱，仅需在控制执行机构作用下对标称轨迹程序角或重力转弯程序角指令进行精确跟踪。修航段是返回全程对飞行轨迹首次进行调整控制的飞行段，其对于航程修正、终端位置调节和后续各段精度链的闭环分解至关重要。高空有动力减速段用于减小运载器子级

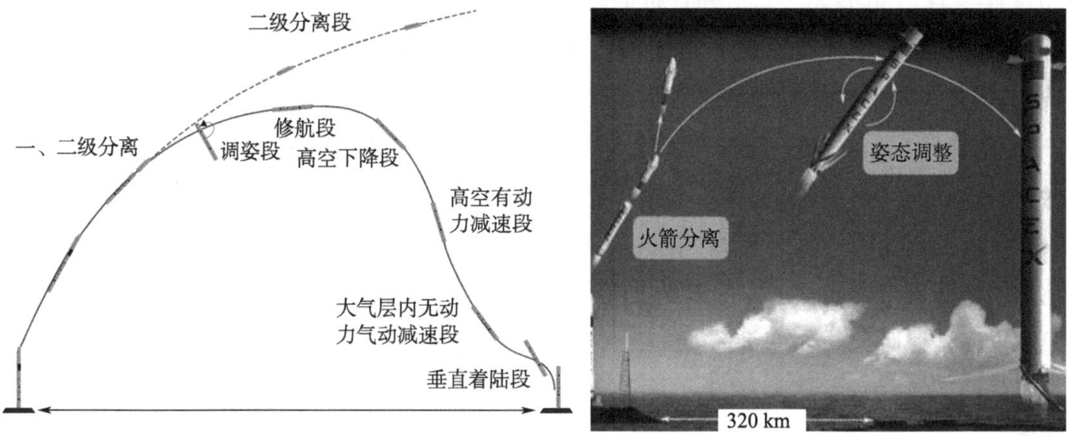

图 5-16　“猎鹰”-9 火箭飞行及一子级回收任务剖面

返回的飞行速度，避免因在大气层内飞行动压过大而导致的结构破坏，同时应保证对标称轨迹的高精度跟踪。

为降低垂直着陆段制导控制压力，大气层内无动力气动减速段应满足位置、速度与姿态等多种末端约束，且末段速度方向和姿态方向与垂直着陆段的当地水平面相垂直。对于垂直着陆段，其制导过程是一个多项强约束同时作用的自适应精确制导问题，对终端飞行姿态角、速度和位置提出了严苛的要求。在约束终端姿态角垂直于当地水平面的同时，也需保证终端位置和速度的精度。

火箭一子级分离后一般经过掉头调姿、飞回点火、再入点火、气动控制和着陆点火等阶段。发射约 3 min 后（约 80 km 高）一子级与二子级分离，速度为马赫数 10，并滑行至 140 km 的最高点（上升段）。分离后的一子级采用低温氮气推力器进行姿态控制（调姿段），使一子级摆脱二子级的尾焰羽流，并使一子级调转方向，从而使一子级发动机保持正确的点火方向，以返回着陆场。在发射后 4.5 min，一子级第一次重启部分主发动机，以降低降落速度（高空有动力减速段），并控制与着陆点之间的距离，使其能够降落到距发射场不到 10 km 处。进入大气层后，一子级进行第二次点火，持续大约 20 s，高度约为 70 km。通过点火反推和大气层的阻力，速度从 1 300 m/s 降至 250 m/s。在再入大气层过程中，由于一子级底部较重（带有发动机），会保持发动机向下的姿态，而发动机热防护罩经过处理能够经受住再入的热环境。

在着陆之前，一子级的中心发动机进行第三次点火，将一子级速度降至 2 m/s。一子级着陆前 10 s，安装在一子级底部的四个着陆支架打开，它由碳纤维材料和铝合金蜂窝板制成，高约 7.62 m，总质量为 2.1 t，跨度约为 21.336 m，带有液压减震器，可进一步减小垂直着陆时的巨大冲击，从而在回收平台上软着陆。在飞行过程中，支架收起附着在箭体上并覆盖了气动外壳以降低飞行阻力。在着陆时，支架展开以提高稳定性，减缓冲击。

5.4.3 有翼飞回

有翼飞回，即无动力或有动力滑翔飞行水平降落方案。箭体采用翼式飞行体，在变轨制动后，飞行器依靠翼身的气动力滑翔飞行，像飞机一样水平降落返回地面。航天飞机的轨道器相当于运载火箭第二级，飞行速度较大，在返回地球大气层之前采用变轨制动来降低飞行速度并改变飞行方向，其翼式飞行体回收采用无动力滑翔飞行水平降落方案，它能像飞机一样水平滑翔降落于预定回收地点的机场跑道上。有翼飞回式运载器具有很高的机动性，加之绝大部分组件都能重复使用，因此降低成本的幅度也大，是发展未来完全重复使用航天运输系统的必经之路。

有动力滑翔水平降落方案，即箭体采用装有涡轮喷气发动机的翼式飞行体，在返回地面过程中启动涡喷发动机进行巡航机动飞行，可实现更大范围的回收区选择。有动力滑翔水平降落方案相当于将火箭设计为一种变体飞行器，使用固定翼飞机的方式对火箭进行回收。不仅要增设折叠机翼系统和起落架系统，还需要改变火箭箭体的结构形式，使其不仅能够承受垂直发射时的轴向载荷，还需要承受水平回收阶段和降落时的横向载荷。这种回收方式使得系统复杂程度急剧提高，目前尚没有实际型号投入研制和使用。

20 世纪末 21 世纪初，航天大国均提出了采用航空发动机提供返场动力，以有翼飞回方式，在着陆场跑道水平降落的火箭助推器研制项目或技术方案，包括美国国防高级研究计划局的“试验性空天飞机”（XS－1）项目、欧空局的“艾德琳”计划、俄罗斯用于新型“安加拉”系列运载火箭的“贝加尔”计划等。目前，有翼飞回式水平降落回收仍面临巨大的技术挑战，尚未开展过飞行试验，德国和美国空军的计划先后取消，但这项技术仍在研制探索之中。

（1）俄罗斯“贝加尔”带翼飞回助推器

苏联曾在研制“能源”重型运载火箭时考虑过采用水平回收方式回收助推器或全部箭体，这种方案相当于使火箭在完成既定任务后，展开折叠机翼成为一架无人飞机并飞至机场水平着陆。同时，苏联针对新型运载火箭“安加拉”推出了两种助推器回收方案，其中一种是“贝加尔”号有翼助推器方案；另一种是“伞降＋直升机”空中回收方案。“贝加尔”助推器设计方案是，在垂直起飞时使用 RD－191 火箭发动机，完成任务后展开机翼并在涡扇发动机推进下返回并水平着陆，其火箭发动机安装在助推器尾部，涡扇发动机安装在助推器头部。

“贝加尔”计划始于 1998 年年底，“贝加尔”号为第一级带翼飞回式助推器，可飞回发射场以自动方式像飞机一样着陆，重复使用 100 次。“贝加尔”号在通用芯级助推器中的某些结构部件和动力部件采用了现成技术，设计了可展开式机翼、全动式尾翼和一台辅助涡轮喷气发动机。在 2001 年巴黎航展上，俄罗斯展示了“贝加尔”－1 号全尺寸带翼飞回助推器，助推器上装有旋转机翼、涡喷发动机、可收放起落架和自动飞行与着陆控制系统，其模型如图 5-17 所示。

俄罗斯的“贝加尔”号带翼飞回助推器最初是作为“安加拉”系列运载火箭的一部分提出的，原定于 2003 年“安加拉”系列火箭中的第一个型号投入商业使用时开始试飞。利用“质子”火箭、“安加拉”火箭、“暴风雪”航天飞机等项目的经验，除可供“安加拉”使用外，还可用于“阿丽亚娜”-5 和美国航天飞机等其他运载器上，甚至用作空射型运载火箭。

图 5-17 “贝加尔”号带翼飞回式助推器外观

（2）“艾德琳”重复使用助推器

欧洲空客防务与航天公司 2015 年 6 月公布了“艾德琳”研制计划。“艾德琳”将采用有动力飞回方式回收一级主发动机和箭上航天电子系统等关键部件，并使回收的系统重复使用 10～20 次。

该公司希望 2025—2030 年将“艾德琳”用于欧空局正在研制的新一代运载火箭“阿丽亚娜”-6，以降低发射成本 20%～30%。“艾德琳”由火箭发动机舱与火箭主发动机、航天电子系统舱、航空动力系统等组成，呈两侧带机翼的圆柱体结构，作为运载火箭第一级整体的一部分对接在第一级贮箱尾部，圆柱两侧的机翼上各装有一台涡桨发动机，机翼内可携带 2 t 航空燃料。

执行发射任务时，运载火箭一、二级分离后，“艾德琳”携带火箭一级主发动机和电子系统与火箭贮箱分离，下降过程中通过姿态调整进入返回段，再入大气层后抛掉涡桨发动机前端的隔热罩，在适当高度启动涡桨发动机，此时“艾德琳”类似一架无人机，利用涡桨发动机进行有动力航空飞行，并由导航系统引导飞回发射场，水平着陆。欧洲空客防务与航天公司早在 2010 年就开始了相关技术研制，计划 2025 年进行原型机的首次试飞。

（3）美国 XS-1 试验性空天飞机

XS-1 试验性空天飞机（Experimental Space Plane）虽被称为航天飞机，但实际上为一款带翼飞回式运载火箭。该火箭的设计状态为火箭一子级垂直起飞、水平着陆，经过一般性的维修后，数小时内就能再次发射使用，最终能够实现在10天内执行10次飞行任务。在拥有丰富的航天飞机研制经验的基础上，2017年5月，美国国防高级研究计划局与波音公司签订协议，授权其研发XS-1试验性空天飞机。该项目的目标包括演示重复使用能力，低成本军事和商业卫星发射，高超声速技术测试；将1 361～2 268 kg有效载荷发射入低地球轨道，单次发射成本不超过500万美元，每年至少发射10次；在10天内完成10次发射。2020年1月，研制方波音公司突然宣布退出XS-1项目，美国国防高级研究计划局宣布重新开始招标。

5.4.4 空中回收

1958年8月1日，美军在夏威夷成立了一个研究团队——6593中队，使用C-119运输机，以空中抓取的方式回收侦察卫星。1960年8月19日，经过改装的C-119运输机成功回收代号“探索”-14的返回式卫星，正式开启了空中回收的历史。随着装备升级以及技术的日渐成熟，6593中队开始执行更加多样化的回收任务，包括回收返回式卫星、高空试验舱、空射火箭和巡航导弹等。截至1972年，6593中队共进行数百次的空中回收任务。

1998年，美国国家航空航天局实施了“新世纪样品返回舱”计划，美国洛马公司研制了空中回收系统。该系统首次引入了高滑翔比的冲压翼伞，相关研究表明，基于翼伞的空中回收系统具有诸多优点。洛马和Vertig公司共进行了22次翼伞空中回收，全部成功，充分表明了翼伞空中回收系统的可靠性。2004年，美国还利用空中回收方式开展了“起源号”太阳风粒子探测器返回舱的回收工作。从20世纪90年代初至2004年，美国相关科研机构实施的一系列直升机空中回收任务均取得了成功。空中回收技术所采用的回收系统共经历了三个发展阶段，当前已发展到第三代空中回收系统，能够实现质量8 000 kg左右货物的安全可靠回收。

美国联合发射联盟开展了“宇宙神”-5火箭动力舱的空中回收技术研究。并在2007年和2008年分别开展了第三代空中回收系统的应用试验研究，以降低发射成本。2015年4月，美国联合发射联盟对外公布“火神”火箭方案，通过降落伞系统和直升机抓捕实现最有价值的一子级发动机回收及重复使用。

“火神”火箭为两级半构型，火箭芯级直径为5 m。在“火神”火箭发展的第三阶段，采用敏感模块自主返回技术（Sensible Modular Autonomous Return Technology，SMART）实现火箭一子级发动机回收及重复使用（图5-18）。与完整子级复用方案不同，由于无需一子级整体返回中再入返回和垂直落地阶段的两次发动机反推，联合发射联盟（ULA）充气式减速方案可以将火箭的燃料全部用于投送有效载荷，实现类似于“猎鹰”-9火箭消耗型发射的效果。但是，联合发射联盟的方案由于不是整箭级返回，将无法实现快速复用。

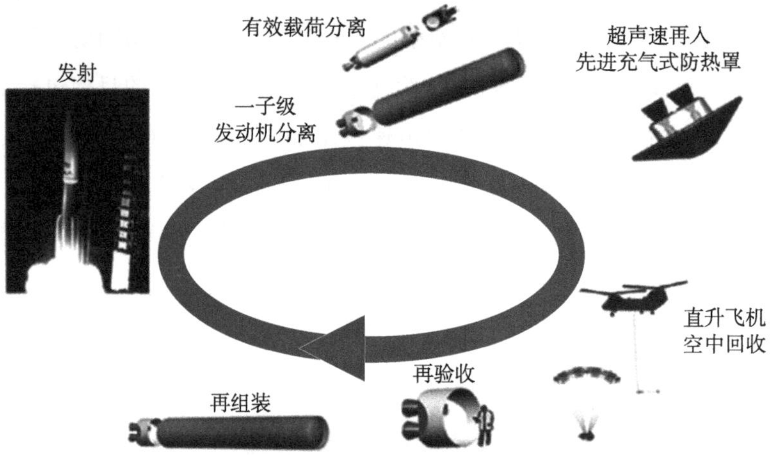

图 5-18　“火神”火箭 SMART 技术示意

在一、二级分离后，“火神”火箭一子级发动机与一子级分离，并在充气式防热罩的保护下再入大气层，然后依靠降落伞减速，最后由直升机在空中回收。联合发射联盟表示，动力系统成本占整个一子级成本的 65%，一子级发动机的回收利用将会使一子级动力系统成本降低 90%。联合发射联盟声称敏感模块自主返回技术回收项目只是该公司火箭回收计划的一个开始，未来联合发射联盟还将回收其他火箭组件，以进一步降低发射成本。

为实现一子级发动机回收再利用，需要保护发动机不受再入大气层时产生的高温等离子体影响，充气式防热罩对此至关重要。在发射过程中，充气式防热罩要足够小、足够轻，以便在发射期间与发动机一起安装在火箭内部，但在展开后则需要足够大，以便在返回时能够完全保护发动机。

（1）回收流程

运载火箭一子级空中回收典型流程如图 5-19 所示，运载火箭从发射场发射后，当到达分离点时，一子级的主发动机关机，由二子级完成运送有效载荷到达预定轨道高度的任务。一子级分离后，利用反作用控制系统（RCS）调节一子级箭体姿态使其保持稳定，动力舱段与子级分离。动力舱段分离后，利用反作用控制系统调节动力舱段姿态，使其分离面指向速度方向。动力舱段分离后，与地面建立无线链路通信，外弹道测量系统获取分离位置和速度。遥测数据和外弹道测量数据实时传送给回收指挥中心，回收指挥中心根据分离位置和速度、导航数据等参数快速确定预定落点区域，并迅速通知待命直升机前往捕获回收。

“火神”火箭一子级空中回收典型流程主要包括：

1）运载火箭上升飞行段：一子级点火、程序转弯、爬升，在 77 km 高度，一子级工作结束，与二子级分离，二子级继续飞行，直至入轨。

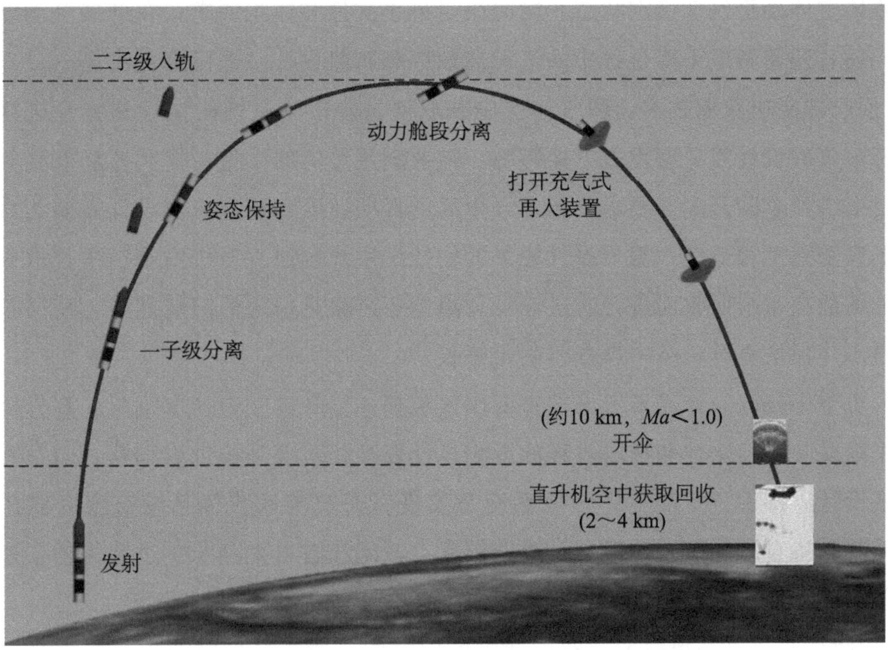

图 5-19 “火神”火箭一子级空中回收典型流程示意

2）一子级惯性飞行段：一子级分离后，做无动力惯性飞行，期间利用反作用控制系统（RCS）使一子级箭体姿态保持稳定，动力舱段与一子级分离，利用 RCS 调节动力舱段姿态，使其分离面指向速度方向，充气式装置打开并充气。动力舱段分离后，外弹道测量系统获取分离位置和速度，并快速确定预定落点区域，并迅速通知待命直升机前往可能落区。

3）再入返回段：充气完成后充气式防热罩展开，带着动力舱段保持自稳定状态再入飞行。

4）空中获取段：当动力舱段下降到 10 km 高度时，降落伞系统打开，降落伞将动力舱段速度减速到 10 m/s 以下；当高度下降到 2～4 km 时，落区范围待命的直升机进行空中挂取回收，并安全运输至指定地点。

（2）关键技术

1）空中回收充气展开系统设计技术。充气式再入是一种在行星大气再入过程中利用充气形成的气动外形，进行防热、减速和着陆减震的再入技术。再入过程中，耐高温的柔性编织物折叠后包裹在再入载荷外围，并在进入大气层前充气，形成倒锥外形。充气展开系统能够有效保护再入载荷避免剧烈的气动加热，并有效进行气动减速，最终以安全的速度着陆。

空中回收中应用的充气展开系统，首先需要满足质量和安装布局等需求；其在下降过程中应起到气动稳定的作用，以简化控制系统和减少推进剂消耗量；其外形设计要求能够保证回收体整体处于气动稳定状态，同时满足最小质量和体积要求；在开展气动外形优化设计的同时，还需考虑下降过程中的气动热效应和防热设计，进行综合优化。

2）回收体空中获取技术。回收体空中获取涉及降落伞系统的设计和直升机空中挂取设计。降落伞的设计需要考虑多方面影响：需要满足总体的质量指标和布局安装等设计要求，满足空中弹伞和开伞等要求；翼伞开伞后的横向速度和垂直速度设计需要与直升机空中操作的安全速度相适应；需要设计相关的钩挂子系统以便直升机实施空中挂取操作；翼伞系统能够适应空中回收而进行改进设计；翼伞还需满足一定的归航能力，使回收体的落区范围最小，保证直升机空中操作时间足够长。

直升机空中挂取设计需要考虑的主要因素包括：直升机空中挂取流程，直升机旋翼气流对空中挂取装置稳定性和挂取过程的影响，挂取过程对直升机过载影响，以及智能空中挂取系统设计。其中，智能空中挂取系统是实现直升机与回收体系统安全可靠挂取的关键，需要其具备自动触发及防误触、单向锁紧、开闭状态自主判断、过载保护、过载测量与信号传输等功能。

3）回收体与子级分离技术。空中回收的回收体一般为昂贵的动力舱段部分，动力舱段与子级的分离不仅涉及箭体外部壳体的分离，还包括推进剂管路的分离。回收体与子级的分离是空中回收的关键步骤，要求回收体壳段与火箭子级壳段，以及回收体的管路与火箭子级的管路能够可靠连接与分离。在分离时，由于分离界面连接复杂，且分离间隙较小，对于分离时的安全性要求较高。尤其对于液体输送管路而言，在飞行过程中需要保证推进剂输送顺畅，同时又要保证整个回收体管路密封可靠，能够按指令完成解锁、分离脱落动作。由于涉及多个分离面，分离的同步性要求较高，这对于整个分离过程提出了更高的要求。

5.5 重复使用飞船技术

从加加林完成第一次载人航天飞行以来，经过 60 多年的发展，载人航天技术已经取得了辉煌的成就。但是由于技术瓶颈和高经济投入的限制，载人航天未来的发展面临着能力和效益的挑战。降低发射和运营成本是关系到载人航天健康可持续发展的重要问题，而发展重复使用载人飞船是解决这个问题的主要手段之一，目前已得到主要航天国家的重视和应用。按重复使用的程度进行划分，重复使用载人飞船可分为系统级和部件级两类。

系统级重复使用是指飞船的某一个或几个系统或舱段在执行完任务，返回再入、着陆回收后，经过检测和简易修复处理后可以完整地用于下一次任务。为降低单次任务成本，国外新研制的载人飞船普遍采用系统级重复使用设计。如 SpaceX 公司研制的载人“龙”飞船，由增压返回舱和非增压货物舱组成。飞船再入返回前，返回舱与货物舱分离，返回舱通过反推发动机减速并实现无损着陆回收，经检修后可执行新的任务，从而实现重复使用。

部件级重复使用是指飞船上的部件或功能单元在执行完任务，返回再入、着陆回收后，经重复使用性评估，评估通过的部件可直接或通过简易修复后在新的飞船上再次使用，在寿命期内继续承担原有功能。比如，飞船发动机部件可在每次返回地面进行检测维修后，评估是否具备重复使用性。针对飞船的数管、测控、控制、仪表显示等电气系统，如果能够实现即插即用的技术，那么回收的电气系统通过地面检测后，进行简单维护和更换，即可实现部件级重复使用的能力。

从国外重复使用载人飞船的发展和研制历程中可以看出，决定载人飞船重复使用性能的关键技术包括：总体设计与验证技术、动力技术、结构设计技术、热防护材料技术，以及无损着陆回收技术等，应当对其进行重点攻关。此外，为缩短重复使用载人飞船的发射周期和节约地面成本，电气系统的快速智能测试技术也应当是研究重点。

5.5.1　总体设计技术

重复使用载人飞船的总体设计技术决定了飞船的先进性、研制难度和研发成本。过高的指标要求和复杂的方案设计会增加研发成本及技术难度，造成方案更改较大，继承性差，从而带来更多的技术风险。因此，需要建立重复使用载人飞船的综合技术体系，从技术风险、可靠性、安全性、效益等方面对重复使用载人飞船总体方案进行优化和论证。通过对敏感因素产品进行环境适应性设计，典型设备（结构、电气、动力等系统设备）的技术指标进行试验验证，提出整船的重复使用次数等技术指标。总体设计技术主要包括：

1）任务分析及任务规划技术。根据用户使用需求完成任务目标分析，并对影响重复使用载人飞船任务规划的约束因素进行识别和分析。

2）气动外形及总体布局设计技术。研究确定载人飞船的气动性能指标，包括升阻比、阻力系数、最大需用容积等。

3）健康监测及故障诊断技术。设计综合健康管理系统，以便在轨期间利用传感器测量了解载人飞船各个分系统的健康状态，并实现故障检测、故障诊断和故障控制等功能。

4）重复使用试验技术。对敏感因素产品进行环境试验验证，确保其满足全生命周期内环境适应性要求。

5.5.2　动力设计技术

重复使用载人飞船的发动机应当在满足性能指标要求的同时，按照发动机的使用寿命、性能、可维护能力和返场准备时间等要求来进行设计，还要采用健康监控技术对发动机进行在线或者离线的故障诊断。多年来，美国通过开展航天飞机的研制工作积累了重复使用发动机关键技术的经验和教训，研制重复使用发动机应当具备多项关键技术，主要包括：

1）减损与延寿控制技术。通过减少发动机系统中关键部件上的损伤来延长系统的工作寿命。

2）长寿命高效热防护推力室技术。重点对发动机推力室的冷却结构和材料及传热试验等方面开展研究。

3）高压长寿命大范围流量调节阀技术。开展多方案仿真分析、静态与动态试验验证，突破低温高压大范围流量无级调节阀技术。

5.5.3 结构设计技术

载人飞船的返回舱是各舱段中承受最恶劣力学和热学环境的舱段。为提高返回舱的重复使用次数，须重点提高返回舱结构抗冲击能力。目前，返回舱主结构形式包括传统的蒙皮加筋式结构和整体壁板式结构。蒙皮加筋结构由薄壁和加强筋组合而成，整体壁板式结构也具有薄壁和加强筋，不同的是其薄壁和加强筋由整块材料铣削成形。整体壁板式结构承载效率高，抗压能力强，同时大幅度提高了结构整体性、密封性和可靠性，进而提高了载人飞船重复使用水平，是国外重复使用载人飞船返回舱的首选结构形式。

5.5.4 热防护材料技术

非烧蚀防热材料主要包括防热陶瓷瓦和合金瓦等，由于其防热能力不足，主要用于过载较小的升力式返回舱。另一方面，非烧蚀防热材料的密度过大，使得热防护系统质量过重，且基本不具备重复使用能力。轻质低烧蚀防热材料，可用于防护飞船返回舱结构在气动加热环境中免遭烧毁破坏，能够保持结构所需的气动外形，是进行载人飞船轻量化设计的有效途径之一。因此，在重复使用载人飞船的防热材料选择上应以轻质低烧蚀材料为主，比如酚醛浸渍碳烧蚀（PICA）防热材料。未来，应重点研究新型轻质低烧蚀防热材料的耐热性以及材料本身的重复使用能力。

5.5.5 着陆回收技术

着陆回收技术对载人飞船的重复使用性能有着至关重要的影响。载人飞船返回舱在返回地球时，减速方式通常包括降落伞减速（单伞、群伞）和大推力火箭发动机反推减速，着陆缓冲方式包括缓冲气囊和着陆支架等。SpaceX 公司的“龙”飞船考虑使用了大推力火箭发动机反推着陆的回收方式。为实现载人飞船返回舱的重复使用，着陆回收技术主要包括：

1）反推发动机减速技术。将固体发动机运用于回收减速，重点考虑多台发动机点火同步、推力一致性、推力矢量控制、环境适应性等问题。

2）气囊缓冲技术。缓冲气囊着陆时，与地面有相当大的反作用力和接触面积，防反弹和防倾倒技术是缓冲气囊设计过程中应重点考虑的问题。

3）着陆支架缓冲技术。缓冲着陆支架具有承载质量大、结构简单、可靠性高的特点，特别适用于载人飞船软着陆缓冲系统，应重点研究其重复使用缓冲器抗疲劳及耐久性设计技术。

5.5.6　快速智能测试技术

快速智能测试技术决定了载人飞船的重复使用周期和测试质量，是载人飞船实现重复使用性能的关键。相对于已有的一次性使用载人飞船，重复使用载人飞船最大优势在于节省了大量的投入。实现测试快速化与智能化的突破，直接决定了重复使用载人飞船的复用效率和成本。智能测试技术通常包括：虚拟样机测试评估与自动化测试两个方面。虚拟样机测试评估主要针对飞船研制测试的应用，支持产品从需求分析、详细设计、加工制造各环节的测试评估。自动化测试针对研制测试、重复检查测试的应用，实现全过程测试的自动化。另外，快速智能测试技术还应包括电气设备的即插即用技术，从而实现重复使用载人飞船的快速响应和发射。

5.6　空天飞行器技术

空天飞行器是指能够自由往返于稠密大气、临近空间和轨道空间的可重复使用飞行器，突破了传统的航天器和航空器的局限，实现了在大气层和空间自由穿梭飞行，具备廉价、便捷、安全、机动等优势。空天飞行器技术通常包括：先进动力技术，先进轻质合金及复合材料技术，先进防热绝热一体化技术，先进电子技术，乘员救生技术，质量和可靠性技术等。两级入轨重复使用空天飞行器关键技术通常包括：二子级发动机的多次启动技术，对接舱的交会对接技术，二子级火箭及对接舱的着陆回收技术，再入飞行控制技术，热防护技术，先进试验技术等。完全重复使用空天飞行器关键技术包括：助推器和芯级的着陆回收技术，制导技术，导航技术，控制技术等。两级入轨关键技术是为单级入轨做铺垫的，只有解决了两级入轨的关键技术才使得单级入轨的方案研制成为可能。

空天飞行器必须具有再入段高速大过载再入适应能力、远距离高超速飞行能力，高升阻比和大配平能力，这对其气动设计提出了全新的要求。升力体构型飞行器是空天飞行器的一种典型设计样式，是一种重复使用航天运输系统可行的方案。飞机等固定翼飞行器，通过翼面和大气的作用产生升力，托举飞行器在大气中飞行。升力体构型飞行器则利用自身特殊的气动布局，在机身上直接产生升力。研发升力体构型飞行器的目的，并非希望使用这种飞行器代替飞机，而是希望利用升力体构型飞行器解决重复使用航天运输系统在返回大气层时的控制问题。

空天飞行器穿插于真空、稀薄大气层与稠密大气层时，需要使用组合动力。组合动力技术优势在于能够充分利用大气，从而减少氧化剂携带量。组合动力的最佳工作范围为大气稠密的空间，高度约为 0～30 km。将组合动力发动机应用于重复使用航天运输系统，需要尽可能延长组合动力发动机在大气中的飞行时间，将飞行器的速度增加到预定极值。目前，技术难点主要包括：总体和动力一体化设计，不同动力之间的协调匹配，大范围进排气技术，以及组合动力飞行器机体结构/防隔热/动力一体化设计等方面。

5.6.1 空天飞机技术

20 世纪 50 年代末，人们同时在探索两种进入太空的途径。一种是利用运载火箭，从地面将飞船发射升空，进入近地轨道。这种方式和我们今天常见的太空飞行方式类似，不久后便取得了成功和大规模的应用。另一种则是将在稠密大气之内飞行的飞机改造成能够在超高空飞行甚至进入亚轨道的飞机。这是目前仍在发展的空天飞机的雏形，X－15 便是空天飞机的最早尝试。空天飞机所依靠的支撑技术，如高超声速技术、稀薄空气动力学技术、超燃冲压发动机技术等，也一直是各国航空航天技术的发展重点。

相对于传统客机来说，空天飞机相当于组合动力飞行器，可以完美完成在大气层内外进行稳定飞行的任务，在 1 h 内可以从巴黎到达纽约，大大缩减了时间成本。不过空天飞机要实现如此高效的性能也意味着要有强劲的技术支撑。首先空天飞机要配备能够适应中低空、临近空间、太空等多样环境的组合动力系统。这些年有一些关于空天飞机诞生的新闻出现，但是严格来说那些飞机最多算是航天飞机，并不是真正意义上的空天飞机。航天飞机是能够往返于太空和地面的航天器，具备了火箭和载人飞船的一些性能。航天飞机需要滑翔飞行返回，进入轨道并返回大气层时无法自主动力飞行，也就是飞行器性能达不到空天飞机的标准。空天飞机其实相当于将涡轮发动机、高超声速超燃冲压发动机以及火箭发动机三种发动机性能整合到一起，在进入轨道并返回大气层时做自主动力飞行，其难度可想而知了。

空天飞机是一个技术非常密集、风险极大的高技术项目，美国花了 30 亿美元把该项目作为国家的计划来开展，充分说明了其技术难度。发展空天飞机，主要有五大关键技术：一是需要空天飞机从普通机场起飞，加速飞行进入地球轨道，并且再入大气层，最终安全返回地面的动力系统；二是先进材料技术，具备耐高温、长寿命、轻型材料；三是飞行和空间环境下的轨道主动控制和飞行器管理系统；四是先进的气动力学结构设计；五是先进轻型低温推进剂技术。对于美国来说，上述五项技术中有些已经趋于或相当成熟了。

空天飞机动力装置选择有两大难点。从地面起飞最后进入地球轨道，要经过亚声速、跨声速、超声速和高超声速等速度变化阶段，速度剧变必然导致温度环境剧变。现有涡轮喷气、涡轮风扇、亚声速燃烧冲压、超燃冲压和火箭发动机，分别使用于某一特定的飞行速度和高度范围内才有最佳效用。如何把它们高效协同起来，为空天飞机在马赫数 0～25 的速度范围内提供所需动力，并使死重达到最小是必须克服的难点之一。

另一个难点是动力装置与机体一体化问题。美国国家航空航天局的兰利研究中心（Langley）1980 年以来几经研究实验，证实了超燃冲压发动机能够在马赫数为 4～7 之间加速大型飞机。但是在某种程度上对于任何高超声速动力系统来说，其使用性能不仅仅取决于本身的特性，而且还将取决于其与机体的一体化设计。因此，根据空天飞机机体的形状和来流条件，应重点研究动力装置的位置，组合发动机的最佳形状和最佳内流状态，实现动力装置与机体一体化设计。

5.6.2 气动布局设计

先进的气动布局设计技术是重复使用空天飞行器需要率先研究的重点技术之一。气动布局设计与优化是飞行器研制最核心的技术，涉及与飞行器实际飞行有关的所有方面，是一个多学科相互交叉耦合的综合设计过程。自 20 世纪 50 年代起，美国和苏联就开始了空天飞行器升力体布局的研究工作，包括美国国家航空航天局的 M1 和 M2 布局，兰利研究中心的 HL－10，美国空军的 WADD－Ⅱ及 MDF 系列升力体等。

美国空天飞行器升力式再入的三类候选气动布局包括：翼身融合体（BWB）、升力体（Lifting Body）和乘波体，在此基础上，提出了 4 个完全可以接受的型号设计：FDL－5、FDL－6、FDL－7 及 FDL－8，上述型号设计后来演变发展到 X－24，并对动力翱翔者（Dynamic Soar）X－20、航天飞机及空天飞机的设计产生决定性的影响。典型升力体构型空天飞行器型号包括"冒险之星"/X－33/X－34、X－38、X－48、X－43（乘波体）、X－51A（乘波体）、高超声速试验飞行器（HYFLEX）、增强型气动飞行器（ECAV）。

升力体是指不依靠传统的机翼，而是依靠机身机翼融合来产生升力的一种飞行器构型，介于飞船和飞机之间的一种外形。它既有较大的容积，又有较高的升阻比。早在 20 世纪 40 年代，空气动力学家就发现机翼和机身会产生气动干扰现象，也产生了利用机身来产生升力的想法。20 世纪 50 年代，美国航空咨询委员会（NACA）艾姆斯研究中心的两位博士，在研究能够产生升力进行自主控制的弹头时，发现对原本是轴对称的钝锥外形，将上表面削平一些，就可以产生升力，利用此升力，就可对弹头的再入轨道进行控制。这样就提出了所谓"升力体"的概念。

20 世纪 60/70 年代，美国的"阿波罗"飞船和苏联的"联盟"飞船使用的都是太空舱构型。太空舱在返回地面时，基本无法控制自己的飞行轨迹，只能沿着返回轨道进行弹道式落地。而升力体飞行器则可以可控飞行，降落到预定的机场，或者临时调整到备降场地。对于重复使用空天飞行器而言，升力体外形是一种比较优越的外形。美国国家空天飞机计划（NASP）/X-30先进技术验证机选择了无机翼呈三角形平台构型的升力体外形，机身平面受载荷较小，再入加热比带翼体小，从而可以考虑选择耐久性、易于维护的轻质复合材料和金属材料用于主结构和防热系统。此外，升力体外形还具有高容积效率和较低后机身阻力的特点，气动稳定性和气动热性能都很好，着陆速度也很低。正是由于升力体外形有诸多优点，美国才选定了这种外形方案。欧空局也宣称升力体是单级入轨重复使用航天运输体系的理想外形，并打算在重复使用航天运输系统研制中加以采用。日本也在研究升力体外形重复使用航天运输系统方案的可行性。

最有代表性的升力体飞行器是美国的X-24A、X-24B、M2-F3、HL-10等试验飞行器。以今天的眼光看，这些升力体飞行器的外形略显呆萌，尾部仍然保留的机翼是为了飞行姿态的稳定和控制，并非用来获取升力。在试验过程中，这些飞行器同样在母机上释放，通过火箭发动机等自身动力进行飞行试验。在航天飞机计划发展过程中，航天飞机轨道器本来有可能采取升力体结构，但在进一步的设计过程中，工程师们发现升力体外形无法与航天飞机必须配备的燃料箱较好地绑定在一起，因此放弃了对升力体方案的使用，转而采用三角翼方案。不过，X-24A等升力体飞行器，试验了航天飞机的“必选动作”。

美国国家航空航天局与马丁·玛丽埃塔公司合作，研发了X-24验证机，同样也是升力体布局。X-24验证机在1969年至1975年间的大量试飞活动也积累了不少数据。就这样，从20世纪60年代到20世纪70年代，升力体的气动研究日渐成熟。1969年，X-24A进行了一次无动力再入试验，飞机从母机释放后不打开发动机，仅通过滑翔飞行的方式降落在机场上。这正是航天飞机返回地面时所使用的方式，因此X-24A的试验成功也为航天飞机计划的开展铺平了道路。

升力体的设计理念基本上就是飞翼的另一个极端，飞翼为了追求亚声速飞行状态下的阻力最小化，采用了省略尾翼并且把机身的主要部分隐藏在厚厚的机翼内的设计。而升力体的设计则针对高超声速的飞行状态，此时足够高的速度使得机身可以产生足够的升力，因此干脆就不用机翼了（或者机翼退化为机身向外延伸的稳定翼）。不过，受技术条件的限制，当年的升力体验证机大多飞行在亚声速状态，如何在不同飞行状态下进行气动数据的验证，则是后来者需要面对的课题。

几十年的技术积累，给后来人提供了追逐梦想的有力支撑。升力体空气动力学、姿态控制算法等，已经在多款验证飞行器上得到了验证。而有关的先进材料，则早在X-20空天战斗机验证机上就得到了开发。随着2011年航天飞机的正式退役，升力体式空天飞行器终于等来了机会。与它的X-24A前辈一样，“追梦者”航天飞机的机身也是在马丁公司的厂房中诞生的。

在美国提出升力体概念后不久，苏联也展开了升力体的研究。苏联为了应对美国研发X－20高超声速动力滑翔飞机项目，开始执行一个名为轨道乘员试验飞机（EPOS）的航天飞机项目，而米格－105则是该项目的验证机。1965年，在美国X－20下马两年之后，苏联的轨道乘员试验空天飞机（EPOS）项目才开始全面实施，但是在1969年陷入了停顿。接着，为了对美国航天飞机做出回应，苏联在1971年再度启动了轨道乘员试验空天飞机（EPOS）项目，并在1976年进行了“米格”－105－11亚声速的首飞，断断续续的飞行试验一直持续到1978年（一共进行了8次）。然后，苏联决定放弃了空天飞机项目，转而发展“暴风雪”航天飞机，所以该项目就此终结。虽然苏联的轨道乘员试验空天飞机（EPOS）项目结束了，但是在研制过程中所获得的成果，却用到了其他项目中，其中之一就是一个名为无人轨道火箭飞机（BOR）的缩比再入试验飞行器。它类似美国的X－23精确再入机动返回（PRIME）试验飞行器和20世纪60年代的气动热力学弹性结构系统环境测试（ASSET）再入飞行器等项目。BOR－4就是这个大系列里的一个有关升力体的项目。在1982年和1984年间，BOR－4进行了若干次试飞。1982年6月3日，一架皇家澳大利亚空军的P－3猎户座侦察机，获得了第一批BOR－4的照片，当时苏联船只正在科科斯群岛附近，回收完成亚轨道试验的一架BOR－4（编号为宇宙－1374）。

最终，美国国家航空航天局获得了有关苏联BOR－4升力体的相关资料，包括外形、重量和重心信息（部分来自澳大利亚人拍摄到的照片）。1986年年底，在美国国家航空航天局兰利研究中心进行了类似BOR－4的风洞试验。结果证明，它在亚声速至高超声速的整个飞行速度范围内，都具有良好的气动特性。1986年，美国国家航空航天局由于“挑战者”号航天飞机发生机毁人亡的重大事故，迫切需要一种“乘员应急救生飞行器”（CERV），以用于计划发展的国际空间站。20世纪90年代，美国国家航空航天局兰利研究中心准备借鉴BOR－4技术，研发“乘员运载系统”（PLS），或称“确保乘员返回飞行器”（ACRV），以在低运营成本下能够提高飞行安全性。为此，美国国家航空航天局兰利研究中心研发了HL－20升力体构型。

HL－20升力体具有小展弦比的机身，机身下表面和底部是平的，后机身上表面上掠10°，使机身襟翼开始就有偏转。机身后部有三个垂尾，中间的垂尾较小，两侧的两个垂尾较大，并有50°上反角，在它们的尾缘装有副翼。机身和上下表面各有两个机身襟翼。美国国家航空航天局对HL－20外形进行了从低速到高超声速的大量风洞试验。试验结果表明，当重心位于54%机身长度的位置时，飞行马赫数为6和10时，配平攻角分别是24°和23°，相应的升阻比为1.4，非常接近最大升阻比值，可以保障飞行器的最大机动距离大于2 000 km。在马赫数0.3时配平攻角为11°，其升阻比满足安全着陆的要求。若将侧垂尾的剖面，由钝平板改成翼型后，升阻比可提高到4.2。

随着美国的“自由号”空间站成为了国际空间站，约翰逊航天中心的X－38方案击败了其他方案，成为了空间站乘员应急返回飞行器。美国国家航空航天局兰利研究中心的HL－20方案，没有进入实际制造阶段就被叫停了。后来美国国家航空航天局兰利研究中心在研发HL－20升力体过程中积累的技术基础上，又提出了HL－42轨道器项目，这里的42主要代表其尺寸是在HL－20升力体的基础上放大了42％（同时它的长度也正好是42英尺）。后来，由于缺乏资金，这个项目也没有实施。美国国家航空航天局除了在HL－20S上采用升力体构型外，还在“冒险之星”/X－33和X－38上也采用升力体构型。美国国家航空航天局对这两个项目都进行了大量风洞试验，从而积累了大量的气动数据，为内华达山脉公司（SNC）研发“追梦者”航天飞机提供了参考。

1997年，已经收购麦道公司的波音公司成功试飞了一架由螺旋推进器提供动力的遥控翼身融合体（BWB）飞机。该飞机翼展为5.2 m。进入21世纪后，一些新研发的载人航天飞行器也采用了升力体构型，以实现可控和低损耗的返回过程，进而实现飞行器的重复使用。2003年，波音公司的翼身融合体飞机应用方案一直在200～500座级之间均衡，重点研究技术是计算机模拟和风洞试验，并没有进行飞行试验。同时，波音公司与美国国家航空航天局合作开展BWB－LSV项目，也即后来的X－48A的研究。X－48A按照450座级客机的14％缩比设计，翼展达到10.7 m，安装3台威廉姆斯J24－8涡轮喷气发动机。波音公司原计划于2004年试飞X－48A型飞机，但是，由于经费原因，该项目被取消。

之后，波音公司“鬼怪”工厂与美国国家航空航天局、美国空军研究实验室开展合作，进一步探索和验证翼身融合体结构、气动和使用优势。2005年，两架高保真6.4 m翼展的翼身融合体原型机完成设计，空军将这种飞行器命名为X－48B。波音公司委托英国克兰菲尔德航空航天公司建造了两架样机。2005年9月，完成了3.66 m宽翼身融合体飞机模型的风洞试验。2010年，第二架X－48B被改装为X－48C，以进行进一步飞行测试。据介绍，X－48C无人机缩比验证机体型同样十分“娇小”，但实用型的X－48C实际翼展仍将可能达到73.15 m，航程超过10 000 km，速度达到219 km/h。2012年8月7日，X－48C无人机首飞。2013年4月9日，X－48C无人机完成了为期8个月的飞行测试项目。

美国内华达山脉公司（SNC）自2010年开始，借助美国国家航空航天局“商业载人航天计划”的资助，开始了“追梦者”航天飞机的研发。按照设计方案，这种航天飞机每次可以搭载3～7名航天员，也可以经过改装后用于货运运输。在发射时，“追梦者”航天飞机将被安装在“宇宙神”－5等大推力火箭顶部进入太空。而返回时，则可以通过自身升力体的外形自主着陆。这种外形酷似航天飞机的飞行器，在经过美国国家航空航天局两轮资助后，最终未能入选“商业载人航天计划”的首批飞船。不过，内华达山脉公司已经拿到了未来几年的空间站货运飞行合同，升力体飞行器也有望借助这种飞船实现真正的太空飞行。欧空局计划在未来自主实施的载人航天计划，也以升力体飞行器为基本构型。

实 例 篇

第6章　先驱者——X项目

6.1　概述

第二次世界大战期间，一些国家进行了火箭动力飞机的试验，其中德国人走在最前面，把“梅塞施密特”Me163投入实战。事实证明，虽然“梅塞施密特”Me163成为了战争期间天空中速度最快的物体，但是该机在实战中却遭遇了令人沮丧的失败。“梅塞施密特”Me163的续航时间太短，对飞行员来说过于危险，自身的损失远超战损。在当时来说，火箭战斗机根本就不是一个好主意。

为了探索和试验空天飞行器，美国从二战期间就开始了X系列试验飞行器的研制。X是英文字母“Experimental”的缩写，意为试验的、探索的。在飞行器设计领域，未知的技术障碍与难题比比皆是，即使是通过风洞、模拟器和计算机也只能构建出一个理想状态下的模型而已，所以必须研制出专门的试验机去探索那些未知领域。

美国的航天飞机计划在一定程度上是早年间一系列X试验项目的产物，这些X项目是美国为太空竞赛而实施的①。1947年10月14日，第一架X系列验证机X-1率先突破声障，实现了人类超声速飞行的梦想。时至今日，美国一共研制了55型X系列验证机，其中航空领域的32型，航天领域的23型。航空领域的X系列验证机主要聚焦于当时航空领域最具探索性和前瞻性的新概念飞行器所独具的空气动力、结构强度、飞行控制、飞机/发动机一体化设计及试飞验证问题，涵盖了跨声速、超声速、前掠翼布局、高机动性、短距垂直起降、隐身技术、翼身融合体布局、弹性机翼技术、超声速低声爆技术、复合直升机技术，以及旋翼/固定翼飞机技术等。航天领域的验证机早期集中于火箭动力飞行试验，关注升力体布局，解决空天飞行返回大气层时的最佳气动布局问题，近些年则更多注

① X系列飞行器还包括一部分航空飞机项目。比如，X-19为美国螺旋桨飞机方案，X-22A为倾转四涵道飞机等，X-50A是“蜻蜓”（Dragonfly）旋转翼飞机等。

重空天一体飞行器相关技术（包括动力装置，如超燃冲压发动机技术）的试飞验证。

X系列试验飞行器为空天飞机的研制积累了经验。几十年来，通过X系列验证机的研制可以看出（表6-1），美国在高新技术方面走过了一条不断探索的创新之路，也充分证明了对于新型航天运输系统的研制，要首先突破关键技术，并经过飞行试验演示验证关键技术的成熟度，检验总体方案的可行性，充分暴露潜在问题，然后才进行工程型号的立项研制。

表6-1　美国与航天飞行器有关的部分X计划及项目

名称	承研单位	数量	性能特点	验证目的
X-1（第一代）	贝尔飞机公司	3架(46-062、46-063、46-064)	机长:9.2 m; 翼展:8.5 m; 机高:3.3 m; 最大高度:21 km以上; 续航时间:5 min; 使用一台四推力室、双燃料火箭发动机为动力,推进剂为液氧和稀释的乙醇	对飞机在以声速或超声速飞行时的动力特性进行全尺寸研究
X-1A、X-1B、X-1C、X-1D（第二代）		3架(48-1384、48-1385、48-1386)	机长:12 m; 翼展:8.5 m; 机高:3.3 m; 最大高度:27.5 km以上; 续航时间:4 min 40 s动力飞行; 最大速度:3 000 km/h; 安装了涡轮驱动的推进剂输送泵、推进剂贮箱、阶梯式风挡和座舱盖、弹射椅、增压座舱、战斗机型操纵杆; 使用一台四推力室、双燃料火箭发动机为动力,推进剂为液氧和稀释的乙醇	研究速度大于2 450 km/h、高度27.5 km以上的气动力现象
X-1E		1架	机长:9.45 m; 翼展:7 m; 机高:3.3 m; 最大高度:22.9 km以上; 续航时间:4 min 45 s; 最大速度:3000 km/h	研究超薄翼型和高效发动机涡轮泵可能获得的性能改进
X-15	北美航空公司	3架	机长:15.2 m; 翼展:6.8 m; 机高:3.5 m; 最大高度:96 km; 最大速度:7 250 km/h	当飞行器以大飞行速度和飞行高度在高空和大气层内飞行时,研究和探索飞行器可能出现的问题

续表

名称	承研单位	数量	性能特点	验证目的
X-23A	马丁·玛丽埃塔公司	4架	机长:2 m; 翼展(尾翼尖距):1.2 m; 机高:0.86 m; 最大高度:15.3 km; 最大速度:30 000 km/h	试验高超声速升力体再入飞行器外形、控制系统及烧蚀材料
X-24A、X-24B	马丁·玛丽埃塔公司	1架X-24A 1架X-24B	X-24A: 机长:7.5 m; 翼展(尾翼尖距):4.1 m; 机高:3.2 m; 最大高度:21.6 km; 最大速度:2 000 km/h。 X-24B: 机长:11.4 m; 翼展(尾翼尖距):5.9 m; 机高:3. 2m; 最大高度:22.6 km; 最大速度:2 130 km/h	开发机动升力体的低速飞行特性,升阻比和操纵性是开发的重点
X-24C	洛马公司	2架	X-24C(12-1): 机身:17.3 m; 翼展(尾翼尖距):7.4 m; 机高:约6 m。 X-24C(L301): 机身:22.8 m; 翼展(尾翼尖距):7.4 m; 机高:6.3 m; 最大高度:28 km; 最大速度:8 150 km/h	开发多个不同的吸气式高超声速飞机的选择方案
X-30A	竞标者包括:通用动力公司、麦克唐纳·道格拉斯公司、洛克韦尔国际公司	计划2架	机长:43 m; 翼展:10.4 m; 最大速度:30 600 km/h	被专门构思和设计来作为计划中的国家空天飞机项目的硬件试验平台
X-33	洛马公司	仅研制了1架	机长:20.3 m; 翼展:22 m; 机高:5.9 m; 续航时间:20 min; 最大高度:96.7 km; 最大速度:1 840 km/h	通过设计、制造和试飞一架50%缩比亚轨道先进技术演示验证机来开发单级入轨技术

续表

名称	承研单位	数量	性能特点	验证目的
X-34	轨道科学公司	3架	机长:17.8 m; 翼展:8.5 m; 机高:3.5 m; 最大高度:76 km; 最大速度:9 800 km/h	用来演示验证用于未来低成本重复使用运载器的关键飞行器和操作技术
X-37	波音公司	3架	机长:8.9 m; 翼展:4.5 m; 机高:2.9 m; 最大高度:450 km; 最大速度:30 600 km/h	作为航天运载飞行器技术的先进试验平台
X-38	比例复合材料公司和NASA	3架	机长:7.3m(V-131/132),8.7 m(V-201); 翼展:3.8m(V-131/132),4.4 m(V-201); 机高:2.3m(V-131/132),2.8 m(V-201); 最大高度:11.9 km(V-131/132),近地轨道(V-201); 最大速度:920 km/h(V-131/132),34 200 km/h(V-201)	用于国际空间站的乘员营救飞行器的概念验证机
X-40A、X-40B	波音公司	1架	机长:6.7 m; 翼展:3.5 m; 机高:2.2 m; 最大高度:2.8 km; 最大速度:490 km/h	研究一个90%缩比飞行试验平台
X-41	未知	未知	作为低成本、一次性使用的通用空天飞行器,X-41能够达到更高的末端精确度、更大的横向机动飞行范围和高机动飞行能力,可执行多种军事任务	开发一种机动再入试验飞行器,具有在大气层内运输和布撒多种有效载荷的能力
X-42	未知	未知	演示单轨道转移的推进能力,验证提高低成本、高性能进入空间的能力	设计用于推进2 000～4 000 lb有效载荷进入近地轨道、使用液体燃料的试验性一次性使用上面级
X-43	微型飞机公司	3架	机长:3.7 m; 翼展:1.5 m; 机高:6.1 m; 最大高度:30.5 km; 最大速度:12 250 km/h	探索高超声速飞行和超燃冲压吸气式高超声速动力技术

续表

名称	承研单位	数量	性能特点	验证目的
X-44	洛马公司	0架	未知	研制用于测试一个飞行器能否仅仅依靠推力矢量进行飞行和控制
X-45A	波音公司	2架	机长:8.1 m; 翼展:10.3 m; 机高:2 m; 最大高度:—; 最大速度:1 160 km/h	探索先进技术及无人作战飞行器所需防空武器能力有关的数据
X-46A	波音公司	0架	长约10.4 m,翼展13.4 m,可携带1200 kg的武器弹药,续航时间要求达到12 h	验证无人机是否能在航母上进行起降,并完成监视、压制敌防空和纵深攻击任务
X-47	诺斯罗普·格鲁门公司	2架X-47A; 2架X-47B	X-47A: 机长:8.5 m; 翼展:8.47 m; 机高:1.86 m。 X-47B: 机长:11.64 m; 翼展:18.93 m; 机高:3.17 m; 最大速度:高亚声速	验证:低速气动操纵性能;与舰载GPS航母着陆系统的兼容性;模拟拦阻着陆,以及飞行器管理系统与未来无人机的适配性
X-48	波音"鬼怪"工厂	2架样机 2004年,因经费,X-48A项目取消	翼展:10.7 m(X-48A),6.2 m(X-48B),6.1 m(X-48C); 最大速度:260 km/h(X-48A),219 km/h(X-48B),225 km/h(X-48C); 飞行高度:3 km(X-48A),3 km(X-48B),3 km(X-48C); 续航时间:40 min(X-48B)	研究翼身融合体技术
X-51A	波音公司	4架"乘波者"验证机	机长:7.62 m; 起落方式:空中发射,一次使用; 动力装置:一台超燃冲压发动机加一台固体火箭助推器; 巡航速度:7 350~8 575 km/h; 发射高度:1.07 km; 发射速度:5 512 km/h	对美国空军的HyTech超燃冲压发动机进行飞行试验

续表

名称	承研单位	数量	性能特点	验证目的
X-54	湾流宇航公司	不详	动力装置为两台罗尔斯·罗伊斯公司 Tay651 涡扇发动机，单台推力为 69 kN	生产一种能够形成声爆的超声速试验机，开展可接受陆上超声速飞行的低声爆技术的研究

从表 6-1 中可以看出，X 项目具有如下特点：通过 X 项目所获得的成果，已经不断地被应用于研制新一代的飞行器。它验证的技术非常超前，这种超前使得它获得的成果往往要经过相当长一段时间后才能被用到具体型号中，正是有了这些大量的超前验证作为基础，才使得美国的飞行器研制看上去很快且很容易。同时可以看出，从 X 项目中得到的成果对于确立美国在航空航天领域的领先地位做出了巨大贡献，并越来越得到美国的重视。

20 世纪 60 年代，由美国国家航空航天局牵头，联合美国空军、海军和北美航空公司共同开展了 X-15 高超声速研究项目，波音公司为美国空军研制了 X-20 载人航天轰炸机，两项计划的实施为美国航天飞机的发展提供了珍贵的试验数据和研制经验，尤其是 X-20 还成为后来航天飞机的先行者。美国的 X-15 试验机、X-37B 和“追梦者”航天飞机的诞生都和 X 项目有着难以磨灭的关系。美国除了上面所列的验证项目以外，还有许多与高超声速飞行和天地往返运输系统有关的验证项目在开展研究，如 Hyper-X、LoFLTE、DC-XA 等，同时在进行这些验证机研制和型号研制期间还做了大量模型飞行试验，这些试验包括：进场着陆投放模型飞行试验、高超声速气动力/热模型飞行试验、飞行控制系统飞行试验、新材料（含防热材料）飞行试验等。

从 X-1 到 X-57（电推进飞机，2016 年首飞），这 57 款飞行器让整个 X 项目成为人类技术发展史上罕有的从未断号的前沿研制项目。X-51A 验证机已经完成多次飞行试验。2010 年 4 月 22 日，美国完成了 X-37B 飞行器的首次发射，X-37B 对飞行器设计与气动技术、无人轨道机动技术、长时间在轨运行能力、制导控制技术、先进防热技术及自主进场与着陆技术提出了很高的要求。这其中，除了首次突破声障的 X-1 之外，最为有名的或许就是飞入太空的 X-15 了（图 6-1）。X-15 高超声速飞行器达到了 108 km 的亚轨道高度；X-20 实现了超过马赫数 5 的高超声速飞行。2004 年 11 月 16 日，X-43A 的第三次飞行，在 35 km 的高空速度达到马赫数 9.7，创飞行器时速的最高纪录。另外一款比较有名的 X 项目飞行器是 X-35，它是整个 X 项目中迄今为止唯一一款实现较大批量生产（截至 2018 年 8 月下旬，该机 A、B、C 三个亚型的总产量已达 309 架）的型号，也就是目前以 F-35 为名服役的多用途战斗机。

图 6-1 自美国国家航空航天局成立以来到 20 世纪 90 年代，5 大重点科研型号的合影

（从左至右依次为北美航空的 X-15、大名鼎鼎的 F-18B 和 SR-71A、洛克韦尔的 X-31、格鲁曼的 X-29）

6.2 X-15

1954 年 12 月，美国为了研究与高超声速飞行相关的气动问题、控制技术以及飞行过程中的稳定问题，拟定了 X-15 计划，并且开始研制名为 X-15 的验证机。X-15 研究机构由美国空军和海军投资，主承包商为北美航空公司（North American Corp）。X-15 验证机是世界上最早的利用火箭发动机推进的高超声速飞机，经由改装的 B-52 轰炸机空中发射，到 1968 年 10 月 24 日计划结束时共飞行 199 次，为高超声速载人飞行积累了大量的数据及经验，为航天飞机方案论证打下了基础，为航天飞机的研究做了技术上的准备。

当时的工程师们决定启动 X-15 验证机的原因比较直接，为人类的高超声速飞行器和进入太空的新型飞行器积累技术。研制目标非常明确，就是借助现代火箭动力或者处于技术前沿的吸气式冲压发动机动力，将一种极小展弦比的外形酷似飞机的飞行器的速度加速到马赫数 5 以上，并借此来挑战和摸索一种进入太空的可能性。整个项目进展顺利，最终为"水星"载人航天计划、"双子座"增强型载人航天计划、阿波罗载人登月计划、航天飞机计划和目前的高超声速飞行器、商业航天重复使用技术提供了可靠的技术支持。

推动美国空天战斗机项目的一个重要的工程师就是瓦尔特·多恩伯格。瓦尔特·多恩伯格是现代火箭武器的开拓者之一。他毕业于柏林工业大学，后来进入库默斯多夫实验室研制火箭。二战期间被调入佩内明德，成为 V-1 导弹和 V-2 导弹的核心研发人员。1945 年，被盟军俘虏后，囚禁在英国监狱。1947 年，美国设法将其从英国带出，并直接带到美国空军的实验室参与研究工作。1950 年起，开始担任贝尔公司高级顾问，X-15 空天飞行器的提出者和首席顾问，后任 X-20 空天战斗机验证机首席科学家。1954 年，多恩伯格正式向美国航空咨询委员会（NACA）提出了研制高超声速技术验证机的建议。同年 12 月，美国空军、美国海军、北美航空公司这三家单位各自派出得力干将（后来美国海军退出，延续了空军项目海军不买账的传统），接受多恩伯格领导，成立了高超声速验证机小组，代号 X-15（图 6-2）。

1955 年 12 月，北美公司赢得 X-15 合同，北美公司首席工程师哈里森·斯托姆斯开始领导研制工作。他们设计出一个具有极短机翼的大飞镖，由 B-52 搭载在高空发射。火箭飞机长 15.5 m，翼展 6.7 m，机高 4.1 m，发射重量 17 240 kg。

图 6-2　X-15 模型

（研制时有两种方案，三角翼和常规布局，最后选择了常规布局）

大气层内飞行的飞机一般采用与空气相互作用获得推力的发动机，而在大气稀薄的超高空飞行时，这种发动机无法产生足够的推力，空气中的氧气也无法维持发动机运转。因此，X-15 采用了液体火箭发动机，以酒精（后期改进为无水氨）和液氧为推进剂，混合燃烧后从发动机尾部喷管中高速喷出，能够为 X-15 提供数百千牛的推力。在稀薄大气中飞行时，传统飞机与空气相互作用的翼面也无法发挥作用，因此，X-15 采用了反冲控制系统，利用小型高比冲发动机在各个方向施加的推力，控制飞机的飞行姿态。

虽然具备了诸多航天器的特征，但 X-15 仍然具有在大气层中飞行所必需的机翼。不过，X-15 的机翼经过了空气动力学特别设计，可以让其在超高声速的飞行状态下保持稳定。X-15 并不通过自身的动力从机场起飞，而是通过 B-52 轰炸机充当的大型母机携带到约 13 000 m 高度释放，之后开始自主飞行，利用火箭发动机提高自己的速度和高度。美国以 80 km 高度作为太空和大气层的边界。X-15 在服役过程中，曾多次飞过这个界限进入亚轨道。

X-15 的最高飞行高度为 108 km，而一般的战斗机升限高度仅在 20 km 左右，民航飞机则更低。X-15还飞出了相当惊人的2.02 km/s的最高飞行速度。虽然火箭发射航天器的成功迫使X-15不得不下马，但是这种飞行器验证了在大气层与太空边界的临近空间飞行的可能性。目前，美军正在进行测试的X-37B空天飞机，以及其他国家未来的空天飞机计划，都与X-15的试验有联系。母机空中释放的发射方式也为后来的飞行器所采用。例如，维珍银河公司正在试验的亚轨道飞船，就是采用母机半空释放运载器的发射方式，未来有望使亚轨道太空旅游成为可能。

(1) 发动机研制

X-15技术验证机依靠强有力的火箭发动机来产生高超声速飞行的动力，代表了20世纪50年代的航空用火箭发动机的最高水平。而这台发动机的诞生历程，则要追溯到20世纪30年代。

1930年4月4日，美国3位痴迷于太空和火箭技术的小伙子，成立了美国星际联合会，共同探讨未来的星际航行技术以及这些技术对当前和未来人类社会的巨大影响。联合会的创始人乔治·彭德雷不仅对火箭技术的研究颇有建树，而且有非常好的文笔，其科普与科幻作品留世颇多。后来，他成了美国公共关系高级顾问，并且牵头和其他工程师一起，帮助国会组建了美国国家航空航天局。后来，美国星际联合会规模进一步扩大，并更名为美国火箭学会，以后再次更名为美国航空航天学会。这些小伙子们认为，要想让人类成为星际物种（比马斯克早了几十年），研制新型的火箭发动机是至关重要的一步。1938年，他们成立了喷气发动机有限公司（Reaction Engines Limited，REL），专门用于研制高性能火箭发动机。在新泽西州帕塞伊克县一个湖边，喷气发动机有限公司临时搭建的试车台上，人类太空探索史具有划时代意义的一次点火成功了，XLR-11火箭发动机点火成功。这台火箭发动机随后被安装到了贝尔X-1技术验证机上，推动人类实现了首次超声速飞行。

用于X-1技术验证机的XLR-11火箭发动机虽然动力强劲，推力高达36 kN，换算成非国际单位，约为3.67 t，但是这种依赖多喷管并联来提升推力的设计还是有升级空间的。于是，就有了XLR-99火箭发动机的计划。在实际花费高于预算5倍的代价下，XLR-99火箭发动机横空出世。这是喷气发动机有限公司的巅峰之作，在推出后不久，该公司最终因资金捉襟见肘，而在1958年被聚硫橡胶公司收购。这一年，聚硫橡胶公司拿到了为美国空军研制民兵Ⅰ型陆基洲际弹道导弹的固体火箭发动机金额巨大的合同，同时把喷气发动机有限公司纳入麾下，一举成为美国当时技术和经济实力最强的火箭发动机企业。

XLR-99火箭发动机是喷气发动机有限公司的绝唱，同时也是人类航空用液体火箭发动机在那个时代的代名词。1959年，该发动机被安装到X-15技术验证机尾部，新的速度与高度世界纪录诞生。XLR-99是主要用于在大气层内进行载人飞行的验证机发动机，所以需要具备重复使用能力。按设计，XLR－99 火箭发动机可以在大修之前，重复使用 40 次，而且还支持高空熄火后自动/手动多次重新点火的能力。

（2）X－15 性能

X－15 技术验证机的 XLR 火箭发动机，采用液氧/液氨推进剂组合，海平面比冲为 239 s，真空比冲为 279 s，推力在 49.7％到 102.5％之间连续可调。该发动机采用了标准的再生冷却技术，推进剂在进入燃烧室之前，在喷管夹层套管中被预热，同时在热交换过程中，实现推进剂对喷管的冷却。这台仅重 413 kg 的发动机，能够产生 22.68 t 的推力，推重比（T/W）为 54.9。

X－15 安装一台 XLR－99－RM2（聚硫橡胶）火箭发动机，XLR－99 液体火箭发动机以液氧作为氧化剂，以液氨作为燃烧剂，通过过氧化氢的分解产生的高压气体来驱动涡轮泵。该火箭发动机的推力为 222.41 kN，也就是 22.68 t，这使得 X－15 技术验证机实际上可以垂直爬升，而且是垂直加速爬升。因为火箭飞机的飞行高度是如此之高，所以飞行员需要穿类似太空服的全压服。在这种高度上，X－15 的飞行翼面不再有效，所以该机装有一组被称为“反作用推进器”的过氧化氢小火箭来控制姿态。X－15 共有 12 个反作用推进器，机翼上 4 个，机鼻上 8 个。这架火箭飞机主要使用钛合金制造，承受气动摩擦加热的机翼前缘和鼻锥使用名为“因科内尔”（Inconel）的材料制造，这是一种铬镍铁特殊耐热合金。X－15 的前起落架为传统的双轮结构，后机身两侧有一副可收放滑橇。X－15 尾部下方还有一个腹鳍，在降落前下方的一半腹鳍被抛掉以提供足够的离地间隙。

X－15 基本上就是一个航天器，事实上美国在为把人类送入太空而努力的日子里就把该机视为一种潜在的载人轨道器，增强耐热性能并安装在运载火箭顶部发射。但这个概念最后没被采纳，因为美国国家航空航天局计划使用 X－15 来测试超声速燃烧冲压发动机（超燃冲压发动机），或作为一个三角翼载具把小型有效载荷送入轨道。1959 年 6 月 8 日，X－15 技术验证机首飞成功。自多恩伯格提出建议，到该验证机首飞成功，历时 4 年半。

白色版 X－15 正式编号为 X－15A2。整机外表被一层烧蚀白色涂层覆盖，用以在大气层内突破 6 倍声速时的防热。改进后的 XLR－99RM2 火箭发动机，可靠性更高。考虑到液氧/液氨燃料组合不易点燃的特性，新版本的发动机提供了乙炔引燃技术。该机在短尾鳍下方，吊挂了一台冲压发动机。原本设想是让 X－15 在高空实现高超声速飞行之后，由冲压发动机接力工作，实现长时间高超声速巡航飞行。不过，当时人类工程师对超燃冲压的技术难度估计不足，发动机难以在超燃状态下稳定工作，试验也就作罢。

X－15 项目为航天飞机的顺利诞生奠定了技术基础。亚特兰蒂斯号航天飞机在机鼻设置姿态控制发动机的做法，是 X－15 项目在太空中的实际应用。XLR－99 火箭发动机也为工程师积累了大量有关液体火箭发动机重复使用的经验。整个 X－15 项目，研制了 5 架飞机，3 架 X－15，2 架 NB－52 载机。这 3 架 X－15 技术验证机，从 1959 年 6 月到 1968

年10月，在将近10年的时间里，共进行了199次有动力的飞行。其中，X-15 A1，也就是X-15的原型机，进行了82次飞行；X-15 A2，进行了53次飞行；X-15 A3，进行了64次飞行。两架载机中的第一架NB-52A，在1969年10月份早早地退役了，而第二架NB-52B则一直服役到了2004年的11月份，服役期长达45年。

在199次试飞过程中，X-15技术验证机为人类积累了有关火箭动力、高超声速飞行的气动加热与飞行控制、再入稠密大气的制导与控制、高空姿态控制、复杂系统的人因工程等方面宝贵的技术和知识。X-15技术验证机产生了两项当时的世界纪录，一是7 274 km/h，即2.021 km/s、马赫数6.70的高超声速飞行速度纪录；二是107.8 km，当时的重复使用飞行器的飞行高度纪录。即使按照今天的标准，X-15也是冲出卡门线，进入了太空的飞行器。

（3）经典试飞

1960年11月30日，阿姆斯特朗第一次驾驶X-15技术验证机飞上蓝天；1960年12月9日，阿姆斯特朗第二次驾驶X-15技术验证机飞上蓝天。

1962年11月9日，约翰·麦凯[①]驾驶X-15技术验证机升空，执行该项目启动以来最危险的任务：飞行器稳定性极限测试。在升空之前，这架X-15的尾鳍被拆除。这样，该机的航向稳定性就被大幅削弱。X-15的增稳系统的性能极限在哪里，在尾鳍拆除的情况下，能否仅依靠副翼和方向舵的配合来在高超声速的状态下实现直线飞行。技术娴熟的约翰从NB-52载机上脱离之后，立刻爬升到38 km的高空，并且实现了马赫数5.5的高超声速飞行。然后，约翰感觉轻微一震，看到速度表在急速下降。黑匣子后来显示，此时的火箭发动机推力骤降为标称推力的30%。约翰认为，这种状态下，X-15技术验证机是无法返航回到爱德华兹空军基地。于是，他决定在内华达荒漠中的一片干湖床上迫降。而此时，航向控制系统和油门控制系统已全部失效。约翰发现，副翼还能用，于是就努力调整副翼来瞄准干湖床，远离居民区。X-15的腹内，还有不少液氧和液氨，带着这些燃料是不可能迫降成功的。于是，约翰驾驶的X-15像醉汉一样，跌跌撞撞地踉跄着螺旋下坠，就这样70 s后，X-15几乎耗尽了燃料。此时X-15的速度依然达到了马赫数1.492，这是人类首次超声速迫降。

1962年11月，内华达荒漠上空的恐怖声音在当地报社和居民的回忆中，都留下了深深的印象。人类航空航天史上，还从未有这样快的载人飞行物以如此低的高度飞行。而且，对低空高速飞行稳定性有着至关重要作用的尾鳍已被摘除了。在尾鳍摘除、襟翼失效、发动机保持30%推力关不掉、副翼最终也失效的情况下，耗尽燃料的约翰以超声速的状态刺入内华达荒漠的腹地，奇迹般地着陆了。但是，X-15的速度还是太快了，这样的

① 1922年出生的约翰·麦凯在第二次世界大战期间是美国海军的飞行员，他是一位有着飞行天赋的人。在太平洋战争期间，约翰对日军作战十分英勇，即使是面对水平机动性好很多的日军零式战斗机也没吃过多少亏。

速度卷起了荒漠地面的沙尘，同时也让地面效应这股强大的力量以非对称的形式作用在机身上，引发了巨大的滚转力矩。X－15瞬间就翻转了下来，肚皮朝天在内华达荒漠上继续冒着火花滑动。滑行3 km后，X－15停了下来。当赶来的消防队员和医生把约翰从机舱里救出来的时候，约翰已经深度昏迷。不过，命硬的约翰还是活了下来。可惜，这次事故给约翰带来了巨大的心理阴影。他没法再飞行了，而且开始用酒精麻痹自己，以免时常被噩梦惊醒。想要挑战进入太空的任务，想要突破大自然给人类设置的天然限制，不付出代价是不可能的。

1965年6月29日，试飞员乔瑟夫·恩格尔进行了一次X－15完全火箭式的垂直爬升。在他父母的注视下，恩格尔启动了X－15的火箭发动机，并且不断拉杆，直到驾驶舱内3个红灯亮起，90°加速向上。当时，国际上对于航空与航天的分界线，还不是100 km卡门线，而是80.47 km。按设计好的弹道，恩格尔没有着急下压，而是让X－15做了类似运载火箭的程序转弯的动作，弹道最高点85.5 km。恩格尔成为了按当时标准进入太空的人，随后平安着陆。

1965年8月10日，恩格尔驾驶同一架X－15技术验证机，再次进入太空，做了亚轨道飞行，弹道高点为82.6 km。1965年10月14日，恩格尔第三次挑战进入太空的亚轨道飞行任务，第三次成功进入太空，弹道高点为81.1 km。恩格尔便成为了首个在4个月内3次进入太空的人类。3次到过太空的恩格尔从此对太空产生了完全不可抑制的迷恋。他开始正式向美国国家航空航天局递交申请，想要成为深空探索的航天员，进入阿波罗计划。但是，当时美国国家航空航天局以恩格尔飞行经验不足为由，让他坐了冷板凳。拥有驾驶天赋的恩格尔没能成为阿波罗飞船的指令长，只是作为阿波罗14号飞船的备份航天员。阿波罗计划在20世纪70年代中止了，但是航天飞机计划兴起。1981年，恩格尔成为哥伦比亚号航天飞机测试飞行任务（STS－2）的首席飞行员。当时的哥伦比亚号航天飞机上，总共只有2名航天员。1985年，恩格尔以指令长的身份，带领5人团队，完成了发现号航天飞机的太空飞行任务。

1967年11月15日，37岁的试飞员米歇尔·亚当斯少校，驾驶X－15飞行时，不幸进入不可控制的发散式螺旋状态。在马赫数5.5的高超声速状态下，米歇尔与X－15共同经受了15 g 的正向过载和8 g 的侧向过载。升空10 min 35 s后，X－15在高空解体，主要残骸在内华达荒漠地区被找到。

（4）历史贡献

人们可以从现存在史密森尼学会和空军博物馆中的两架飞机中，以及从它们对航空航天界的影响中感受到X－15的贡献。从X－15项目一开始就与其保持紧密联系的约翰·贝克对X－15项目所取得的最主要成就做了如下总结：

1）研制了首台大型可再次启动、可用于载人飞机的可调推力火箭发动机。

2）首次将高超声速理论和风洞研究工作应用到真实飞机上。

3）采用楔尾来解决高超声速飞行中的方向稳定性问题。

4）首次在空间姿态控制中应用反作用力控制。

5）首次研制出重复使用的超合金结构，该结构能经受高超声速再入时产生的温度和热梯度。

6）开发了 Incanel - X 合金和钛合金加工、成形、焊接和热处理技术。

7）改进了高温密封和润滑技术。

8）在美国航空咨询委员会支持下研制了球形压力受感器，可在很大的动压和温度范围内工作。还研制了第一套用于飞行员空间防护的实用化全压服。

9）开发了氮气座舱空调系统。

10）研制了能在高动压环境中工作的惯性飞行参数系统。

11）发现了高超声速边界层气流是湍流而不是层流。

12）发现了湍流的加热速率比理论推算低得多。

13）首次对高超声速蒙皮摩擦进行了直接测量，发现实际摩擦值比预想的低。

14）发现了由于表面不平整所引起的“热点”现象。

15）找到将底部阻力实测值与风洞试验结果相关联的方法。

16）研制出实用的助推引导飞行员显示器。

17）演示验证了飞行员在大气层外操纵火箭助推空天飞行器的能力。

18）研制出大型超声速副油箱。

19）成功实现气动控制和反作用力控制的反复转换。

20）演示验证了飞行员在失重环境下工作的能力。

21）首次演示验证了有人驾驶的大气层升力再入。

22）首次使用了能量管理技术。

23）高超声速声学测量的研究结果被用来确定“水星”号飞船的隔热和结构设计要求。

24）以 3 架 X - 15 飞机为试验平台进行了大量试验。

6.3 X - 20

为了进行高超声速飞行器和航天飞机的研制，美国曾经研制过 11 种小型验证机。1954 年，美国就开始研究 X - 20“动力-滑翔”（Dyna - Soar）飞机。1957 年，美国空军和波音公司正式提出了 X - 20 空天战斗机计划。当时这个计划在美国国防部的发展优先权甚至超过了美国国家航空航天局设计中的“水星”计划。1962 年，美国就有了航天飞机的锥形 X－20。X－20 长 14.50 m，翼展 6.22 m，采用无尾三角翼布局，头部呈圆拱形，机翼后掠 72°，翼梢上折作为垂直安定面，如图 6－3 所示。根据计划，单人驾驶的 X－20 空天飞机用“大力神”－2 运载火箭发送到地球轨道后，由驾驶员接管进行高超声速（马赫数 5）飞行，执行包括侦察、轰炸、空间营救、卫星维护和破坏敌人卫星等任务，任务完成后驾驶员操纵 X－20 在一个预定地点降落，而不是简单地沿弹道弧线下落。应该说 X－20 比同时期的其他载人航天飞机计划要先进得多。

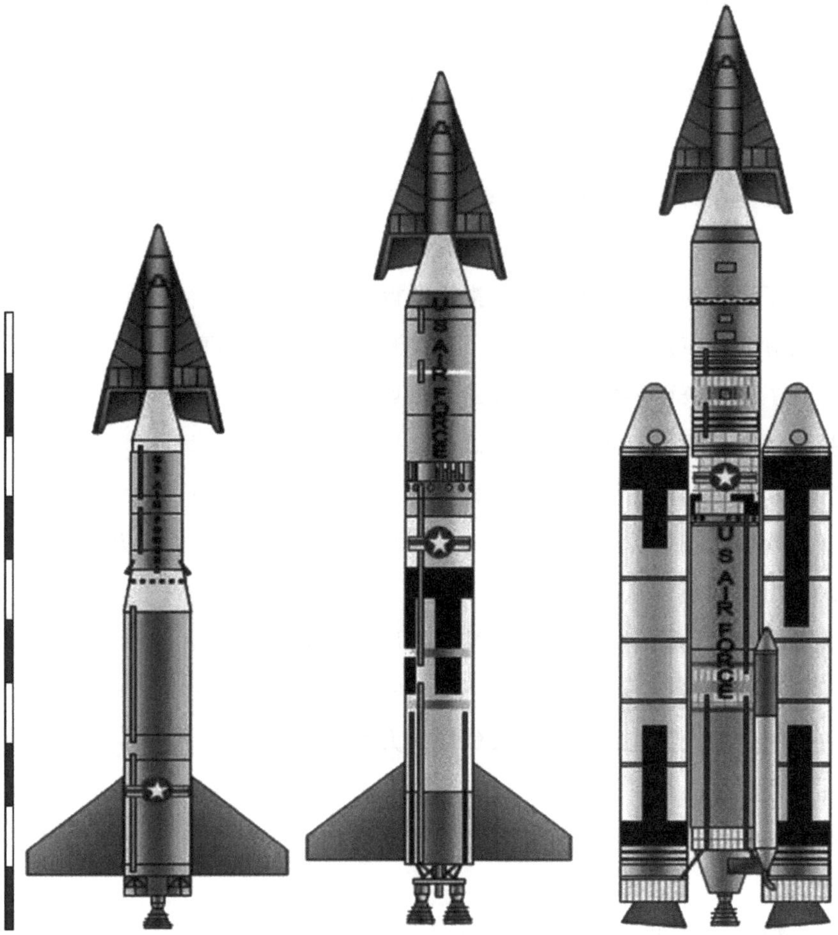

图 6－3　大力神洲际弹道导弹与 X－20 空天战斗机相结合的运载方案

（左侧和中间的是亚轨道方案，右侧是近地轨道方案）

X－20 原计划要先后发展三个型号，包括验证机（Dyna－Soar Ⅰ）、侦察机（Dyna－Soar Ⅱ）和具有轰炸能力的攻击机（Dyna－Soar Ⅲ）。首次验证机的滑翔飞行预定在 1963 年，动力超声速飞行预定在 1964 年，最终的多功能武器系统的飞行计划在 1974 年。然而就在主承包商波音公司开始建造验证机模型时，美国国家航空航天局决定要将精力集中于开发航天飞机计划，于是在 1963 年 12 月 10 日宣布终止 X－20 计划。

X－20 计划虽然夭折，但它的设计理念以及在一系列试验中搜集到的数据，极大地帮助了美国后续空天飞机的设计工作。美国空军 1986 年启动的“东方快车”计划，后来演进的国家空天飞机计划（NASP），以及在 1998 年提出的“超翱翔”计划，基本上都继承了 X－20 的设计概念。

X－20 在气动、防热、控制、着陆等一系列技术领域取得重大进展，为美国 20 世纪 70 年代研制第一代航天飞机奠定了技术基础。X－20 计划要研制一种由洲际弹道导弹以垂直的姿态发射到太空的飞行器，并且能够在太空执行侦察、战斗、维护或摧毁卫星、拦截空间飞行器等任务。这种飞行器能够在大气层外执行任务，而其本身具有的高超声速飞行的特点，使其在大气层内极难被传统战斗机所拦截，能滑翔很远的距离；任务后安全返回地面，水平降落在军用机场跑道上。

虽然 X－20 项目在 1963 年中止了，其相关技术依然在发展。受其影响，美国国家航空航天局开始对升力体概念有所掌握，并且开始做出比 X－20 验证机更加大胆的设计。1963 年至 1966 年，美国国家航空航天局对 M2－F1 升力体验证飞行器进行了大量测试飞行。M2－F1 飞行器没有机翼，完全靠机身来产生升力。在 X－20 项目中止的同一年（1963 年），美国国家航空航天局又开始委托诺斯罗普公司为其生产 HL－10 飞行器。3 年后，到了 1966 年 12 月 22 日，HL－10 飞行器就实现了在大气层内的首飞。截至 1970 年 7 月 17 日，HL－10 飞行器共进行了 37 次飞行，积累了大量珍贵的数据。

6.4 X－23A

X－23A 项目，又称 SV－SD（航天器 5 号），是 1964 年启动的，是美国空军为获得机动再入飞行器数据和烧蚀保护层技术而提出研制的一种技术演示样机。对升力体的基础研究早在 1957 年就开始了，当时美国航空咨询委员会艾姆斯研究中心的阿尔福瑞德·伊格尔斯博士第一次构想了一种被称为 M－1 的升力体。3 年后，到了 1960 年，美国国家航空航天局的研究已经使人们对可机动升力体产生了足够的兴趣，导致有几家私营宇航公司独自开展了技术探索。在这些公司中就有马里兰州巴尔的摩市的马丁·玛丽埃塔公司。

马丁·玛丽埃塔公司最终获得了多项合同，包括流产的 726 工程再入飞行器、后续的 202 计划，以及再后来（1962 年 1 月）倒数第二个 698AN 计划。这 3 项计划都要求依照最初的伊格尔斯 M－1 设计方案研制 5 架试验飞行器。与此同时，马丁·玛丽埃塔公司开始研究其他可能比 M－1 更有效、机动能力更强的再入飞行器布局，这些布局被称为 698AN 备份方案。随着研究的进行，发现这些布局更加适合机动再入飞行器任务。到 1962 年 4 月，马丁·玛丽埃塔公司对此已充满信心，他们组建了一个专职小组负责将其最先进的 A3-4 方案的优点推销给官方代表。1962 年中，马丁·玛丽埃塔公司的努力开始有了结果。1962 年 3 月，美国空军与马丁·玛丽埃塔公司签订了 AF04（695）-103 合同。合同要求开发“一种横向机动且可以水平着陆的气动布局，并开发一种烧蚀性热屏蔽材料及其适用的制造工艺，可为该飞行器从近地轨道返回、再入，直到水平着陆过程中提供足够的保护”。

X-23A 于 1964 年 8 月首次公开，最初被称为 SV-5D PRIME。这是美国空军分为三步的空间飞行器技术与先进再入试验（START）计划的第二步。该计划由气动热/气动弹性结构系统环境试验（ASSET）、精确回收与机动再入计划（PRIME）及有人驾驶低速试验（PILOT）构成。X-23A/SV-SD 是马丁·玛丽埃塔公司在高超声速再入飞行器领域近 6 年开发工作的结晶。为此大约投入了 200 万人工时，包括与设计、材料研究及风洞试验有关的工作。在再入原型样机投入研制前，使用带有减速气球（气球/降落伞）的可回收式 X-23A/SV-SD 飞行器模型，已成功完成了约 50 次低速滑翔飞行。

以康维尔公司的“宇宙神”火箭为助推器，最终共成功完成了 3 次 X-23A/SV-SD 的飞行试验（最初计划是进行 4 次）。在 1966 年 12 月 21 日进行的首次飞行中仅尝试了俯仰机动。这些机动是在再入大气层后通过同时转动尾部下表面上两个襟翼进行的。不幸的是，该飞行器由于空中回收失败，在太平洋上空丢失了。

在 1967 年 3 月 5 日进行的第二次飞行中，利用下表面襟翼的差动使飞行器在高超声速下进行倾斜转弯。这次飞行离开正常弹道飞行轨迹的距离达 500 km，并成功返回。不幸的是，该飞行器的漂浮机构在回收之前异常脱落，最终因沉入水底太深而无法回收。

1967 年 4 月 18 日，X-23A/SV-SD 进行了第三次飞行，也是三次飞行中最成功的一次。X-23A/SV-SD 安装在“宇宙神”火箭顶部，从加利福尼亚州范登堡空军基地发射后，它在太平洋上的夸贾林环礁附近海域被完好地回收。回收后，对马丁·玛丽埃塔公司研制的烧蚀屏蔽层、内部结构和其他与再入相关的特有系统进行了详细研究。几个月之后，该飞行器成为美国空军和马丁·玛丽埃塔公司首架公开展示的该类型成功回收飞行器。

第四架 X-23A/SV-SD 没有发射，由于在它之前的三次飞行试验成功完成，因此第四次飞行被认为是多余的。值得注意的是，一度曾计划将 X-23A/SV-SD 进一步发展为侦察平台，以满足国家安全的需要，但该飞行器并没有制造出来。X-23A/SV-SD 计划表明高超声速再入飞行器的设计取得了重大技术进步。X-23A/SV-SD 可能是第一架有能力在再入期间具备机动能力的再入飞行器。

此外，X-23A/SV-SD 在烧蚀材料和内部蒸汽冷却方面进行的开拓性工作也值得一提。从 X-23A/SV-5D 计划得到的知识在确定洛克韦尔国际公司航天飞机设计方案中起到了重要作用。此外，来自空间飞行器技术与先进再入试验（START）计划的数据对于提高国家再入飞行器的技术基础也起到了难以估量的作用。

6.5 X-24

20世纪50年代中后期和60年代初，在关于空间研究的各种学派研究中，有两种学派的再入动力学研究脱颖而出。其中一种学派是关于弹道式再入的，认为要真正实现从太空再入应该是在一次性烧蚀材料的保护下直接进入大气层，回到地球。而另一种学派却倾向于以升力体方式完成再入。这样做使再入飞行器能以较慢的受控飞行穿过大气层，以常规的气动控制方式回到地球上某个准确的位置。

初看上去，这两种学派的观点没多大不同。实际上它代表了两种完全不同的思想。升力体再入飞行比弹道式再入要先进得多，而且需要更多的先进技术。这种飞行器不但要承受发射时的各种动力，而且要在4个不同的飞行阶段飞行：空间飞行、高超声速飞行（跨大气层）、跨声速飞行（大气层）和亚声速飞行（大气层）。

虽然在初期空间项目研究中提出过多种不同的跨大气层飞行器布局（其中最著名的是X-20动态滑翔飞行器），但几乎没有一架飞行器真正解决了再入过程中的最大难题。1951年，美国航空咨询委员会艾姆斯研究中心的工程师朱利安·艾伦设想出一种高超声速再入布局，命名为“钝头体”。与他的研究伙伴艾尔费雷德·埃格一起，艾伦对“钝头体”做了进一步探索，得出一个结论：该布局是弹道导弹弹头再入飞行器的最理想布局。该设计产生的头部激波，加上烧蚀隔热层的热防护能对包裹其中的武器提供非常好的热保护。

艾伦和埃格的研究使弹道导弹弹头的再入问题很快得到解决，同时也使其他研究者认识到这个技术完全可以用到更多的机动飞行再入飞行器上。艾伦和埃格的“钝头体”构型的升阻比不到1，而升阻比为1.5或更大一点的优化构型就能研制出以弹道速度飞行的有人驾驶跨大气层飞行器。这种飞行器能使过载要求从8 g 减小到1 g，几乎可以在再入过程中进行无限制的机动飞行。

20世纪50年代，这方面的工作进展很迅速。美国国家航空航天局于1958年研制出一个叫作M2构型的方案。它是一个有圆形头部的13°半锥体，超声速飞行时升阻比为1.4，亚声速飞行时的稳定性勉强合格。但是，如果加上一个“船尾巴”式的修改，使之接近常规翼面的横截面就能使稳定性大大改善。

在美国国家航空航天局继续M2构型研究的同时，其他政府部门和很多私营工业团体也都集中精力在这个基本相同的再入问题上寻求自己的解决方案。1963年12月，波音公司的X-20动态滑翔飞行器计划下马更加增强了这方面研究的势头，使得空军重新确定其努力的方向，以获得升力体再入飞行器技术领域的知识。这一重新定位的计划取名为“空间飞行器技术和先进再入试验”(START)，并于 1964 年获得拨款。

START 计划当然不是全尺寸升力体研究的第一步。在这之前，一架有人驾驶飞行器的原型机，即美国国家航空航天局的 M2 - F1 实际上已经生产出来，并且在爱德华兹空军基地进行了试飞。接着由 START 计划设计出了更加先进的方案，包括诺斯罗普公司的 M2 - F2 和 HL - 10。在这两架飞机的基础上又产生了更加先进的布局，即马丁·玛丽埃塔公司的 SV - 5。

START 计划安排了两项试飞计划来验证 SV - 5 构型。第一项是高超声速飞行部分，叫作精确回收与机动再入计划（PRIME)，推动了后来的 4 架 X - 23A/SV - 5D 的研制和试飞。SV - 5 由运载火箭“宇宙神”载飞到发射高度，以接近亚声速的速度发射，然后以高超声速再入大气层，同时向地面基地发回试飞数据。

第二项是性能谱的另一端，代号为有人驾驶低速试验（PILOT)。利用一架有人驾驶的火箭推进、空中发射飞行器，目的在于探索 SV - 5 从马赫数约为 2.0 到水平着陆这一段的飞行包线。该机最初定名为 SV - 5P，1966 年 3 月 2 日由空军批准生产，当年 5 月即投产。在马丁·玛丽埃塔公司的工程师巴兹·哈罗和莱曼·约瑟夫（他后来在通用动力公司 F - 16 的设计中起到了关键的作用）指导下，只用了一年多的时间就完成生产。

6.5.1 X - 24A

1967 年 7 月 11 日，SV - 5P 被美国空军正式命名为 X - 24A，并于 8 月 3 日推出之后正式接收。8 月 24 日，由 C - 130 运交爱德华兹空军基地，加入诺斯罗普 M2 - F2 和 HL - 10 的行列，形成正在进行的空军/美国国家航空航天局联合升力体计划的升力体试验机队。

1967 年 10 月 5 日，X - 24A 开始用于研究，立马就进行了多个系统检验和静态试验等任务。4 个月后，X - 24A 又被空运到加利福尼亚州旧金山市附近的美国国家航空航天局艾姆斯研究中心进行风洞试验，获得基本性能标准数据。2 月 27 日，风洞试验开始，两周后试验结束。

1968 年 3 月 15 日，X - 24A 回到爱德华兹空军基地，开始为滑行飞行计划做准备。其静力试验项目也在同时进行，大约一年之后，该机最终获准进行试飞。滑行试验于 4 月 2 日完成，并于 4 月 4 日在 NB - 52B（52 - 008）载机机翼下进行首次挂载飞行。1969 年 4 月 17 日，美国空军试飞员杰罗尔德·金特里成功完成 X - 24A 的首次滑翔飞行。随后的 10 个月内又进行了 8 次滑翔飞行。

X - 24A 进行这一系列滑翔飞行的目的之一是获得其基本气动数据，以便尽可能快和安全地扩展该机的飞行包线（马赫数、迎角、动压等)。在滑翔试飞中采用了一个与在首次带动力平飞中预计要用的马赫数相当的俯冲马赫数，让飞行员对该机在这种速度下的操纵性多少有些感受。

滑翔试飞计划揭示了进场和着陆飞行品质不是太满意，还需要加以改善。由于对新飞机的操纵性已经胸中有数，动力飞行计划也就启动了。1970 年 3 月 19 日，开始首次动力飞行，还是由杰罗尔德·金特里来飞，飞到马赫数 0.87，并揭示该机有很好的飞行特性，适合于动力飞行包线。

典型的动力飞行包括 2.5 min 的以火箭为动力的飞行和 5 min 的滑翔着陆飞行。总的说来，每次飞行的主要目的都是为了采集性能数据，安排在最大马赫数点附近做机动飞行。为了获得理想的结果，需要精确控制任务剖面。因此，每次动力飞行过程中为收集数据而做的机动一般都限制在剖面控制所需的几个迎角范围内。为避免过度机动，兼顾飞行剖面，所有动力飞行数据收集时，增稳系统都是接通的。由于 XLR11 火箭发动机的 4 个通道可以一个一个地单独控制，可以根据达到的试验条件选择推力大小，从而提供更多的在准稳定飞行条件下采集数据的时间。

马赫数包线扩展连续做了几步就完成了，但中间停下来几次以进一步研究几种不同情况下的操纵品质问题。在飞了 5 次之后，主要飞行目的都未能达到，因为发射之后系统出了故障，只好另外安排飞行计划。X-24A 的第 17 次飞行在 1970 年 8 月 26 日，飞行员杰罗尔德·金特里在发射之后成功完成了科目飞行，就在飞回爱德华兹空军基地，放掉余油准备着陆时，后机身段突然烧起了小火。

初步动力飞行之后，美国国家航空航天局的飞行员约翰·曼基和空军的试飞员塞西尔·鲍威尔少校又进行了一系列的包线扩展，包括 1970 年 10 月 14 日的飞行，速度达到马赫数 1.19，高度为 20 km。两周之后，曼基驾驶该机飞到 21 km，而且模拟了航天飞机的进场着陆方式，也是这类性能、这类操纵特性的飞机首次进行这种模拟。几次这样的飞行之后，1971 年 3 月 29 日，又有一次这样的模拟，但速度已达到马赫数 1.60。后面的飞行中，X-24A 创纪录地达到了最高速度。X-24A 第 28 次即最后一次飞行在 1975 年 6 月 4 日，由于 XLR11 四个通道中的两个点火不成功而未能完成。

X-24A 累计进行了 2 h 54 min 28 s 的飞行，最大马赫数 1.60，飞行高度达到 21 km。总的说来，飞行员认为它是一架比较好飞的飞机，毛病不多。实际上，该机最大的问题是在动力飞行中明显地呈上仰姿态，影响了小迎角方面的研究。排气羽流形成的气动力影响被认为是造成这一现象的原因。X-24A 飞行试验证明了升力体布局完全能以一定的参照体系完成定点着陆。

6.5.2 X-24B

多年来，美国空军飞行动力学实验室一直从事轨道再入/高超声速机动飞行中的气动布局研究，使其具有更好性能，且能超过像 M2-F2、HL-10 和早期 X-24A 等第一代升力体飞行器。研究主要集中在几种机型的分析研究上，如 FDL－5、FDL－6 和 FDL－7。在这几种机型上开展了多方面的研究：要获得高超声速下的大升阻比应有哪些要求，如何获得更大的内部空间，以及如何有效解决高超声速气动热防护层问题等。这几种机型的前机身都差不多，只是后机身有较大的不同，如垂尾的位置和数量。

在生产 X－24A 机体的过程中，承包人以公司出资的形式搞出了两架喷气推进，类似 X－24A 的机体，定名为 SV－5J。由于只用了一台普拉特·惠特尼公司的 J60－PW－1 发动机，性能不是太好，这几架飞机从来没有飞过。1969 年 1 月 23 日，空军系统司令部要求提供如何更好地利用似乎多余的两架 SV－5J 的方案。空军飞行动力学实验室提出它的开发计划，建议将一架 SV－5J 改造成 FDL－7。

为了节省改造费用，建议保留后机身结构和相连的垂尾，在上面套上一个前机身和后边条翼板。由此形成的构型命名为 FDL－8X。对这个气动布局进行了风洞分析和研究验证。推荐的 FDL－8X 飞机是一架喷气推进、由载机 B－52 空中发射的飞机。随着研究逐渐成熟，发现用火箭发动机比用喷气发动机有更多优点，遂决定采用 XLR11 火箭发动机。决定采用火箭推进后，第二步则是选定 X－24A 而不是 SV－5J 实施修改。因为当时 X－24A 已经接近其试飞计划的尾声，用它来改型可以沿用现有验证过的系统，加快 FDL－8X 试飞计划的启动，并且减少整个改型的工作量，降低分系统生产费用。

美国空军飞行动力学实验室还准备了一份备忘录，详细介绍用 X－24A 改型的 FDL－8X 构型（也叫作 SV－SP－2）的研制和试飞，于 1970 年 8 月提供给相关方。很快就收到赞同该方案的多封回信，有德莱顿飞行研究中心（DFRC）主任写来的（1970 年 8 月 28 日），也有空军试飞中心司令的。9 月 4 日，备忘录送交空军系统司令部实验室主任，随附计划批准申请书一份。

1971 年 3 月 11 日，计划向获得批准迈出坚实的一步，美国国家航空航天局划拨了生产合同所需的 550 000 美元。1972 年 1 月签订生产合同，1971 年 6 月 4 日，X－24A 完成最后一次试飞后，空运到科罗拉多州丹佛市的马丁·玛丽埃塔公司，在那里加以改装。1972 年 4 月 7 日，X－24A 被推上该公司的制造机架，出厂后即为 X－24B。10 月 24 日，X－24B 回到爱德华兹空军基地后，做了几个月的地面静力试验，同时各分系统均获得装机试飞批准，各种各样的试飞仪器仪表也均获得装机试飞批准并安装就绪或改装完成。1973 年 2 月 8 日，X－24B 完成改装后的首次通电和通液压。3 月 5 日，拆去左垂尾以便试验。3 月 30 日，完成重量和平衡试验。4 日 4 日，X－24B 与载机 B－52 完成匹配试验。

1973 年 7 月 2 日，XLR11 动力系统完成地面静力试验。同一天用小推力火箭的滑行试验也开始了。7 月 5 日和 6 日，X－24B 完成了多次额外的地面滑行试验，目的在于检查前起落架的减摆性能，验证前轮操纵和地面操纵品质。7 月 19 日，X－24B 在首次改装后载飞中飞到了接近发射的高度。8 月 1 日，X－24B 由美国国家航空航天局试飞员约翰·曼基驾驶，成功完成了首次不带动力的改装后滑翔飞行。

第一次带动力飞行成功于 1973 年 11 月 15 日完成，仍是由曼基驾驶。在 1974 年 10 月 24 日进行的第 16 次飞行中，飞行员迈克·洛夫驾驶该机飞到了马赫数 1.76，从而创造了 X-24B 计划的最大飞行速度纪录。在 5 月 22 日的另一次飞行中诞生了它的最大高度进场着陆纪录，飞到 22 km 后在爱德华兹空军基地的干湖床着陆。

由于美国国家航空航天局对 X-24B 这种低升阻比飞机，能够在有固定地理位置和方位限制的跑道上按预定地点着陆很感兴趣，因此，在 1975 年中，X-24B 进行了短距着陆试验。在爱德华兹空军基地 4 500 m 长的 04/22 号跑道上，于 1975 年 8 月 5 日开始这一试验。当时，约翰·曼基从 4 500 m 的高度进场，在跑道上划出长 1 500 m 的目标段成功着陆。为了验证约翰·曼基这次着陆的可重复性，两周后由迈克·洛夫复现了这样的着陆。

1975 年 9 月 9 日，比尔·戴纳完成了 X-24B 最后一次动力飞行，从而给 X-24B 计划画上句号。整个 X-24B 试飞计划在 26 个月内共进行了 36 次空中发射飞行。飞行时间累计为 3 h 46 min 43.6 s。基础研究飞行计划用了 30 次飞行（6 次滑翔飞行和 24 次动力飞行），时间为 24 个月，由 3 名飞行员完成。完成基础研究计划之后，安排了 6 次飞行用作飞行员熟悉性能训练计划。3 位试飞员（两位来自美国国家航空航天局，一位来自美国空军）各飞了两次滑翔飞行。

6.5.3 X-24C

X-24 计划并未随着 X-24B 的试飞结束而结束。1960 年中，X-15 计划开始衰落，美国国家航空航天局显然要找到一架能进行大马赫数研究的试验机，以填补 X-15 退出之后留下的空白。因此，兰利研究中心发起了两个计划，一个是高超声速研究设备（HYFAC）计划，要求马赫数达到 12.0；另一个是高速研究机计划，要求速度达到马赫数 8.0。与此同时，美国空军也提出了两个方案。一个要求研制出马赫数 3.0～5.0 的试验机；另一个则是研制出一架能力不断增长的试验机，该机开始时只需使它能执行马赫数 4.5 的任务，然后对其加以改进达到马赫数 6.0，最终能执行马赫数 9.0 的任务。

1974 年 7 月，美国国家航空航天局和美国空军开展了一系列的联合设计研究，开发出多个不同的吸气式高超声速飞机的选择方案。其中，最受青睐的方案是由 FDL-8X 构型改进完善后，形成理想的 X-24C 试验机。该试验机提出了两种动力方案供美国空军考虑：一个方案是头部两侧进气，用超声速喷气发动机为动力；另一个是以 XLR99 火箭发动机（与 X-15 的发动机完全相同）为动力。于是，美国国家航空航天局和空军成立了一个“X-24C 联合指导委员会”，专门对该方案进行把关指导。

最后，该委员会推出了国家高超声速飞行研究（NHFRF）飞机。先期的 X-24C 用的就是这个缩写代号，也叫作“12L”构型。美国国家航空航天局提出的预算是 2 亿美元，包括生产两架飞机，在 10 年的时间内进行 200 次飞行。试验机要能飞到马赫数 8.0，要以马赫数 6.0 以上的速度巡航飞行 40 s，并且要能用作其他动力系统的试验机，如超燃冲压发动机的试验机。

X－24C 系列最后一次定型为 X－24C－L301，该试验机基于早期 X－24C－121 研制的一个型号机，装上超燃冲压发动机后可以达到马赫数 6.0 的性能，而且超燃冲压发动机是可拆卸的，只要装上性能不低于 12LR－101 的火箭发动机还可以进行纯火箭推进飞行。

X－24C－L301 用多种先进材料制造，使用洛马公司的热沉降结构专利。这种结构用“洛克合金”制成，装在一可拆卸的板内。飞机上有一个 3.6 m 长的有效载荷舱。垂尾为全动式，需要时可用作俯冲减速板。燃料箱既可以用于超燃冲压发动机，也可用于火箭发动机。氢、氦、液氧和 RP－1 都可装于其中。

对 X－24C－L301 的热情一直维持到 1977 年，这一年的夏末，由于费用不断增高，终于宣告它的结束。1977 年 9 月，美国国家航空航天局还是同意取消了 X－24C－L301 的后续计划。美国国家航空航天局的正式申明是：“由于经费短缺，以及飞行设备不能实现某些紧迫的近期目标，美国国家航空航天局不得不做出在目前停止这项飞行试验的决定。”

第7章　开创者——航天飞机

7.1　概述

航天飞机是人类为寻求便捷往返于地球和外层空间之间的方式，而研制的一种载人的、部分重复使用的飞行器。航天飞机在起飞到入轨的上升阶段运用火箭垂直起飞技术，在太空轨道飞行段运用航天器技术，在再入大气层返回滑行和水平着陆段运用飞机技术。航天飞机把航空与航天技术相结合，实现了融运载火箭、人造卫星、货运飞船、载人飞船和小型空间站于一身的综合功能。但在长时间的航空航天科技实践过程中，航天飞机逐渐被用于特指美苏在20世纪80/90年代研制的部分重复使用天地往返飞行器，即美国“哥伦比亚”号等航天飞机和苏联“暴风雪”号航天飞机。

自航天员加加林成功飞出地球后，苏联一直在航天技术方面遥遥领先，直到美国“阿波罗”登月计划的实现，美国才挽回了面子。美国人率先登月，轻描淡写地将苏联人前些年的努力和成就化为乌有，他们希望自己能跑得更快，能将苏联人甩得更远。他们要登上火星，要在月球上建立科学考察基地。但在此之前，他们希望能解决一种可以重复使用的载人空间运输工具——航天飞机。1970年年初，美国对阿波罗登月后的登月和载人火星探险等航天发展目标进行了调整，航天预算受到限制，在这种条件下，美国国家航空航天局放低了眼光，将当时的航天计划局限于先搞航天飞机，紧接着再搞空间站（各需约50亿美元）。不久后，该局发现这样做经费不够，又决定先搞空间站，隔五六年后再搞航天飞机。到了1970年年底，又发现只建空间站而没有低成本的运输系统（航天飞机）在经济和政治上都行不通，因而只好改为先重点研制航天飞机。

1972年1月5日，时任美国总统的理查德·尼克松签署法案，拨款55亿美元，用于研发一种重复使用的带翼航天运输系统，取名为航天飞机。1973年10月6日，美国国家航空航天局第四任局长詹姆斯·弗莱彻在该局成立15周年时无比欣慰地说了这么一句话：

“可以这样说，我们在那些日子里倾向于应付苏联的威胁，经过 15 年的努力，花费近 500 亿美元，美国已经站在太空时代的前列。因此，我们现在自己做决定，不用顾忌苏联人的所作所为了。”这段话，十分贴切地反映当时美国和苏联两国在太空竞赛中的状况。

为什么要研制航天飞机？20 世纪 50—70 年代，美苏在太空开展了激烈的竞争。然而随着航天技术的长足发展，人造地球卫星和飞船等航天器的发射量越来越大，其登天云梯——一次性运载火箭就显得过于昂贵，因为它不能重复使用。另外，用于载人往返的飞船运载能力很小，满足不了大型空间站的运输需求，返回时落点散布和航天员承受的过载也都较大。于是，在耗资巨大的“阿波罗”登月工程即将结束之际，美国于 1972 年开始把人力、物力及财力都转移和集中到研制航天飞机这一可部分重复使用的全新载人航天器上面来，认为它能取代一次性使用的运载火箭和飞船。

航天飞机是载人航天器突破一次性使用惯例、进入重复使用阶段的重要标志和创新成果，是最早正式投入使用的重复使用航天运输系统，取得了多项重复使用相关技术的重大突破，既实现了有翼式飞行器水平着陆方式的重复使用，也实现了助推火箭的海面伞降回收方式的重复使用。尽管美国航天飞机有许多不尽人意之处，但其为下一代的航天飞机发展奠定了基础，积累了经验。可以肯定地说，航天飞机是 20 世纪最伟大的航天科技杰作之一，航天飞机兼具运载火箭和载人飞船功能，其壮观的发射场面、独特的返回方式、强大的在轨精密作业能力极具感染力。航天飞机的优势就是运载能力大，载重最大可达30 t，同时在太空运行的时间最长可达到 30 天。这些优势，使它在国际空间站的建设中，发挥了不可替代的作用。

早在 1970 年设计航天飞机时，设计师们根本没有想到这套系统会用 30 年，更没想到能用到 2011 年。在那个连彩色显示屏电脑都少有的年代，航天飞机最关键的重复使用轨道器，其气动设计完全由风洞测试数据和笔纸勾画而成，看似简单的大弧形曲面三角翼设计，可谓达到了非电脑条件下模拟超高声速气动设计的极致。在某种程度上，航天飞机时代能够持续这么久已让许多人吃惊，因为这个项目从一开始就充满争议。前美国国家航空航天局局长格里芬曾在国会说，航天飞机是“过时观念的产物”“先天就有缺陷”。许多事物都随着电脑技术的飞速发展而迅速过时，航天飞机因各种原因也未能搭上电脑技术这班顺风车，以至于到了 21 世纪，轨道器使用的飞控电脑存储容量（RAM）仍然只有 1 MB，连一张高分辨率照片都放不下。

航天飞机是集航空技术、火箭技术和空间技术于一身的综合产品，它既能作为运载工具，发射各类航天器，又能像普通飞机一样绕地球轨道运行数圈后返回地面，并经过维修再次发射。从理论上讲航天飞机兼有运载火箭、载人航天器等多重特性，可大大提高航天活动的经济效益，使航天技术的发展进入一个更高的阶段。为此，美国、苏联、法国、日本和英国等国家都曾对航天飞机的方案做过探索性研究工作，但最终只有美国研制出实用型航天飞机。航天飞机之所以会被“抛弃”，最重要的原因是花费太高，让美国国家航空航天局不堪重负。航天专家、小火箭公众号创始人邢强计算得出，美国航天飞机项目的总花费为 2 285 亿美元，比造原子弹的曼哈顿计划与载人登月的阿波罗计划总和还要多出 405 亿美元。航天飞机总共执行了 135 次载人任务，每次乘组为 6 人到 8 人，取平均数 7 人，将 2 285 亿美元总价平摊到每一位航天员身上，得出航天飞机每个座位的成本为 2.42 亿美元。

在航天飞机设计之初，人们曾经憧憬航天飞机机队维持每年 50 次飞行以上的出勤率，每次飞行低至数百万美元的飞行成本；每架航天飞机在完成一次任务后，仅有 1%的部件需要更新，经过两个星期的整备就能重返太空，核心发动机可以使用数十次。然而，实际情况却是每次飞行后的实际维护工作远高于预期，需要更换大量的部件，消耗约 2 000 小时的时间，航天飞机的飞行维护成本也随之一飞冲天。中国工程院院士、航天专家龙乐豪曾将航天飞机评价为“理想与现实脱节的产物”，认为航天飞机的设计一味追求先进，脱离了人类目前所能掌握的制造工艺技术水平。这导致一方面并没有实现通过大量重复使用降低成本，另一方面设计中逃生通道的缺失，致使 5 架航天飞机中 2 架以失事告终，14 名航天员不幸殒命。

航天飞机的主要降落点有 3 个：肯尼迪航天中心、爱德华兹空军基地、白沙降落场。其中，爱德华兹空军基地是以降落航天飞机而闻名的美国著名空军基地之一。爱德华兹空军基地位于美国西海岸的加利福尼亚州，离洛杉矶约 150 km。该基地创建于 20 世纪 30 年代，曾是二战中的美国空军训练中心之一，现设有美国空军飞行试验中心，以及美国国家航空航天局的德莱顿飞行研究中心（DFRC）等机构。爱德华兹空军基地是除肯尼迪航天中心外，美国国家航空航天局航天飞机第一备降机场。航天飞机共计执行 135 次飞行任务，其中有 53 次降落于爱德华兹空军基地。在白沙降落场降落是航天飞机的最后降落方案，因为美国国家航空航天局认为白沙降落场的沙子会破坏航天飞机的外观。此外，为应对万一，美国国家航空航天局航天飞机在全球其他国家也设置有部分紧急降落点，例如，西班牙的莫隆空军基地、瑞典斯德哥尔摩的阿兰达机场、法国的伊斯特斯机场、摩洛哥的本古里空军基地、澳大利亚阿木伯雷机场等。

7.2 技术方案

美国航天飞机的设想产生于 20 世纪 60 年代末，航天飞机从设想到研发再到退役，一共经历了大约 40 年时间。从 1970 年起，美国就开始研究航天飞机的概念和方案，美国国家航空航天局、航天器制造商、国防部甚至总统科学顾问委员会都参与进来，前后推出了几十种方案。

美国波音公司和格鲁曼公司联合研究团队提出了三种可选典型方案。第一种是一级半部分重复使用方案，它由1架有动力、重复使用的轨道器和1个可抛放的推进剂贮箱构成。第二种是两级部分重复使用方案，其第一级是一次性使用的火箭助推器，第二级是重复使用的轨道器。第三种是两级完全重复使用方案，且两级均重复使用，第一级采用“土星”系列火箭的J-2发动机并捆绑固体助推器；第二级为轨道器，也装有J-2发动机。北美洛克韦尔公司提出的方案是：第一级为载人的助推器，第二级是载人的轨道器，两级都采用液氢/液氧火箭发动机，并且重复使用。

1971年1月，美国国家航空航天局确定了航天飞机的设计参数：载荷舱长18.3 m，直径4.6 m，能将29.5 t有效载荷送入高160 km以上的轨道。为了满足美国空军对机动能力的高要求，美国国家航空航天局决定采用三角翼轨道器布局，而此举带来了一个严重的技术问题，即再入气动加热更加严重。但为了使国防部满意，美国国家航空航天局还是忍痛作出这个决定。

1971年中，航天飞机的设计思想是：采用独立性很强的两级结构，且均重复使用，并都由航天员驾驶。后来，为了降低研制费用，缩小和简化助推器及轨道器，专家们想出了一个绝妙的设计，即把轨道器内的液氢/液氧贮箱搬出机体外，使它成为一个不可回收部件。这样，就能使轨道器的尺寸大大缩小，质量大大减轻，内部设计也大大简化，从而可大大降低研制费用。据当时估计，采取这种改进措施可降低研制费20%。

经过这些改进，整个航天飞机的结构布局发生了根本性变化，它由最初的完全重复使用的两级方案变为部分重复使用的三位一体方案：1个轨道器“附”在一个一次性使用的巨大外贮箱上，在外贮箱的两侧还各有1个助推器。另外，原计划采用液体助推器，并需要由人驾驶回收，但后来考虑到液体助推器技术复杂、成本较高，所以改为固体助推器，并且采用降落伞自动回收装置。

为了降低成本，并提高有效载荷发射能力和返回地球时携带有效载荷的能力，对轨道器也进行了相应简化，取消了涡轮风扇发动机和航天员逃逸系统等，因此也给航天飞机带来了致命的缺陷，着陆时不能作二次着陆，一旦发射出现事故时航天员无法应急救生。但由于该方案基本达到了美国国会所要求的研制5架航天飞机费用为50亿美元的目标，所以最终被采纳了。最终的美国航天飞机由轨道器、外贮箱和两个固体助推器组成，其最初设计目标是轨道器重复使用100次，轨道器上的主发动机重复使用50次，固体助推器重复使用20次，外贮箱则是一次性的。因此，美国航天飞机是一级半的可部分重复使用航天运输系统。

1972年7月26日，美国国家航空航天局选定北美洛克韦尔公司为航天飞机轨道器主承包商。其主要原因是在之前的10多年中，该公司成就非凡，尤其是研制了航天飞机技术上的先驱X-15，并因此积累了丰富的高空、高速、高过载、高气动加热飞行器设计和制造的经验。在航天飞机发展初期，北美洛克韦尔公司曾参与了航天飞机 A、B 阶段的设计工作。美国国家航空航天局还选定锡奥科尔化学公司负责研制航天飞机固体火箭助推器，马丁公司负责研制航天飞机外贮箱。

7.3　系统组成

为了极大提高运输能力，航天飞机被设计得很复杂，里面有 3 500 个重要的分系统和 250 万个零部件，只要其中的 1 个重要分系统或关键零部件失灵，就有可能导致重大事故。另外，为了重复使用，其轨道器既要有适于在大气层中作高超声速、超声速、亚声速飞行和水平着陆的复杂气动外形，又要有能承受再入大气层时高温气动加热的防热系统，并首次装备了重复使用 50 次的主发动机。这些都大大增加了航天飞机研制的技术难度和风险。

运载能力和结构安排因受技术限制而出现了矛盾，于是美国国家航空航天局选择了把轨道器与外贮箱平行放置的并联方案，而没有选择把轨道器置于火箭顶部这一较安全的串联方案，目的是保证轨道器的容积和降低费用。这也大大增加了航天飞机的危险性。

很早就有人对航天飞机的安全提出过批评，一是航天飞机是人货混用，而不是像飞船那样分载人飞船和货运飞船，所以用航天飞机发射卫星时需有数名航天员陪着上天，这样做既不经济，也不安全；二是美国自认为其航天飞机可靠性极高，所以没有采取安全救生措施，因为安装救生设备费用很高；三是为了节省费用，当年在决策航天飞机方案时使用了比液体火箭助推器便宜且功能稍差的固体火箭助推器。这也是美国政治领导人与美国国家航空航天局领导人在 20 世纪 70 年代初期“相互妥协的产物”。

航天飞机主发动机单台最大推力达到 210 t，比发射“阿波罗”的“土星”-5 火箭上的 J-2 发动机增加了 1 倍多，且推力在 65%～109%之间连续调节，以适应航天飞机从发射到入轨整个过程不同阶段的要求，并要求能重复使用 50 次。航天飞机发动机的燃烧室压力、喷管面积、工作时间、涡轮泵每秒向燃烧室内输送的液氢/液氧等设计参数也比 J-2 发动机高好几倍。这些高性能要求对结构设计、材料选择、推进剂输送、发动机控制以及加工和制造都是极为困难的。为此，在进行了大量的试验、长期的研制才满足了设计要求。这种可多次启动和多次重复使用的发动机在今天仍保持世界领先水平。

从飞行过程来看，航天飞机似乎是个变化的飞行体。在起飞阶段，它和外贮箱、固体燃料助推器一起，形成一个巨大能量的火箭，克服地球引力，冲入太空。当外贮箱和助推器先后脱落，航天飞机进入轨道之后，它和人造卫星一样，成为一个轨道飞行器。关键的再入过程中，以往飞船穿过大气层后如同一团火球，通过降落伞等方式回收。不同于飞船，航天飞机可像航空飞机那样降落在机场的跑道上，比飞船的安全性高出许多。重返大气层进入着陆阶段后，航天飞机就成为一架巨型滑翔机，滑翔速度极快。

7.3.1 轨道器

外形像普通飞机一样的轨道器是航天飞机的主体，也是航天飞机最复杂的组成部分，每次升空都要经历发射、飞行和返回的全过程。轨道器长 37 m，翼展 24 m，跟一架大型喷气式客机大小差不多，内部结构也类似一般飞机的结构形式。其净重 68 t，允许最大着陆重量 84.3 t，通常所说的航天飞机一般主要是指轨道器。

轨道器是整个系统中唯一可以载人且真正在地球轨道上飞行的组件，所经历的飞行过程及环境比普通飞机要恶劣得多，既要有适于在大气层中作高超声速、超声速、亚声速飞行和水平着陆的气动外形，又要有能承受再入大气层时高温气动加热的防热系统。轨道器用铝合金制成，贴有 3 万多块防热瓦，能以 340～365 km/h 的速度在 3 km 长的跑道上着陆。

其机体分机头、机身和机尾 3 段。其中机头是乘员密封舱，处于正常气压下，容积 71.5 m^3，最多可载 10 人（实际最多为 7 人）。机头又分驾驶室、生活室和仪器设备室 3 层。驾驶室在上层，其前面 2 个座位是驾驶员和指令长座位，后面的 2 个可供工程师或其他专家乘坐。生活室在中层，内有厨房、卫生间和气闸舱。气闸舱后面有一个舱口，在轨道飞行时，驾驶舱中的人员可通过此口走到后面的货舱里。中层还有一个很大的边门，供起飞前或着陆后人员和设备进出。设备室在下层，主要装载环境控制设备，以保持驾驶舱内的气压、温度和湿度等条件。航天员在密封舱内可穿着普通地面服装工作和生活，其环境控制和生命保障系统能保持舱内温度在 18.5～24 ℃之间，提供由氧气和氮气组成的一个大气压的气体。飞行中产生的最大轴向过载为 3 g 。这些环境条件优于载人飞船。

轨道器的机身是一个长 18 m、直径 4.5 m、容积 300 m^3 的大货舱，能装 20～30 t 货物，并可从太空运回 10 t 以上的货物。它曾把欧洲“空间实验室”、各种卫星和多个深空探测器装进舱内带入太空。货舱内还装有可伸可屈、随意转换方向的遥控机械臂，最大可伸到 15 m 远的地方。坐在驾驶舱里的航天员能通过电视或目视观察，准确地操纵机械臂，把货物释放到太空，或把太空中的卫星捕捉并回收到货舱里。

轨道器的机尾装有 3 台以液氢/液氧为推进剂的主发动机，总共能产生 6.3 MN 的推力；还有 2 台变轨发动机，每台可产生 26.5 kN 的推力。轨道器的三角形机翼和垂直尾翼使航天飞机具有良好的稳定性和操纵性，能像普通飞机一样飞行自如。轨道器还装有制导、导航和控制系统，数据处理和软件系统，无线电通信、跟踪和测量系统，监测和显示系统，电源配电系统以及机械液压系统。

航天飞机在执行完空间任务后，在轨道机动系统作用下，被推离运行轨道返回地球。轨道机动系统大约工作 10 min 后，飞行高度降低到大约 120 km，航天飞机进入再入返回阶段。在地球引力与稀薄大气环境下，航天飞机不断改变偏航和俯仰角度进行机动减速，约30 min后，飞行马赫数从24降低至3，飞行高度降低到25 km，此时将经历最严酷的气动热环境过程。此后发动机关机，航天飞机进入着陆返回阶段，采用无动力滑翔的方式，进行S形转弯机动飞行。当高度下降到11 km时，进行精确飞行修正和选择跑道方向。当高度逐渐下降到5 km、距离着陆跑道约15 km时，航天飞机开始瞄准跑道线，并以最大仰角24°的姿态急剧下滑。当高度降低到650 m时，仰角逐渐拉平至3°。在150 m高度时起落架下放，展开减速伞，以90 m/s的速度冲上跑道，滑行约1.5 km后停下，实现着陆返回。

7.3.2 外贮箱

外贮箱是航天飞机系统中最大的部件，也是不可回收的部件，它采用铝合金材料，净质量34.6 t。它由液氧箱、液氢箱和箱间段组成，总长47.1 m，直径8.38 m，加注推进剂后重约740 t。它还连接轨道器和固体火箭助推器，从结构、气动和载荷上构成航天飞机和谐的整体。其由铝合金制成，外表面敷有泡沫和软木隔热层。实践证明，它已成为航天飞机的软肋，2003年哥伦比亚号航天飞机发射时，其外贮箱上的一块质量约700 g的保温泡沫材料脱落，致使机翼上出现了一个小洞，最终导致哥伦比亚号灾难的发生。自此，外贮箱保温泡沫材料的脱落成为困扰美国国家航空航天局的一个永远的心痛。

航天飞机外贮箱被橘红色的保温泡沫材料所覆盖，其作用是防止低温氢氧推进剂被抽送至外贮箱后表面出现结冰现象。因为一旦结冰，这些冰在航天飞机发射时很容易脱落，并对轨道器造成损坏。不过，由于技术原因，目前在每次航天飞机发射时都会有保温泡沫碎块从外贮箱表面脱落。但又因为这种采用聚异氰酸脂制成的保温泡沫材料比冰轻得多，所以以前一直被认为是无足轻重的，直到2003年哥伦比亚号失事才引起重视。

为此，美国国家航空航天局花费巨资重新设计了外贮箱，目的是防止在发射时外贮箱脱落较大的保温泡沫材料撞击航天飞机机身和助推器。对外贮箱所采取的新设计新措施包括：改进保温泡沫材料的安装方式，提高保温材料敷设工艺的标准，重新培训为外贮箱喷涂保温泡沫材料的技术工人，去掉容易从外贮箱“凸起气动负荷”斜面处脱落的保温泡沫材料，在外贮箱上安装调温装置等。这是美国国家航空航天局有史以来在空气动力方面对航天飞机所进行的最大改进。但从技术上讲，保温泡沫材料的脱落已成为航天飞机的顽疾，而且在短期内很难彻底解决。要想在航天飞机升空时不产生任何泡沫碎块几乎是无法实现的，但可把泡沫碎块控制在比较安全的40 g以内。采取了改进措施后，外贮箱保温泡沫碎块脱落的现象大大减少了。

7.3.3 助推器

航天飞机的2台固体火箭助推器平行装在外贮箱两侧，为航天飞机垂直起飞和飞出大气层提供约78%的推力。其所使用的发动机长38 m，直径3.6 m，是迄今飞行过的最大固体火箭发动机，也是世界第一台重复使用固体发动机。2个火箭助推器的初始总推力达24 000 kN，总工作时间117 s。助推器把航天飞机送到预定的高空，然后与航天飞机分离溅落到海上并被回收，整修后等待下一次飞行。其固体燃料先分段浇铸，然后对接装配在一起。在前锥段里装有降落伞系统，用于海上回收。

美国在航天飞机初期计划中就已将返回式助推器列入其中，但是当时认定为技术过于困难并且费用昂贵，最终没有在航天飞机中采用，但美国国家航空航天局一直没有完全放弃研究，并于1997年分别向波音和洛马公司提供100万美元用于设计返回式助推器。美国国家航空航天局与多家航天公司组成的研究小组对新型航天飞机返回式助推器进行风洞和计算机模拟试验，希望通过使用这种新型火箭使航天飞机任务费用更低、更安全。

7.3.4 防热瓦

航天飞机以其独有的重复使用性、多用途性、经济性和良好的环境条件，为人类的航天活动开辟了新的途径，但这是以解决大量复杂的技术问题为代价换来的。就防热设计而言，一般返回式航天器（如返回式卫星）只使用一次，再入防热问题较易解决，而航天飞机外形复杂，又要重复使用，因此它在返回地面时，对周围空气的压缩和摩擦产生的高温高热的防护和处理问题很复杂，要求有适合大面积复杂构形的耐高温、抗冲刷、重量轻、能多次使用的高级防热材料，维修也应方便。

航天飞机轨道器的主要特点之一是外表面敷有重复使用的防热瓦，能够防护轨道器再入时遇到的气动热。对于航天飞机而言，防热瓦是它们的“盔甲”，只有穿上这层盔甲，把热量辐射掉，才能顺利安全地进出地球大气层而不被烧毁，进而能反复使用约100次。防热瓦容易脱落，必须精心安装，1架航天飞机需使用31 000块防热瓦，1个安装工人平均5天能装上1块。1981年4月12日，哥伦比亚号的处女航，航天员曾发现机尾和其他非关键部位有防热瓦脱落，其他关键部位的防热瓦毫无损伤。此前，人们就很担心防热瓦会像屋顶上的鹅卵石那样脱落，因此，必须经过精心安装。但是，问题还是发生了。2003年2月1日，哥伦比亚号航天飞机失事，就是因为防热瓦出现问题。防热瓦主要用作轨道器返回时的防热，而轨道器外形比较复杂，所以设计人员根据轨道器返回时机身各处的热环境采用了四种不同类型的防热瓦。

第一种防热瓦采用高温重复使用的表面隔热材料，俗称高温防热瓦。它用在温度为648～1 260 ℃的表面，如机身中、前段和机翼的下表面。航天飞机再入时，以40°的攻角飞行，所以机身和机翼的下表面为迎风面，是除鼻锥和机翼前缘以外的最高热流区。此种防热瓦约使用了20 000多块，每块尺寸为152.4 mm×152.4 mm，其厚度随该处热流水平而不同，范围为19.5～64 mm，覆盖面积达480 m^2，总重达4 413 kg。

第二种防热瓦采用碳-碳复合材料。它主要用在机身的鼻锥、机翼前缘。该防热瓦总重约 1 698 kg，使用的表面积约 38 m^2，使用处表面最高温度约 1 650 ℃，表面呈黑色。

第三种防热瓦采用低温重复使用表面隔热材料，它俗称低温防热瓦，用在温度 371～648 ℃的表面，如机身中、前段和机身的上表面（由于这些位置处在背风面，所以表面温度不高）。此种防热瓦共用了 7 000 多块，每块尺寸为 203 mm×203 mm，厚度随该处热流水平而变化，覆盖面积达 255 m^2，总重 1 014 kg，经涂层处理表面呈白色。

第四种防热瓦采用柔性重复使用表面隔热材料。该防热材料是一种硅橡胶浸渍的毡状物，用在表面温度 371 ℃以下的部位，如机身上表面、机翼上表面的后段以及机身两侧。每块防热瓦的尺寸远大于上述 3 种防热瓦，典型的尺寸为 900 mm×1 200 mm。其厚度为 4.816 mm，覆盖面积达 333 m^2，总重约 532 kg。由于它是一种柔性的毡状物，所以可用常温固化硅橡胶粘贴在机身铝合金的结构上。

以上几种防热瓦实际上主要是一些疏松、轻质而呈脆性的陶瓷材料，高温防热瓦密度为 0.14～0.35 g/cm^3，由于其耐温高、隔热好、质量轻，高温下不发生物理和化学性能的破坏并可重复使用，因此作为航天飞机防热材料有其独特的优点。但是，它们的这些优良性能却给连接和承受力学载荷造成了很大的困难，留下了许多隐患。“哥伦比亚”号失事是因为在起飞时遭到外力撞击，结果导致防热瓦出现裂缝，使得再入大气层时超高温气流乘虚而入，最终造成航天飞机解体。

7.4 光辉历程

为了探索无穷的宇宙，人类用激情和热血谱写了一首首震惊世界的旋律，航天飞机在诸多探索的奇迹中无疑留下了浓墨重彩的一笔。航天飞机像运载火箭一样垂直起飞，把乘员和货物送入预定轨道之后，再入返回大气层并且像普通飞机那样水平着陆，经维修后准备下一次重复使用。航天飞机是再入技术与航空飞机技术的巧妙结合，是航天运输系统由一次性使用向重复使用的过渡。从 1981—2011 年的 30 年间，美国的 5 架航天飞机共执行了 135 次飞行任务，可重复性毋庸置疑。但事与愿违的是，平均每次发射的费用反而更高了，甚至高达 15 亿美元左右。“火箭＋飞船”的发射成本通常在 1 亿美元左右。可是就算付出了高昂的维护费用，也还是没能避免 1986 年“挑战者”号和 2003 年“哥伦比亚”号航天飞机的失事，最终以退役收场。

客观地讲，航天飞机退役，有着复杂的背景和原因。技术上，航天飞机无逃逸系统、人货混载飞行返回模式是其重大技术缺陷，助推器、外贮箱与载人轨道器并联方案也埋下了安全隐患。需求上，国际空间站基本建成后，载人航天任务更加开放，而仅能低轨运行的航天飞机在深空探测中难有更多的用武之地。但最重要的是经济问题，远高预期的昂贵运营费用不仅自身难以维持，也影响了其他航天计划的实施，阻碍航天事业可持续发展。几乎被视为人类太空探索象征和图腾的航天飞机退役是无奈之举。美国国家航空航天局后来的两任局长格里芬和博尔登甚至评价航天飞机是“误入歧途”“战略错误”。这不仅仅是否定了一种技术思路，更打击了几代人的科学梦想。在开创垂起平降和航天运输系统重复使用之先河的航天飞机之后，航天运输系统没有继续把垂起平降作为重点开发路线，更未将重复使用航天运输系统实用化纳入主线，而是重返传统一次性火箭的稳妥之路，包括“德尔它”-4、“宇宙神”-5、“太空发射系统”(SLS) 等。

7.4.1 登场与谢幕

在人类历史上，共出现过 7 架成型的航天飞机，其中美国就有 6 架，如图 7-1 所示。美国 6 架航天飞机，除“企业”号从未飞上太空、“挑战者”号和“哥伦比亚”号先后失事外，“发现”号和“奋进”号已分别于 2011 年 3 月和 6 月完成“绝唱”之旅。2011 年 7 月 8 日，“亚特兰蒂斯”号升空是美国所有航天飞机的谢幕飞行。

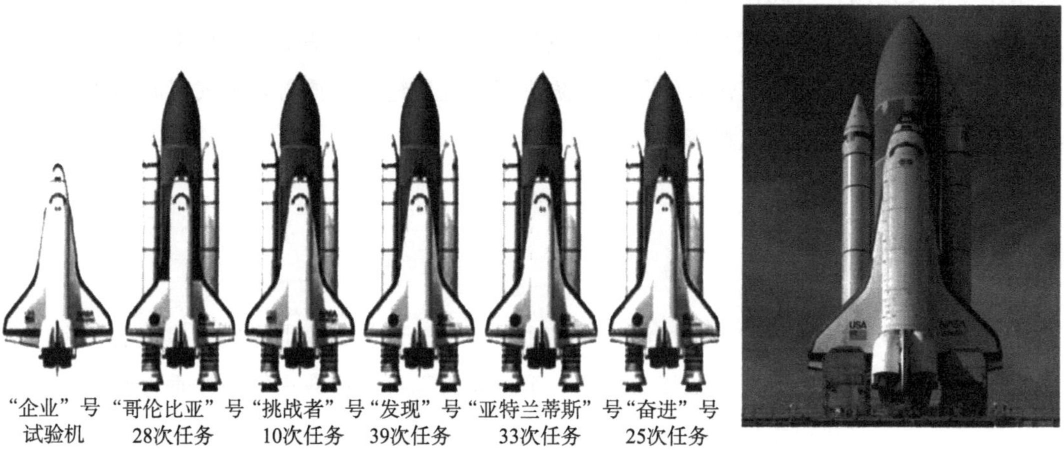

图 7-1 美国各航天飞机执行的任务次数

(1)“企业”号

自 1972 年航天飞机正式立项，经过 5 年的研制，1977 年 2 月，美国国家航空航天局终于迎来了第一架测试用航天飞机——“企业”号。最初，这架航天飞机被命名为“宪法”号，用以纪念美国建国 200 周年，但后来改名为电视剧《星际迷航》(Star Trek) 中飞船的名字——“企业”号。“企业”号航天飞机是一个纯粹的测试平台。

1977 年 2—5 月，美国第 1 架航天飞机“企业”号在波音 747 飞机背驮下进行了 6 次不载人空域飞行，以考查轨道器在飞行中的气动性能。1977 年 8 月 12 日，“企业”号开始进行载人自由飞行试验，它由波音 747 携带到 8600 m 高空，经过必需的检查后从空中释放，由航天员操纵滑翔和进场着陆。载人自由飞行试验前后共进行了8次。

经过9个多月的飞行试验，“企业”号验证了航天飞机轨道器的气动设计、操纵特性、适应特性及稳定特性，证明它满足了设计要求。然后，美国又把“企业”号与外贮箱结合在一起进行了一系列地面振动试验和强度试验。接着，进一步把“企业”号与助推器组合构成完整的航天飞机系统，完成了整机垂直振动等大型试验。“企业”号航天飞机轨道器的全部试验工作直到1979年4月才宣告结束，不过它的使命也就此终结。“企业”号最终被摆放到纽约的“无畏航母、航空、航天”博物馆。

(2)“哥伦比亚”号

“哥伦比亚”号航天飞机名字的由来，是为了纪念一艘穿越太平洋航行的美国籍船只——“哥伦比亚”号帆船。该帆船曾从波士顿启程，横穿太平洋，到达中国广州，向当地人兜售了整船的水獭皮。由于“哥伦比亚”号帆船的名字能带给人一种女性柔美的感觉，因此，后来美国海军第1艘军舰也被命名为“哥伦比亚”号；再后来，美国国家航空航天局“阿波罗”11号飞船指令舱也被命名为“哥伦比亚”号。1981年，美国国家航空航天局第二架航天飞机也被命名为“哥伦比亚”号。“哥伦比亚”号航天飞机执行过28次航天任务，在使用期间分别于1994年10月和1999年9月进行过两次翻新和技术升级改造。前者为期6个月，技术改造90余项；后者为期9个月，技术改造100余项。

1981年4月12日，恰逢世界第一名航天员加加林上天20周年之日，世界第二架航天飞机——美国“哥伦比亚”号作了处女航行。美国选择这一天进行第一次航天飞机的发射很难说是巧合，这不但对当时苏联的载人航天起到震慑作用，也意味着人类航天进入了一个新时代。1983年11月28日，“哥伦比亚”号航天飞机携带第一个空间实验室和一名欧洲航天员进入太空。美国国家航空航天局由此开始筹划建造空间站，并将国际合作纳入未来航天发展计划。由于航天飞机进行第一次载人航天飞行时具有很大的危险性，所以需要有足够的胆量和勇气。为了准备这次新的飞行，50岁的指令长约翰·扬和43岁的驾驶员克里平进行了艰苦的训练，仅在模拟舱内就训练了约1 200 h以上，从而掌握了航天飞机起飞、轨道飞行、着陆的操作理论和技术。“哥伦比亚”号航天飞机首航成功后，美国也像苏联对其航天员首次进入太空那样进行了大肆宣传，认为这次飞行是一个新的航天技术性突破，是人类向宇宙进军、实现太空工业化的一个重大里程碑。没有经过无人飞行试验就取得了成功，证明了航天飞机的总体构型是正确的。

从20世纪60年代末“阿波罗”登月计划以来，美国在航天技术领域全面超越苏联，坐上了全球太空竞赛的头把交椅。但是，当时的苏联并不甘心落后。在20世纪60年代，美、苏各自从位于佛罗里达州东海岸的卡纳维拉尔角和位于丘拉塔姆荒原的拜科努尔发射场利用火箭向太空发射了30多艘载人飞船，期望拿到太空竞赛头彩。到20世纪80年代，美国载人航天事业发展如火如荼，终于，航天飞机成为“阿波罗”登月之后美国航天事业上的又一里程碑。不可否认，航天飞机研发之初，担负着美国在载人航天领域与苏联空间站分庭抗礼的政治宣传功能。几乎与美国同一时间，苏联也开始研制“暴风雪”航天飞机，并且在1988年11月15日进行了无人试飞。但由于经济等因素，“暴风雪”航天飞机的系列飞行计划很快终止。

20世纪90年代，随着苏联解体和“冷战”结束，世界的政治、军事格局发生了巨大变化，航天技术的竞争由追求“轰动效应”的发展模式逐步转向了理性化综合能力的竞争。美俄开始更多地关注航天的科学意义，因此在航天领域由竞争转向合作，标志着载人航天开始摆脱冷战阴影，走向科学的宇宙探索道路。各航天大国都为能在国际航天技术舞台占有一席之地、抢占技术制高点而不断调整自己的发展计划，展开激烈竞争。新形势下，政治、军事、科技、经济等需求的变化，特别是军事航天应用的迅速发展，对航天运输系统进入空间的经济性、可靠性和可操作性等方面提出了新的更高的要求。一次性使用运载器（ELV）发射准备周期过长、可靠性低、发射费用过高，显然无法满足新时期对航天运载器快速、可靠、廉价进入空间的总要求。

航天飞机集火箭、卫星和飞机的技术特点于一身，能像火箭那样垂直发射进入空间轨道，又能像卫星那样在太空轨道飞行，还能像飞机那样再入大气层滑翔着陆。有着这么多迷人的优点，“哥伦比亚”号航天飞机引发了全世界的深切关注。在处女航的当天，前来采访参观的记者和技术人员约4 000人，其中有400多名外国记者。观看发射的美国和外国游客更是高达100万人。有些记者、游客是头天晚上，甚至是数天之前就来到卡纳维拉尔角肯尼迪航天中心，以选择“最佳观测点”。在完成精彩的处女航后，“哥伦比亚”号又成功地进行了3次轨道飞行试验。所有飞行成功表明航天飞机作为重复使用运输系统是可行的。

1981—2003年间，“哥伦比亚”号共进行了28次太空飞行任务，包括搭载欧洲空间实验室进入太空进行科学实验，携带和释放多颗科学实验卫星、通信卫星和X射线太空望远镜，还进行了有关“星球大战”实验的军事飞行。作为美国国家航空航天局第一架载人航天飞机，为人类开展太空探索，积累了宝贵的经验与教训。

2003年1月16日上午10时39分，“哥伦比亚”号航天飞机从佛罗里达州的肯尼迪航天中心发射升空。此次飞行任务进行了包括天体物理、流体力学和生物科学在内的86项科学研究实验，其中一项生物实验由6个国家中学生设计，北京景山学校的中学生设计的蚕在太空吐丝结茧实验就是其中之一。在轨运行16天后，“哥伦比亚”号原定于2月1日上午9时16分返回肯尼迪航天中心。8时15分，“哥伦比亚”号飞临印度洋上空，机上轨道机动发动机启动，时间为3 min。航天飞机尾部向着地球开始降落。9时整，在失去所有无线电联系的情况下，休斯敦地面任务控制中心继续在雷达上跟踪“哥伦比亚”号。地面目击人员报告称，“哥伦比亚”号解体碎裂成无数小块。

“哥伦比亚”号航天飞机失事原因调查过程中，通过发射录像资料分析，在发射 82 s 后，发现从航天飞机外部贮箱上的左双脚支撑架斜面区域脱落的保温泡沫材料，撞击到航天飞机轨道器左翼后部第 5 至第 9 块增强碳-碳复合材料（RCC）板附近；基于对航天飞机遥感记录以及航天员下行传送的图像、图片和报告的分析，“哥伦比亚”号在轨运行的 16 天里，没有迹象表明航天飞机出现任何损伤。因此，调查委员会认为，“哥伦比亚”号航天飞机在发射升空时，其左翼遭到从外部贮箱上脱落的保温泡沫材料撞击，造成机翼表面防热瓦出现了大面积松动和破损，最终导致“哥伦比亚”号于 2003 年 2 月 1 日在返航途中因高温热流侵入而彻底解体，7 名航天员全部遇难。

（3）“挑战者”号

“挑战者”号是美国制造的第三架航天飞机，服役仅 3 年，寿命最短。在“哥伦比亚”号的基础上，“挑战者”号在结构、材料和设备方面作了大幅改进。它的尾翼、起落架舱门等改用了轻型蜂窝材料，外贮箱和固体助推器用的钢板也比较薄，并取消了一些支架结构，因此总重量比“哥伦比亚”号要轻 4 500 kg，这样它的运货能力就相应地增加了。“挑战者”号座舱内的弹射椅被拆除，换上了 4 个乘员组的座椅，进行这项改进的目的是想让座舱更宽敞，但与此同时，也埋下了安全隐患。此外，“挑战者”号机身外粘贴的防热瓦也作了改进，提高了抵御高温的能力，增强了粘着力。

1983 年 4 月 7 日，“挑战者”号首航，它除了要做自身飞行能力的试验外，还需要把一颗 2.5 t 重的“跟踪和数据中继卫星”送入空间轨道。美国国家航空航天局将以这颗卫星作为中继站，保持地面控制中心、航天飞机以及卫星之间的通信联络。“挑战者”号上的航天员需要完成出舱太空行走，以试验新航天服的效用，为将来航天员在轨道回收和修复人造卫星积累经验。当“挑战者”号完成任务降落在爱德华兹空军基地跑道上时，十几万观众为这次首航欢呼叫好。但谁也没料到，仅仅两年之后，他们中的许多人又会为“挑战者”号的粉身碎骨而悲痛欲绝。

1983—1985 年间，“挑战者”号开展了高密度的飞行，完成了 9 次太空飞行任务。在第二次任务中，搭载了美国第一名女航天员，还开展了多项太空任务，包括通过机械臂完成了部署卫星、空间实验室等任务。

1986 年 1 月 28 日，“挑战者”号进行第 10 次飞行。当地时间 11 时 38 分，一切正常的“挑战者”号正式点火发射。点火后 70 多秒，上升至 3 048 m 高空的“挑战者”号被一个大火球吞没，飞机残骸碎片带着白色浓烟，坠入大西洋，溅落持续了近 1 h，以至于救援人员无法及时进入出事地点进行救援。

前面已经说过，为了让座舱宽敞舒服些，原先设计的弹射座椅被普通飞行椅取代。航天飞机离开发射台升空后出现故障，没有了弹射座椅，机组人员便走投无路了。巨大的外贮箱里装有 200 万升高度挥发的液氢/液氧，其燃烧爆炸导致“挑战者”号 7 名机组成员全部丧生，包括一位教师麦考利夫。她是从 11 400 名申请者中挑选出来的、为了证明航天飞机对普通人足够安全，并以此激起人们对太空飞行任务的兴趣。

灾难的根源是主推进剂贮箱侧面的固体火箭推进器。它们太大，无法一次性充满燃料或整体装运，因此聚硫橡胶公司只能分段制造，运到卡纳维拉尔角再组装。任何两段间有一道缝隙，这道缝隙必须密封以防止高温气体泄漏。密封件是两条厚橡胶带制作的“O”形圈，并环绕在直径约 3.6 m 的助推器上。当助推器的固体燃料点燃时，压力的剧增引起铸件弯曲。“O”形橡胶圈必须具有足够的弹性保持弯曲不超限值，以保持结构的密封性。每个助推器有 3 个这样的接头。

灾难发生前的几次飞行曾发生由于高温气体腐蚀引起密封不严的故障。最严重的一次发生在 1985 年 4 月的一次发射，火箭的排气通过第一道“O”形密封圈，而第二道密封圈的 80%受到腐蚀，不过密封性仍然保持着，助推器运行正常。聚硫橡胶公司的工程师对此十分关注，将此情况上报，并指出这是一个危险的信号，要求“挑战者”号推迟后续发射任务，但上层并不这么认为。

“挑战者”号发射当天，气温很低，起飞没多久，一股黑烟沿着一台固体助推器的底部接缝处冒出，密封圈在瞬间损坏并丧失弹性，形成了一个小范围的漏气。火箭边上的一团小火焰立刻成了一把火炬，液氢被点燃，固体助推器挣开它的固定支柱猛地撞向推进剂贮箱，贮箱和轨道器被炸得支离破碎。“挑战者”号最终悲情收场，航天飞机淡出人们的视线。这个严重事故告诉我们，即使是“挑战者”，挑战规律也是不对的。

(4)“发现”号

为了填补“挑战者”号爆炸造成的空缺，保持航天飞机的整体规模，美国又于 1987 年耗资近 30 亿美元制造了一架新的航天飞机“发现”号。“发现”号航天飞机的命名，源于一艘 18 世纪时的英国探险船。著名的詹姆斯·库克船长与“发现”号探险船一同发现了包括夏威夷群岛、新西兰岛，以及澳洲大陆的存在。“发现”号是继“企业”号、“挑战者”号，以及“哥伦比亚”号航天飞机之后的第二代产品，因此，其在设计组装的过程中撷取了许多来自“企业”号、“挑战者”号与“哥伦比亚”号航天飞机的经验和教训，设计上较为成熟。出厂时，其重量也较“哥伦比亚”号航天飞机轻了 3 t。

航天飞机有 600 万个零部件，技术系统十分复杂，不管哪一个环节出了毛病，都会酿成灭顶之灾。在经过两年多的悲痛、思考、争论、苦苦挣扎和艰辛的工作后，亚拉巴马州马歇尔航天中心解决了固体助推器连接部件密封失效的问题，并产生了新的方案。改进后的固体助推器发动机有连锁隔离层，而且火箭的第三个圆圈可以起到金属热圈的作用，压住接头处，保持密封，防止热气体接触橡胶密封体，避免“挑战者”号的悲剧再次发生。除此以外，还研制了固体助推器连接部件的加热器，即便在严寒天气下，也能使连接部件保持恒温。1988 年 9 月 29 日，美国正式恢复了航天飞机的飞行。承担飞行任务的是“发现”号航天飞机，这是“发现”号航天飞机在“挑战者”号失事后的第一次临危受命任务。

管理层和工程技术人员在“发现”号上花费了大量心血，包括技术改进 200 多处。重新设计和制作了固体助推器装配接头处的垫圈并增加了独立的压力装置，全面改进了航天员生命保障系统与环境控制系统，增设了座舱紧急出口和降落伞等救生装置，更新了航天飞机的制动系统、防热系统、操作系统以及反作用控制系统，甚至在“发现”号 101 个重要部位安装了传感装置，以便于随时监测航天飞机在飞行中各部位的温度、压力、承重等物理参数。此外，增加了一个巨大的减速伞，供着陆时用，使其能在较短的跑道上降落；还采用了更先进的航电设备，改进了管道系统和空调系统，并增加了储藏空间等。

“发现”号航天飞机的成功，再次成为载人航天器家族中的宠儿，美国人开始研制体积更大、推力更强的航天飞机，其他国家纷纷效仿。苏联在 20 世纪 80 年代建造了与“哥伦比亚”号相似的“暴风雪”航天飞机，但它仅无人试飞一次就因成本过高而放弃。法国、德国、英国等欧洲国家和日本的研制计划先后失败或中止。因此，只有美国拥有航天飞机，这成为其科技实力和国力的象征。

2003 年 2 月 1 日，灾难再度降临，载有 7 名航天员的“哥伦比亚”号航天飞机在着陆点上空解体，7 名航天员全部遇难。此时，有人怀疑航天飞机的安全性缺乏保障，不适合再次飞行。两年后的 2005 年 7 月 25 日，“发现”号再次临危受命，进行了“哥伦比亚”号失事之后的首次航天飞机飞行。两次临危受命，英勇地拯救了航天飞机的命运。

作为美国国家航空航天局所有航天飞机中机龄最大、服役时间最长的航天飞机，“发现”号可谓功勋卓著。自 1984 年 8 月 30 日首飞以来，“发现”号是美国航天史上飞行时间最长的航天飞机，在其跨越 27 年的服役期间，曾搭载航天员 240 人次，完成 39 次太空之旅，累计飞行 365 天，绕地球 5 830 周，飞行距离约 2.38 亿 km。1990 年 4 月，“发现”号航天飞机升空，将大名鼎鼎的“哈勃”太空望远镜送上天，自此开启了一个新的天文观测时代。而“哈勃”太空望远镜的维护工作，比如更换电池、维修陀螺仪、取回数据等，无一例外都是由“发现”号航天飞机带航天员前来完成。

2012 年 4 月 17 日上午，美国“发现”号航天飞机“匍匐”在一架经过改装的波音 747 飞机的机身上，从佛罗里达的肯尼迪航天中心飞往华盛顿。“发现”号此次谢幕之旅经过特别规划，在华盛顿上空做了短暂盘旋，飞经当地主要地标建筑，其中包括阿灵顿国家公墓，那里也是美国 5 位航天飞机航天员长眠之处，他们分别在 1986 年“挑战者”号和 2003 年“哥伦比亚”号事故中遇难。上午 10 时许，“发现”号降落在杜勒斯国际机场。之后，“发现”号安置在位于弗吉尼亚州的史密森尼国家太空博物馆，成为永久性展品。

（5）“亚特兰蒂斯”号

1985 年，“亚特兰蒂斯”号航天飞机成为美国国家航空航天局的第 5 架航天飞机。“亚特兰蒂斯”号航天飞机是以美国第一艘远洋船舶的名字命名的。“亚特兰蒂斯”号航天飞机的首次飞行是执行美国空军的机密任务——将 2 颗国防通信卫星送入太空。此外，“亚特兰蒂斯”号航天飞机还执行过其他多项重要的飞行任务。例如，1989 年将“伽利略”号和“麦哲伦”号行星探测器送入太空；1991 年将“康普顿”太空望远镜送入太空。

2011 年 7 月 21 日，“亚特兰蒂斯”号航天飞机及其 4 名乘员在经历了 13 天的太空之旅后，安全降落在佛罗里达州的肯尼迪航天中心。这是航天飞机历史上第 133 次着陆，第 26 次夜间着陆。历时 30 年的美国航天飞机计划，随着其第 135 次任务的结束而画上了句号，标志着美国航天飞机时代的终结。据统计，在服役的 25 年中，“亚特兰蒂斯”号共完成了 33 次飞行任务，多次执行国防部专项机密任务，在轨航行近 300 天，总航程达 1.94 亿 km，绕地球飞行 4 648 圈，到访国际空间站 11 次，向太空运送 185 名航天员。美国国家航空航天局前局长博尔登表示：“最后一次航天飞机飞行的完成标志着一个时代的结束，美国将继续全力发展载人太空飞行事业，以确保未来在载人太空飞行领域的领先地位。”

（6）“奋进”号

“奋进”号航天飞机是美国国家航空航天局第 6 架实际执行太空飞行任务的航天飞机，也是最新的航天飞机，共飞行 19 次。其承担的大部分任务是建设国际空间站。“奋进”号建成于 1991 年 4 月 25 日，高 36.6 m、宽 23.4 m、重 71 t，造价超过 20 亿美元，耗时近 4 年。“奋进”号航天飞机是首架由美国中小学生命名，并于 1989 年由老布什总统正式宣布定名的航天飞机。遵循飞机的命名惯例，“奋进”号的名字同样源自早年的一艘调查研究船——1768 年，詹姆斯·库克船长进行他的首次远征调查时所搭乘的 368 t 级的三桅帆船“奋进”号。

“奋进”号航天飞机是一艘“拼装版”的航天飞机。其是以建造“发现”号航天飞机和“亚特兰蒂斯”号航天飞机时剩下的零件为基础组装出来的航天飞机。不过，虽然“奋进”号航天飞机是拼装制造用以替代“挑战者”号航天飞机的备用航天飞机，但因为其建造时间较“发现”号航天飞机和“亚特兰蒂斯”号航天飞机晚一些，所以“奋进号”航天飞机搭载了更多的先进装备。

与以前的航天飞机相比，“奋进”号的主要改进有：在轨道器后部增加了一个低温贮箱，能携带更多的燃料，在太空中可以持续飞行 28 天左右；在舱内新增了先进的抽水马桶和空调设备；增大了机身前段中层的空间，用于存放更多的食品、衣物和个人用品；装备了先进的导航系统。2003—2006 年期间，“奋进”号又升级了主要硬件，主要包括：新型计算机，快速测量和导航设备，增强型事件控制器，多路信号分离器，固态星跟踪定位器，前轮操控结构和改进型辅助动力装置。

1992 年 5 月 7 日，“奋进”号航天飞机首次执行飞行任务。1992 年 9 月 12 日，“奋进”号首次将女航天员送入太空。1992—2011 年，“奋进”号完成了 25 次太空飞行任务，多次开展各类空间实验。例如，救援未进入轨道的国际通信卫星，多次携带欧洲“空间实验室”入轨，在轨回收欧洲“尤里卡”科学实验卫星，发射美国“跟踪与数据中继卫星”-F，首次在轨维修“哈勃”太空望远镜，多次携带美国“太空雷达实验室”入轨，在太空安装“紫外天文”-2 观测台，在太空释放并回收“奥斯特”卫星，回收日本的“空间飞行器单元”，在太空释放并回收“斯巴坦”-207 卫星，在太空开展可充气天线试验，与“和平”号空间站对接飞行，为空间站运送补给设备和生活用品，在太空测绘地球表面三维立体地图等。“奋进”号还多次完成建造国际空间站相关任务，如为国际空间站送去美国“团结”号节点舱-1、巨型太阳能电池板、“加拿大机械臂”-2、“莱昂纳多”多功能后勤舱、移动基座系统、日本“希望”号实验舱、欧洲“宁静”号节点舱-3 和“瞭望塔”号观测舱等，可谓战功卓著。退役后“奋进”号位于洛杉矶的加利福尼亚科学中心。

7.4.2　光荣与悲怆

自 1981 年 4 月 12 日首架航天飞机发射以来，来自 16 个国家的 355 名航天员乘坐航天飞机，总计飞行 852 人次。5 架航天飞机的总飞行距离超过 8.72×10^{8} km；在航天飞机上完成了 2 000 多项地球学、天文学、生物学与材料学实验。航天飞机先后与两座空间站对接过，其中 9 次与俄罗斯和平号空间站对接，37 次与国际空间站对接。航天飞机共部署了 180 个有效载荷，从太空中取回并修复 52 个有效载荷，修理并重新部署了 7 个航天器。

航天飞机是载人航天技术的一个创举。作为人类迄今建造的最复杂、功能最强大的多用途航天器，兼有运载火箭、卫星、货运飞船和载人飞船甚至小型空间站等许多功能，完成了大量复杂而艰巨的任务。尤其是多次把一些因形状和体积等因素而无法用运载火箭发射的重要航天器送上太空，大大放宽了对有效载荷尺寸和质量的限制。航天飞机可同时派航天员出舱作业，从而大大扩展了人类在空间的活动规模和范围，国际空间站的建造就是一个典型例子。其最有价值的一种空间活动就是能在轨回收、检修和释放卫星的组件，它曾 5 次在轨维修著名的“哈勃”太空望远镜。另外，美国航天飞机起降时航天员往返太空所承受的过载比载人飞船小了许多，使航天员遨游太空时很舒服，也大大降低了对航天员的身体要求，可把稍加训练的科学家、工程师、医生和教师等送上太空。

航天飞机是世界上第一个实现了部分重复使用且唯一能为国际空间站的建造运送舱段和大尺寸构件的天地往返运输器，具有飞船不可比拟的载人运货能力，单次最多可载 8 人上天，运送物资最大质量为 25 t，为建设国际空间站提供了根本保证。航天飞机的许多技术目前仍保持着当代国际领先水平，如航天飞机主发动机可多次启动和重复发射使用，至今仍保持 100%的成功率；航天飞机轨道器采用了独特的重复使用防热瓦，虽然怕撞击，但防热效果很好。尤其令人叹服的是，在航天飞机整个研制和飞行过程中没有经历“无人飞行试验”这一阶段。航天飞机的每一次发射、飞行和返回，都成为举世瞩目的焦点，激发了全世界公众对航天、对宇宙探索的兴趣和热情。30 年间，航天飞机留下一个个闪光时刻。

• 1984 年 2 月 3 日，布鲁斯 • 麦克坎德雷乘坐“挑战者”号，首次进行了无绳太空行走，成为第一个“人体卫星”。

• 1990 年 4 月 24 日，“发现”号将价值 15 亿美元的“哈勃”太空望远镜送上太空，人类从此有了观测遥远宇宙的“火眼金睛”。

• 1993 年 12 月 4 日，“奋进”号在轨修复“哈勃”太空望远镜，开创了太空修复大型探测器的先例。

• 1995 年 6 月 29 日，“亚特兰蒂斯”号与俄罗斯“和平”号空间站实现历史性对接，航天员在太空“串门”，开启了两国太空探索合作的时代。

• 1998 年 12 月 4 日，“奋进”号把美国为国际空间站建造的第一个组件“团结”号节点舱送入太空，2 天后“团结”号与俄罗斯“曙光”号货物舱对接，启动了拖延多年的空间站建设。

• 2011 年 7 月 8 日，“亚特兰蒂斯”号告别飞行，最后一次为国际空间站运送物资。指令长克里斯 • 弗格森说，“这将是航天飞机项目的完美谢幕。没有航天飞机，国际空间站根本无法建设。”

此外，航天飞机还进行了生物学、材料学、天文学等领域 2 000 多个在轨科学实验。

在取得了令人瞩目成就的同时，也发生了举世震惊的惨剧，并且一直存在不少难以解决的问题。1986 年 1 月 28 日，由于固体助推器装配接头密封处垫圈问题，“挑战者”号从肯尼迪航天中心升空 70 多秒后爆炸，化成碎片坠入大西洋。2003 年 2 月 1 日，悲剧再次上演，“哥伦比亚”号经过 16 天的飞行后返回大气层时在得克萨斯州上空失事，事故调查发现其机翼在发射升空时就已受损，导致返回时解体。2 次灾难造成 14 名航天员丧生，超过此前美、苏遇难的航天员总和，这也让航天飞机陷入了信任危机。总的来说，在取得了不可否认的技术成就的同时，航天飞机计划与当初确立的作为经济可靠的航天运输工具的目标相去甚远。正因为如此，它在美国人眼里始终是毁誉参半、褒贬不一，围绕着它的研制、使用和改进问题引发了一次次无休止的争论。

客观上讲，航天飞机以其特有的重复使用性、多用途性和载人环境的舒适性，为人类的航天活动开辟了全新的途径，但这是以解决了大量复杂的技术问题为代价换来的。因为航天飞机外形比火箭、返回式卫星和飞船复杂得多，尤其是进行再入飞行时，轨道器要由近 30 倍声速降到亚声速，由稀薄大气到稠密大气，这需要进行理论计算，做大量各种不同情况下的地面风洞实验，以解决复杂的空气动力学问题；因为普通的火箭发动机一般仅能使用一次，工作时间在几分钟之内，而航天飞机的发动机却要多次重复使用，所以在设计、材料和工艺等方面要求极高，需要解决复杂的动力装置问题；因为普通的返回式航天器也是一次性使用的，再入防护问题较易解决，但航天飞机不仅外形复杂，又要重复使用，所以在它返回地面时对周围空气的压缩和摩擦产生的高温高热的防护和处理问题很复杂，要求有适合大面积复杂构型的高级防热材料，维修也应当方便。1986 年“挑战者”号航天飞机的爆炸表明，航天飞机的可靠性无法做到 100%，越到使用后期越容易出事故。2000 年 10 月 11 日升空的“发现”号航天飞机原定是 10 月 5 日发射的，后因技术和天气等原因 4 次被推迟发射，上天后也多次发生故障，因此，需要解决安全救生的重要技术问题。

在 20 世纪 70 年代的技术条件下，由于航天飞机本身固有的技术复杂性，且需复杂的维护和操作，因而它在投入使用后发射费用远没有预料的那样便宜；而且每次发射后都要进行繁复的检修，不可能按照原目标每年进行 24 次飞行。航天飞机虽然是美国执行载人航天任务唯一可用的自主可控航天运载工具，但只能称得上是当时用途最广而成本最高的大型天地往返运输系统。正是由于航天飞机存在着种种先天不足，使航天专家们早就想研制新一代航天飞机了。美国、英国和德国曾竞相热衷于研制一种可以像普通客机一样水平起降的航空航天飞机（简称空天飞机），可同时载有火箭发动机和航空发动机，其在大气层内飞行时使用航空发动机，在太空飞行时使用火箭发动机。

7.4.3 挑战与机遇

航天飞机谢幕，并不意味着美国在太空开发领域的倒退，而是美国航天战略及航天产业的一次变革式发展。时任美国国家航空航天局局长博尔登指出，航天飞机退役并不是 50 年来美国载人航天支配地位的终结，凭着稳固的基础，美国在航天方面的优势至少还能持续半个世纪。美国的意图是要转变传统观念，航天产业将进入军事开发和商业开发的双轨制阶段。

美国的天地往返运输系统将采用新一代“载人探索飞行器”，该飞行器后被命名为“猎户座”，计划在 2024 年前重返月球，建立月球基地，最终实现人类登陆火星的梦想。“猎户座”可容纳 4 至 6 名航天员，往返于地球与国际空间站之间。同时，该飞船还可充当空间站的对接舱或救生舱。在设计方面，“猎户座”飞船将采用伞降的方式返回地球，中途利用降落伞减速，可显著提升返回时的安全性。该飞船可搭载“逃逸塔”系统，一旦遇到危险，可迅速将航天员撤离，借助降落伞安全着陆。2006 年 8 月，美国国家航空航天局将该飞船的合同授予洛马公司，由其全权负责设计、开发及建造，并预计在 2015 年载人前往国际空间站。

由于航天飞机的退役和新型载人飞船的难产，美国将经历长达数年的载人航天能力空白期。然而，按照“猎户座”计划，至少未来 4 年美国的载人航天器将处于空白期，美国航天员往返国际空间站，将不得不租用目前唯一能够运载航天员与国际空间站对接的俄罗斯“联盟”飞船。“联盟”系列飞船至今已使用40多年，可容纳3名航天员，也可改造为货运飞船。与航天飞机相比，“联盟”飞船结构简单、技术成熟过硬、制造周期短，是经久耐用、性能良好的航天运载工具。更为重要的是，“联盟”飞船总体上比航天飞机安全得多。

租用“联盟”飞船的费用并不低。自美国2004年宣布结束航天飞机计划以来，俄罗斯已8次上涨运送航天员的费用。搭乘一趟“联盟”飞船的租金曾一度涨到约4 340万美元。但俄罗斯并不在“联盟”飞船止步，俄罗斯从2009年起开始研制新一代载人飞船“罗斯号”，原计划2018年投入使用，目前进度已推迟。“罗斯号”可飞往空间站和月球，能重复使用多达10次，将极大降低天地往返的运输成本。

随着“后航天飞机时代”的来临，更多国家进入载人航天领域，世界航天格局正悄然发生变化。如果说俄罗斯“联盟”飞船主要承担载人使命，那么日本航天器则可能承担向国际空间站运送物资的任务。日本太空货运飞船空间站转运飞行器HTV-1，曾于2009年9月前往国际空间站。该飞船能装载约6 t货物，飞船与运载火箭分离后能自主飞行至空间站。但比较遗憾的是，HTV系列飞船目前还难以回收使用。

作为有技术实力的后进者，欧洲正在载人航天领域奋起直追。与美俄日不同的是，欧空局把未来载人航天的长期发展重心再次转向航天飞机。欧空局原计划在2015—2020年间制造出自己的航天飞机。欧空局名为“极光”的中长期计划雄心勃勃，原计划在2020—2025年，欧空局航天员将登上月球；从2026年开始进行航天员登陆火星的准备；2030—2035年间，将向火星发射一艘载人飞船，实现欧洲航天员登上这颗红色星球的梦想。

早在20世纪80年代，美国法律和政策就试图引导美国国家航空航天局拓展商业航天市场。技术的成熟催生航天市场化，这是美国航天发展的重要策略。这一策略可以降低成本、加快技术创新、提高任务效率。在载人航天领域，随着低地球轨道技术的成熟，2004年，美国“太空探索新构想”中将未来的目标定位于任务更复杂、成本更高的载人深空探索。航天飞机退役后，美国只能依赖俄罗斯的“联盟”和“进步”飞船执行任务，这笔费用十分昂贵并逐年增加，而且美国认为，长期依赖俄罗斯的飞船会削弱美国对国际空间站的主导权。针对这一情况，美国国家航空航天局认为商业航天公司比政府机构更能有效承担起开发和运营低地球轨道项目，而美国国家航空航天局可以将主要资金用来实现“太空探索新构想”的目标。

为此，美国国家航空航天局于2005年成立了商业乘员和货物项目办公室（C3PO），购买由商业公司提供的新型、低成本空间站乘员和货物运输服务；2006年启动了商业轨道运输服务计划（COTS），并在2009年启动了商业载人运输方案（CCDev）。由于资金不足，2010年2月，美国国家航空航天局在2011财年预算申请中取消了“星座”计划，“猎户座”飞船/“阿瑞斯”火箭不再作为低地球轨道运输系统，转而全力支持商业运输系统执行国际空间站任务。最终，在 2011 年美国国家航空航天局授权法案中，以法律形式肯定了商业乘员计划，明确美国国家航空航天局将继续支持商业运输系统稳步发展。SpaceX 公司正是在这一转折中应运而生的，它的发展既受益于美国近地轨道天地往返运输系统空档期，也受益于源自美国国家航空航天局实实在在的商业轨道运输服务计划合同，它的成功与“天时、地利、人和”兼具的大环境是分不开的。现在看来，美国当年停飞航天飞机，看似是美国航天史上的一次重大休整甚至挫折，但从产业角度看，这几乎是一次从“输血”式发展到“造血”式发展的航天产业大跨越。目前，美国正采取多种手段鼓励美国民营企业开发制造火箭和飞船，用以和俄罗斯、日本甚至欧洲展开航天器研发竞争。

7.4.4　教训与财富

与发射一次就基本报废的飞船相比，航天飞机的优势就是重复使用。美国国家航空航天局希望它能重复使用 100 次，将来像客机那样每周都有太空航班，普通人也付得起票价。但 1972 年以来，美国共为航天飞机项目支出 1 960 亿美元，分摊到每次发射总成本约 15 亿美元。在考量通货膨胀因素后，美国花在航天飞机项目上的银子，已超过登月、制造原子弹和开凿巴拿马运河的总和。5 架航天飞机共飞 135 次，平均每年不到 5 次，在飞行次数最多的 1985 年也只有 9 次，远低于预想。

航天飞机的天价费用，让美国国家航空航天局不堪重负。而除去失事的“挑战者”号和“哥伦比亚”号外，剩余的 3 架航天飞机已到了故障多发的暮年。在美国经济低迷、财政亏空的大背景下，还有深空探测、登陆火星等耗费巨资的项目需要实施，每年烧钱 40 亿美元的航天飞机，着实让美国人感觉玩不起了。更要命的是，航天飞机的安全性和可靠性未免让人失望。数据显示，其 135 次飞行中就有两次事故、14 人遇难。按照百万公里死亡人数计算风险，这要比民航客机高 138 倍。

然而，人类终究要跨出地球。在太空探索史上留下浓重一笔的航天飞机，更应被看做一个有益的尝试，其经验和教训都将是人类建造更先进、更完美航天器的宝贵财富。前美国国家航空航天局局长博尔登说：“航天飞机是个了不起的运载工具，这个不可思议的项目教会我们许多东西，并帮助明天的太空探索成为可能。”英国《自然》杂志社评论认为，尽管对航天飞机不时有反对声，但很多人不希望航天飞机如此快地退出历史舞台，航天飞机的退役很可能预示着整个空间科学将进入一个很长的黑暗时代。俄罗斯航天局局长波波夫金甚至认为，经过一定发展，航天飞机在新技术的基础上“复活”也不是没有可能。

开创过辉煌时代的航天飞机，从未被遗忘，今天仍有两款新型航天飞机投入研发。航天专家认为，航天飞机与飞船各有优势，对于航天飞机没必要完全否定。航天飞机退役后美国和世界失去的，不仅是批量载人航天的能力，还有太空卫星维修和从太空带回大质量大体积物体的能力，而后者又对未来从太空批量送回开采原料至关重要。迄今为止现役的所有太空返回运载工具中，只有 SpaceX 的“龙”飞船具备可观的返回货物运送能力，不过最高 3 t 货物质量和 11 m^3的空间限制，远不及航天飞机轨道器 15 t 的货物质量。

不少专家把“阿波罗”载人登月行动看作是大航天时代的第一个里程碑，而把航天飞机的正式飞行列为第二个里程碑。航天飞机虽然退出了历史舞台，但其先驱成就和冒险、探索精神不可磨灭，其技术、经验、教训一直反哺着航天事业。航天飞机固体火箭助推器、主发动机等先进动力技术一直被继承，成为美国新一代重型运载火箭“太空发射系统”的动力主体。具备超长在轨能力的重复使用无人空天飞行器 X－37B 就是航天飞机的缩小版。在役和新研载人航天器均采用了火箭顶推布局。防热瓦技术对航天防隔热及重复使用材料的发展影响至深。自带电池能源方式、地面快速维护周转、入轨舒适度等成为新型航天器设计重点考虑的问题。航天飞机重大弱点和隐患在使用中逐步暴露，为太空探索的风险管控积累了宝贵经验，之后的载人航天保持了良好的安全记录。航天飞机过于先进、过于全面甚至超越时代的应用追求对超复杂系统的开发仍然具有借鉴意义。

航天技术专家、空气动力学家黄志澄也曾经讲过，我们没必要将航天飞机“一棒子打死”，它本身有很多优势，未来也许还会发挥作用。事实上，新一代飞船的一些优点，早在航天飞机上就实现了。航天飞机乘员最多能达到 8 人，可以重复使用，起飞与降落近似于飞机，十分舒适，所以航天飞机的乘员曾有过普通教师这样的非航天专业人士。2011 年之后，航天飞机也并非就此绝迹，美国至少还有两款新型航天飞机正在测试，其中一个是内华达山脉公司的“追梦者”小型航天飞机。“追梦者”航天飞机在后航天飞机时代，让类似小型航天飞机的设计开始回归。“追梦者”航天飞机的技术可以追溯至冷战时期的空天飞行器，继承了几十年来人类对升力体和空天飞行器的研究成果，使得历史上一批验证机积累的数据，继航天飞机之后有了用武之地。

另一款与航天飞机近似的空天飞行器，是让全球兴趣盎然的“神秘”的 X－37B。这款 2010 年首飞的航天器，已经低调展开了 6 次飞行试验，可以穿梭于卫星轨道和大气层，最长一次连续飞行超过 908 天。但它到底属于哪种航天器，至今都没有公认的说法。有人认为是空天飞机，有人认为是太空战斗机，美国空军前部长希瑟·威尔逊曾说：“它看起来像缩小版的美国国家航空航天局航天飞机，但它是无人驾驶的。”不过几乎可以肯定的是，X－37B 的军事用途更为重要。

1993 年，钱学森曾给黄志澄写过一封信，在这封简短的信中，82 岁的钱学森说，空天飞机将是 21 世纪的重大成就，21 世纪的中国人一定要在空天飞机上显一显身手，这是一件国家大事。

黄志澄解释称，当时美国航天飞机已经服役十余年，钱学森所说的空天飞机，指的是比航天飞机更为先进的航天器，能够水平起飞、水平降落，就像一架直接飞入太空并返回的飞机。航天飞机还是垂直起飞的，类似于火箭发射模式。钱学森还向黄志澄提出研究建议，可以研究各种可能的方案，未来实现国际共同开发空天飞机。黄志澄说，“空天飞机不是十年、二十年就能研发成功的，但是载人航天领域并不是‘飞船万岁’，航天飞机、空天飞机未来可能也是有机会的。”这意味着在钱学森的设想中，建立在航天飞机基础上的空天飞机，是 21 世纪有望研发出来的先进航天器。黄志澄还认为，SpaceX 公司目前正在集中精力研发的重中之重“超重-星舰”项目，就继承了航天飞机的很多特点，可以看做飞船与航天飞机结合的产物。“星舰”部分同样有机翼，未来可以在大气层内实现机动。

航天飞机的使用经验表明，任何一种航天运输系统的能力都有局限性，试图用一种发射工具包揽所有的空间发射任务的做法，实际上是不可取的。美国航天飞机当初按多用途思想而设计，既能载人又能载货，正因为如此，也就决定了它在哪个方面都不可能突出。未来的空间任务繁重且复杂，空间任务和有效载荷的多样性和多变性在某种程度上要求载人和载货功能分开，因而也就需要各种航天运输系统相互补充。这些航天运输系统中应当包括一次性使用的运载火箭。

第 8 章　接续者——“追梦者”

8.1　概述

美国在设计航天飞机时，希望能将运送每千克有效载荷到地球低轨道的费用降到 350 美元，但事实上一直卡在 1 万美元这个瓶颈，这就使得航天飞机不仅没有达到降低运输费用的目标，而且在地面周转的时间太长，导致整个飞行计划缺乏灵活性。更严重的后果是，由于经费和进度都十分紧张，只能采用固体助推器、外贮箱和轨道器并联的方案，从而留下了重大安全隐患。“哥伦比亚”号的失事，就是由于外贮箱隔热用的泡沫塑料在上升段脱落，打坏了轨道器机翼前缘的防热瓦，从而导致轨道器再入时解体。因此，航天飞机在不断创造纪录的同时，也留下了人类探索太空历程中让人感伤的悲情时刻——1986 年“挑战者”号爆炸和 2003 年“哥伦比亚”号解体，让 14 名航天员魂留太空，也让美国的载人航天遭受了巨大的挫折。

2011 年 7 月，“亚特兰蒂斯”号告别国际空间站返回肯尼迪航天中心，上演了一场人类航天史上最盛大的谢幕演出。美国的航天飞机退役之后，它那雄伟而优美的身影，已离我们远去，但事实上，这种类型的航天器却并未退出历史舞台。鼓励和支持私营航天创业公司成为研发制造航天运载系统的主力，是美国航天有史以来最大的转型。除了美国军方研制成功小型军用航天飞机 X－37B 之外，美国正在借助私营企业的力量，让新型航天飞机，重新进入我们的视野。航天飞机的继任者，无论是 X－37B 还是“追梦者”航天飞机，都吸取了航天飞机失事的教训，改用了火箭顶推的方式，它们的分系统还采用了许多高新技术，让航天飞机焕发出新的活力。

2016 年 1 月 21 日，美国国家航空航天局宣布，轨道 ATK 公司、SpaceX 公司和内华达山脉公司赢得第二轮国际空间站商业货运任务合同。这三家公司中，前两者是“老面孔”，承包了第一轮空间站商业货运任务。不同于 SpaceX 公司的货运版“龙”飞船和轨道

ATK公司的“天鹅座”飞船（Cygnus），内华达山脉公司选择了“追梦者”小型航天飞机路线。“新面孔”内华达山公司凭借什么法宝竞标成功？为什么美国国家航空航天局局长说这是“又一个重大的里程碑”？内华达山脉公司此次中标成功，凭借的是一款利用火箭垂直发射升空、能像飞机那样水平着陆返回的迷你航天飞机——“追梦者”。

之所以将“追梦者”称为航天飞机，而不是空天飞机，除在外形上与航天飞机有着相似之处，主要原因在于具体的工作方式上，航天飞机由火箭动力推动升空，之后无动力滑翔返回，“追梦者”也是这样。而空天飞机则是完全重复使用，类似民航飞机水平起飞直接进入太空，执行完任务后，水平返回地面。“追梦者”航天飞机在乘员上可以搭载7人，比几款私人飞船要多得多。

“追梦者”航天飞机采用有翼布局的飞机构型，同时还采用火箭助推起飞，水平滑跑降落，某种程度而言就是航天飞机的货运翻版，是航天飞机技术的又一种接续存在。有翼布局的飞机构型飞行器成为主要航天国家研发新一代货运飞船的一个选择，从这方面而言，“追梦者”航天飞机将在某种程度上引领世界潮流。内华达山脉公司还与欧空局达成协议，将在“追梦者”航天飞机完成21世纪20年代的空间站任务之后，进一步将该飞船用于欧洲的太空研究计划。联合国也于2016年决定采用“追梦者”航天飞机，将其用于地球轨道计划，帮助发展中国家运输太空研究载荷。如此看来，“追梦者”航天飞机还未应用就已经获得多方认可，足见这一方案的可行性和吸引力。

8.2 研制情况

2004年，美国太空发展公司（SpaceDev）宣布，将加入美国国家航空航天局的太空探索愿景计划，以及后来的“商业轨道运输服务项目”（COTS）。2005年，太空发展公司宣布建造一种类似航天飞机的新型航天飞行器，它能把航天员和货物送入轨道，飞行器命名为“追梦者”。

2006年，该公司与美国国家航空航天局签订合同，正式决定使用HL-20来研制“追梦者”航天飞机。2008年，内华达山脉公司收购了太空发展公司。2011年4月18日，美国国家航空航天局宣布了“第二轮商业乘员开发项目”（CCDev2），旨在帮助美国私企研制出可替代航天飞机的天地往返运输系统。波音公司的CTS-100飞船（后更名为“星际客机”）、内华达山脉公司的“追梦者”航天飞机、SpaceX公司的“龙”飞船和银河维珍公司的“太空船”，分别获得了数额不同的资助，其中内华达山脉公司获得8 000万美元。

随着美国国家航空航天局将重心转移到更具挑战性的载人火星探索，私企将接过把航天员和货物送到国际空间站的接力棒。2013年5月22日，美国国家航空航天局局长博尔登会见了在美国国家航空航天局德莱顿飞行研究中心（DFRC）准备测试“追梦者工程测试品”（ETA）的团队。同时，他作为一名驾驶过航天飞机的航天员，也在现场体验了“追梦者”的飞行模拟器。之后，“追梦者工程测试品”经历了地面、进场和着陆飞行等阶段的检验，不幸的是它在2013年首次飞行试验降落时出了事故，使其没有在2014年签下美国国家航空航天局关于商业载人项目的合同。但内华达山脉公司并没有因此放弃，决定在发展载人的航天飞机之前，优先发展载货型“追梦者”航天飞机。

“追梦者”航天飞机载货方案可用美国的“宇宙神”-5火箭或其他多种运载火箭发射①，升力体的机翼可折叠，安放在5 m直径的整流罩内（图8-1），跟当年的X-20项目如出一辙。在升力体后部，增加一个载货舱，每次可运送5 500 kg的货物（俄罗斯的“进步”号货运飞船一次可运载2.35 t货物），并能以平稳的跑道着陆方式带回约2 000 kg的货物。此外，“追梦者”航天飞机还能回收约3 400 kg垃圾，然后在大气层中焚烧。由于“追梦者”航天飞机具备在国际空间站停靠和与之对接的能力，它不但可以方便快速地交付货物和重新装载，达到美国国家航空航天局对国际空间站运货的全部要求，而且还能在普通机场着陆，进行15次飞行的重复使用，特别是还具有应急运送关键货物能力。

图8-1　“追梦者”航天飞机被安置在宇宙神-5运载火箭的顶端准备发射

“追梦者”航天飞机是由美国国家航空航天局技术成果转化而来的继承性项目，长9 m、直径7 m、总重为11 t，比以往的航天飞机要小得多。别看这个家伙小，可是同样能够把7个人送入太空（图8-2）。“追梦者”航天飞机有折叠翼设计概念，通过这种设计，可以把自己蜷缩到一个直径为5 m的标准整流罩中。“追梦者”航天飞机的结构采用了大量最先进复合材料，其在轨动力来自两台推力可调的固体与液体混合火箭发动机，推进剂

① 原计划由“宇宙神”-5-552火箭发射，现改由“火神”运载火箭在卡角发射，返回时将水平滑行降落于卡角机场跑道上。

采用羟基聚丁二烯固体燃料（HTPB）和一氧化二氮（氧化剂），都具有无毒、易存储的特性。可以说，“追梦者”航天飞机体现了美国新一代航天飞机的基本特征。“追梦者”航天飞机中标的关键，在于它采用美国国家航空航天局多年积累的技术。“追梦者”航天飞机的设计方案，其实就是美国国家航空航天局研发的 HL-20 升力体构型，它的出现终于使得当年的一大堆验证机得来的数据，有了继航天飞机之后的新用武之地。

图 8-2 “追梦者”航天飞机和亚特兰蒂斯号航天飞机的对比效果

“追梦者”航天飞机将具备以下能力：

• 向国际空间站运送 5 500 kg 的加压/无加压货物和科学试验载荷；

• 长期在空间站驻留，便于航天员转移货物和开展科学实验室操作；

• 作为可远程控制的飞行实验室，为科学家提供实时试验数据；

• 在执行任务期间，保证有效载荷和科学试验持续运行；

• 在增压舱中由航天员操作或自主进行关键科学实验；

• 利用机器人操作方式从空间站转移或向空间站转移无加压货物；

• 返回地面时，带回 2 000 kg 左右的货物，以精确着陆方式在美国国家航空航天局肯尼迪航天中心着陆，并立即向客户交付货物，最大限度提高收集在轨数据的完整性。

8.3 飞行试验

与航天飞机相似，“追梦者”航天飞机的飞行方式也是垂直起飞，水平着陆。但它不是采用固体助推器、外贮箱和轨道器并联的方案，而是改成装在运载火箭的顶部，升力体的机翼可折叠，安放在 5 m 直径的整流罩内，返回时则与航天飞机类似，再入大气层后滑翔降落。

2013 年 10 月 26 日，“追梦者”航天飞机进行首次无动力飞行试验，工程样机显示了非常高的稳定性，但在降落时左起落架未能展开，并导致机体滑出跑道。不过负责研制该机的内华达山脉公司宣称，那次试验的大部分项目是成功的，验证了导航、制导和控制系统在进场和着陆阶段的功能。

2017 年 8 月 30 日，吊挂在直升机下方的“追梦者”航天飞机工程样机从基地起飞，历时 1 h 40 min 后降落。试飞中采集了飞行器性能数据，涉及雷达高度计、大气数据探针和无法在地面测试的各系统的工作情况。这无疑是“追梦者”航天飞机又一次里程碑式的“成长”。“追梦者”航天飞机被一条长达 61 m 的缆绳连接，被 CH－47 直升机吊挂到空中，这称为牵引试验，是为了测试“追梦者”航天飞机的气动力外形。“追梦者”航天飞机有很多电子仪器侦测它所遇到的气流，以及它的控制灵活度。由于 CH－47 飞行高度有限，因此这一次的飞行测试并不完整。不过内华达山脉公司副总裁史考特·林赛相当满意，他说，我们完成了每一个飞行测试课目，一切都在预期之内。在外界看来“追梦者”航天飞机这次试验相当保守，是因为先前遭遇过失败。近 4 年来内华达山脉公司重新改进“追梦者”航天飞机的一切，今再度恢复飞行，表现的慎重小心也是能够理解的。在这次试验完成后，后续将进行飞行、进场和着陆测试。

2017 年 11 月 11 日，曾在 2013 年试飞中冲出跑道并受损的“追梦者”航天飞机终于进行了首次成功的自由飞试验，这不仅是一次里程碑式的“雪耻飞”[①]，也是美国又一款太空飞机的华丽天地飞（另一款是 X－37B 太空无人机），实现了全航段、全自动飞行，这种高技术之前只有 X－37B 太空无人机能够全面掌握。该机从约 3 000 m 高度的波音 237 起重直升机上被抛下，进行短暂滑翔后在爱德华兹空军基地跑道上成功着陆。美国国家航空航天局称这次试验是里程碑式的成功。这次试验的原型机是在 2013 年试验中受损的同一架飞机的基础上，进行了部分升级改造，包括增加了机翼和机身内复合材料的使用比例。在此之前，内华达山脉公司已经完成了“追梦者”航天飞机许多关键部件的设计、生产和测试，包括主要结构部件、热防护瓦片和航电设备等。评测过后，公司在位于路易斯维尔的厂房中完成“追梦者”航天飞机的组装。接下来，“追梦者”航天飞机将进行拖曳试飞，用 C－17 运输机将该机拖曳到高空进行试飞。未来该机还将进行轨道航电、控制系统、导航系统和软件的测试。

---

① 之所以称作“雪耻飞”是因为，2014 年美国国家航空航天局决定不再让“追梦者”航天飞机进入下一轮商业太空运输扶持计划（CCDev）。理由有两个：一是 2013 年那次起落架故障，评估技术风险大；二是不相信“追梦者”航天飞机开发进度，尤其是能在 2017 年实现一次完整试航。内华达山脉公司感到很是委屈，因为单从 2011 年“第二轮商业乘员开发项目”（CCDev2）投标成本来看，他们要比另一家入围公司波音公司的报价低很多。但内华达山脉公司并没有放弃太空追梦人的梦想，不断投入，持续开发，包括扩大合作范围、政府公关，合作名单扩展到欧空局、德国 OHB 航天公司、联合国外层空间事务办公室、美国国家航空航天局、美国联邦政府。

8.4 重要事件

2017 年以来，“追梦者”航天飞机完成了预研阶段评估。内华达山脉公司副总裁思林格里奥称，“我们不仅通过了审查，而且是满分通过，一切都已经接受了审查，包括 200 个不同的子系统，全部通过。这是一次全系统预研审查，包括与‘宇宙神’结合的能力。”2017 年上半年，特朗普政府曾经提议，计划 2020—2021 年，由“追梦者”航天飞机作为国际空间站、维修哈勃太空望远镜的“航天特使”。

2017 年 10 月，内华达山脉公司就“追梦者”航天飞机任务与加拿大航天局签署“谅解备忘录”（MOU），后续将确定双方的具体合作事项，共同促进“追梦者”航天飞机的国际合作，推动其技术发展和应用。此次备忘录的签署意在探索“追梦者”航天飞机执行加拿大航天任务的可能性，同时便于加拿大和内华达山脉公司进行相关信息的交换。

2018 年 7 月，内华达山脉公司与联合发射联盟公司签订了“追梦者”航天飞机前两次任务的发射合同。同时，该公司还与美国国家航空航天局签署了协议，将在无经费支持的条件下把他们的“商业载人综合能力”协议延续 5 年，以支持后续很有可能开展的载人型“追梦者”航天飞机的研制。

2018 年 12 月 18 日，内华达山脉公司宣布已经完成了与 NASA 签订的商业补给服务合同-2（CRS-2）中具有里程碑意义的一步——综合评审 4，这意味着公司已经可以开始“追梦者”航天飞机的组装工作了。内华达山脉公司的首席执行官在一份声明中说：“综合评审 4 要完成一系列的审查、文档和数据交付，这是对公司多年来设计、分析和开发测试的一次全面考核。”

“追梦者”航天飞机的最大竞争力，就是可以在全球各个机场降落。同时，可以在全球任何规模的商用机场跑道上降落。2019 年 1 月，据海外媒体报道，经过一系列测试后，美国国家航空航天局批准了新一代货运“追梦者”航天飞机的全面生产。内华达山脉公司的合伙人兼首席执行官称，“追梦者”航天飞机的许多关键部件已经完成制造和测试，美国国家航空航天局批准“追梦者”航天飞机进入生产阶段，使我们能够尽快将其作为一个关键空间站补给航天器推向市场，并希望“追梦者”航天飞机能从 2020 年年底开始向国际空间站运送货物。

2020 年 11 月 17 日，内华达山脉公司主管战略的高级副总裁史考特·林赛对外发布，由于疫情造成的研制工作延误，该公司“追梦者”航天飞机前往国际空间站的首次飞行已被推迟到 2022 年。史考特·林赛表示，疫情是导致发射推迟的一个重要因素，疫情防控要求导致公司工程师无法到场监督测试。因此，公司让工程师们在公司内部的任务控制中心远程监督相关测试和试验，但这样时间成本与此前相比有所提高。此外，一些供应商由于疫情原因不得不停工，“追梦者”航天飞机项目本身也遇到了一些技术难题，但林赛并未透露具体问题。

2022 年 6 月 21 日，内华达山脉公司与美国航天港（Spaceport America）宣布签署了一份新的谅解备忘录，该协议将位于美国新墨西哥州南部的美国航天港加入到“追梦者”航天飞机的全球着陆点名单内。“追梦者”航天飞机其他的备选着陆点包括：NASA 肯尼迪航天中心的航天飞机着陆设施（SLF）、亚拉巴马州亨茨维尔机场、日本大分机场和英国康沃尔航天港。内华达山脉公司称，后续还会继续增加“追梦者”的着陆点。

2022 年 5 月，第一架“追梦者”航天飞机的货运版本进展良好，这架名为“Tenacity”的航天飞机是“追梦者”航天飞机系列的首机，正在科罗拉多总部进行组装，其基本结构已完成，但还要安装热保护系统和其他许多部件。该机已经完成结构测试，正进入最终的集成和测试阶段，计划 8 月或 9 月运到美国国家航空航天局位于俄亥俄州尼尔·阿姆斯特朗测试基地进行四个月的热真空测试，然后再运到肯尼迪航天中心，与美国联合发射联盟制造的“火神”火箭进行对接，发射期暂定在 2023 年 2 月。后因自身研发进度不及预期，以及与其搭配的“火神”运载火箭不断跳票（蓝色起源公司提供的 BE－4 主发动机的不断延误，致使一直无法首飞），导致首飞不确定性地推迟。后续有望开始生产载人版本，毕竟已经给自家产品披上了“航天飞机”的华丽外衣，内华达山脉公司势必会开发出载人版本的“追梦者”航天飞机，并争取美国国家航空航天局的商业载人项目。

2022 年 8 月底，内华达山脉公司与德国的尤里太空生物科技公司签署了一份协议，计划在 2024 年使用正在开发中的“追梦者”航天飞机将尤里公司名为“科学出租车”的太空生命科学孵化器送上国际空间站。该孵化器具有温度控制、全自动化和实时数据收集功能，内置的离心机最多可以容纳 38 个实验单元，可以模拟微重力、地球、月球和火星等不同的重力环境，进行不同的生命科学实验。内华达山脉公司还跟尤里公司探讨了未来建设大型太空综合柔性环境栖息地的构想，该栖息地可以在轨道上提供超过 300 m^3 的实验环境。

“追梦者”航天飞机带着 X－20、米格－105、BOR－3、BOR－4、HL－10、X－24、HL－20 等大量验证飞行器的梦想，继承了几十年来人类对升力体和空天飞行器的研究成果，即将开启追逐商业航天和星际探索的梦想。如果项目进展顺利，那么在 2024 年之前，它会拥有至少 6 次为国际空间站运送货物的机会。按照原设计，追梦者不仅能用“火神”火箭发射，还能够搭乘“阿丽亚娜”－5、“猎鹰”重型火箭进入太空，这样，多次往返太空的空天飞行器将进一步减轻对单一火箭型号的依赖。内华达山脉公司还有更高目标，想建设可由“追梦者”航天飞机的货运和载人型号来支撑的商业空间站。公司希望在美国国家航空航天局“下一步探测空间技术伙伴关系”（NextSTEP）计划下研发充气式舱段，并用于科研和旅游等目的。

8.5　运营模式

航天飞机退役后，美国国家航空航天局重新打造的新型“猎户座”飞船要在2020年才能升空。在此之前，美国没有一个航天运载系统能为国际空间站服务。运送人员的唯一的选择，是利用俄罗斯的“联盟”号飞船，每个座位须支付约6 000万美元，通常每年要购买6个座位。为改变这一尴尬局面，自2010年开始，奥巴马政府就要求美国国家航空航天局尽力支持本土有竞争力的公司研发载人航天运载系统，恢复美国向国际空间站的运载能力。

世界航天大国除了继续关注太空安全外，还将重点转向发展太空经济与太空探索。在这种形势下，美国产生了一批私营航天创业公司。由于私营航天创业公司管理机制灵活高效，因而研制航天运载系统的周期短、成本也较低。

早在2006年，美国国家航空航天局就启动了“商业轨道运输服务（COTS）”项目，旨在为国际空间站运送货物。经过招标，该局最终选择了两家创新能力强的私企：一家是SpaceX，按合同利用“龙”飞船向国际空间站运送12次货物；另一家是轨道科学公司（2014年4月与ATK公司合并成为轨道ATK公司），利用“天鹅”号飞船在2013—2016年间分8次将20 t货物运送至国际空间站。

SpaceX公司因尝试回收火箭而频频吸引眼球，其研制的“龙”飞船高约6.1 m、直径约3.7 m，分载货和载人两种形式。它最多能上行运送6 t货物，下行运回3 t货物。而载人的“龙”飞船，每次飞行可以运载7名航天员。“龙”飞船可重复使用10次，所以能大大降低天地往返的运输成本。

2010年12月8日，SpaceX公司利用“猎鹰”-9火箭，将“龙”飞船发射进入低地球轨道。在轨道运行后，“龙”飞船又重新进入大气层，降落在目标海域。其发射和再入的成功，标志着一家商业航天公司第一次成功回收从低地球轨道再入的航天器。在此之后，“龙”飞船在2011年又飞了两次，并成功与国际空间站进行无人对接。

轨道科学公司在2013年4月由“安塔瑞斯”火箭成功发射了“天鹅”号飞船，搭载了和飞船等重的3.8 t载荷。这一发射成功，证明了又一家私企具备了航天运载能力。美国国家航空航天局局长博尔登表示：“美国国家航空航天局计划利用美国企业的创造性到达近地轨道，从而使该局可以将资源集中用于深空探测。从这个角度看，和这些企业签订合同，无疑是重要的里程碑。”美国国家航空航天局利用商业航天企业的航天运载能力，承担航天员和相关货物送到国际空间站的任务，而美国国家航空航天局将重心转移到更具挑战性的载人火星探索。

2014年9月16日，波音和SpaceX两家公司与美国国家航空航天局签署协议，分别获得 42 亿美元和 26 亿美元的合同。在通过飞行认证后，每家公司将自 2017 年起，各自承担2～6 次飞往国际空间站的载人运输任务。不难预测，若内华达山脉公司能顺利完成“追梦者”航天飞机的运货任务，也将会加入到载人任务的竞争中来。从这里，我们就不难理解博尔登认为这次“追梦者”航天飞机的中标，是美国商业航天的又一个里程碑。

2014 年 10 月，“安塔瑞斯”火箭在发射飞船时爆炸，使得这项计划暂停。2015 年 12 月，“天鹅”号飞船改用“宇宙神”-5 火箭发射，再次成功完成了国际空间站的运货任务。2015 年 6 月，SpaceX 公司的“猎鹰”-9 火箭在发射“龙”飞船时也发生爆炸。由此可见，美国的商业航天并非一帆风顺，但这些事故没有阻挡美国商业航天前进的步伐，同时也提供了深刻的教训：发展中既要重视创新，更要重视安全性。

第9章　探索者——空天飞机

9.1　概述

目前，航空航天界普遍把航天飞机和空天飞机（aerospace plane）作为两个独立的概念。空天飞机是一种兼具航天与航空的新型飞行器，可根据不同的需求，在大气层内或地球轨道上灵活机动。对空天飞机的定义是，像飞机一样在跑道上水平起降，能依靠自身动力实现起飞、爬升、入轨、驻留、再入返回，是一种完全重复使用的天地往返飞行器；需采用组合动力，如涡轮发动机、冲压发动机、火箭发动机等多种形式的组合。各航天大国自20世纪末以来，推出过一些空天飞机研究计划，但由于技术难度高，迄今尚无实质性的工程突破。美国的X-37B因采用火箭助推垂直起飞，不属于空天飞机。有学者认为，水平起飞不应作为空天飞机定义的依据。国内外也有很多文献将依靠火箭动力垂直起飞、辅助入轨，依靠自身动力实现轨道机动和再入水平返回着陆的带翼飞行器（如X-37B）纳入空天飞机类别。

空天飞机的特点主要包括：能够像普通飞机一样起飞，以高超声速在大气层中飞行，在30～100 km的高度范围内飞行速度可达12～25倍声速；能够直接加速进入轨道；能够安全返回并再入大气层，像普通飞机一样在大气层中滑翔并水平降落；能够多次重复使用。空天飞机实际上就是一种采用组合动力发动机的单级入轨重复使用航天运输系统。空天飞机可作为空间侦察监视平台、空间攻防对抗平台、天基信息支援平台，在太空作战中发挥重要作用；也可作为空间载荷运输平台、在轨加注与维护平台，在快速发射和降低航天发射费用方面具有明显的潜力；还可以低成本快速部署小卫星星座和回收卫星，特别适应未来信息化战争的需要。

从20世纪50年代开始，美军畅想过一系列被称为“军用空间飞机”（Military Space Plane，MSP）的重复使用航天运输系统研究计划（图9-1），包括核飞碟、戴纳索尔和

MOL 计划等，但均因其他计划的冲击而下马。重复使用航天运输系统，能够为军方提供性能良好的空间信息平台、实时战场环境侦察平台和空间武器快速攻击平台，其快速、可靠、廉价进入空间的能力能够保证在战时按需将大量军用卫星送入太空，为信息化战争赢得基础资源上的优势，对掌握战时先机、改变敌我态势具有明显而重要的作用。重复使用航天运输系统稍加改进就可以成为“空间作战飞行器”。

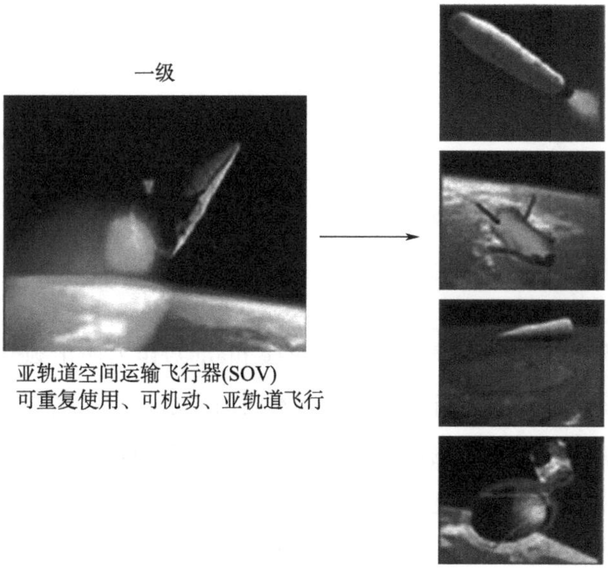

图 9-1　美“军用空间飞机”研究计划

“空间作战飞行器”概念是美国军方在《美国航天司令部长期规划——2020 年设想》中首次提出来的。“空间作战飞行器”的主要特点有：极低的运输费用、快速响应能力和在轨操作能力，可以作为侦察平台、通信平台和武器平台，可以完成未来作战的大部分军事任务。所以，“空间作战飞行器”概念一提出，就引起了航天界和军事界的广泛关注。将太空军事化、抢夺制天权已经成为美国发展重复使用航天运输系统的最大动因。但太空军事化一直是国际社会十分敏感的问题，美国政府和军方为了掩盖其企图，主要出资支持美国国家航空航天局以民用和商用旗号来发展重复使用航天运输系统，而军方则主要着手考虑如何利用和改进重复使用航天运输系统为军用航天服务，军方有时还直接参与美国国家航空航天局的有关重复使用航天运输系统计划。

20 世纪 80/90 年代，美国人开始了以单级入轨为目标的国家空天飞机计划（NASP），掀起了重复使用空天飞行器研究热潮，取得了大量的技术成果，包括组合动力部件集成和地面测试，高温材料、高温涂层、氢燃料贮箱等技术。发动机前缘热管技术得到了演示验证，为推动重复使用航天运输系统打下了很好的基础。美国“冒险之星”/X-33/X-34、高超声速飞行器（Hyper-X）都与国家空天飞机计划（NASP）有关。

20 世纪 90 年代后，美国国家航空航天局与美国空军先后开展了“冒险之星”/X-33/X-34、X-37、X-40 和 X-43 等试验性空天飞机的发展计划，“冒险之星”/X-33/X-34 计划是为研制重复使用航天运输系统攻克各种技术难题的。X-34 计划主要是想解决重复使用飞行器在马赫数 8 以下的飞行段将会遇到的问题，特别是动力装置的全面试验，对美国空天飞机的发展起到了重要的推动作用。当时，美军设想了军用空天飞机（MSP）在未来的一系列能力，比如 X-33 在空间执行任务，在轨道上释放高超声速打击武器。

1995 年，美国空军提出发展空间机动飞行器（SMV），设想研制一种重复使用的天地往返飞行器，使其能长时间在轨道上停留，可以携带卫星进入空间，也可以将损坏的卫星从空间带回地球维修，还可以装载武器系统实现全球范围内的对地打击。由于空间机动飞行器具有重要的军事意义，1996 年，在美国空军航天司令部的牵头下，波音公司开始了空间机动飞行器验证机的研制，经费仅有 530 万美元，项目周期 1 年，主要任务是验证空间机动飞行器所需解决的空气动力学问题。

1996 年，美国为保持太空霸主地位，在其冷战后的《美国国家航天政策》中，明确提出“发展外层空间控制能力，以保证美国自由进出空间和利用空间，并限制他国自由进出空间和利用空间”战略。1998 年《美国航天司令部长期规划——2020 年设想》，又提出了“控制空间、全球交战、全面力量集成、全球合作”四种空间作战概念。在此背景下，美国开始大力发展空间作战平台技术，并在总结航天飞机研制与运行，以及新一代重复使用航天运载器技术发展基础上，重点开展重复使用、小型、无人、多功能空间机动飞行器作战平台技术攻关。

按照设想，空间机动飞行器执行轨道任务后返回地球，经过维护后又可执行下一次任务，两次任务之间的准备时间小于 72 h。空间机动飞行器自身不能直接作战，需要与通用气动飞行器（CAV）组合进行作战。在实际运用时，空间机动飞行器能携带一定数量的通用气动飞行器长期滞留轨道。

1998 年，美国空军航天司令部向美国国会提交了 2000 财年计划目标备忘录。当然，这份备忘录包括了军用空间飞机的初始资金需求。军用空间飞机很快得到国会的支持。然而，同年克林顿总统否决了军用空间飞机计划，理由是太空武器是一个有争议的问题，因此需要慎重考虑。经过一系列折中之后，军用空间飞机最初计划中的重复使用航天运输系统被进一步细化为快速发射的重复使用“空间作战飞行器”，其上面级一并由美国空军航天司令部另行安排。计划中相对“温和”的空间机动飞行器获准继续发展。

1998 年 8 月 11 日，空间机动飞行器验证机在霍洛曼空军基地进行了飞行试验。在一架航速 185 km/h、飞行高度 2 700 m 的 UH-60“黑鹰”直升机上，空间机动飞行器验证机被首次投下并顺利回收。这一系列试验的目的是验证高空高速、低升阻比无动力飞行器进场及着陆，航空电子设备及导航与控制技术的可靠性，着陆系统依靠 INS/GPS 进行控制和导航。

1999 年 8 月 1 日，在空间机动飞行器验证机首飞一年后，由于 X-40 与 X-37 在技术研发上高度重合且均由波音公司研制，出于整合项目的考虑，美国空军决定投资 1800 万美元参与 X-37 计划，并将两者进行合并。至此，空间机动飞行器 X-40A 验证机也变身成为 X-37 的气动外形验证机。X-40A 作为 X-37 的测试平台，按照 X-37 的 85%尺寸设计，重点开展挂飞和自动进场试验。

进入 21 世纪，美国前国防部长拉姆斯菲尔德根据“全球打击”战略，启动了“空间作战飞行器”计划。计划要求这种用单级入轨的无人驾驶空天飞机，能够在地球亚轨道飞行，军事任务主要包括：将小型卫星送到敌方卫星附近，干扰和切断其通信联络；发射“常规空中飞行器”对敌方地面目标进行攻击；发射可以在轨道上停留 4～6 个月的“空间机动飞行器”；运送可更换的卫星入轨，替换已经损坏的卫星。

9.2　空天飞机计划

空天飞机是单级入轨可完全重复使用的航天运输工具之一，它代表着未来的发展方向。但其技术难度高，所需资金多，并且风险极大。苏联、英国、法国、西德、日本等国都在进行研究和技术储备工作。搞空天飞机研究最起劲的当推美国。1982 年，美国开始一项“国家空天飞机研究计划”。其背景主要有两个方面：从技术角度来看，通过空天飞机的研究与发展，带动相关技术产生飞跃，使美国在航空航天领域确保领导地位；从经济角度看，世界上的贸易与运输正发生重大变化，亚太地区、非洲和南美洲的第三世界国家的人口和经济都在迅速增长，特别是亚太地区增长最快。为了获得经济上的实惠，对美国来说开展国家空天飞机研究计划，从而由实用型空天飞机派生出一种速度既快、经济性又好的高超声速运输机，将有着特别重要的意义。

当时美国认为，21 世纪美国的“战略防御倡议”（“星球大战”计划）将进入开始部署阶段，往天上运送的有效载荷需求多达 90 000 t。据估计，“星球大战”计划的总耗资达 10 000 亿美元，如果设想所有的有效载荷都用航天飞机运送，运输费就占整个星球大战计划总费用的 1/4。这样高额的运输费会使美国难以承担。要把“星球大战”计划继续下去，必须将航天运输费用降至当时的 1/10～1/7（当时航天飞机把有效载荷送入低地球轨道的费用为 3 300 美元/kg），而空天飞机使费用能降至 1/10，甚至 1/100。另外，利用国家空天飞机研究计划的成果，研制高超声速侦察机、截击机、轰炸机，也将为美国的作战效能跃升作出不可忽视的贡献。

美国国家空天飞机研究计划是一项长期分段研究计划，由美国国防部和美国国家航空航天局共同承担。美国国防高级研究计划局被委托为计划的管理者，它代表的机构是美国空军、海军、“星球大战”计划组织和美国国家航空航天局，美国国家航空航天局负责整个计划的技术指导。美国国家空天飞机计划具体分三个阶段进行：第一阶段从1982年开始，由美国国防高级研究计划局牵头，集中研究超燃冲压发动机技术，1984年至1985年间确定空天飞机采用这类发动机；第二阶段从1985年11月至1989年，重点进行关键技术、机体设计和动力装置单元的研究，并进行马赫数8的动力装置地面试验；第三阶段从1989年至1993年，计划建造X-30试验机并进行技术验证飞行，为最终研制成空天飞机作好准备。

国家空天飞机计划的目的是试制一半是飞机、一半是飞船的飞行器，它能够像飞机一样从跑道上水平起飞，加速进入地球轨道，像飞船一样运行，然后能够再入穿过大气层安全地返回地面，并在跑道上水平着陆。空天飞机潜在的巨大军事应用价值成为该计划的直接动力，美国军方向该计划提供了大部分资金。1986年1月，“挑战者”号航天飞机的爆炸，使人们对航天飞机的安全性产生了怀疑，该事件也是促使美国政府下决心开展国家空天飞机计划的原因之一。该计划的主要内容是，验证所采用的以超燃冲压发动机为主体的吸气式组合动力系统、材料、热防护系统、气动力布局和主体冷却结构等先进技术。事实上，多年来，为了实现空天飞行、单级入轨的设计概念，美国进行了许多的研究，执行了不少的计划，但至今也没有达到最终目标。表9-1列举了美国国家航空航天局和国防部多年所进行的部分研究计划，除此以外，还有若干为降低空间运输费用而进行的重复使用航天运输系统研制项目，有些至今仍在继续。

表9-1 美国早期空天飞机计划及重复使用航天运输系统项目

时间	项目/计划	部门/组织	目的/内容
1958—1963年	空天飞机计划	美国空军	发射有人驾驶的重复使用航天运输系统
1965—1968年	云母(Isinglass)	美国中央情报局	空射亚轨道飞行器
1975—1978年	单级入轨研究	美国国家航空航天局和美国空军	—
1978—1979年	太空军事人员研究	美国空军	—
1979—1980年	任务和成本效益研究	美国空军	—
1980—1982年	先进有人驾驶空间飞行性能研究(AMSC)	美国空军	跨大气层飞行器研究
1980—1982年	跨大气层飞行器(TAV)	美国空军	跨大气层飞行器研究
1982—1984年	科学黎明(Science Dawn)	美国空军	空天飞机计划
1984—1985年	科学王国(Science Realm)	美国空军	用于开展飞行器的结构试验研究
1984—1986年	铜谷(Copper Canyon)	美国国防高级研究计划局	吸气式动力系统的单级入轨概念研究

续表

时间	项目/计划	部门/组织	目的/内容
1986—1988 年	富人天地(Have Region)	美国空军	开展飞行器制造和结构试验研究
1986—1994 年	国家空天飞机计划(NASP)/X-30	美国国防部	吸气式动力系统的单级入轨概念研究
1992—1996 年	“德尔它”快帆(DC-X/XA)	美国国防部	垂直起降运载器
1996—2001 年	“冒险之星”/X-33/X-34	美国国家航空航天局	火箭动力单级入轨演示验证机
2000 年	空间运输倡议(SLI)	洛马公司	第二代重复使用航天运输系统
2001 年	X-43	美国国家航空航天局	超燃冲压发动机技术研究
2002 年	国家航天倡议(NAI)	美国国防部	发展高超声速、先进进出空间技术
2003 年	Quicksat	美国空军	空间机动发射/高超声速远程打击/向低轨道和极地轨道运输货物
2003 年	“猎鹰”计划	美国国防高级研究计划局	发展高超声速飞行技术和低成本太空投放系统
2016 年	—	美国空军研究实验室	基于“佩刀”发动机的两级入轨应用方案研究

上述所涉及的计划项目之间的相互关系如图 9-2 所示，包括美国中央情报局（CIA）云母、美国空军的跨大气层飞行器、美国国家航空航天局和空军联合实施的国家空天飞机计划，还有战略防御计划组织的“德尔它”快帆（DC-X/XA），美国国家航空航天局和洛马公司的 X-33，美国国家航空航天局的 X-43 和空间运输倡议（SLI）等。

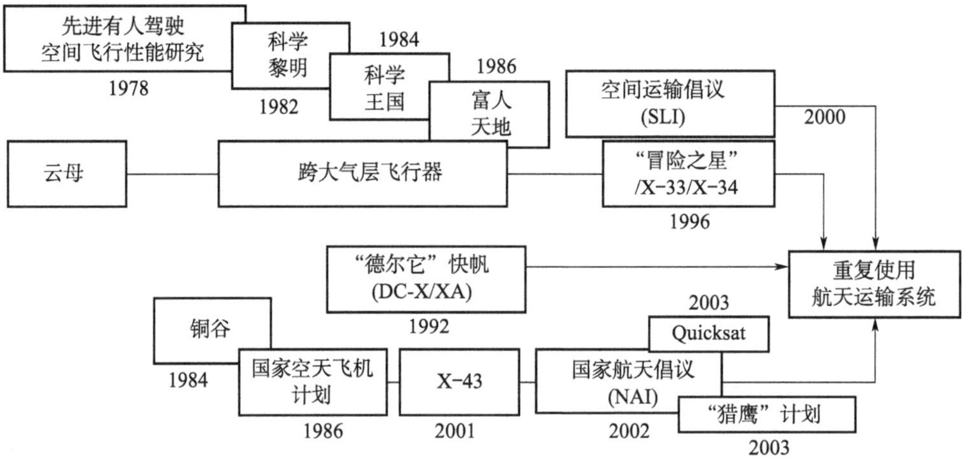

图 9-2　美国早期空天飞机计划及重复使用项目之间的关系

美国空军在 20 世纪 80 年代进行的跨大气层飞行器研究考虑了火箭推进和吸气式发动

机推进组合的单级入轨和两级入轨设计概念。跨大气层飞行器研究包括先进有人驾驶空间飞行性能研究（AMSC）、科学黎明（Science Dawn）、科学王国（Science Realm）和富人天地（Have Region）。美国中央情报局的云母飞行器是空中发射的、由火箭推进的亚轨道侦察飞机，但此计划还没有进入试飞阶段就被取消了。然而，在对云母的设计进行评审时，却发现它的热防护系统（TPS）可用于火箭推进的单级入轨空天飞机。云母建造并测试了一架大比例的试验模型，目的是验证结构质量系数、热防护系统和整体结构的可行性。云母的技术储备让美国空军感觉到未来的跨大气层飞行器研究有了保证，于是美国空军启动了科学黎明计划，三个工业部门的承包商被选中参与。科学黎明运载器的操作概念融合了军用飞机的操作。为了便于开发操作概念，战略司令部也加入到了该项目中，并负责提出任务要求。科学黎明计划是由任务牵引而非技术推动。

在科学黎明计划执行期间，开发出了新的设计概念：一个是单级入轨的概念，另一个为带助推器的单级入轨概念。随后的科学王国和富人天地计划，都把重点放到了结构质量系数上，并各自建造了三架模型，但是，在试验完成之后，模型中的两架便失效了。第三架模型是热结构概念机，试验也只取得了部分成功，原因是在再入条件下的地面试验中出现了非灾难性的错误。经调查发现是制造上的错误导致了这次失败，错误虽然很容易改正，但模型没有进行修改完善，试验也没有继续。作为这些计划的结果，按照国家航空航天局的技术准备标准，技术准备已经达到了等级 5 和 6，改进后的航天飞机主发动机动力系统，技术准备已达到等级 5。

从 1984 年开始，美国国防部高级研究计划局研究了一种叫做铜谷的由火箭基冲压组合发动机推进的单级入轨重复使用运载器设计概念。最终铜谷计划演变成了国家空天飞机计划。国家空天飞机计划是国家航空航天局和国防部的联合计划，空军和海军也参与其中。该计划开始于 1986 年，终止于 1994 年，花费超过了 20 亿美元，但没有取得预期成果。国家空天飞机计划取得的成就包括：组合动力发动机部件设计和地面测试；新的高温材料和涂层开发，部分进行了试生产；低速和高速发动机循环系统地面试验；设计、制造和测试了一个大尺寸的复合材料氢贮箱；发动机前缘热管的演示验证。通过创新设计和实验测试，获得了超过 100 项的技术成果，推动了技术成熟，奠定了技术基础，达到了研制国家空天飞机计划（NASP）/X－30 飞行演示验证机的技术水平。美国国家航空航天局兰利研究中心仍在对国家空天飞机计划的单级入轨进行着最新的基本概念设计，超燃冲压发动机的进一步试验也仍在继续。

美国国防部战略防御计划组织也表现出了对单级入轨运载器的极大兴趣，并在国家空天飞机计划取消后，启动了“德尔它”快帆（DC－X/XA）计划。20 世纪 90 年代中期，美国国家航空航天局开始了“冒险之星”/X－33/X－34 两种火箭推进单级入轨运载器的研究。X－33 是实用型单级入轨重复使用运载器“冒险之星”的缩比型号，由火箭发动机推进，是单级入轨技术演示验证机，是美国国家航空航天局和工业部门联合投资的联合计划，目的是演示验证满足单级入轨运载器性能的技术，从而降低开发单级入轨运载器相关的技术风险，目标是开发一种可由私营工业部门运营的、经济上可行的单级入轨运载器。X-34是一种最大马赫数为8的验证型单级入轨运载器，用来进行飞行试验和演示验证先进的重复使用运载器技术。

由于技术和资金上的原因，X-33计划最终被取消了。经济性的“冒险之星”所依据的任务模型被证实过分乐观，经济模型是不现实的，从而导致收入显著低于开发使用“冒险之星”支出预测。另外，新一代的一次性运载火箭的出现也降低了空间运输费用，加上技术和资金困难，以及复合材料氢贮箱的故障问题得不到解决，导致此计划在进入飞行状态之前就被取消了。X-34的“捷径”烃燃料发动机遇到的问题使得X-34计划进度推后，并增加了成本，最终也在进行飞行试验之前就被取消了。

以上研究计划或项目虽都没有取得预期结果，但也取得了不少进展，表9-2简单列举了上述部分计划和研究项目已取得的技术成就。这些计划或项目在技术上仍然没有达到支持开发火箭推进或火箭基冲压组合发动机推进的单级入轨运载器所需的技术水平。在空间运输倡议（SLI）的第三代重复使用运载器计划中，也有关于单级入轨运载器的工作。国家航空航天局已经形成了一个高超声速动力系统开发计划，包括火箭基冲压组合发动机和涡轮基冲压组合发动机的地面和空中飞行试验。这些组合动力发动机也许可以应用于将来的某型单级入轨重复使用运载器上。

表9-2　重复使用研究项目和计划取得的成果

研究项目	阶段性成果
云母	轻质结构和热防护系统概念
	扩散结合钛
科学黎明	由优秀设计队伍做出的3个全面的系统初步设计
	提高航天飞机主发动机性能，水平操作，两个喷口
科学王国	3种结构概念，两种部分成功，一种经过验证
	不锈钢氢贮箱衬里
	0.88推进剂使用率
国家空天飞机计划	新材料、结构和制造方法
	复合材料氢贮箱，0.74推进剂使用率
	碳-碳空气面
	发动机前缘热管
	计算流体力学（CFD）
“德尔它”快帆（DC-X/XA）	使用氢燃料的运载器地面操作，包括发射准备时间
	复合材料氢贮箱，0.74推进剂使用率

续表

研究项目	阶段性成果
“冒险之星”/X-33	线性气动塞式发动机的开发
	防热系统及飞行诊断用的软件和传感器等方面取得了一定进展

9.2.1 太空梭Ⅱ

20 世纪 80 年代后期，美国国防部和美国国家航空航天局共同组建了一个研制重复使用空天飞机的研究机构，其研究目的是开发验证用于高超声速飞行器的基础技术，弥补地面试验在 8 倍声速以上的不足，以便制造在技术、成本及应用上更为先进的航天运输系统和军民两用飞机。2002 年，美国又制订了军民两用的国家航天倡议（NAI），主要发展高超声速、先进进出空间技术。国家航天倡议把天地往返运输任务作了规划，呈现出由简单任务到复杂多任务、由小到大的研究特点，逐渐实现天地往返目标，同时也实现高超声速飞行。

在总结航天飞机研制使用过程中的经验教训基础上，美国在探讨发展天地往返重复使用运输系统时更加倾向于单级入轨。航天飞机是一级半入轨①，但是利用航天飞机技术，航天运输系统的重量和体积都将会非常大，性能将会降低。早在 1986 年“挑战者”号事故前，美国国家航空航天局便在里根总统政府的支持下开始名为太空梭Ⅱ（Space Shuttle Ⅱ）的计划（图 9-3），用以研究在 2000 年替代航天飞机的载具，“挑战者”号事故加速了此计划。与航天飞机相比，用复合材料制造的太空梭Ⅱ更轻，同时位于前端的乘员舱还可在发射失败时与运载器整体分离。太空梭Ⅱ更强调人员运载能力，最大载荷预计从航天飞机的 25 t 减为 10 t，但却能支持 11 位航天员长时间空间活动。采用比航天飞机使用的 RS-25 更强大的发动机（Space Transportation Main Engine，STME），以及比航天飞机固体助推器更强大的助推发动机（Space Transportation Boost Engines，STBE），把太空梭Ⅱ连同燃料箱一起送入近地轨道。而后通过 STME 发动机的二次点火，让太空梭Ⅱ成为一款具备深空探测能力的新版航天飞机。

在发射模式上，太空梭Ⅱ要比航天飞机简单。轨道器、助推火箭、燃料罐、货物和人员均采用水平组装，然后运输到发射台再起竖，省去了航天飞机垂直组装所需的庞大辅助设施和辅助人员。在飞行性能上，由于燃料罐质心、助推火箭质心与轨道器质心三点在同一垂直面，太空梭Ⅱ发射时不会像航天飞机那样，在扔掉助推器后整体质心向轨道器方向倾斜，因而可省去发射后的向右滚转动作。同时太空梭Ⅱ在扔掉助推器和燃料后整体质心

---

① 在航天飞机的改进方案论证中，有一种方案是把航天飞机的固体助推器改为重复使用的液体助推器，如果能将外贮箱收回再次使用的话，航天飞机就有可能变为两级完全重复使用运载器。

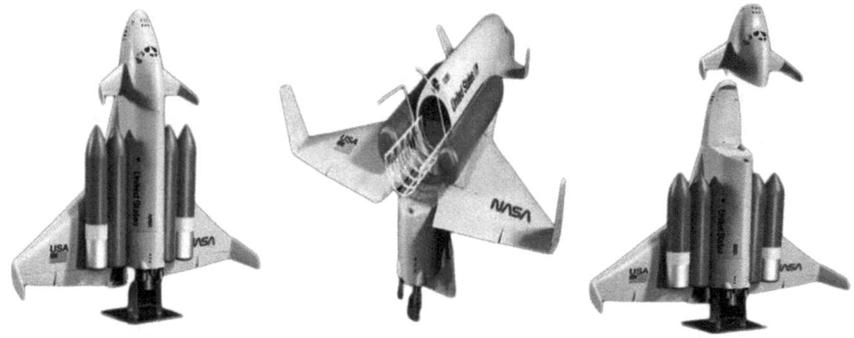

（a）太空梭Ⅱ发射构型① （b）略显奇葩的货舱打开方式 （c）乘员发射/在轨逃生系统

图 9-3 太空梭Ⅱ概念示意图

会向前移，提升了向前飞行动量。

对太空梭Ⅱ的研究一直持续到 20 世纪 90 年代中期，不断增加的研发制造费用和航天飞机在“挑战者”号事故后的稳定表现，让太空梭Ⅱ这个理论上更加安全强大的替代品只能停留在设计图和概念模型上。美国国家航空航天局开始认为航天飞机可以至少使用到 2010 年，X-40 的制造者波音公司甚至在 2001 年时公布了将航天飞机延寿到 2030 年的计划。然而计划永远跟不上变化，2003 年“哥伦比亚”号的事故让所有航天飞机延寿计划都化为泡影。尽管如此，国际空间站的建造还是维持了对重复使用运输系统的需求，太空梭Ⅱ从美国国家航空航天局一家的苦心研究变成了由诸多航空航天巨头公司发展测试的“空间机动飞行器项目”。尽管中间经历了一系列的计划，但最终锁定在 X-37 项目上。波音公司并没有浪费对航天飞机的升级科技，而是将它们移植到了 X-37B 上，造就了这款极像缩小版的航天飞机且又集合了无数航天飞机技术的太空飞行器。

9.2.2 X-30

第二次世界大战后，喷气式发动机的问世，跨声速和超声速流体力学理论的建立，材料与结构技术的提高，使飞行器高速飞行成为可能。20 世纪 50 年代，无论是导弹还是战斗机，提高速度都是各国追求的主要性能指标。常规的涡轮喷气发动机还处在幼年时期，体积大、推力小，美国把动力装置的研制精力放在冲压发动机和火箭发动机上。1950 年，美国制定了“印第安人”高速巡航导弹计划，要求发展速度在马赫数 2.75、射程在 8 800 km 的巡航导弹，采用的是冲压发动机。但由于这种发动机不能在低速下有效工作，因此它的助推级装有 3 台液体火箭发动机，每台推力为 63 t。

① 内侧为推进剂贮箱，外侧为液体燃料助推火箭。“挑战者”号事故后固体燃料火箭的安全性受到严重质疑，导致在太空梭Ⅱ设计中没有出现。

在研制“印第安人”高速巡航导弹的同时，美国还进行了另外几项高速试验飞行器计划。这些高速飞行器计划的共同特点是：采用冲压发动机为主动力，用火箭助推或飞机携带升空。这些高速飞行器计划表明，采用涡轮喷气发动机、冲压发动机或在这些发动机基础上采用火箭助推能够达到马赫数 3 以上的飞行速度。但在这一时期，中程弹道导弹、洲际弹道导弹、先进的空对空导弹和地对空导弹获得了长足发展，使美国感到常规的飞机在未来战争中的地位可能大大下降，因为即使速度再高，也难以逃过导弹的进攻。因此，发展高速战斗机和轰炸机必要性不大。加之涡轮喷气发动机和冲压发动机的一体化面临的技术问题迟迟得不到解决，因此，美国国防部于 1957 年下令撤销了许多类似计划。

20 世纪 60 年代中期，美国马夸特飞机公司和美国国家航空航天局的兰利研究中心，同时开展了超燃冲压发动机的试验研制工作。1965 年，马夸特公司研制出了被称为双模态冲压发动机的实验型样机。在试验时，用超声速风洞的气流，模拟超声速内流燃烧引射喷嘴，直接将氢气射入气流的中心。这种布局，当风洞气流为马赫数 9 时试验很成功，表明超燃冲压发动机的确能产生有用推力。兰利研究中心也设计了超燃冲压发动机（称为高超声速燃烧冲压发动机）。这种发动机的地面试验也取得了有用成果。但随着 X－15 计划的结束，美国国家航空航天局把精力主要放在航天飞机与火箭上，超燃冲压发动机的研究被压缩到最低限度，研究进展不佳。

从 1968 年到 1984 年，兰利研究中心少数研究人员在罗伯特·约翰斯和李·比奇领导下，利用细水长流的有限资金，艰难地继续研究以氢为燃料的超燃冲压发动机。这一时期研究的重要特点是，探索了机身与发动机一体融合方案，飞机机身的下部能起到发动机进气道和尾喷管的作用。它比过去研究的高超声速发动机阻力小得多。1981 年，美国研究冲压发动机的企业和研究单位，集体要求美国国防部高级研究计划局扶持冲压发动机的研究。从 1982 年起，首席空气动力学家罗伯特·威廉斯开始认真考虑超燃冲压发动机能否用于单级入轨飞行器的问题。他的合作者包括乔治·鲍姆、动力学家托尼·杜邦、材料科学家帕里什等人。1983 年中，美国国防部高级研究计划局拨款 10 万美元资助这个项目。1983 年 5—12 月，美国空军方面也投资 60 万美元，用于对跨大气层飞行器开展第一阶段的研究工作。这样超燃冲压发动机和空天飞机的可行性研究全面铺开。

1984 年，罗伯特·威廉斯向美国国防部高级研究计划局局长罗伯特·库珀作了一次汇报，题目为“空天飞机的复活”。罗伯特·库珀对此表示满意并显得兴趣十足。在美国宇航学会举行的年会上，他指出有可能在 3 年内研制成以氢为燃料的超声速冲压发动机作为动力的飞行器。1984 年 6 月，经过认真审查后，罗伯特·库珀批准拨款 600 万美元，继续进行基础性研究与分析，讨论空天飞机方案。这就是“铜谷”计划。在“铜谷”计划进行当中，罗伯特·库珀安排了一次报告会，由罗伯特·威廉斯向各个机构的高级官员汇报空天飞机的研究结果，借以扩大影响。1984 年即将结束之际，他们又拜访了里根总统的科学顾问基沃斯。

由于费用很高，非美国国防部高级研究计划局一家所能承担，罗伯特·库珀感到应当联合联邦政府各机构，以取得他们的支持。这样，空天飞机计划变成了由美国国防部高级研究计划局和美国国家航空航天局、“星球大战”计划组织、海军、空军 5 家单位联合的计划。希克斯和贝格斯对空天飞机计划的认可，也很快得到了国防部长温伯格的批准。在安排里根亲自听取汇报之前，基沃斯先安排威廉斯同国家安全顾问戴克斯特尔海军上将、白宫办公厅主任里甘等会面。最后，里根总统在听了威廉斯等人的汇报之后，同意批准空天飞机计划。1986 年 2 月，美国正式批准了以研制试验型空天飞机（X－30）为目标的国家空天飞机（NASP）计划。美国试图通过发展空天飞机来保持自己在航天和高超声速技术领域的世界领先地位。X－30 能够以马赫数 8 以上的速度飞行，比目前的任何一种吸气式飞机的速度都快。

空天飞机既能在大气层内飞行，也能在太空围绕近地轨道飞行。空天飞机的两种入轨模式（单级入轨和两级入轨）都采用水平起飞模式。单级入轨比两级入轨更先进、更优越，技术难度也更大。美国国家空天飞机计划的目标是开发一种可完全重复使用、运输成本比航天飞机低一个量级、可水平起降的单级入轨飞行器。美国国家空天飞机计划确立以火箭基冲压组合发动机、单级入轨完全重复使用为目标，研制一种能够像飞机一样水平起飞，在大气层内飞行，并加速进入轨道，像飞船一样在轨运行，最后能够再入大气层并安全返回地面，水平着陆的空天飞机。X－30 是国家空天飞机计划中的超高速单级入轨飞行器，飞行速度为马赫数 12～25。

X－30 由洛克韦尔公司研制，目标是实现载人的“太空客机”，采用平起平降入轨及返回，速度可达到马赫数 20。国家空天飞机计划借助数值计算和风洞试验，研究了 X－30 单级入轨飞行器结构、吸气式动力系统、机身/发动机一体化、控制与稳定性、外形气动特性等技术问题，并开展了“亚燃-超燃”双模态超燃冲压发动机设计和地面试验，完成了 1 500 次发动机模型试验，其中在小尺寸、大尺寸超燃冲压发动机上分别进行了马赫数 18 和马赫数 8 地面试验。在马赫数 0～1 时，涡轮喷气发动机工作；在马赫数1～2.9 时，涡轮喷气发动机和冲压发动机同时工作；在马赫数 3～5 时，冲压发动机工作；在马赫数 5 以上时，冲压发动机转换成超燃冲压发动机。

X－30 计划是对航空航天高技术的挑战，需要突破六个方面的关键技术，其中三项关键技术与动力系统有关，研制能从零速度起飞到马赫数 25 的入轨速度的发动机，并做到与机身一体化，这是最艰巨的任务。不同的发动机有不同的适应条件，因此，X－30 的发动机同时采用涡轮喷气发动机、超燃冲压发动机，甚至还使用了火箭发动机。涡轮喷气发动机技术比较成熟，可以极大地减轻重量，死重问题不是很大。火箭发动机问题也不是很大，但要解决减重问题。最难的是氢燃料（采用胶状氢）超燃冲压发动机。这种发动机需要使超声速压缩空气流进入燃烧室，在高超声速下调节气流，以防止产生激波并且使发动机点火过程保持稳定而有效。要解决这些问题，机身下表面的设计、进气道的设计与控制、内流气动力学、地面试验设备与试验技术，都必须圆满解决。

美国国家航空航天局兰利研究中心的一个方案是：涡轮喷气发动机与冲压发动机上下布置，共用喷管，进气道可调。超燃冲压发动机的工作原理是将高超声速空气来流吸入燃烧室，进行减速和压缩，然后喷入燃料（通常是氢或碳氢，X－30 计划采用氢），使空气与燃料在超声速流态下混合燃烧，燃烧后喷出物质，产生推力。这种发动机的工作效率很大程度上取决于飞行器机身的气动外形设计，因为机身外形必须同时作为空气来流的进气道边界和燃烧尾流的喷管边界，称为前体压缩和后体膨胀方式，因此飞行器机身和发动机的一体化设计对于完成该项目至关重要。另外，如何在该动力系统中有效地利用氢燃料也是研制 X－30 的又一个关键因素。

先进的材料是另一项关键技术，包括复合材料和钛合金，它们能够在很高的温度下保持材料的完整性。高温是飞行器的高超声速飞行引起的，甚至达到 1 800 ℃，因此需要研制主动冷却系统和先进的耐热材料。美国通过 1984 年的“铜谷”项目研究发现，如果采用更主动的、更先进的热管理系统，高超声速飞行器能够达到更高的速度。通过氢燃料再生冷却方式，可以提高飞行器的速度极限。首先将氢通过机身表面，对机身表面进行冷却，同时高温的机身表面也对低温氢进行加热，然后才将氢喷入发动机燃烧，这样气动阻力产生的热能就发挥了重要的作用。利用这种方式工作的飞行器，飞行速度可以超过马赫数 8 的限制。有专家甚至认为采用这种主动的热管理方式，仅采用超燃冲压发动机就可以达到马赫数 25，不需要火箭推进也可以入轨。

在空气动力学和气动热力学方面，X－30 的设计必须能够以很高的精度，计算出高超声速流场，以确定最大的飞行器结构和外形。根据现有设备情况，只能进行马赫数 20 以下的风洞试验，更高速度的特性主要通过计算机模拟获取。为此，美国动用了配备在艾姆斯研究中心的“克雷”Ⅱ巨型计算机，其运算速度为 10 亿次/s。到 1990 年，美国有 50％的超级计算机参与 X－30 的气动力和气动热的计算工作。

由于超燃冲压发动机技术无法在计划期限内实现，1995 年耗资数百亿美元、历时 10 年之久的国家空天飞机计划（NASP）由于技术难度过大、技术不成熟被迫停止。国家空天飞机计划虽然终止了，但其研究过程中取得的中间成果对美国发展高超声速技术仍是极大的支持，有些成果对发展以火箭发动机为动力的单级入轨重复使用航天运输系统也很有帮助。国家空天飞机计划是人类研制完全重复使用单级入轨空天飞机的首次尝试，虽然失败了，但通过该计划，人们充分认识到了问题的难度，弄清了问题涉及的关键技术，其正面意义还是巨大的。因此，美国航天领域很多专家认为国家空天飞机计划的钱没有白花。

9.3 空间运输倡议

1999年秋，美国国家航空航天局提出了综合航天运输计划（ISTP），组织工业部门进行了航天运输体系（STAS）研究，包括航天飞机的改进和空间运输倡议（SLI）。空间运输倡议对未来40～50年内美国航天运输计划进行了总体规划，包括航天飞机安全改进计划、第二代重复使用航天运输系统计划、第三代及其以后的重复使用航天运输系统计划。

空间运输倡议（SLI）旨在研制使用两级可返回式助推火箭的飞行器，既增加运输安全性、节约发射经费又不会造成空间污染。提出的重复使用航天运输系统的验证项目，主要是基于火箭动力发展助推级和轨道级部分重复使用的两级入轨飞行器，如X-37B、重复使用助推器（Reusable Booster System，RBS）、XS-1等。同时，美国私营公司也加入该领域，探索性地开展了技术研究，并取得了突出成果。美国国家航空航天局的第三代重复使用运载器系统将是完全重复使用的，目标是成本降低至现有系统的1%，而安全性提高10 000倍，并计划于2025年前投入使用。

空间运输倡议（SLI）包含三部分内容：一是航天飞机升级计划，计划的重点在那些能够降低费用和提高安全性的技术上；二是中期的航天飞机替代计划，叫做第二代重复使用运载器，包括现役航天飞机的派生型号和一种新型两级入轨运载器，目的是将可靠性提高100倍，而载荷运输费用减少到2 200美元/kg；三是第三代重复使用运载器，目标是将可靠性提高1 000倍，而载荷运输费用减少到220美元/kg。

空间运输倡议分三个阶段实施：第一阶段（1995年1月—1996年7月）为方案论证阶段，美国国家航空航天局对麦道公司的垂直起降方案、洛克韦尔国际公司的火箭飞机方案和洛马公司的升力体方案进行了分析和评估，最后洛马公司的升力体方案（其全尺寸型被命名为“冒险之星”/X-33）中标，被确定为第二阶段重复使用航天运输系统方案；第二阶段（1996年7月—2000年12月）为先进技术验证阶段，根据选定的“冒险之星”/X-33方案，将研制、设计并建造缩比型重复使用航天运输系统实验飞行器，原计划在1999年12月底之前进行首次试验飞行；第三阶段（2000年12月—2003年12月）研制可运行的下一代全尺寸完全重复使用航天运输系统。

2000年年底，美国国家航空航天局开始对空间运输倡议计划进行招标，包括轨道科学公司和凯利公司等在内的多家工业公司参与了其中的工作。2001年4月，美国国家航空航天局对这些公司的投资方案进行了初步评估。2001年5月15日，空间运输倡议计划办公室在马歇尔航天飞行中心成立，17日该办公室代表美国国家航空航天局与工业部门签署了第一批空间运输倡议合同，合同总价值约为7.67亿美元。第一批合同的任务是研制相关的技术，这些技术将被应用于未来的新型运载器。全尺寸第二代重复使用运载器的研制工作，原计划在2005年前后开始。

但到了2002年10月21日，美国国家航空航天局就宣布从当年10月22日起无限期推迟为空间运输倡议所做的系统评审（SRR），以及与重复使用航天运输系统有关的协议，并在2009年前不再开展工作。美国国家航空航天局还决定至少在2009年以前从空间运输倡议中削减23.25亿美元，以支持一项新的轨道空间飞机（OSP）计划和综合航天运输计划（ISTP）。同时，美国国家航空航天局也认为，降低发射成本不能以牺牲可靠性为代价，因而需要采取稳妥的分步实施策略。按照这一策略，美国国家航空航天局将在开发第二代和第三代可复用运载器所需技术的同时，通过技术改进来提高现役航天飞机的安全性和可靠性。

这表明了美国政府对综合航天运输计划和空间运输倡议的态度有所转变，空间运输倡议不会被取消，但任务目标有所转变。与强调开发低成本、高可靠性重复使用运载器的原综合航天运输计划相比，新的综合航天运输计划中至关重要的内容是，尽快开发一次性使用运载火箭发射的“乘员运送/乘员救生飞行器”（CTV/CRV）和“轨道航天飞机”（OSP），这将是未来几年综合航天运输计划最紧迫的任务目标。当国际空间站出现紧急情况时，“轨道航天飞机”可以保证空间站上的工作人员迅速逃离现场并返回地面。综合航天运输计划综合考虑了空间运输倡议以前的研发成果和先进空间计划，以提高美国下一代重复使用运载器的安全性、可靠性，并降低成本。其工作重点包括先前的第三代重复使用运载器的工作，以及吸气式高超声速动力系统的研究。

9.4 重复使用计划

齐奥尔科夫斯基的多级火箭理论为人类通向宇宙奠定了理论基础，当时齐奥尔科夫斯基认为，用单级火箭无法达到宇宙速度，必须采用多级火箭技术进入宇宙空间。但随着技术的发展，单级火箭进入空间的可能性正在逐步增加，同时为降低发射成本而提出的重复使用也要求减少火箭的级数。从技术角度看，单级入轨飞行器从材料构成、动力系统、保障体系、结构强度等技术角度难度均比两级入轨重复使用航天运输系统要大。美国经过若干年的技术探索后已经将研究重点从挑战单级入轨（SSTO）转到了两级入轨（TSTO）。沿着从一次性使用到部分重复使用、从部分重复使用到完全重复使用的技术路径开展递进研究，这符合技术逐步迭代、风险可控的发展规律。

在20世纪70年代，美国空军和美国国家航空航天局就开展了火箭动力的单级入轨重复使用航天运输系统概念和可行性研究，研究目的是降低航天运输成本，探索单级入轨的技术途径。由于航天飞机无法满足人们在早期赋予它的种种期待，美国继续寻求新的技术突破，期待发展新型运载器以替代航天飞机。

20 世纪 80/90 年代，美国提出的“冒险之星”/X-33/X-34、欧洲提出的“霍托尔”计划等，都是单级入轨重复使用方案，但都因技术难度过大、投入经费过多而终止。为了发展单级入轨、垂起垂降、完全重复使用的运载器，1990 年 8 月，麦道公司提出了由火箭发动机提供动力、单级入轨、垂起垂降、完全重复使用的“德尔它”快帆（Delta Clipper，DC-X）方案。1993 年美国的“进入空间”计划（Access To Space），提出在 21 世纪前 10 年以火箭发动机为推进的单级入轨运载器是最有希望实现低成本的重复使用天地往返航天运输系统。

美国国家航空航天局在重复使用航天运输系统计划框架内，在机身结构、动力系统、热防护系统、健康管理等关键技术领域开展研究，并通过“德尔它”快帆（DC-X/XA）、“冒险之星”/X-33/X-34、X-37 等研究计划，研制相应的试验飞行器，对研制重复使用航天运输系统所需的各项关键技术进行演示验证。其中，“德尔它”快帆（DC-X/XA）计划验证未来重复使用航天运输系统所需采用的铝锂合金复合材料液氧贮箱、复合材料液氢贮箱、低温管理系统等技术；X-33 目的是要验证可显著提高可靠性并降低发射成本的技术，其后续实用型号有望把低轨道有效载荷的发射费用从目前的 22 000 美元/kg 降低到 2 200 美元/kg；X-34 主要是弥补“德尔它”快帆（DC-X/XA）计划的不足，验证高速飞行条件下（马赫数 8）先进防热系统、复合材料结构与贮箱以及新的综合电子设备等的技术性能；重复使用航天运输系统计划主要研制和验证采用的关键技术，包括重复使用的低温贮箱、复合材料主结构、耐久性防热系统和一体化动力技术等。美国国家航空航天局希望在突破各项关键技术后，开始正式研制实用型重复使用航天运输系统。

在火箭动力单级入轨方面，麦道公司设计的“德尔它”快帆（DC-X/XA）试验机是世界上第一个以火箭发动机为动力、垂直起降的完全重复使用航天运输系统，可将 10 t 级载荷的单次发射成本降低至 1 000 万美元左右。“德尔它”快帆（DC-X/XA）大量采用石墨纤维/环氧树脂等先进复合材料以减轻结构重量，采用了 4 台膨胀循环液氢/液氧发动机 RL10A-5（海平面推力 60 kN，调节范围 30%～100%，重复使用 20 次），并搭载了当时最先进的飞控与导航系统。在麦道公司进行的 12 次“德尔它”快帆（DC-X/XA）飞行试验中，单级火箭系统在垂直起降、快速飞回和地面简化保障技术等方面得到了验证。洛马公司设计的 X-33 完全重复使用航天运输系统是垂起平降的升力体方案，即“冒险之星”/X-33 试验机，采用 RS-2200 液氢/液氧气动塞式喷管发动机，共进行了 73 次全尺寸试车，累计试车时间达到 4 000 s。

世界各国在认识到单级入轨重复使用航天运输系统的研制难度后，纷纷转变发展思路，把两级入轨或多级入轨部分重复使用航天运输系统作为近期研究目标，如美国提出的“空间机动飞行器”（SMV）计划，俄罗斯提出的“快船”（Kliper）计划等。

9.4.1 单级入轨组合体

1994年，美国政府颁布了《国家航天运输政策》，其宗旨是号召美国国家航空航天局与工业部门合作，研制可靠性和安全性更高且发射成本更加低廉的航天运输系统。根据政府的号召，美国国家航空航天局最初将所有的航天运输系统研制计划分为三类：一是载人空间探测与研究计划，其中包括航天飞机安全改进计划、X-38/国际空间站航天员紧急返回运载器研制计划等；二是为商业发射服务商提供的一次性运载火箭发射服务计划，目的是由政府支持工业部门研制一系列私营公司所需的一次性使用运载火箭，这些火箭除进行各种商业发射外，还将为美国国家航空航天局和国防部提供各种服务，政府部门以"用户"的身份向工业部门购买发射服务；三是先进的航天运输技术研究计划，其中以开发研制未来的完全重复使用航天运输系统技术为主要任务目标。

从1995年开始，美国政府和美国国家航空航天局负责制定了重复使用航天运输系统计划，目的是要最大限度地降低向空间运送人员与货物的成本，提高可靠性与响应能力。重复使用航天运输系统计划是美国国家航空航天局根据《国家航天运输政策》作出的一项研制一种不载人、亚轨道完全重复使用运载器的计划。这里的重复使用航天运输系统计划重点是研制一种以火箭为动力的单级入轨火箭，原计划在2015年左右替代目前使用的航天飞机。重复使用航天运输系统计划主要由X-33先进技术验证机、X-34小型重复使用运载器、X-37试验飞行器等计划组成，其中以X-33先进技术验证机计划为核心。

在新的《国家航天运输政策》框架下，美国将发展火箭基冲压组合发动机、单级入轨完全重复使用航天运输系统。目标分为两步，先发展以火箭发动机为动力的重复使用运载器，再发展以火箭基冲压组合发动机为动力的重复使用航天运输系统。美国国防部负责改进型一次性运载火箭（EELV）计划，重点是大幅度降低发射成本，尤其是大型卫星的发射成本。美国国家航空航天局负责第二代重复使用航天运输系统的技术研制和验证，即研制继航天飞机之后的重复使用航天运输系统，最大限度地降低运送人员与货物的成本，提高可靠性与快速响应能力。

第二代重复使用航天运输系统以研制火箭发动机动力的单级入轨飞行器为目标，希望在2012年左右替代航天飞机。第二代重复使用航天运输系统又包括多项技术验证计划，这些技术验证计划主要有"德尔它"快帆（DC-X/XA）试验飞行器计划、X-33先进技术演示验证飞行器计划、X-34小型重复使用运载器计划（表9-3）。其技术路线是以单级入轨重复使用航天运输系统为需求牵引，对涉及的核心关键技术进行攻关，通过演示验证来逐步提高技术成熟度，期望未来能够具备类似飞机一样自由进出空间的能力。

表 9-3　美国重复使用运载器演示验证计划

验证机	DC-X/XA	X-33	X-34	X-37	X-37B
计划起止时间	1991—1996 年	1996—2001 年	1996—2001 年	1999—2005 年	2006 年始
起降方式	垂直起飞	垂直起飞	空中发射	垂直起飞	垂直起飞
	垂直降落	水平降落	水平着陆	水平着陆	水平着陆
入轨级数	单级	单级	单级	多级	多级
长度/m	—	20.42	17.8	8.38	8.9
翼展/m	—	20.73	8.5	4.57	4.5
起飞质量/t	19	129.25	21.8	5.94	4.99
主发动机	RL10A-5	XRS-2200	Fastrac	AR-2/3	AR-2/3
燃料	液氢 液氧	液氢 液氧	液氧 RP-1 煤油	过氧化氢 JP-8 煤油	甲基肼 四氧化二氮
最大马赫数	亚声速	15	8	25	25
研制经费/亿美元	0.6	12.69	0.86	1.73	—

(1)"德尔它"快帆(DC-X/XA)

"德尔它"快帆项目不是用来演示单级入轨能力的，而是用来演示验证垂直起降，即加注低温燃料的飞行器像飞机一样的地面操作，以及高效地面操作方法的。希望通过应用高效地面操作方法，可以显著缩短地面发射准备时间和降低空间运输费用。"德尔它"快帆(DC-X)1991—1993 年由美国国防部资助，1994—1995 年由美国国家航空航天局资助，1996 年该项目正式转移到美国国家航空航天局，并将该项目升级为"德尔它"快帆(Delta Clipper Experimental Advanced，DC-XA)。以火箭发动机为动力的单级入轨重复使用航天运输系统的核心关键技术是塞式喷管发动机和复合材料轻质贮箱。

"德尔它"快帆(DC-X/XA)使用 4 台氢/氧膨胀循环火箭发动机(RL10A-5)，通过各个发动机推力调节实现飞行器的姿态控制、平飞和掉头。在降落的时候，通过调节发动机的推力，实现悬停、下降和垂直降落。在 1993—1995 年的 3 年时间里，"德尔它"快帆(DC-X)进行了 8 次飞行试验(表 9-4)，获得了大量的试验数据，验证了相关的关键技术。其验证机所用的膨胀循环火箭发动机(RL10A-5)在重复使用研究过程中，被证明可以启动 75 次而不需要分解检查或更换部件。在第 8 次飞行试验中，"德尔它"快帆(DC-X)出现了非灾难性的故障，由于"德尔它"快帆(DC-X)以约 4.27 m/s 速度硬着陆导致外壳损坏，随后，便被移交给了美国国家航空航天局。试验期间，"德尔它"快帆(DC-X)特意进行了两次飞行之间 24 h 发射准备时间的演示验证。

表 9-4 DC-X 试验项目

日期	持续时间/s	高度/m	状态
1993年08月18日	59	46	成功
1993年09月11日	66	92	成功
1993年09月30日	72	370	成功
1994年06月20日	136	870	成功
1994年06月27日	78	790	成功
1995年05月16日	124	1330	成功
1995年06月12日	132	1740	成功
1995年07月07日	124	2500	失败

1995年，美国国家航空航天局对“德尔它”快帆的发动机、贮箱、材料等进行了改进，改进后的试验飞行器称为“德尔它”快帆（DC-XA）。“德尔它”快帆（DC-XA）在1996年共进行了4次飞行试验，其中第2次和第3次飞行间隔时间仅26 h；在第4次飞行试验中，由于2个着陆支架未展开，着陆失败导致爆炸。后续由于缺乏资金，项目终止。“德尔它”快帆（DC-XA）飞行试验情况见表9-5。

表 9-5 DC-XA 试验项目

日期	持续时间/s	高度/m	状态
1996年05月18日	62	244	成功
1996年06月07日	64	590	成功
1996年06月08日	142	3 140	成功
1996年07月31日	140	1 250	失败

虽然很多美国国家航空航天局工程师更倾向于“德尔它”快帆（DC-X/XA），但是美国国家航空航天局官方可能是由于“嫡出”和“庶出”的原因，选择了“冒险之星”/X-33，“德尔它”快帆（DC-X/XA）项目最终被迫放弃。几年后，“冒险之星”/X-33也因为复合材料贮箱等技术问题，原定于1999年首次飞行的X-33亚轨道试验飞行器多次推迟发射，最终美国国家航空航天局取消了全尺寸“冒险之星”/X-33的研制计划。2016年，美国国家航空航天局宣布重启“德尔它”快帆（DC-X/XA）项目。在2021年制定的最新计划中，该飞行器高度为31 m，发射重量300 t，可以将13 t载荷送入近地轨道。另外，“太空快船”是通用太空航线公司研制的一种按飞机标准进行认证的运输系统，是在“德尔它”快帆（DC-X/XA）试验机项目所开发的技术基础上设计的，主要瞄准的是太空旅游市场和点对点的快速运输业务，因此“德尔它”快帆（DC-X/XA）的贡献是不可忽视的。

（2）“冒险之星”/X-33

“冒险之星”/X-33计划项目是一种重复使用航天运输系统1/2缩比模型技术验证

机，为亚轨道单级入轨、完全重复使用飞行器。因为“冒险之星”/X-33的技术也十分复杂，研制风险很大，所以当时起名叫“冒险之星”。1996年7月2日，美国副总统戈尔在加州宣布，美国国家航空航天局已经选定洛马公司为研制未来重复使用运输系统的试验型飞行器“冒险之星”/X-33的中标者①，说明美国完全重复使用航天运输系统计划进入了攻关阶段。到1999年末，美国国家航空航天局共出资9.414亿美元，洛马公司也投入了将近3.6亿美元。“冒险之星”/X-33的目标是开发关键技术，降低商用技术风险，研制一种类似飞机操作的以火箭发动机为动力的单级入轨运载器，采用垂直发射、水平返回模式，返场准备时间只需几天而不是几个月；操作人员数量只需几十人而非上千人；可靠性要比当时发射系统提高一个数量级；发射成本要降低一个数量级，单位有效载荷低轨道运输费用从22 000美元/kg降至2 200美元/kg（均为1996财年美元值）。此外，“冒险之星”/X-33还可能有多方面潜在的军事用途，如捕获敌方军用卫星、为研制高超声速军用飞机创造条件等。

“冒险之星”/X-33试验飞行器采用无翼钝前缘三角形平台构型，这种升力体外形具有良好的气动特性，方向稳定。由于机翼只有在着陆时才能发挥作用，在升空时则是负担，因此“冒险之星”/X-33”采用无机翼设计方案（图9-4）。这样做虽然升力小了，但返航时因燃料已经用完，重量减少了许多，故其可在2 500 m的普通跑道上着陆。“冒险星”之所以仅用一级火箭（航天飞机是用一级半火箭发射，其中的固体火箭助推器称为半级）就能升空入轨，也与采用新型轻质高强度材料有关。

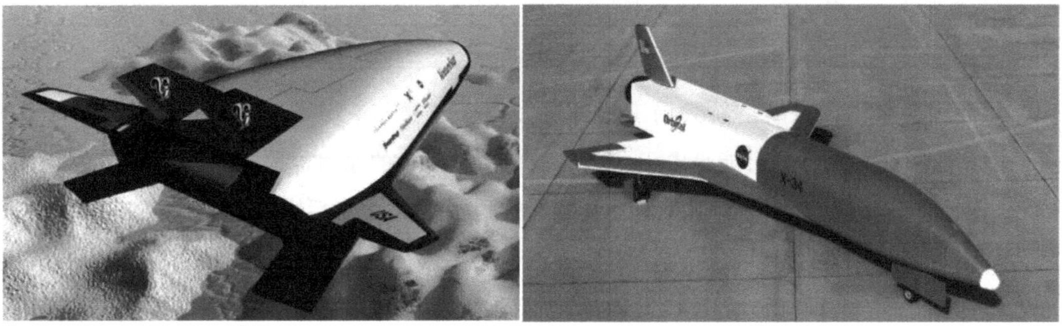

(a) X-33　　(b) X-34

图9-4　火箭动力运载器概念图

“冒险之星”/X-33升力体方案采用以液氢/液氧为推进剂的直排式（线性）气动塞式喷管发动机为动力，发动机可与后机身贮箱盖相结合，并且提供安装尾翼的结构。此

① 1995年3月，根据《国家航天运输政策》，美国国家航空航天局发布了关于X-33设计研究和支撑技术的合作协议通告，以异乎寻常的速度选择了3种X-33工业方案，并开始进行招标谈判。麦道公司提出的X-33方案是垂直起降弹道式火箭运载器，洛克韦尔国际公司的X-33方案是垂直起飞水平着陆的单级入轨火箭航天飞机，洛马公司的X-33方案是一种垂直起飞水平着陆的升力体飞行器。

外，升力体方案还具有高容积效率和较低后机身阻力的特点，气动稳定性和空气热动力特性都很好，着陆速度也很低。该验证机由两排安装在升力体尾部的直排式（线性）气动塞式喷管发动机（XRS－2200）提供推力。与钟形喷管的发动机相比，直排式（线性）气动塞式喷管具有性能高、模块化、一体化设计的优点。与普通火箭发动机不同，塞式喷管发动机呈“V”字型布局，涡轮泵要成组安装于“V”型体的空心部分。塞式喷管发动机几何结构和飞行器有机结合，能够减轻重量，同时塞式喷管发动机良好的高度补偿特性，有利于提高发动机比冲。该发动机是在“土星”火箭J－2发动机的改进型J－2S基础上进一步改进而成的。“冒险之星”/X－33机身前部设有一个合金多管液氧贮箱，机身两侧各有一个复合材料多管液氢贮箱，有效载荷舱位于两个液氢贮箱之间，并且位于机体着陆重心之上。有效载荷舱采用通用接口，特别适合运送集装箱式的货物。在机身的后侧，设有两个斜尾翼用于气动控制。主起落架位于液氢贮箱的凸起处，收缩到机身中心线内。

在“冒险之星”/X－33计划初期，进行的3 500 h风洞试验揭示了它存在的重大气动力控制问题，特别是在跨声速区。为此对“冒险之星”/X－33这种带翼升力体结构作了重大修改。设计人员增大了“冒险之星”/X－33两个垂直翼的总面积，减小了安装在这种验证样机两侧的翼倾角。1997年10月31日，美国国家航空航天局负责先进航天运输系统的主任佩顿说，用复合材料制造液氢贮箱对于“冒险之星”/X－33实用型可复用运载器都是令人胆怯的任务，我们或许应该把重点放在液氢贮箱上。佩顿还说，尽管在过去的几个月中已经从这种验证机设计上减少了2～3 t的重量，但是重量问题一直困扰着“冒险之星”/X－33的研制工作。为达到马赫数15的飞行试验目标，“冒险之星”/X－33仍显得太重，这是因为许多分系统的重量增加和整个结构没有得到有效的控制。增加液氢和液氧推进剂的密度，能够部分减少“冒险之星”/X－33的重量，可使“冒险之星”/X－33多加注5～6 t推进剂。

“冒险之星”/X－33试验机采用了比航天飞机更为先进的热防护系统，主要是采用洛尔公司研制的金属基碳-碳防热材料，这种金属基碳-碳防热材料非常轻，比航天飞机上的陶瓷防热瓦轻得多，而且大幅度降低了飞行后维护、整修的工作量。在高温区拟采用因科内尔（Inconel）合金蜂窝，它由0.152 mm厚的因科内尔（Inconel）耐高温合金箔铺在金属蜂窝两面，内部填充绝热纤维封装而成，当外部温度高达927 ℃时，内部温度仅为177 ℃。在较低温区采用钛合金蜂窝结构，飞行器大部分下表面温度低于704 ℃，采用钛合金防护。

另外，在“冒险之星”/X－33研制过程中，美国国家航空航天局与洛马公司曾讨论过在“冒险之星”/X－33验证机进行试验飞行后，对它做进一步改进，以降低“冒险之星”/X－33重复使用相关技术的风险。“冒险之星”/X－33的改进型称为X－33B，主要改进包括动力系统、热防护结构和电子设备等。2001年，由于轻质液氢贮箱等关键技术无法突破，X-33计划取消，XRS-2200发动机的研制随之停止。

（3）X-34

X-34是空中发射的高超声速火箭飞机（Rocket plane），是美国国家航空航天局的重复使用航天运输系统计划的一个重要组成部分，也是美国国家航空航天局Future-X计划中“探路者”系列验证机中的一个。作为发展重复使用航天运输系统总计划的一部分，X-34基本上与X-33先进技术验证机计划同时进行，但其成本要比X-33低得多，性能介于“德尔它”快帆（DC-X/XA）和X-33之间（图9-5）。X-34飞行器是单级入轨重复使用航天运输系统，其目标在于验证一些研制重复使用航天运输系统所需的更先进的技术，这些技术往往风险太大，不便在造价昂贵的X-33上得到验证。

图9-5　X-37、X-40A、X-34整体视感（从左到右）

1996年夏天，美国国家航空航天局与轨道科学公司签署合同，由后者设计建造X-34小型重复使用技术验证机，并进行亚轨道试飞。1997年6月，美国轨道科学公司完成了对X-34技术试验飞行器的最终设计评审，从而为X-34于1998年第4季度进行首次演示飞行铺平了道路。X-34验证机长15.55 m，宽8.34 m，重19.35 t，速度可达马赫数8，最大飞行高度约80 km。这种飞行器填补了当时麦道公司研制的“德尔它”快帆（DC-XA型）和洛马公司研制的X-33之间的空白。X-34设计采用可以提高灵活性的空中发射方式，从L-1011飞机上发射（与“飞马座”火箭发射方式相类似），把质量为1 361 kg的有效载荷送入低地球轨道。作为单级入轨重复使用航天运输系统，用于验证高速飞行模式下的一系列技术，包括全复合材料机体结构、复合材料推进剂贮箱、先进防热材料，以及自主控制与着陆系统。

X-34验证机采用推力为284.7 kN的泵压式液氧/煤油发动机。这种发动机采用烧蚀推力室组件，为了实现多次使用，每次飞行后需更换一次性使用的推力室组件。1999 年 6 月，一架 X－34 试验样机在载机机腹下进行了首次挂带飞行。由于在试验过程中遇到了技术难题，2001 年 3 月 1 日，美国政府宣布终止 X－34 计划，这使得美国雄心勃勃的单级入轨重复使用航天运输系统计划暂时终结。

然而，由于重复使用航天运输系统具有巨大的潜在军用价值，因而由美国军方发起的“开拓者”（X－37）计划被保留了下来，而且军方希望与美国国家航空航天局合作共同开发重复使用航天运输系统技术。美国国家航空航天局毫不客气地表示，取消“冒险之星”/X－33/X－34 计划的原因是在过去几年里，X 系列验证机计划并没有给美国的航天运输技术发展带来巨大的益处。美国国家航空航天局建议将研发重点转至空间运输倡议，并将“冒险之星”/X－33/X－34 计划中的一些研制工作并入空间运输倡议，如气动塞式喷管发动机研制小组从空间运输倡议获得一些经费后，继续进行了双机点火试验。

9.4.2 两级入轨上面级

20 世纪 90 年代以后，由于单级入轨方案（“冒险之星”/X－33）涉及大量的先进技术，技术风险高，资金投入多，实施非常困难，美国回归多级入轨、部分重复使用航天运输系统的研究。经历了空天飞机和火箭动力单级入轨重复使用航天运输系统相关计划的失败之后，美国深刻反思经验教训，并提出了多级重复使用航天运输系统的现实发展目标。2001 年，美国发布国家航天倡议（NAI），统筹协调发展高超声速技术、进入空间和利用空间技术三大方向，制定了以一次性使用高超声速飞行器为技术突破口，终极目标是发展空天往返飞行器的发展路线。

此外，美国还与英国喷气发动机公司就“佩刀”发动机达成合作共识。2016 年 9 月，美国同时公布了两套基于“佩刀”发动机的两级入轨方案。方案一采用重复使用的下面级和一次性使用的上面级，飞行器总长 45 m，起飞质量 159 t，能够将 2 t 载荷送入近地轨道。下面级具有后掠下单翼，两侧主翼中部各安装一台“佩刀”发动机；上面级安装在下面级机腹的内埋舱内，配备一次性氢氧火箭发动机。方案二为完全重复使用运输系统。飞行器总长 57 m，起飞质量 590 t，能够将 9 t 载荷送入近地轨道。方案二的下面级和方案一类似，不同的是上面级安装在下面级背部，采用类似 X－37B 总体布局，并配备液氧/煤油发动机。美国诸多举动已经表明，基于“佩刀”发动机的水平起飞两级入轨方案已成为美国发展完全重复使用航天运输系统的重要发展方向之一，而基于“佩刀”发动机的新路线也有望加速美国在重复使用空天飞行器上的发展。

单级入轨空天飞行器结构质量占比与推进剂质量占比之间的矛盾异常尖锐，是制约单级入轨空天飞行器研制的重要技术瓶颈。为了绕过单级入轨空天飞行器的技术难点，德国于 1987 年基于“桑格尔”两级入轨空天飞行器启动了高超声速技术计划（German

Hypersonic Technology Programme)。“桑格尔”空天飞行器一子级为高超声速运输载机，采用大后掠三角翼、翼身融合气动布局形式，涡轮/冲压组合发动机推进，在高度 31 km、马赫数 6.8 左右实现一、二级分离，一子级载机使用寿命为 100 次；二子级是轨道飞行器，采用三角翼布局形式，火箭发动机推进，可载人或载货，载人型使用寿命为 50 次，货运型为一次性使用。

两级入轨重复使用飞行器概念中的上面级包括轨道器、飞行器、小型运载火箭等。传统的上面级多为一次性使用，技术难度相对较低，通常采用单一类型动力和气动外形，以及简单操纵模式等，并且通常是已经存在的装备；新型的上面级要求具备重复使用和自主返回能力。

(1) X-38 飞行器

X-38 是“乘员返回飞行器”(Crew Return Vehicle，CRV) 的技术验证机，这种乘员返回飞行器供国际空间站上的乘员在紧急情况下返回地球时使用，比如乘员生病、受伤、空间站发生故障、受到破坏、缺乏补给等情况。X-38 由美国国家航空航天局、欧空局等共同研制。根据设计构想，国际空间站“乘员返回飞行器”将由在轨道飞行的航天飞机从货舱中释放，然后与国际空间站进行对接，停泊在空间站上，时间最长可达两年，必要时可携载最多 7 名航天员离开，从轨道无动力滑行到地面，使用翼伞着陆。

按照构想，X-38 可以发展成一种新型的重复使用运输系统，而其研制费比研制载人航天飞行器要便宜得多。作为国际空间站的救生艇，进一步也可发展成为用“阿丽亚娜-5”火箭发射的乘员飞行器。X-38 采用升力体构型，该构形设计方案参考了美国空军 20 世纪 60 年代研制 X-23A 和 X-24A 时用过的 SV-5 升力体构型，而 X-38 的升力体构型又是乘员返回飞行器构型的原型，被外界形容为“外形圆胖，如同一只会飞的熨斗”。根据乘员返回飞行器的使用要求，采用较低的再入载荷、较大横向漂移距离和具有精确着陆能力的升力体设计是比较理想的设计。

X-38 飞行器从 1995 年开始设计。1998—2001 年，利用 B-52 机进行了 8 次空中投放试验，累积了大量数据。在投放试验前，1997 年 7 月首先进行了 B-52 飞机机翼下的系留飞行试验，验证各系统与气动力学的综合性能。1998 年 3 月 12 日，X-38 在爱德华兹空军基地进行了首次从 B-52 飞机上投放的自由飞行试验。原计划在 2000 年进行空间试验，由航天飞机携带 X-38 入轨，然后释放 X-38，整个再入和回收程序由 X-38 自主控制完成。一旦得到验证，实用型“乘员返回飞行器”计划于 2003 年投入使用，直接为国际空间站服务。但是，2002 年 4 月 29 日，由于资金不足，X-38 项目被终止。

(2) X-40 验证机

X-40 验证机最早作为美国空军空间机动飞行器 (SMV) 项目的 90% 缩比原型机，主要对空间机动飞行器从空间返回地面过程最后阶段的低速进场和着陆开展试验验证。20

世纪90年代中期，由美国国家航空航天局约翰逊航天中心的德莱顿飞行研究中心负责，波音公司承担项目研制工作。

在美国航天司令部提出发展空间作战飞行器（SOV）后，X-40的飞行试验就和X-37的飞行试验结合起来了。1997年，X-40验证机改名为X-40A飞行器，用作X-37A的85%缩比验证机承担相关技术验证任务，主要研究大气层内亚声速飞行的气动特性，验证先进机体、飞行器电子系统、自动驾驶系统等多项技术，进行一系列地面静力试验、动力和投放试验等，为X-37A研制提供技术参数。

1998年夏天，在霍洛曼空军基地进行了飞行试验。试验时，X-40A飞行器在离地30 km的高空从一架飞机上投放。试验目的是验证高速、低升阻比无动力飞行器进场及着陆，航空电子设备及导航与控制技术的可靠性。着陆系统依靠INS/GPS装置进行控制和导航，按计划自主着陆试验要进行多次。

X-40A长约6.7 m，质量约1 134 kg，采用石墨环氧及铝制结构，由于其仅在大气层内飞行，其大部分防热瓦是假的，只有尾翼部分是真的，X-40A没有载荷舱，其位置被用于布置载机悬挂装置。2000年，X-40A进行低空抛投和滑翔着陆试验，并于2001年3—5月，在德莱顿飞行研究中心，由CH-47“支努干”直升机将其吊起在空中完成了全部的7次无动力投放试验。

关于X-40B的消息很少，但它被认为是全尺寸空间机动飞行器，它在升级到空间飞行和具备再入能力的构型之前，要先进行一些补充投放试验。它的半实用化构型的主要使命是发射己方的卫星或检查在轨卫星。它还可用于执行监视和后勤保障任务。据推测，X-40B要比X-40A稍大，增加了液体燃料火箭动力系统、热防护系统等空间操作系统。它可在无人照管的轨道驻留长达一年时间，地面周转时间不超过72 h。但美国空军中止了X-40B研制计划，其技术由X-37A吸纳。

(3) X-41飞行器

由于X-40A只能将卫星或武器带到160～320 km之间的近地轨道，如果要达到更高的轨道，X-40A将不能回收。因此，美国军方开始了飞得更高的X-41计划。X-41计划开始的准确时间没有对外发布，但是在1998年1月9日发布的“跨部门公告98-01”，被认为是官方征求X-41/通用空天飞行器承制商的正式公告。该公告的一部分详述了美国空军研究实验室（AFRL）空间飞行器分部（VS）对提高空间技术能力研究计划的兴趣。

根据构想，X-41作为通用空天飞行器，其优化后的军用型可与X-37和国防部的X-40B共同工作。X-41与X-37和X-40B类似，是一种机动再入试验飞行器，具有在大气层内运输和布撒多种有效载荷的能力。该计划的进展状态由于其保密特性不得而知。

X-41原计划在2003年进行验证试飞，分为一次性和重复使用军用空天飞机系统，提供从空间和通过空间向地面目标布撒多种有效载荷的能力。作为低成本的通用空天飞行器，X-41能够达到更高的末端精确度、更大的横向机动飞行范围和高机动飞行能力，可执行多种军事任务。

9.4.3 两级入轨下面级

两级入轨重复使用飞行器概念中的下面级，要求能够水平起降、加速爬升至临近空间高超声速状态，下面级和上面级级间分离后下面级返场，上面级继续执行任务，因此下面级技术难度非常大，通常必须采用组合动力、高度优化的气动外形及复杂的操纵模式等。两级入轨重复使用飞行器关键技术包括高升阻比气动外形、轻质耐高温材料、热管理技术、飞行轨迹优化、导航与控制、级间分离技术、耐高温材料技术和动力系统技术等。

国外两级入轨重复使用运输系统的下面级主要包括K-1火箭、“宇宙航班”运载器、SA-1运载器等。

(1) K-1火箭

K-1火箭是美国基斯特勒宇航公司研制的一种两级入轨运载器，近期有望实现可重复使用。其第一级也叫发射助推平台（LAP），直径6.62 m，采用为俄罗斯载人登月计划制造的三台NK-33液氧/煤油发动机作为动力装置，起飞重量378 t，起飞推力459 t。起飞后130 s内，第一级将第二级送上大约40 km高度后分离。之后，第一级重新定向，其中心发动机再次启动，使第一级在发射后约12 min借助降落伞和气囊在原发射场着陆回收。

(2) “宇宙航班”运载器

“宇宙航班”（Astroliner）是美国凯利空间技术公司采用其拖曳式发射专利技术研究的一种两级入轨重复使用航天运输系统，低地球轨道运载能力约4.6 t。发射时，有人驾驶的“宇宙航班”将由载机带到空中预定发射点；离开载机后，“宇宙航班”利用自身携带的3台俄制NK-33液氧/煤油发动机上升到约91 km的高度；这时发动机关机，运载器继续利用惯性上升；到达122 km时，运载器头部的货舱打开，内部安装的一次性上面级同卫星一起被推出；上面级随后点火工作，把卫星送入轨道；返回地面时，“宇宙航班”利用涡扇发动机进行有动力着陆。

(3) SA-1运载器

SA-1运载器是一种无人重复使用航天运输系统，采用组合动力系统。SA-1从传统飞机跑道水平起飞，利用空气/液氢冲压发动机飞出大气层外，转用液体火箭发动机，最终以马赫数9的速度在100 km高度释放上面级，任务完成后SA-1再入返回水平着陆。SA-1的低地球轨道运载能力约15 t，同步转移轨道运载能力5.2 t。

(4) Quicksat 飞行器

1996 年，美国空军召集了 17 个合同商，对跨大气层飞行器（TAV）和军用空间飞机（MSP）概念进行了评估，并委托波音北美公司制造缩比 90%的无动力“微型太空飞机”验证机。这项计划的目的是验证飞行器的自主着陆能力，经费为 530 万美元，时间为 1 年。除了建造验证机外，在莱特和菲利浦实验室的管理下，美国空军还开展了多项有关的技术开发工作，如波音北美公司利用高温固化复合材料制造了一段机身与机翼段，并进行了结构破坏试验，这一结构与准备用于轨道飞行系统的相同，以验证对重量和成本的估计效果。

按照设想，上述军用空间飞机属于一个两级可重复使用运输系统。军用空间飞机作为重复使用的上面级由一架较大的飞机携带并加速到高超声速，它的载机也可以是以火箭为动力的 X－33。军用空间飞机部分要相对小一些，长约 7.6 m，宽约 3.4 m，为石墨环氧与铝蜂窝结构，能够在空间机动。它采用可贮存推进剂，能在太空停留 1 年左右。可根据需要部署，还可随时应召返回地面并在跑道上着陆。它的灵活性和机动性很强，能进出各种轨道，包括低地球轨道以外的轨道。

在军用空间飞机计划下，美国空军研究实验室对重复使用 Quicksat 飞行器进行了概念研究。Quicksat 飞行器可作为两级军用空间飞机概念的下面级，采用火箭基冲压组合发动机为动力装置，水平起降，为提高适用性和满足性能指标要求，使用常温推进剂。可见，无论是单级入轨，还是两级入轨；无论是涡轮基冲压组合发动机，还是火箭基冲压组合发动机，水平起飞和着陆应该是重复使用空天运输系统的必备要求。Quicksat 飞行器主要用于实现以下功能：运送空间机动飞行器（SMV）或其他载荷到低地球轨道，实施高超声速打击。

该飞行器运用升力体设计技术，同美国国家航空航天局的 X－43 飞行器外形较像。美国国防高级研究计划局与空军的“基于美国本土的空军应用与发射”（FALCON）计划中，采用 Quicksat 飞行器投放增强型通用气动飞行器（ECAV），遂行打击任务，载荷释放后，Quicksat 飞行器返场。Quicksat 概念方案涉及动力、材料、结构、航空电子，以及飞行器综合健康监测系统等众多科技前沿领域。

动力系统方面，Quicksat 飞行器采用马赫数大于 3 的涡轮发动机、马赫数可达到 8 的吸热型超燃冲压发动机和尾段的一排 4 个密闭循环液体火箭发动机。所有发动机要求重复使用并且明确了再次出动维护时间。为减重和耐高温，在关键部位采用了先进的复合材料和铝合金材料。机身强度结构与质量进行优化设计，实现最小的质量达到最大强度要求。多余度航电设计，采用内埋式传感器，飞行器综合健康监测系统大大缩短了地面处理时间。试验发射场地确定在佛罗里达州的卡纳维拉尔角或范登堡空军基地。

（5）Aztec 飞行器

Aztec 两级入轨方案是在“先进空间运输计划”资助下，由美国国家航空航天局研制的重复使用两级入轨空天飞行器概念。该方案由下面级（运载器）和上面级（载荷级）构成，均重复使用（图 9－6）。

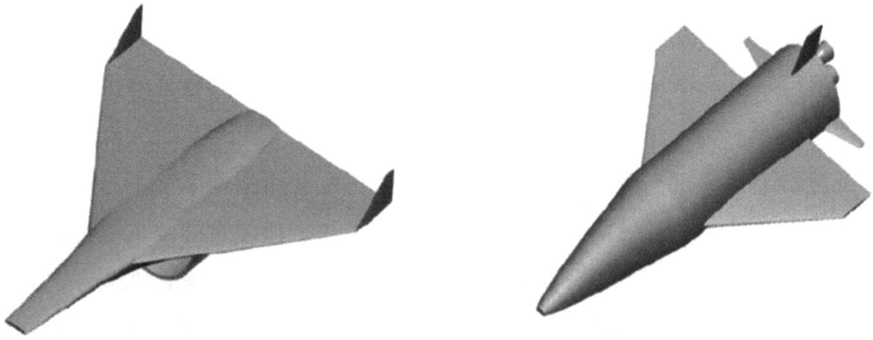

(a) 重复使用下面级　　(b) 重复使用上面级

图 9－6　Aztec 两级入轨系统的下面级和上面级

飞行器总重 314.3 t，其中，入轨载荷 9.1 t，爬升阶段推进剂重 176.9 t，返回段推进剂重 19.5 t。Aztec 两级入轨方案的总体参数见表 9－6。该方案采用水平起降，任务剖面如图 9－7 所示。下面级采用涡轮基冲压组合发动机，上面级采用高能密质（HEDM）/液氧火箭动力。高能密质由添加固态铝和甲烷胶体添加剂的液氢构成。

表 9－6　Aztec 两级入轨系统总体参数

参数	下面级	上面级
干重	78.9 t	25.4 t
JP－5 燃料	69.4 t	—
液氧	25.4 t	61.2 t
HEDM	5.9 t	14.5 t
爬升阶段马赫数	1.47	3.03
返回阶段马赫数	1.25	—
推重比	0.6	1.5

（6）FASST 飞行器

FASST 两级入轨飞行器是由波音公司提出的概念方案。下面级飞行器使用的是美国国家航空航天局格伦研究中心的革新涡轮加速器（RTA）项目碳氢燃料涡轮发动机，上面级使用的是碳氢燃料火箭基冲压组合发动机。下面级起飞质量 249.4 t，上面级载荷飞行器携带载荷 11.3 t，起飞总质量 294.8 t。上面级起飞速度不超过 463 km/h，将 11.3 t 载荷送入国际空间站。

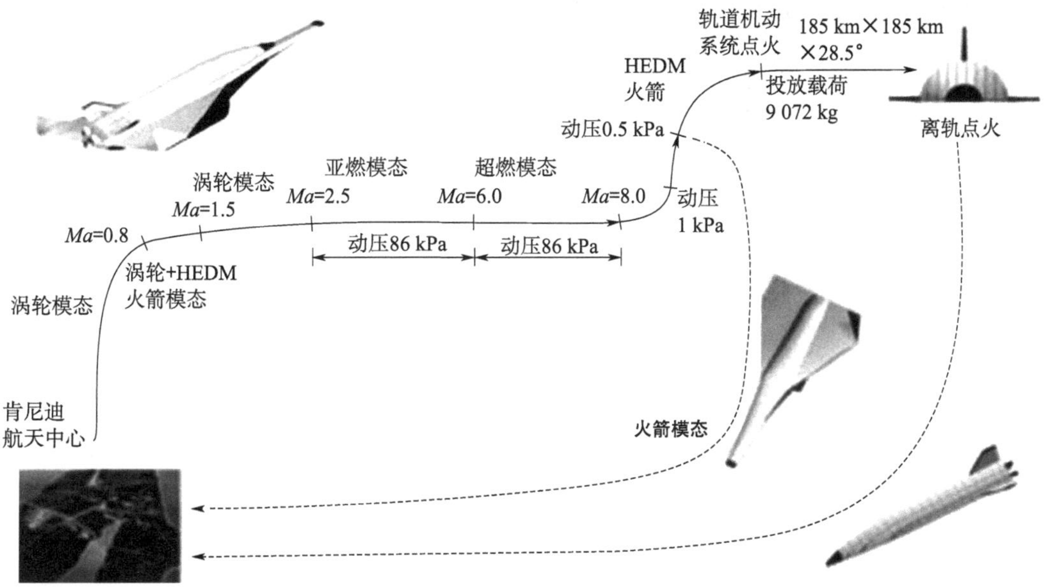

图 9-7 Aztec 两级入轨系统任务剖面

FASST 两级入轨飞行器概念方案级间分离速度为马赫数 4，是由轨迹优化结果及涡轮发动机工作速度上限共同决定的。该方案的优点：一是每一级飞行器都使用单一动力系统，这就降低了发动机/流道一体化设计复杂度，同时，可以分别在各自发动机工作速度范围内进行综合优化；二是下面级飞行器最大飞行速度为马赫数 4，不需要热防护系统；三是马赫数 4 的飞行速度还可用于执行其他任务。

（7）基于“佩刀”动力的运载器

2015 年 4 月，美国空军研究实验室确认了“佩刀”发动机的技术可行性，但同时认为，基于“佩刀”发动机的“云霄塔”水平起降单级入轨飞行器在短期内仍存在较大技术风险，宜作为更远期的发展目标。因此，美国空军研究实验室与美国 SEI（Safety Equipment Institute Inc）公司合作，开始着手研究两级入轨风险更低、周期更短的“佩刀”发动机应用方案。2016 年 9 月，美国空军研究实验室在美国航空航天学会（AIAA）会议上公布了基于“佩刀”发动机的两级入轨应用方案。该方案提出将“佩刀”发动机应用于两级入轨的第一级，降低了“佩刀”发动机的使用要求，由单级入轨转到两级入轨更有利于实现工程应用。美国空军研究实验室给出了两种基于英国“佩刀”发动机的概念方案，如图 9-8 所示。

在第一个概念方案中，入轨载荷 2.25 t，起飞总重 159 t，下面级为重复使用，采用大后掠无尾布局，翼尖小翼上翻设计。为提高航向安定性和操纵效能，配装 2 台发动机，发动机翼中构型。上面级为部分重复使用构型，内埋于下面级的载荷舱内，为一次性使用的氢/氧火箭动力。两级总长 45 m，总重 159 t，下面级重 144 t，上面级重 15 t，入轨参数为轨道高度 183 km、倾角 28.5°的圆轨道。

在第二个概念方案中，整个两级入轨重复使用航天运输系统为完全重复使用，入轨载荷 9 t，总重 590 t，下面级的布局与第一个概念方案的下面级类似，上面级不再内置于机身内部的载荷舱，而是背驼于下面级的脊背上。上面级的布局类似于 X－37B，采用液氧/煤油的重复使用火箭动力。该两级入轨重复使用航天运输系统的总长 57 m 左右，入轨参数与第一个概念的轨道参数一致。

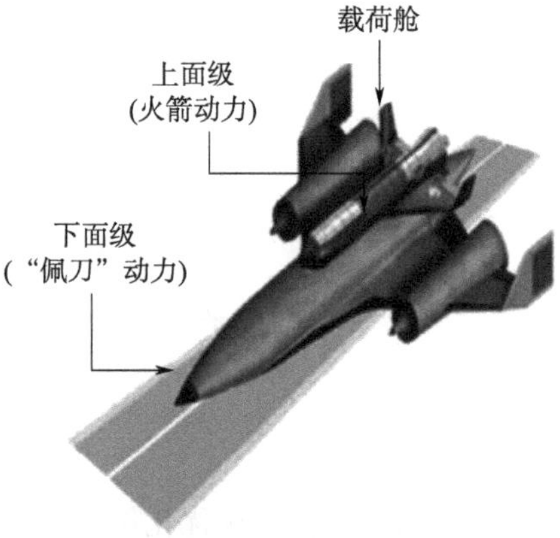

(a) 概念方案

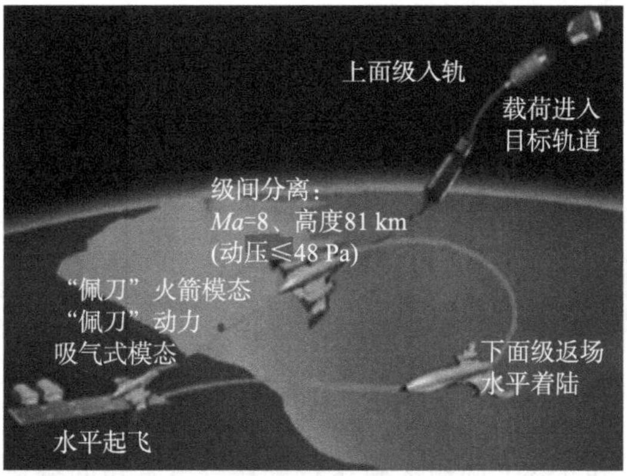

(b) 任务剖面

图 9－8　佩刀”动力重复使用运载器的概念方案及任务剖面

9.5　Future－X 计划

美国认为截至 1999 年，在过去的 40 多年里，美国对航天运输研究的投资一直没有一条确定的路线，经常随着需求的变化而改变。美国在发展下一代航天运输系统所需技术时，也没有一条持续不断的技术发展路线，而这些技术可以使得新一代航天运输系统费用更低、可靠性提高。

美国国家航空航天局认为，没有一条确定的技术发展路线，对美国继续保持世界航天技术领域的领导地位不利。在过去，美国没有制定新一代航天运输系统（重复使用航天运输系统）的持续技术发展政策，使得研究成效不大。因此，美国国家航空航天局认为有必要采取一条持续的技术发展路线，并制定了相应的技术发展计划。1998 年，美国国家航空航天局马歇尔航天中心提出了 Future－X 计划，即后来的 X－37 项目。美国国家航空航天局希望通过 Future－X 计划发展先进技术，应用到未来的运输系统上，大幅度降低航天运输费用，以此增强未来美国航天运输系统的竞争力。1999 年，美国国家航空航天局在完成了航空研究发展（R&D）计划后，开始执行 Future－X 计划，按照持续不断的原则发展和验证先进的航天运输技术。作为开展持续的新一代航天运输技术验证的第一步，美国国家航空航天局首先向政府、国防部、工业部门广泛征求飞行验证研究的意见。

Future－X 计划发展的验证机有两个系列，分别为“探路者”（Path finder）飞行器系列和“开拓者”（Trail blazer）飞行器系列。Future－X 计划的重点是通过一系列的试验飞行和技术验证机，发展先进的空间技术，以满足商业和国防部发展新一代运载器对新技术的需求。Future－X 计划验证飞行器所关心的任务包括“地球-轨道”运载系统、地球轨道机动系统和地球轨道以外的科学探测活动。通过同先进运输技术计划（ASTP）和美国国家航空航天局的其他计划紧密合作，Future－X 计划将保持国家政策的方向，以平衡现有的系统和未来技术发展之间的投资。

Future－X 计划中两个系列相同的地方，都是以推动关键技术从实验室走向实际应用为目标，验证那些在航天运输领域能够改进性能、操作、可靠性、安全性、可维护性和降低费用的先进技术。政府和工业部门都将参与发展两个系列验证机，以确保飞行试验和验证计划能够覆盖更多的技术和应用。

“探路者”任务是一些规模较小、目标单一的飞行验证和飞行试验，目的是提供方案验证和先进技术验证。这些工程一般只需要 3～4 年就能够完成，所需经费在 1 亿美元以下。先进空间运输技术包括发展耐久性热防护系统、先进的空气动力制动技术、飞行器热管理系统、高温迎风面的防护技术、飞行中低温燃料供应技术、交互式动力系统、上面级释放卫星技术。“探路者”任务也需要建造验证机，比如 X－34 和 X－37 都是“探路者”任务验证机。“探路者”验证机及其飞行试验主要是完成那些能够在短期内完成的技术验证，所试验和验证的先进技术必须能够大幅度提高现有技术水平，并具有较高回报率。研究计划包括发展新的验证机和在新的或已有的试验平台上开展试验。在启动每个方案前都要制定特定的性能目标。“探路者”验证机将采用具有代表性的硬件和真实的条件来提高现有技术水平，并通过飞行试验对这些技术进行验证，鼓励进行技术创新。

“开拓者”任务是一项相对复杂、难度更大且需要大量经费支持的计划，包括建造验证机来获取一系列新技术在实用飞行系统中的数据。“开拓者”验证机有太阳能/化学能动力的重复使用转移飞行器。这种飞行器用于将地球低轨道的有效载荷转移到地球同步轨道。

纵观整个 Future－X 计划，应该说该计划是美国国家航空航天局很有潜力的一个技术发展计划。虽然所获得的经费支持有限，但这也符合技术发展的一般规律。对一些认识不够深入、尚存较大风险的技术，刚开始进行研究时投资谨慎一些是理性的，可在技术的探索性研究取得一定的进展后，再进一步加大研究和投资力度。但一定要强调的是，对可能存在巨大应用前景和应用价值的关键技术，需要持续不断地研究。美国国家航空航天局正是基于这种思路，开展 Future－X 计划。随着技术研究、发展和验证的深入，美国国家航空航天局对 Future－X 计划中发展重复使用航天运输系统所需的各项关键技术的研究和投资力度会不断加强。

第 10 章　实践者——X－37B

10.1　概述

1996 年年末，在全面启动重复使用航天运输系统项目前，美国国家航空航天局发起了一项关于气动布局研究、动力系统研究和飞行特性研究的竞赛，竞赛收到洛马公司、洛马臭鼬工厂和波音公司的研究方案。在这些竞赛方案中，涉及的问题包括防热瓦保护系统、组合动力系统的推进方案，以及结构和构型设计等。最终，波音公司的方案被认为比洛马公司的要好，于是在 1999 年 7 月 14 日，美国国家航空航天局和波音公司通过谈判达成了一项 1.73 亿美元、为期 4 年的合作性协议，在 X－37 的指定编号下研制一种试验性空天飞机。项目的投入将按 1∶1 的比例由政府和工业部门双方承担，其中波音公司的部分投资将以技术投资的形式加入。在此之前的 6 年中，洛克韦尔国际公司已对相关的重复使用航天运输系统技术进行了大量研究，这些技术在 X－37 的设计方案和系统中得到了应用。

X－37 被设想作为重复使用航天运输系统技术的先进试验平台，可通过航天飞机或是一次性火箭发射进入近地轨道；X－37 在发射或者回收有效载荷之后，返回地球，并自主着陆在爱德华兹空军基地或者加利福尼亚州范登堡空军基地。再入过程中，因为是无人飞行器，它能自主完成多种航天飞机不能完成的试验。X－37 将试图在再入条件下马赫数 10～25 范围内获得有用试验数据。此外，它还将在实际再入过程中进行机动飞行。

X－37 也是美国国家航空航天局资助的 Future－X 计划“探路者”项目之一。“探路者”项目于 1997 年首次对外发布，目的是把发射每磅有效载荷进入太空的成本从当时的 10 000 美元降低到 1 000 美元以下。“探路者”项目的目的在于通过研制和测试一系列试验飞行器，发展先进的空间运输技术。大多数试验飞行器，就如项目的名称一样，都是“探路者”，项目周期都比较短，通常为 3～4 年，经费在 1 亿美元以内。与洛马公司的 X－

33 项目、轨道科学公司的亚轨道 X-34 项目关注重点不同，X-37 原计划用航天飞机搭载进入太空，它是这一代 X 编号重复使用航天运输系统真正进入空间并返回的首个飞行器。

构想中的一种 X-37 的改型将与美国空军航天司令部的“空间机动飞行器”非常接近①。波音公司时任副总裁雷·普林斯说，这些技术将在新的潜在商用和军用重复使用空间飞行器市场上得到应用，包括在轨卫星维修及完全重复使用航天运载器等。X-37 飞行试验项目产生的数据预期将用于下一代重复使用运载器。2001 年 3 月 1 日，美国国家航空航天局终止“冒险之星”/X-33/X-34 计划以后，单级入轨重复使用航天运输系统计划也暂时搁置。但 X-37 计划得以保留，美军方表达了与美国国家航空航天局合作共同开发重复使用航天运输系统技术的愿望，于是，2002 年 10 月 8 日，美国空军和美国国家航空航天局签署了重复使用航天运输系统谅解备忘录，双方理顺了各自在重复使用航天运输系统项目中的角色和地位，并在国家航天运输倡议计划下开展 X-37 计划研究工作。

按计划，X-37 将在 2002 年进行第一次大气层内的无动力试飞，而轨道试飞和两次正式任务被安排在 2003 年。但是，美国空军 2002 年取消了 X-37 项目，理由是 X-37 不是一个专门用来测试军事科技的计划，此举不可避免地造成了一些资金上的困难和进度上的延误。2003 年 11 月，美国国家航空航天局在美国空军的要求下重新恢复 X-37 试验型空间飞机在轨飞行 270 天的计划，目的是验证装有照相机和炸弹的空间飞机一次飞行在地球轨道长时间巡航的可行性。

2004 年，由于美国总统小布什提出重返月球计划，美国国家航空航天局从一系列近地轨道项目转向登月计划，X-37 也转交给美国国防高级研究计划局进行开发，X-37 更名为 X-37A，并成为机密项目。2006 年 11 月 17 日，美国空军宣布以 X-37A 为基础发展 X-37B 验证机，称为轨道试验飞行器（Orbital Test Vehicle，OTV）。X-37B 由美国空军的快速响应能力办公室主导，美国国家航空航天局和美国空军研究实验室也参与了相关工作，波音公司仍然作为主承包商。截至目前，美军已经设计建造了 1 架 X-37A 和 2 架 X-37B，投入轨道运营且最为成熟的型号是 X-37B，其研制路线见表 10-1。

表 10-1　X-37 项目研制路线

时间	主要内容
1999 年 7 月	美国国家航空航天局与波音公司签署协议，投资 1.73 亿美元进行一项为期 4 年的 X-37 验证机项目，由波音公司承研
1999 年 8 月	美国空军投资 1 800 万美元加入该项目，希望进行 270 天的在轨飞行试验，以验证空间飞机长时间轨道驻留的可能性

① “空间机动飞行器”是建议的两级入轨空间作战飞行器的两个上面级之一。按照波音公司的观点，它是一种能在轨道上停留一年的飞行器。其小尺寸和改变轨道倾角及轨道高度的能力使其可重新部署，以实现战术优势或地理覆盖范围；可互换的“空间机动飞行器”有效载荷使其能适应多种使命任务；“空间机动飞行器”将使用低风险的分系统部件和技术以达到类似常规飞机的操作方式和可靠性。

续表

时间	主要内容
2000 年 5 月	波音将 X-37 的 85%缩比测试机 X-40A 交付给美国国家航空航天局，用于地面和空中测试
2002 年	美国空军退出 X-37 研制项目，美国国家航空航天局与波音公司再次签订价值 3.01 亿美元的项目研制合同
2003 年	美国国家航空航天局在美国空军的要求下恢复了 270 天的在轨试验项目
2004 年	美国时任总统布什提出重返月球计划，美国国家航空航天局退出 X-37 近地轨道项目转向登月计划。X-37 项目由美国军方接手，交由美国国防高级研究计划局（DARPA）负责，也因此正式成为军方机密项目
2006 年 11 月 17 日	美国空军宣布以 X-37A 为基础发展 X-37B 验证机，称为轨道试验飞行器，由美国空军快速响应能力办公室负责，美国国家航空航天局和美国空军研究实验室参与研制
2010 年 4 月 22 日	X-37B 型轨道试验飞行器-1（OTV-1）从美国佛罗里达州卡纳维拉尔角空军基地搭乘“宇宙神”-5 运载火箭发射入轨，在近地空间飞行超过 224 天后于 2010 年 12 月 3 日成功在加利福尼亚州范登堡空军基地降落，这是 X-37B 首次成功轨道飞行试验

10.2 X-37

从 1998 年开始，美国国家航空航天局与波音公司合作启动了 X-37 项目，在 X-40 研究成果的基础上，美国国家航空航天局、美国空军和波音公司联合出资启动了X-37 项目，主要用于在轨技术试验验证，为美国国家航空航天局的轨道空天飞机项目提供支持。后来美国空军加入，研制和测试了 X-40A（X-37 的 85%缩比验证机），2003 年 2 月 1 日，“哥伦比亚”号航天飞机坠毁，美国国家航空航天局于年底宣布放弃 X-37 计划，项目由美国国家航空航天局交给美国国防高级研究计划局继续推进，并确定为机密项目。

1999 年，美国国家航空航天局正式开始执行 X-37 项目。该项目遵循“建造一点、试验一点”（“边试边造”）原则，稳扎稳打。1999 年 7 月 7 日，美国国家航空航天局和波音公司签订了为期 4 年的合同，研制在轨道上试飞 X-37A 飞行器，以验证将空间运载费用从10 000 美元/磅降低到 1 000 美元/磅的关键技术。最初 4 年预研阶段总共花费 1.92 亿美元，其中美国国家航空航天局出资 1.09 亿美元、波音出资 0.67 亿美元、空军出资 0.16 亿美元。波音公司是总承包商，负责制造的是波音“鬼怪”工厂，在其南加州和圣路易斯的工厂内进行了装配、总装、检测和试验。

X-37 项目包括两个部分，分别是进场着陆试验飞行器（ALTV）和 X-37 轨道试验飞行器（OTV）。进场着陆试验飞行器即 X-37A，是在 X-40A 基础上增大了 20%的飞行器，将验证系统进场、着陆、飞行时所需的转向操作等方面的性能，以及一种综合飞行操作控制中心的能力。另外，进场着陆试验飞行器还将验证气动稳定性和结构的完整性，以及在进场和着陆过程中的自动操作能力。

X－37 空天飞机是无人空天飞机，采用垂直发射、水平返回模式，可以通过“宇宙神”－5 和“猎鹰”－9 火箭送入近地轨道。X－37 不是型号研制项目，其重点是推动技术进步。同为可复用运载器技术验证项目，X－33 和 X－34 进行的是大气层内飞行试验，而 X－37 将进行的是轨道飞行试验，并将因此成为第一种进行轨道飞行试验的试验机。

X－37 是 X－40A 无动力空间机动飞行器的衍生型，也是美国国家航空航天局 Future－X 计划“探路者”系列飞行器之一，其目的是通过先进技术飞行演示来降低发射费用。X－37 是第一架在轨道飞行和在再入环境下的试验飞行器。X－37 的设计强调空间的可支持性并可演示验证多项技术，包括重复使用的热防护系统、可贮存的无毒推进剂和新的空气动力特性。X－37 无论对于单级入轨还是两级入轨，都可提供关键技术的演示验证。所以波音公司的官员认为，X－37 计划是公司获取研制下一代可重复使用航天运输系统所需技术的重要途径。

由于“冒险之星”/X－33/X－34 都是亚轨道飞行器，不能提供重复使用航天运输系统实际工作的真实环境，而 X－37 主要演示验证在轨技术，可提供从轨道到地面的全过程试验环境，最大马赫数可达到 25，可真实验证与重复使用航天运输系统相关的先进机体结构、动力和运维等方面的 41 项技术。另外，美国空军对该计划十分支持，以验证发展军用空天飞机所需的技术，例如可为美国空军研究实验室的空间机动飞行器（SMV）演示验证太阳电池阵和轨道位置精确保持等技术。在 X－37 试验飞行器的载舱内部放置太阳电池阵，可使飞行器有更长的在轨飞行能力，这正是空间机动飞行器（SMV）长期轨道运行所需要的，也是空间机动飞行器在轨完成各项军事任务的前提。

2001 年 2 月，空间运输倡议开始时，美国国家航空航天局转入了多级入轨、部分重复使用运载器研究，轨道空间飞机（OSP）计划转变为美国空军独立发展重复使用军用空间飞机（MSP）系统，执行进入空间和空间作战任务。2001 年秋，美国开始实施国家航天运输倡议（NAI）计划，拟有效综合航空与航天技术，以提供先进的快速打击，空间发射，持续的情报、监视与侦察能力。2002 年 10 月 8 日，美国空军和美国国家航空航天局在 NASA 总部签署了重复使用航天运输系统谅解备忘录，主要目的是在国家航天运输倡议计划下与空军共同理顺各自在重复使用航天运输系统项目中的角色和地位。

10.3　X－37A

X－37A 飞行器长约 8.38 m，高约 2.76 m，翼展约 4.57 m，重约 5 400 kg，可携带 270 kg 左右的有效载荷，没有使用热保护材料、火箭发动机、载荷舱和航天飞行系统。1999—2004 年，由美国国家航空航天局负责，在美国空军 X－40A 的基础上增大了 20%，研制了 X－37A 验证机。

美国空军研究实验室想通过 X－37A 为空间机动飞行器演示验证长时间在轨飞行的太阳能电池技术和轨道位置精确保持技术。2001 年 9 月，美国空军由于经费短缺，且经过评估认为，X－37A 达不到军方的使用要求，撤出了对 X－37A 的投资，X－37A 项目由美国国家航空航天局独立负责。2002 年末美国国家航空航天局向波音授出了 3.01 亿美元发射框架合同。

2004 年，该项目转交给美国国防高级研究计划局（DARPA），并成为一个保密项目，对 X－37A 进行了高空投放试验，X－37A 与 X－40A 的相关数据对比见表 10－2。

上述两个阶段均对空间机动飞行器的进场与着陆技术进行了地面试验，在低速、低高度情况下开展了无动力飞行试验。2005—2006 年，美国国防高级研究计划局利用鲁坦“白骑士”作为载机完成了 8 次 X－37A 滑翔试验（表 10－3），但均未开展空间飞行试验。2006 年 4 月 7 日，美国国防高级研究计划局在爱德华兹空军基地进行了 X－37A 首次秘密投放测试。X－37A 被 B－52 运载飞机带到大气层边缘，利用自动控制从高空降落，自由飞行并滑翔着陆，预计速度高达马赫数 25。着陆时，一个反常现象造成 X－37A 冲出跑道，机头部受损。X－37A 初期设计速度为 3.1 km/s（略大于 9 倍声速），目前再入速度已高达马赫数 25。与美国国防高级研究计划局早期的高超声速技术飞行器（HTV）相比，X－37A 无疑具有更高的轨道高度和飞行速度。

表 10－2　X－37A 与 X－40A 部分性能数据比较

验证机	X－37A	X－40A
长度/m	8.38	6.7
翼展/m	4.57	3.51
高度/m	2.76	2.2
重量/t	5.4	1.2
速度	马赫数 25（再入时）	亚声速

表 10－3　X－37A 滑翔试验情况

序号	时间	试验名称	结果	备注
1	2005 年 06 月 21 日	载机飞行试验	成功	
2	2006 年 03 月 24 日	首次放飞试验	失败	数据链故障导致 X－37A 未能释放
3	2006 年 04 月 07 日	滑翔着陆试验	部分成功	着陆时 X－37A 局部受损
4～8	2006 年 5 — 9 月	滑翔着陆试验	2 次成功着陆	

10.4　X－37B

从严格意义上说，X－37B 不是一架真正的空天飞机，只是一架像卫星、航天飞机一样绕地球轨道飞行的飞机，这说明 X-37B 关键技术仍未达到空天飞机水平起飞、水平降落的标准，甚至连两级入轨水平起降重复使用的标准都达不到。但其无论对于单级入轨还是两级入轨，都可提供关键技术的演示验证。任何技术转化为实际工程应用都是经过了曲折发展。通过回顾 X-37B 计划的发展历程、对该计划中的轨道验证机简要介绍，分析出美国的重复使用运载器技术发展过程中存在的一些必要组成因素，同时通过对这些因素的考察与思考可以更为全面地了解到 X-37B 计划及其验证机。

2006 年，受到国际因素的影响，美国空军恢复了重复使用运载器在轨道运行方面的研究。美国空军向美国国家航空航天局要求重新开启 X-37 计划的相关研究，最终获得国会批准，以原有的 X-37A 为基础发展 X-37B 轨道试验飞行器（OTV）。由于 X-37B 是第一种进行轨道飞行试验的试验机，可以说它是美国空军利用空天飞机将蓝色天空的军事任务推进到黑色太空的又一次冲刺。截至目前，X-37B 轨道试验飞行器共有 2 架，飞行任务代号为 OTV-1～OTV-6。目前，X-37B 轨道试验飞行器由美太空军第 9 三角队操控。

从早期 X-37 和 X-37B 结构图的对比中（图 10-1），可以看出 X-37B 的结构经历了一个很大的变化。X-37B 的前部设备舱似乎能提供更大的容积。X-37B 飞行器采用了与航天飞机相似外形结构，而不是此前 X-33 那样的升力体外形。其尺寸约为航天飞机的 1/4，长约 8.92 m，翼展约 4.55 m，高约 2.9 m，载荷舱约 2.13 m×1.22 m，发射满载质量约 4 990 kg，可携带约 227～270 kg 的有效载荷，运行的轨道高度为约 400 km 的低地球轨道。在轨时采用“太阳能电池+锂离子蓄电池”提供能源，可满足长期在轨运行的能源需求，离轨后采用高压锂离子电池提供能源，在进入预定轨道时 X-37B 可以依靠其自身的电力供应系统在轨飞行长达一年以上。除了可依靠火箭搭载升空外，也可通过大型飞机作为搭载平台投放升空。

两侧机翼为细长边条翼与短小三角翼组合而成的双三角翼，机翼后缘设计有全翼展的副襟翼。X-37B 的机翼前缘采用了一种整体增韧纤维抗议氧化复合防热结构（TUFROC），该防热结构材料抗氧化性能好，表面材料更厚，传热过程更长，而且重量较轻。X-37B 技术发展包括先进制导、导航和控制，航空电子设备，耐热材料，推进和自主控制等诸多领域。X-37B 采用精准度极高的导航系统与自动着陆系统，完成任务后能精准确定着陆方位并自动返航降落至飞行跑道上。

X-37B（主要技术性能见表 10-4）用了两个较短的外倾式安定面，将方向舵和升降舵的功能集于一身。其优势主要体现在：一是 X-37B 以高速、大迎角再入大气层的时候，有利于变轨，大幅减少机动变轨时燃料消耗；二是为在机身后部设计一块减速板提供了空间。X-37B 的起落架舱门在打开后，形成了倒“V”形气动翼面，类似于飞机的腹鳍，在着陆下滑过程中有助于飞行器的方向稳定。X-37B 货舱容积有限，因此太阳能帆板折

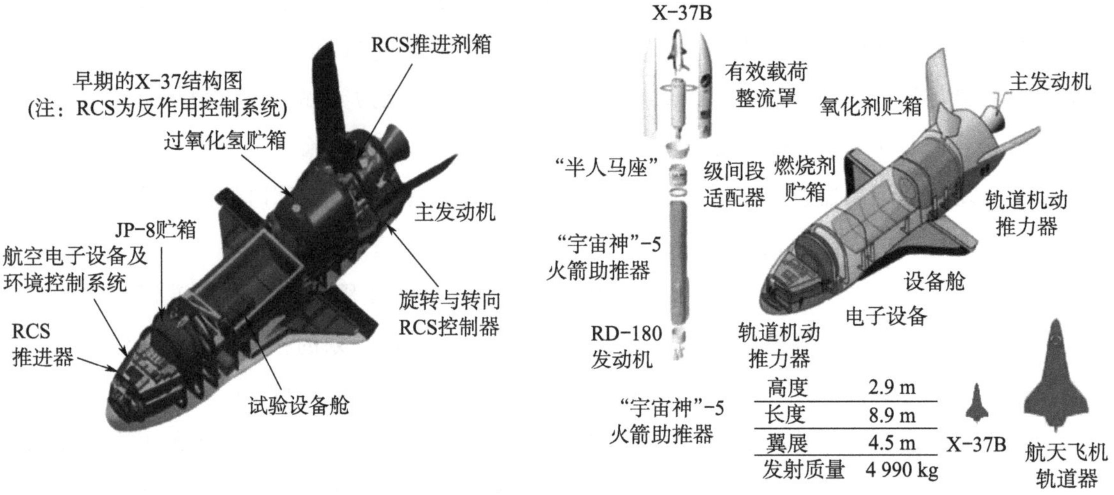

图 10-1　早期 X-37 与 X-37B 外形结构尺寸比较

叠在货舱内，入轨后打开货舱，支撑臂伸出再打开太阳能帆板。

X-37B 的防热系统选材全部是采用先进成熟的美国专利技术。在头锥和翼面前缘等最高温区，采用增韧纤维增强抗氧化复合材料；在机体迎风面等次高温区，采用增韧纤维隔热涂层浸渍陶瓷瓦，在机体背风面等较低温度区，采用先进重复使用保温隔热毡。

X-37B 上有多个姿态控制系统（RCS），不仅前部有，后部、侧面都有。在这点设计上，X-37B 基本上与航天飞机一脉相承。航天飞机为了完成对接等任务，具备了先进的姿态控制与微量变轨能力。X-37B 移植了这个能力，再配上巨大的推进剂箱，足以在长时间的轨道飞行中进行多次轨道精确机动，如靠近目标、进行捕获等。而主发动机的存在，更是强化了 X-37B 的轨道机动能力。X-37B 不仅可以借助姿态控制系统进行精确小范围变轨，更可以通过主发动机进行大幅度的变轨，以实现其“轨道机动飞行器”的职责。

表 10-4　X-37B 轨道验证机主要技术性能

指标	参数/信息
乘员	无
长度/m	8.9
翼展/m	4.6
高度/m	2.9
空重/t	3.5
载重/t	4.99
搭载能力/t	2
发动机	AR-2/3

续表

指标	参数/信息
推进剂	甲基肼和四氧化二氮的双组元自燃推进剂
电源	基于砷化镓的太阳能电池、锂离子蓄电池
有效载荷/m	2.1×1.2
运行轨道/km	204～926
轨道速度/(km/h)	28 200
最长在轨时间/day	超过 908
飞行速度/(m/s)	7 800
最大马赫数	25
着陆前滑翔速度/(m/s)	134
发射火箭	“宇宙神”－5 或“猎鹰”－9
起降特点	火箭助推发射，返回时借助自带动力降落在飞机跑道上

10.4.1 测试项目

重复使用高超声速飞行器除了结构和设备能多次使用外，还有一个先决条件，即具有无损和定点返回能力。重复使用运载器的初始返回速度很高，为实现安全返回，必须满足热流、吸热量、动压和过载等过程约束。为了满足该条件，目前最通用的方法是：减少再入返回过程的过载、动压、热流等对飞行器结构以及机载设备的不良影响，并要求飞行器能够水平着陆。因此，重复使用高超声速飞行器必须具有足够大的升阻比，通过升力控制，可以保证再入过载和动压等保持在较小的范围内，并且使得着陆段轨迹平缓到适合水平着陆的程度，飞行器的航程能力也随着升阻比的增大而明显扩大。

另外，重复使用高超声速飞行器的升阻比一般都大于 1，大的升阻比气动特性使飞行器普遍具有较为复杂的面对称气动外形（如翼身融合体外形和升力体外形），而复杂的气动外形加剧了飞行器热保护负担。重复使用高超声速飞行器是航天再入返回技术与航空飞行器技术有机融合的产物，它的研制与热保护、新型材料、飞行器总体设计、超燃冲压发动机以及飞行控制等技术的发展密不可分。除航天飞机、X－37B 是较为成熟的工程应用飞行器外，重复使用高超声速飞行器大都为某几项关键技术的演示验证飞行器，或者处于研制阶段的飞行器。X－37B 轨道验证机主要测试的项目有：

1）综合热防护系统的飞行演示项目。X－37B 的主要防热材料为石墨-双马来酰亚胺（Gr/BMI）材质的防热瓦，控制面则采用碳-碳或者碳-碳化硅复合材料。按照试验计划，这种新型防热瓦应该能承受再入状态下，机体前缘 1 621 ℃和机体其他部位 1 316 ℃的高温。其耐久性和重复使用性能高于现有的航天飞机防热瓦，寿命为现有防热瓦的 10 倍，并且能在恶劣环境下保持同样性能。

2）自动再入和着陆飞行演示项目。航天飞机的自动再入和着陆并不是个全新的技术，早在苏联“暴风雪”航天飞机上就已经实现。但是，作为一个无人飞行器系统，X-37B将实现美国航天历史上首次有翼航天器自主再入和着陆。按照试验计划，对自动再入和着陆的要求是：具备单容错能力，能在风速31.5 km/h的横风下着陆。着陆速度大于370 km/h，和航天飞机相比有所降低。

3）轻型结构和系统的演示验证项目。按照计划，X-37B着陆重量不超过34 t（包括有效载荷和剩余推进剂），这个重量和发射重量之比大约为2∶3，预示着该机有相当大的轨道载荷携回能力。

4）根据不同任务提供2～270天在轨能力的演示验证项目。先进锂电池要求在轨连续使用时间大于6 300 h（大约262天），平均故障间隔时间（MTBF）大于10万h。从这个意义上说，这基本上是要求电池不但在轨期间不能出故障，而且要能在10多次重复使用中不出故障。

5）成本低，周转能力强的演示验证项目。X-37B的地面控制人员应小于11人，一次飞行后再次飞行的准备时间不大于90天，未来准备时间是10～15天。

10.4.2 历次试验

在军用空间飞机（MSP）系统顶层规划下，美国先后成功完成了空间机动飞行器（SMV）技术验证机X-37B的6次飞行试验，验证了长期在轨飞行、大范围轨道机动、重复使用轨道再入等关键技术。2013年提出了火箭动力、垂直起飞、水平着陆的“空间作战飞行器”（SOV）亚轨道运输技术验证机XS-1计划。X-37B和XS-1将形成重复使用军用空间飞机（MSP）系统的雏形。

根据公开报道，美国国防部为X-37B提出了7项需要演示验证的能力：1）应急载荷和重要载荷应用能力；2）在轨操作性能和向高轨机动能力；3）高速变轨机动能力；4）快速交会对接、拦截和作业能力；5）昂贵有效载荷验证和高价值数据携带返回；6）利用气动辅助技术实现自主调整；7）快速再入响应、有效载荷更换和再次发射能力。X-37B一方面作为技术验证机，在轨验证空间机动飞行器技术；另一方面，X-37B还担负着验证一系列新兴航天技术的使命。

截至目前，美国空军X-37B已完成6次飞行试验任务，如表10-5所示。由于X-37B是美国密级非常高的一项飞行试验计划，历次试验结束后，美国空军很少披露试验细节，只是笼统介绍试验情况，更多的信息来源于国外权威媒体的报道与天文爱好者的观测和分析。2010年4月22日，第一架X-37B轨道试验飞行器OTV-1从佛罗里达州卡纳维拉尔角空军基地由“宇宙神”-5运载火箭发射升空，在轨飞行224天9小时24分钟后，于2010年12月3日成功在加利福尼亚州范登堡空军基地降落。2011年3月5日，

OTV-2从卡纳维拉尔角由“宇宙神”-5运载火箭发射，太空飞行468天14小时2分钟后，于2012年6月16日在范登堡空军基地降落。2012年12月11日，OTV-3从卡纳维拉尔角发射，历经674天22小时21分钟轨道飞行，于2014年10月17日在范登堡空军基地降落。2015年5月20日，OTV-4从卡纳维拉尔角发射，在轨飞行717天20小时42分钟，于2017年5月7日在肯尼迪航天中心的长跑道上降落。2017年9月7日，OTV-5首次使用SpaceX公司的“猎鹰”-9火箭从卡纳维拉尔角发射升空，经历779天17小时51分钟在轨飞行后，2019年10月27日在肯尼迪航天中心降落。2020年5月17日，OTV-6使用“宇宙神”-5-501火箭从卡纳维拉尔角发射升空，执行第6次太空飞行任务，经历908天21小时8分钟在轨飞行后，2022年11月12日，成功降落于肯尼迪航天中心，再次刷新了此前的续航纪录。

表10-5 美国X-37B飞行试验情况

序号	发射时间	返回时间	运载火箭	发射地点	返回地点	在轨时间/天
OTV-1	2010年04月22日	2010年12月03日	“宇宙神”-5	卡纳维拉尔角	范登堡空军基地	224天9小时24分钟
OTV-2	2011年03月05日	2012年06月16日				468天14小时2分钟
OTV-3	2012年12月11日	2014年10月17日				674天22小时21分钟
OTV-4	2015年05月07日	2017年05月07日	“猎鹰”-9		肯尼迪航天中心	717天20小时42分钟
OTV-5	2017年09月07日	2019年10月27日	“宇宙神”-5			779天17小时51分钟
OTV-6	2020年05月17日	2022年11月12日				908天21小时8分钟

(1) 第一次飞行试验

首架X-37B是美国第一架可自主从太空脱离轨道、自主返航滑跑着陆的无人驾驶空间飞行器。2010年12月3日，在轨运行超过224天的X-37B在加利福尼亚州范登堡空军基地成功着陆，这也是自1988年苏联发射并回收“暴风雪”无人驾驶航天飞机之后，人类首次成功在跑道上回收自主式空间飞行器。

第一次飞行试验（OTV-1）使用的是波音研制的第一架X-37B飞行器。根据天文爱好者观测，X-37B从2010年4月22日—8月9日，一直停留在420 km高的近圆地球轨道，此后分别于8月、10月、11月进行了5次变轨。此次试验重点验证了导航、制导与控制技术，热防护系统，在轨自主操作，自主再入和着陆等技术。

OTV-1的主要使命是检验整个飞行器系统的设计，其次是试验今后可使用的先进传感器技术。该验证机的主要技术试验对象包括：先进的制导、导航与控制（GNC）技术，热防护系统，航电系统，高温结构和密封，重复使用的隔热层；轻质机电动作器，自主展开太阳能电池阵列，以及打开载荷舱门的能力等。OTV-1根据指令，自主地收放了电池阵列和开关舱门（其中一些舱门包含有散热装置，可将飞行器内部产生的热量散发到太空中）；完成了再入前脱离轨道的点火；在进入大气层后自主完成了一系列S形的能量管理机动（类似于航天飞机），以降低速度等。

OTV－1试验也经历了一些问题。在着陆触地时，它的主起落架左机轮轮胎爆裂，部分飞散的碎屑撞击机腹，带来了一些结构损伤，但OTV－1在轮胎爆裂后仍准确地沿着跑道中心线滑跑。另外，OTV－1在太空中还受到了未监控到的空间碎片的撞击，在热防护瓦和机体上留下了几处凹坑。遭太空碎片撞击和爆胎均未影响OTV－1的表现，也未对其试验任务造成任何影响。因此，这些小事故反而成功验证了其自主控制系统的完整性和健壮性。

在OTV－1试验任务中，对轨道横向偏离和着陆气象的要求都比较严格，所选择的预备返航轨道使OTV－1能很顺利地返回范登堡基地。

（2）第二次飞行试验

第二次飞行试验中，X－37B在轨时间超过468天，使用的是波音研制的第二架X－37B。与第一次飞行试验5次大幅度机动变轨不同，第二次飞行试验不仅变轨机动次数少，且变轨范围均不大，而是侧重于驻留在同一轨道运行。这使外界推测第二次试验除了验证飞行器技术外，另一个更重要的目的是针对有效载荷进行技术验证。但空军未透露验证的具体技术。在OTV－2的试验任务中，选择了有更大横向偏离的预备返航轨道和有更大横风的着陆气象条件，以检验其自主完成更大范围的轨道机动和在更复杂气象条件下自主着陆的能力。

（3）第三次飞行试验

第三次飞行试验中，X－37B在轨时间超过674天，使用的是第一次飞行试验返回的第一架X－37B。据制造商波音公司介绍，X－37B轨道测试飞行器在距离地球表面177 km至800 km的低轨道上运行。据天文爱好者观测，X－37B第三次任务的轨道高度比之前两次任务要低，初始轨道高度为343 km × 360 km，介于第一次飞行试验轨道高度401 km × 422 km和第二次飞行试验轨道高度315 km × 341 km之间；轨道倾角为43.5°，大于第一次飞行试验轨道倾角40°和第二次飞行试验轨道倾角42.5°。X－37B通过发动机周期性点火，维持轨道高度恒定不变。

（4）第四次飞行试验

第四次飞行试验中，X－37B在轨时间超过717天，首次着陆在肯尼迪航天中心，探索了灵活着陆的能力。此次试验，美国空军仅公布了X－37B携带的霍尔推进器和美国国家航空航天局试验材料等有效载荷。霍尔推进器通过电离、加速惰性气体产生推力，与传统火箭发动机相比推力不大，但胜在能效大幅提高。采用霍尔推进器有望增加卫星、空天飞机等的有效载荷种类，增加其在轨操作和机动变轨的次数，提升航天器的使用寿命和灵活性。

据国外媒体报道，美国国家航空航天局试验材料是包括高分子材料、复合材料和涂料等不同类型的100种材料；霍尔效应推进器是美国空军研究实验室、航天与导弹系统中心和国防部快速响应能力办公室共同开展的试验项目。该推进器已实际应用在3颗美国“先进极高频”（AEHF）新一代军用安全保密通信卫星上，这次携带的霍尔效应推进器是前者的改进型。

（5）第五次飞行试验

第五次飞行试验中，X-37B在轨时间超过779，首次使用“猎鹰”-9火箭发射，第2次着陆在肯尼迪航天中心，验证了发射和着陆的灵活性。此外，此次试验是第一架X-37B第3次执行飞行任务，进一步验证了该飞行器重复使用能力。此次试验首次以更高的轨道倾角（可能大于43°）进行机动，扩大了飞行包线。

2019年5—7月，荷兰天文学家利用寻星镜3次观察到X-37B，拍摄的图像中可大致看到X-37B头部、有效载荷舱和尾翼。时任美国空军部长的希瑟·威尔逊表示，X-37B可以在一个类似鸡蛋形状的轨道上飞行，当靠近地球，离大气层足够近的时候，X-37B能够突然消失，导致对手不清楚其下一秒会出现在哪里。

美国空军此次仅透露了在X-37B上对空军研究实验室“先进结构嵌入式散热器”进行的试验，测试了该散热器的振荡热管长期在太空运行时的性能。该振荡热管传热能力是铜的45倍，是空军用于改进航天器设计的技术之一。空军还透露，此次任务为小型卫星提供了飞行服务，将其发射入轨，但未明确说明这些小型卫星是由X-37B发射入轨还是由火箭发射入轨。

外界一直质疑X-37B的本次超长在轨试验可能有军事目的，包括窥探他国的航天器和敏感军事目标。在X-37B携带的多个机密载荷中，仅公开了其中两个：美国空军的小型卫星和美国海军的光伏射频天线模块，后者用于将太阳能转化为微波并送回地球。

（6）第六次飞行试验

2020年5月17日，美国空军在佛罗里达州卡纳维拉尔角空军基地执行X-37B第六次发射任务。本次任务采用第二架X-37B，也是该飞行器第3次飞行任务，由“宇宙神”-5-501火箭发射，在轨运行908天，轨道高度介于300～500 km之间。美国空军部长芭芭拉·巴雷特宣称，此次任务将“最大限度发挥X-37B的独特性能”，主要涉及3项实验，包括由海军研究实验室负责、将太阳能转化为微波辐射传输至地面的空间太阳能发电实验；部署由美国空军学院开发、空军研究实验室赞助的“猎鹰”-8小型卫星，用于在轨道上完成多项实验；执行美国国家航空航天局的两项实验，目的是研究辐射和其他空间效应对农作物种子的影响。分析人士认为，美方针对此次任务的报道传达出一些重要信息。

首先，其高调表态预示着X-37B性能趋向成熟。多年来，美军对于任务具体内容讳莫如深，仅概括为“为美国空军演示可靠、重复使用、无人驾驶的空间测试平台技术的实验性测试项目”。此番美方一反常态公布任务细节，表明对项目进展充满信心。本次飞行试验中，X-37B还将在尾部连接一个服务舱，目的是将更多实验装置运至轨道。这在前几次试验中均未出现，该细节反映出X-37B正由“实验对象”演变为“实验工具”。

其次，美军欲借此进一步争夺“制天权”。特朗普政府一直十分关注太空议题，X-37B当前虽属于美国空军资产，但该航天器的发射、在轨操作和着陆均由美国太空军负责，因此被外界视为太空军的“招牌”之一。5月6日，美太空军在“推特”上发布的首个征兵广告中就出现了X-37B的画面。

再次，X-37B此次执行的实验包含军事元素。以空间太阳能发电为例，该技术的核心是将空间平台利用太阳辐射产生的电能转化为微波，发射给地球上的接收器。由于高功率微波对于人员及电子设备都会产生一定的破坏效应，有观点认为，空间太阳能发电技术具备成为天基定向能武器的潜力。

美军罕见解密X-37B的最新发射任务，对外可向国际社会展示其太空技术水平，彰显美国在太空的领先地位；对内则能提升国民信心，为太空军发展铺路。正如其在新闻发布会上所说，“在太空测试新系统并将其送回地球，是X-37B的独特之处，这将有助于保持美在太空领域的优势”。尽管X-37B取得了巨大成功，再入飞行时经历高超声速并降落重复使用，但其主要的设计点是在轨道任务段。其高超声速飞行的性能较低，马赫数5～7范围内升阻比可能只有2左右，因此并不适合作为高超声速飞行器。

10.4.3 技术进步

2006年，美国国防高级研究计划局用X-40A完成了捕获携带/降落测试后，项目交给空军，确定为X-37B项目。然而在2006年4月进行的由“白色骑士”搭载到11 km高空投放的飞行试验中，在降落时滑出跑道，致使机头和前起落架严重损坏，加上美国空军一部分官员认为，现有的设计在每次执行任务前，必须花费半天以上的准备时间，这和美国空军“2小时内轰炸全球任何目标”的要求相差太远，因此计划再次被搁置。2007年以来，美国空军认为，不少国家的军用航天技术发展势头越来越快，对美国构成了威胁，因而决定不惜代价将X-37B轨道试验飞行器的飞行计划付诸实施。此后，X-37B由空军快速响应能力办公室主持，美国国家航空航天局和空军研究实验室参与实施。美国太空军2019年12月成立后，项目改由太空军负责。

通过对“冒险之星”/X-33/X-34、X-40、X-37等项目的研究，可以发现它们都是可以大范围变轨的无人“航天飞机”，而不是“空天飞机”。它们依靠一次性运载火箭而不是自身的冲压发动机发射入轨，主发动机为其提供了强悍的空间机动能力，因此也可以通俗地称它们为“火箭飞机”。世界上第一架升空的航天飞机是美国的“哥伦比亚”号，在它升空的1981年4月12日，“航天飞机”这个词正式定型。对美国航天飞机的描述也正式成为了航天飞机的定义：用火箭发动机发射升空、能在太空飞行并能像飞机那样水平着陆的、可以重复使用的空间飞行器。2010年4月22日，X－37B第一次发射后，很多媒体称其为“太空战斗机”，也有很多媒体称之为“空天飞机”，还有称其为“太空飞机”。X－37B是一架能围绕地球轨道飞行的试验性飞机，但并不是一架真正的空天飞机。X－37B的升空模式是搭载“宇宙神”－5运载火箭升空，属于垂直升空，而不是水平升空。垂直升空是运载火箭的范畴，有两种方式：卫星式和火箭式。卫星式就是将飞机搭乘在运载火箭的整流罩内，像发射卫星一样发射飞机；火箭式是将飞机安装在运载火箭的头部或箭体上发射，如航天飞机。但不管怎么说，X－37B是里程碑式的、历史性的飞行器。

英文构成中“Shuttle”有穿梭的意思，更强调的是它与传统火箭相比的快速响应和重复使用。这也是最初有人将航天飞机翻译为“太空梭”的来源。在20世纪70/80年代的西方媒体笔下，美国航天飞机是一种可以重复使用100次、每千克运载成本100美元、每次重复使用间隔不超过1个月的“神器”。事实上，这些都没有实现。美国的航天飞机直到退役，其飞行最多的一架也远未达到100次。

在Hepperheimer所著的《美国国家空天飞机计划》扉页上，作者开宗明义地写道，“美国国家空天飞机计划大纲的目标是，发展和演示单级入轨航天器和高超声速飞行技术”。事实上，国家空天飞机计划（NASP）中准备研制的X－30验证机是一种水平起飞、以超燃冲压动力为主动力系统、单级入轨、完全重复使用的航天飞行器。和航天飞机相比，其最重要的特点就是不用火箭发动机发射升空，而充分利用大气中的氧气，从而减少飞行器携带的氧化剂，减轻起飞重量。同时，水平起飞和完全重复使用更有利于简化起飞（发射）和降落（返回）所需的场地设施和操作程序，减少维修费用。

可见，依靠运载火箭送上太空的X－37B更接近于航天飞机而非空天飞机。但是，X－37B又不是传统意义上的航天飞机，从研制定位上可以看出，X－37B并不是一种革命性的航天器，而是在现有技术基础上的整合与提高。不管从外观还是降落流程，X－37B都充满了航天飞机的视感。外观上的相似其实并不是偶然，X－37B是波音幻影工厂X－40试验机的120%放大版，而X－40则是美国国家航空航天局“轨道太空飞机项目”的试验机，现在内华达山脉公司的“追梦者”航天飞机也是此项目的产物。从名字上也能知道X－37B项目致力于研发航天飞机的替代品。

X－37B由运载火箭发射升空，外形像缩小版的航天飞机。与航天飞机有所不同，在发射升空时，航天飞机与运载火箭采用背负式并联，而X－37B则是采用上下串联、外包整流罩的形式。最初的设想中，X－37B计划由航天飞机发射，但由于其过于昂贵的成本，加之“挑战者”号、“哥伦比亚”号先后失事带来的阴影，这一想法最终搁浅。X－37B为适应运载火箭发射进行了重新设计。美国国防高级研究计划局曾考虑使用“德尔它”火箭发射，经过权衡利弊，转而利用洛马公司的“宇宙神”－5火箭发射。X－37B的成功标志着美国重复使用运载器技术又有了突破性的进展，在美国航天飞机刚刚退役，还没有可以替代航天飞机的重复使用运载器时期，X－37B的进展无疑给美国重复使用运载器研究带来了新的曙光。X－37B代表了美国重复使用运载器目前的研究水平，技术细节也因此被列为机密。X－37B历次飞行试验的目的，就是验证许多关键技术包括防热系统，先进制导、导航与控制，航空电子系统，高温结构与密封，轨道机动技术以及可重复使用的隔热技术等。与航天飞机相比，重复使用轨道技术验证机X－37B的技术进步有以下几点：

1）根据任务设计，两架X－37B将轮流入轨开展飞行试验，验证该类飞行器经过短时间维修后重复使用的能力；X－37B入轨后将使用小型“太阳电池＋锂离子蓄电池”提供能源，采用自动驾驶与导航模式，使其可以长期在太空部署。X－37B最大的特点是采用了精准度极高的导航系统与自动着陆系统，使其能自动返航降落至跑道。航天飞机常被人诟病的原因之一便是轨道器无法自动降落，也就是说不管发射什么都必须带至少两名航天员（这也是航天飞机不得不在首飞中就冒险载人的原因之一），无形中增加了发射风险与成本。X－37B完成在轨试验后，将根据地面指令，迅速变轨，脱离运行轨道，以滑翔方式再入大气层，在飞机跑道上水平着陆，最后几秒放出三点式起落架，像常规飞机一样正常着陆。通过这一系列操作，验证自主返航和水平着陆能力。

2）X－37B的气动设计则是来源于航天飞机，因此X－37B有与航天飞机相似的外形和升阻比，而不是此前X－33那样的升力体飞行器。和航天飞机不同的是，它采用了“V”型尾翼而不是传统尾翼。这样做有三个好处：其一，提供较低的整机高度，便于将整机装入整流罩；其二，具有更强的再入机动能力，毕竟X－37B再入段没有使用吸气式涡扇发动机，完全依靠滑翔，采用了“V”型尾翼弥补了滑翔过程中出现的问题；其三，为后机身上方必要时设置一块减速板提供了空间。航天飞机翼展约24 m，使得其外表面积非常大，发射和再入时热防护问题非常突出，大量防热瓦的使用给整个航天飞机的可靠性提出了严峻考验。

3）X－37B的发动机和燃料并不是用于入轨的。X－37B设立如此大的燃料箱和主发动机显然和它的任务有关。从X－37B结构中我们会发现多个姿态控制系统，不仅前部有，后部、侧面都有。在这点设计上，X－37B基本上与航天飞机一脉相承。航天飞机为了完成对接等任务，具备了相当的姿态控制与微量变轨能力。X－37B移植了这个能力，再配上巨大的燃料箱，足以长时间在轨道飞行中进行多次轨道精确机动，如靠近目标、进行捕获等。而主发动机的存在，更是强化了X－37B的轨道机动能力。

4）X－37B在结构上的另一个特点是巨大的太阳能电池阵。在航天飞机上，主要电源来自燃料电池，这种设计显然限制了航天飞机的持续在轨时间。通常航天飞机如果不对接国际空间站的话，最大在轨时间为16天。而在X－37B上，太阳能电池阵和高性能锂电池的组合，为其长时间在轨服务提供了保证。

5）由于 X-37B 采用了较先进的防热系统，不仅大大提高了它在再入大气层时的安全性，而且大大减少了防热系统在地面维护和修理的工作量，从而缩短再次发射所需的准备时间。X-37B 虽然比航天飞机小了许多，但是由于它的机身头部和机翼前缘的钝度增大，它在再入时的气动热环境和航天飞机类似，头部和前缘的最高温度约为 1 627 ℃，大面积的最高温度约为 1 316 ℃。X-37B 的防热材料采用了美国已经发展得较成熟的第二代防热材料。头部和前缘采用了由美国国家航空航天局艾姆斯研究中心研制的整体增韧纤维抗氧化复合防热结构（TUFROC），可以做得更厚，传热过程更慢而抗氧化性能更强。在大面积上采用了强化单体纤维绝热材料（TUFI）。在 1995 年以后，航天飞机就部分采用了这种材料，它将表面材料渗透进绝缘层中，增强了防热层的韧性。这种新材料上还分布有一些小孔，以阻止可能发生的裂缝的进一步扩展。此外，作为试验，在舵面上局部还使用了碳-碳化硅的防热材料。

10.4.4 优越性能

X-37B 在发射时不用担心被溅落物砸到，发射成本不到航天飞机的 1/10，维护时间和维修成本大大减少，配备的太阳能电池阵和高性能锂电池组合还能为其提供源源不断的电力，与以往的“高调”不同，美国空军对于 X-37B 一直讳莫如深。2010 年美国空军宣布 X-37B 首飞消息时，绝口不提飞行器的具体细节。不久前美国国防部宣布 X-37B 即将着陆的消息时，只用了短短的几句话就将其使用目的一带而过。

实际上美国发展空间飞行器由来已久。20 世纪 60 年代，美国的跨大气层飞行器就取得了一定的进展，发展出 X-15、X-23 等型号。X-37B 更像一部苹果手机，是把很多已经掌握的成熟技术，组合成用途非常广泛的实用品。虽然看上去像是搭积木，但实际上难度还是很大的。

X-37B 是美国继航天飞机之后，研制的第二种可以重复使用的航天器，它在很多方面的性能甚至可以“秒杀”航天飞机。与航天飞机相比，X-37B 最大的进步是发射方式的改变。以前航天飞机轨道器与外贮箱、固体助推器并联在一起，这种方式存在隐患，航天飞机发射时可能被溅落物砸伤。但 X-37B 不一样，它是用整流罩装起来，放在火箭顶部，这就保证了发射过程中的安全性。

X-37B 的防热能力比航天飞机也有了很大提升。据了解，X-37B 采用的轻质耐高温材料，最高可以承受 1 700 ℃的高温，这不但保证了 X-37B 的重复在轨飞行能力，也减少了其维护时间和维修成本。

另外，航天飞机的主要电力由燃料电池提供，携带燃料非常有限，单次任务飞行最长只能持续 16 天。以美国累计飞行时间最长的“发现”号航天飞机为例，它一共执行过 39

次飞行任务，累计飞行 365 天。这一纪录在 X－37B 执行第二次试验飞行时就被轻松打破，其第六次在轨飞行纪录超过 908 天。这是因为 X－37B 上装有太阳能电池阵和高性能锂电池组合，保证了源源不断的电力供应。

另外就是经济适用性。航天飞机从载重量来讲像一辆重型大卡车，而 X－37B 更像一辆面包车。实际上每次太空载货并不都能装满一卡车的量，所以用航天飞机发送人和货有时候会得不偿失。X－37B 虽然只有 2 t 的载荷，但运送一些卫星、传感器、侦察设备甚至是小型精确制导武器等基本上没有问题。

从 X－37B 所取得的技术进步来看，美国在太空领域的触手已经越伸越远。虽然美国军方并没有透露过 X－37B 的军事价值，一旦它用于军事，潜力不可小觑。性能比航天飞机还“彪悍”的 X－37B 的问世似乎表明，美国正谋求“垄断”从低空到高空再到太空的整个空间。

10.4.5 运用模式

在技术发展上看，X－37B 重复使用运载器的整个飞行剖面大致分为起飞、上升、入轨、再入、末端能量管理及着陆阶段，包括亚轨道飞行和近地球轨道飞行。它是以运载火箭助推为动力、两级入轨重复使用的运载器验证平台，由运载火箭发射进入太空轨道，可在轨道上停留并等候攻击命令，执行任务的范围比传统的航天飞行器更广泛。由于 X－37B 不仅具备大气层内飞行能力，也可以进入亚轨道或近地球轨道空间飞行，因此其在军民领域都有广泛用途。

从能力和用途上看，X－37B 完全有可能发展成为美军下一代空天机动飞行器(SMV)，除具备较强的空间在轨操作和攻击能力外，还可执行其他空间作战任务。它的能力符合美国空军技术学院研究报告定义的空天机动飞行器任务能力，即维持至少 4 个月的在轨飞行，通过自身的综合传感器完成对地面目标的情报收集、监视和侦察；快速远程打击地球任意地点的目标；部署微型卫星用于关键任务、关键地区的监视和情报收集；携带小型卫星对卫星星座进行快速的补充或替换；飞行器各种任务之间的转换在 72 小时以内完成。

从 X－37B 在轨飞行试验和技术验证情况来看，美军完全有可能近期将其用于天基战术侦察、攻防兼备的空间操作等军事航天活动，远期则有可能发展成为天对地打击的空间作战飞行器。俄罗斯地缘政治问题研究院副院长康斯坦丁·西夫科夫在接受《真理报》采访时表示，X－37B 重复使用运载器基本上可以断定是多功能太空战机，除反卫星作战外，还可用于反导拦截和对地面目标实施打击。

从长远目标和潜在军事应用价值来看，美军有可能在 X－37B 的基础上发展新型的无人空天作战飞行器。它可以在外层空间轨道上长期飞行待命，一旦接到攻击命令即可快速变轨并对卫星或陆地、海洋、空中目标发起攻击，并且具备再入大气层内飞行能力。其执行天对地打击任务的能力比现有的各类航天飞行器或航空飞行器更为强大，从而实现美国空军提出来的“2 小时轰炸全球任何目标”的作战设想。

10.5 X - 37C

无论是美国国家航空航天局的 X - 37A，还是美国空军的 X - 37B，都属于无人太空飞机。2011 年 10 月，波音公司的项目经理格兰茨披露了一个 X - 37C 飞行器计划，这便是载人版空天飞行器，大小是目前 X - 37B 的两倍，最多可搭载 6 名航天员往返于国际空间站（图 10 - 2）。X - 37C 拥有与之对应的动力发动机，一个能够容纳 6 名航天员的座椅外加一个担架的增压成员舱。X - 37C 能够像 X - 37B 一样无人操作，也能由其中一名航天员进行操控。一旦具备载人飞行的资格，X - 37C 将能够混合搭载航天员和货物飞向国际空间站，完成任务后能进行完美再入返回降落。

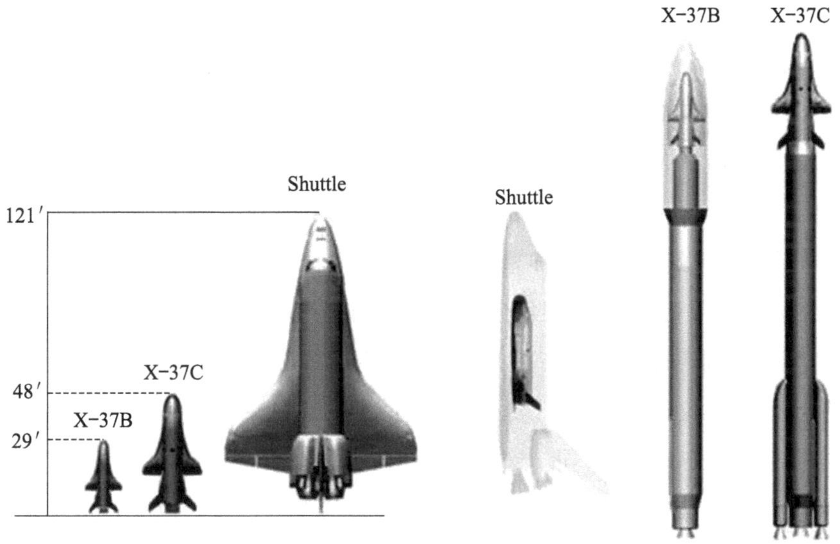

图 10 - 2 X - 37C 与 X - 37B、航天飞机的大小对比

波音公司对 X - 37C 定位是军用和为国际空间站服务，而其旗下的 CST - 100 飞船则主要用于商业航天。由于美国国家航空航天局已经决定支持波音公司的 CST - 100 载人飞船和内华达山脉公司的“追梦者”小型航天飞机方案，所以并未支持 X - 37C 方案。X - 37C 到底有无足够研发人员和经费支持概念设计，依然是一个巨大的问号。

第 11 章　见证者——“猎鹰”-9

11.1　概述

在以往的航天器发射过程中，火箭是很大的一笔一次性开销，因为火箭升空的过程就是自我牺牲的过程。一次航天发射任务之后，火箭只剩下没有再利用价值的残骸。按照火箭回收设计，加装隔热设施、降落控制器和缓降设备，就算这样，火箭在穿越大气层时受到高温灼烧，降落到地面时受到冲击之后，火箭发动机不可能毫发无损，维修又是一大笔费用。根据以往的研究，回收利用火箭的费用比新造火箭还要高，这就是各国放弃回收利用火箭的原因。然而，美国的 SpaceX 公司还是认为不对火箭重复利用真是太可惜了。SpaceX 公司开始研制像航天飞机那样重复利用的火箭，并取得了成功。

SpaceX 公司由马斯克于 2002 年创立，其设计和生产的“猎鹰”-1、“猎鹰”-9 系列火箭，以及“龙”系列飞船等航天产品相继投入使用，并通过其低廉的发射成本、较高的飞行可靠性和多项技术创新等引起广泛关注。在由联合发射联盟（ULA）垄断的美国大中型航天发射市场中，SpaceX 公司“突围”而出，成为国际航天发射市场的主力军，不断吸引着来自美国政府、军方及国外政府和商业公司的发射订单，改变了国际发射服务市场的格局。

SpaceX 公司以低成本、高可靠性为发展理念，把握美国航天产业的市场化发展机遇，在 2010 年首次成功发射“猎鹰”-9 火箭，以约合“阿丽亚娜”-5 发射报价的 1/3 进入商业火箭市场，一举打破垄断。随后，SpaceX 公司在火箭回收与复用上取得的进展，使得全球商业火箭市场呈现新业态，火箭技术快速迭代，商业发射成本大幅降低。从 2008 年开始，SpaceX 公司陆续获得美国国家航空航天局、美国空军和铱星公司等的发射订单。发射载荷也从科学实验与验证、美国国家航空航天局空间站货运，拓展到通信、遥感与导航卫星。2018 年，“猎鹰”重型火箭成功首飞，成为现役运力最强的火箭，进入全球商业发射市场。根据美国联邦航空管理局（FAA）的统计，SpaceX 在全球商业火箭发射市场的占有率从 2013 年的 13%，上升到 2018 年的 52%。SpaceX 公司公司估值从 2015 年的 101 亿美元上升到 2022 年的 660 亿美元。

“猎鹰”-9 火箭体现了 SpaceX 公司关注火箭低成本、高可靠的设计理念和创新意识，其中自动发射及故障智能诊断技术、牵制释放发射技术、动力冗余与控制系统重构技术、静态点火测试技术和子级自主可控回收技术等均在传统一次性火箭研制领域里实现了重要技术创新和突破。马斯克表示，“猎鹰”-9 火箭的成本约为 6 000 万美元，但燃料成本只有 20 万美元，这项计划具有重大的里程碑意义。某种程度上讲，火箭重复使用与垂直回收技术是依据现有需求进行的逆向思维工程。因此，正向思维可能具有惯性，而逆向思维往往具有颠覆性。

SpaceX 公司在冒出火箭重复使用这个想法的时候，正好是人类历史上第一款可复用航天器——航天飞机退役后不久，也是人类对可复用航天运输系统最绝望的一个时期，任何可复用航天运输系统的设计几乎都被怀疑其可行性和实用性。SpaceX 公司在可复用运载火箭这条道路上如此执着，一方面是因为航天飞机的思路暂时堵死了，可回收的运载火箭成了短期内唯一的救命稻草；另一方面，也是最重要的，SpaceX 公司诞生的初衷是推动人类成为一个多星球物种，也就是说离开地球要像科幻电影中一样成为常态，火星则是他们设想中最靠谱的第一站。SpaceX 公司的终极目标是殖民火星，我们不去评判可行性如何，以及未来能否有足够的资金支持这个“疯狂”目标，但至少它的“掌门人”马斯克对此十分执着。

SpaceX 公司早期计划是采用伞降方式在海面回收箭体，在“猎鹰”-9 火箭一子级中预留了降落伞安装空间。遗憾的是在最早的两次飞行试验中，一子级还未等到开伞，就在再入大气层过程中解体了，飞行情况显示箭体无法承受无控再入大气层时的气动载荷。随后 SpaceX 公司放弃了伞降方案，转向研究依靠发动机反推制动的垂直起降技术。为验证垂直起降的可行性，SpaceX 公司在“猎鹰”-9 火箭一子级的基础上，先后开发了“蚱蜢”(Grasshopper)、F9R-Dev 试验样机。在积极开展试验样机低高度低速飞行着陆测试的同时，SpaceX 公司还在实际发射任务中，利用剩余运载能力验证一子级高速受控再入技术。虽然“猎鹰”-9 火箭回收经历过多次失败，但 SpaceX 公司通过总结经验教训不断取得技术进步，其通过垂直起降重复使用来降低发射成本的信心愈发坚定，最终取得了成功，回收技术日趋成熟。

11.2 “猎鹰”-9 系列

SpaceX 公司现役火箭主要包括“猎鹰”-9 和“猎鹰”重型两个型号，前者为部分重复使用两级中型运载火箭，近地轨道最大运载能力 22.8 t；后者为两级重型运载火箭，采用 3 个通用芯级并联加二子级的构型，起飞时共有 27 台发动机点火，起飞质量 1 420.8 t，是现役运载能力最大的火箭。“猎鹰”－9 火箭一子级和“猎鹰”重型通用芯级均安装有栅格舵、着陆支架及单独的控制系统，在一、二级分离后可通过主发动机再次点火制动减速，具备垂直降落回收的能力，并可在短期内经过检测、整修后再次执行发射任务，可重复使用 10 次以上。“猎鹰”－9 火箭的整流罩上也安装有反作用控制系统和翼伞系统，可以在进入大气层后实施减速，并利用回收船进行网捕回收和重复使用。

2015 年 12 月 21 日，SpaceX 公司的“猎鹰”－9 火箭将 11 颗卫星送入近地轨道，火箭一子级第一次成功着陆在卡纳维拉尔角空军基地 LZ－1 着陆区。这也是人类航天史上第一次实现轨道级发射任务的垂起垂降模式的火箭一子级回收。2018 年 2 月 6 日，SpaceX 公司进行“猎鹰”重型运载火箭的第一次试验飞行，将特斯拉跑车送往火星，目前该跑车已进入与火星轨道交叉的行星轨道。“猎鹰”重型火箭的一子级中的 2 个助推器，同时成功着陆卡纳维拉尔角空军基地 LZ－1 和 LZ－2 着陆区，而芯一级未回收成功。

（1）“猎鹰”－9 基本型

“猎鹰”－9 基本型（也称“猎鹰”－9－1.0）火箭于 2002 年开始研制，2010 年首飞，2013 年进行火箭一子级回收试验，2015 年和 2016 年相继实现火箭一子级陆地和海上平台回收，2017 年实现一子级的重复使用。“猎鹰”－9 具有高可靠性、低成本和快速响应发射等特点。按照当初的设计理念是两级重复使用运载火箭，第一级可通过降落伞降落水面并回收重复使用，第二级再入时能够承受剧烈的大气环境影响，为国际空间站的运输服务和近地轨道商业运输服务提供新的选择。除执行货物运输任务外，“猎鹰”－9 火箭设计上还满足美国国家航空航天局制定的载人级运载火箭的安全标准，可用于执行载人航天飞行任务。当时，研制“猎鹰”－9 火箭时，预计将来执行三类任务：发射地球同步转移轨道卫星，为国际空间站进行货物补给运输，以及之后进行国际空间站的人员运输。马斯克指出，SpaceX 公司的目标是要征服火星，意味着其需要研制出超重型百吨级以上并且更加廉价和可靠的运载火箭，以执行此项任务。

（2）“猎鹰”－9－1.1 改进型

2005 年 9 月 8 日，SpaceX 公司宣布将研制一种完全重复使用的“猎鹰”－9－1.1 运载火箭（又称“猎鹰”－9－S9 型），“猎鹰”－9－1.1 是“猎鹰”－9 基本型的改进型，为两级液体运载火箭，长 54.9 m（包含整流罩），直径 3.6 m，起飞推力 4 940 kN，地球同步转移轨道运载能力为载人 5.5 t 或载货 6 t，低地球轨道运载能力达到 10.45 t，推进剂为液氧/煤油，带有 5.2 m 直径整流罩。与“猎鹰”－9 不同的是，“猎鹰”－9－1.1 火箭的第一级使用了 9 台“隼”－1D 发动机，比原来的“隼”－1C 发动机真空推力增大 120 kN，并且一子级的 9 台发动机由原来的 3×3 的棋盘布局改为外围 8 台围绕中心 1 台排列，燃料箱长度也增加了60%，采用新型电子设备和软件，在将推力提高60%的同时，极大地简化了发射操作流程。

(3)“猎鹰”-9-1.2改进型

与“猎鹰”-9-1.1相比，“猎鹰”-9-1.2火箭的长度增加了1.5 m，达到69.8 m，阀门、燃料、结构等都有改进，改进后火箭性能提升了30%，在完成地球同步转移轨道发射任务后，仍有足够的推进剂进行火箭一子级的回收。“猎鹰”-9-1.2火箭一子级单台发动机的海平面推力为756.2 kN，比“猎鹰”-9-1.1增加了102.3 kN；上面级“隼”-1D真空发动机喷管进行了延长，最高推力达934.1 kN，而且上面级贮箱也进行了加长；连接火箭一子级和二子级的级间段也作了改进以适应“隼”-1D真空发动机延长的喷管。

(4)“猎鹰”-9 Block 5型

“猎鹰”-9 Block 5 (Falcon 9 Block 5，简称F9B5) 火箭是针对承担载人“龙”飞船的发射需求而提出来的。根据美国国家航空航天局的要求，“猎鹰”-9 Block5型火箭在设计定型后需成功发射7次，以完成载人评级认证 (Human-rating certification)，为此SpaceX公司主要针对载人任务进行了多项安全性和可靠性的改进。“猎鹰”-9 Block5型火箭主要通过提升发动机可靠性、改进着陆支架、改变栅格舵材料等方式进一步提升了火箭第一级的可靠性和可复用性，以实现不整修重复使用10次、阶段性整修重复使用100次的目标。目前，SpaceX公司一直在提高该火箭的重复使用性能，并将用于未来的国际空间站载人飞行任务。火箭直径3.7 m，在配备整流罩以搭载卫星时全高70 m，总质量549.1 t。其低地球轨道运载能力为22.8 t；地球同步转移轨道运载能力8.3 t。

2021年12月21日，SpaceX公司“猎鹰”-9 Block5型火箭从著名的肯尼迪航天中心LC-39A平台发射升空，本次任务属于美国国家航空航天局商业补给服务 (CRS)，发射CRS-24货运“龙”飞船。发射8 min后，“猎鹰”火箭一子级稳稳地落在了靠近佛罗里达州大西洋中的“请阅读使用说明”无人驳船上。这是“猎鹰”-9火箭一子级第100次成功回收，也是人类航天史上垂起垂降轨道级发射任务的火箭一子级第100次回收。

11.3 回收方案

在SpaceX公司之前，真正在工程上实现轨道级可重复应用的只有美国的航天飞机、苏联“暴风雪”航天飞机和美国的X-37B空天飞行器。既然航空航天不分家，人们很自然地想到借鉴航空工业，制造一种类似飞机的重复使用航天运输体系。

美国航天飞机、苏联“暴风雪”航天飞机都是这种想法的产物，这两型航天器的共同特点是采用垂起平降技术，这直接促进了重复使用航天运输系统的发展，基本走上了垂起平降的技术路线。苏联建造了他们自己的也是唯一的一架“暴风雪”航天飞机，并在1988年进行了该航天器仅有的一次无人轨道飞行。然而想法很美好，现实很残酷。由于垂起平降航天运输系统的研制、维护、运营费用太高，因此，试图通过更高的发射频次、分摊降低发射成本的想法过于乐观了。事实证明，航天飞机最终并没有实现降低发射成本的目标。由于每次发射成本高达5亿美元，且发射越多，花费越大，苏联的航天飞机仅试飞过一次，美国尽管飞过135次，但遭受了两次灾难性事故，最终不得不退出历史舞台，成为重复使用航天史上的绝唱。

促使SpaceX公司等新兴商业企业加入航天领域，并选定垂起垂降的重复使用航天发射系统技术路线，主要有两个原因：一是美国航天产业政策的变化；二是有一个实现人类文明多星球生存梦想的马斯克。SpaceX公司也并不是第一个使用动力反推垂直回收火箭的公司。而且，动力反推技术已经较为成熟，美国的“凤凰号”火星探测器，以及我国的月球探测器，在着陆时都用到了这种方式。但是对于火箭这种大长细比航天运载器的回收，姿态控制的难度系数将成倍增加。虽然在2015年11月24日，美国蓝色起源公司成功完成了对火箭的回收，但蓝色起源公司仅仅完成亚轨道飞行，并且由于只是测试，没有携带大量的载荷。而SpaceX公司的“猎鹰”-9火箭需要入轨飞行，完成既定任务后才进行回收，技术上存在很大难度。SpaceX公司曾打过比方：在陆地平台回收一级火箭，就如同让你扔一根铅笔飞过帝国大厦楼顶，然后让其在暴风雨中返回落在一个鞋盒上。而海上回收，就如同让铅笔飞过帝国大厦楼顶后，精准落在一块漂浮的橡皮上面，而且不能倒。

SpaceX公司不是一开始就直取要领的。在考虑回收火箭时，有鉴于航天飞机固体助推器成功回收的“珠玉”在前，伞降是一个想当然的回收思路。已有成功伞降回收的运载火箭几乎全都是基于固体的，这种火箭外壳采用高强度钢材，内部结构简单可靠，可以承受落海的冲击和海水腐蚀。但“猎鹰”-9火箭是一款由2195铝锂合金制成的液体运载火箭，采用共底贮箱，采用了9台结构复杂（相对于固体火箭）的“隼”型液氧/煤油发动机。与固体火箭不同，“猎鹰”-9火箭一方面由于贮箱难以承受落海时不可控的巨大冲击，另一方面由于发动机难以承受海水的浸泡和侵蚀，因此，不具备伞降回收的技术条件。液体运载火箭最具回收价值的就是液体火箭发动机，这也是联合发射联盟（ULA）在其下一代“火神”运载火箭上只回收发动机的原因所在。2010—2013年，“猎鹰”-9火箭基本型经过几次伞降回收试验，证明降落伞式回收是个“坑”。采用降落伞式回收，箭体和降落伞很容易在再入大气时被摧毁、失控。反而是同一时期并行测试的“蚱蜢”原型机，却能够不断突破，最终演进成为“猎鹰”-9回收型火箭。直到2015年12月21日，梦想照进现实，SpaceX公司创下全球首次轨道发射火箭的陆地回收壮举。

从陆海回收平台来看，海上回收方式灵活性高，精度要求和控制难度较小，而陆地回收方式地点相对固定，精度要求和控制难度较大。SpaceX 公司表示，预计只有一半的航天发射任务有足够的推进剂可供火箭飞回陆地发射场，因此，未来计划 1/3 的火箭采用陆地回收，其余都将采用海上回收。在实际的回收活动中，出于经济性考虑和技术水平的限制，这两种回收方式未来都需要采用。

11.3.1 主要难点

垂直回收一直被航天界认为是最难的技术，甚至认为是工程上无法完成的任务。值得一提的是，采用垂起垂降技术的美国“德尔它”快帆（DC-X/XA），是一种单级入轨可复用运载火箭，若美国国家航空航天局能够坚持该火箭的研制，可能人类早就进入可复用航天时代了。实际上，SpaceX 和蓝色起源两家公司都从技术或人员上得到了该项目的“恩泽”。

普通的一次性火箭在设计时只需考虑搭载目标、完成任务，其他都尽量简化。一旦火箭需要重复利用，就要考虑以下几个方面：一是材料，箭体的材料需要能够承受多次高速飞行任务，其成本会有所增加；二是额外加装的系统，回收过程需要多种控制和导航系统，在增加预算和载重外，火箭的整体设计难度也上升了一个台阶；三是燃料，除了发射所需，火箭还需要更多的燃料为回收时的反向推动提供动力，这对燃料动力系统又提出了更高的要求，额外燃料的重量又会减少有效载荷的重量，导致发射效率降低，为了达到同样的发射能力，就需要更大的火箭设计；四是维护成本，火箭回收后还需要全面的检查和维护，任何纰漏都可能导致今后的发射失败，就目前的技术而言，这种检修的成本都快赶上再造一个新的了；五是产业化，就像工业中的流水线生产，在量较少的情况下并不划算，航天发射如果没有达到一定数量，靠重复利用降低成本的意义不大，只有当像太空旅行之类的商业航天服务更加普及，重复利用才会显现出惊人的价值。

2009 年 1 月，马斯克首次提出“猎鹰”-9 重复使用运载火箭设想，目标是火箭发射数分钟后回收第一级，24 h 内回收第二级，这两级火箭在回收后数小时内重复使用。为了实现火箭重复使用，SpaceX 公司开展了重复使用技术研究，实施了多次垂直起降试验来验证相关技术。2011 年 9 月，马斯克公开宣布了这个革新性计划，“‘猎鹰’-9 火箭使用自身发动机和着陆支架进行着陆回收，进而实现火箭的重复使用；如果此项计划成功，将极大降低猎鹰火箭的发射成本，SpaceX 公司已经完成了方案的理论计算和仿真设计。”“蚱蜢”验证机主要用于验证垂直返回技术，该技术是完全重复使用火箭的一项关键技术，在研制中 SpaceX 公司遇到了 4 项技术难题。

（1）再入隔热难度大

重复使用火箭采用传统的圆柱体外形，相比升力体式外形，从空气动力学角度分析，当火箭再入返回时，所承受的气动热环境和气动载荷环境，将比发射时更加恶劣。因此，材料要具备耐超高温和气流冲蚀的特性。例如，航天飞机就使用了防热瓦等非烧蚀防热材料进行防热。另外，对于热防护系统而言，火箭子级返回过程是一个长时间过程，气动热气流很容易进入子级内部，对子级内部各种仪器设备的热防护措施提出了严峻的考验。目前，航天器返回防热技术主要采用烧蚀防热技术，通过防热材料的燃烧碳化，吸收返回时飞行器与空气摩擦所产生的高热能。但是，如果在重复使用的火箭上采用这种技术的话，不仅在技术层面行不通，就连美观程度也不能被公众所接受。

（2）姿态控制要求高

火箭子级在返回过程中，需要对火箭姿态不断进行控制，对火箭的可操控性和稳定性要求都很高。姿态控制技术是火箭子级返回过程及着陆过程中的一项关键及难点技术，主要表现在三个方面。在返回过程中，火箭各子级再入速度大，在 5～20 km 高度经过“大风区”时，会受到较大的干扰，即使火箭的子级具备控制能力，“大风区”的干扰对子级返回过程的姿态控制仍然是一个挑战。同时，在返回过程中，子级还要在恰当的时候进行发动机点火反推减速，以降低下降速度，避免因过大加速度所带来箭体结构解体的隐患。克服了来自“大风区”的干扰，火箭子级在着陆前的垂直姿态控制仍是难点。在火箭子级着陆前，姿控控制系统需要将子级调整为垂直姿态，尽量减小各种干扰因素对着陆过程造成的影响，这对姿控系统设计也是一个不能回避的难题。

（3）发动机推力调节难

目前，液体泵压式火箭发动机尚不具备大范围推力调节能力，为实现推力调节，必须在现有发动机系统配置基础上，开展包括静态特性分析和动态特性分析在内的深入研究，最终确定相对合理、可行的发动机推力调节方案，同时结合各型发动机的各组件自身固有属性，提出一个较为合适的调节范围。此外，阀门还必须适应较高的混合比偏差控制。SpaceX 公司的“蚱蜢”验证机主发动机为泵压式液体火箭发动机，大范围的推力调节对燃烧室、涡轮泵、阀门等各组件要求较高，需要实现较宽范围推力调节的发动机系统配置。

（4）着陆减载缓冲难

在重复使用火箭返回过程中，一个不可缺少的系统就是着陆支撑机构，主要作用是缓冲火箭子级着陆时的冲击，以保证子级着陆过程中的稳定性。由于重复使用火箭的着陆过程属于硬接触过程，接触时间短、冲击过载大，因此着陆支撑机构在保证强度的同时，需要具有良好的缓冲功能，减小对子级结构的冲击过载。同时，着陆支撑机构要保证着陆过程中的稳定性，能适应着陆过程中火箭的倾斜姿态和水平速度，防止火箭子级在受到横向力时发生倾倒，造成箭体损毁。另外一个不可忽视的问题是，着陆支撑机构位于火箭发动机周围，火箭子级着陆过程中，主发动机点火减速，热环境恶劣，着陆支撑机构必须要具备抗发动机喷流的热防护能力，否则熔化或是变形，都会导致前功尽弃。SpaceX 公司将验证机命名为“蚱蜢”，与该火箭下面一双“蚱蜢腿”密不可分，它是该火箭的着陆支撑机构。

11.3.2 核心技术

航天飞机作为带翼方案的典型代表，虽然技术上实现了部分重复使用，但极其高昂的研制与维护成本导致发射费用不降反升，经济上无法承受的高成本是其退役的主要原因之一。“猎鹰”-9 火箭陆地与海上平台相继回收成功，证明了火箭外形的箭体也可以实现完整回收。与带翼外形航天器水平着陆相比，火箭外形航天器垂直起降充分继承了现有一次性火箭的技术基础，无需新研复杂外形的翼舵等结构机构，也无需增加复杂的防热结构，且着陆时仅需面积较小的简易场坪，不需要准备几千米长的跑道。“猎鹰”-9 火箭的回收成功表明，垂直起降方案技术上是可行的，而且研制成本较低，具有广阔的商业应用前景。

以重复使用设计理念为指导开展低温液体火箭发动机设计是减少弯路，实现重复使用的有效方法。回收后是否能够只需经过简单维修和加注燃料就可再次发射是一个更大的挑战。所以说，能够回收运载火箭不代表一定可以重复使用运载火箭，重复使用运载火箭不代表一定可以降低成本。因此，未来还要攻克另一大难关，即火箭回收后只需经过简单的低成本维修和加注燃料就能重复使用、再次发射才行。针对低温液体发动机寿命薄弱的涡轮泵、燃烧室等组件，从寿命、功能、检测与诊断以及性能方面进行改进性分析和设计。比如，涡轮叶片疲劳寿命的提高要从涡轮叶片损伤模式与损伤机理上开展研究后纳入设计规范中，燃烧装置寿命提高要从热防护上开展设计等。

（1）火箭发动机推力调节

当前发动机推力调节技术主要包括具有流量调节能力的高压降喷注器、多集液腔喷注器、针栓喷注器、气体喷注和喷管喉部调节 5 种途径。大范围推力调节使发动机供应系统、涡轮泵、燃烧组件大范围偏离额定工况工作，供应系统稳定裕度降低，有可能导致振动加大、喷注器雾化不足、产生不稳定燃烧等问题。因此，发动机大范围推力调节需要突破适应大范围流量调节的喷注器技术和推力室技术，适应大范围推力调节的涡轮泵技术和调节器技术等。

（2）火箭发动机多次启动

对垂直起降重复使用运载火箭，发动机多次高可靠点火启动成为基本条件。

1）多次点火方案。如果推进剂组合为非自燃状态，少量的重复点火次数可考虑使用药柱或者点火导管等方式来实施；若需超过 3 次以上的点火能力，宜考虑采用火炬点火等方式来实现，以减少发动机总装结构的复杂性和系统工作难度。

2）发动机入口压力保障。当火箭模块进入到回收阶段时，贮箱气枕大；同时推进剂处于低重力阶段，推进剂和贮箱气枕内气体掺混导致箱压出现较大幅度的下降。对于低温推进剂贮箱，其箱压下降幅度更为明显。为保证入口压力，需降低发动机对入口压力的需求，或者通过贮箱的特殊设计来加以解决。

3）推进剂管理问题。为实现基于火箭动力的重复使用，贮箱内将预留一定量的推进剂供发动机再次启动和回收过程使用。回收模块会经历微重力阶段，此时推进剂将大概率处于漂浮状态。因此，在需要发动机再次点火启动之前，应提前保证推进剂处于沉底状态，这使得回收模块推进剂管理难度大幅增加。

（3）着陆制导与控制

重复使用火箭垂直返回飞行过程中经历多个飞行段，每个飞行段均会由于自身结构偏差、内外部干扰和其他不确定性而产生轨迹和姿态偏差甚至失稳，进而影响到最终的着陆精度和安全性。因此，高精度制导与控制技术是实现安全着陆的基础。不同的着陆回收方式会有不同的制导控制方案，但都离不开在线轨迹规划和制导控制技术的发展。对于垂直起降火箭来说，最具挑战性的是最后的动力下降着陆制导。

1）着陆段全程制导和开关机控制方法。火箭在再入稠密大气的过程必须满足动压、热流、过载等再入约束，这涉及惯性调姿段和动力减速段的联立优化。若将动力减速结束后的飞行轨迹视为一条连接火箭与目标着陆点的轨道，则可以采用迭代制导或闭路制导，具有较强的适应性。在此基础上，还可以采用几何位置与时间更新双层迭代制导方法。火箭在垂直着陆时刻，还需同时满足质心和绕心耦合的终端约束，这涉及气动减速段和动力软着陆段的联立优化。在气动减速段由于箭体底部结构复杂，且进入稠密大气时不确定性扰动最大，因此要求制导系统尽可能通过反馈控制的方式，利用气动力将火箭导引向目标着陆点。SpaceX 公司的“猎鹰”-9 火箭采用了在线凸优化制导方法，从而能够实现在零点几秒内对精确着陆段轨迹规划问题在线快速求解。基于凸优化的着陆制导算法最早由美国喷气推进实验室（JPL）在 2007 年提出，随后在美国马斯腾空间系统公司（Masten）的垂直起降 Xombie 小火箭上进行了多次成功测试。SpaceX 公司对其进行了改进，使其可以应用于考虑气动力的着陆段制导。

2）异类执行机构复合控制技术。在惯性调姿段，为完成近 180°的大范围调姿，采用直接力控制的方式，在远离质心的位置安装反作用控制系统。针对大范围调姿引起的推进剂大幅度晃动问题，在动力减速段，通过摇摆发动机实现飞行姿态稳定控制。在栅格舵控制能力不足时可引入姿态控制系统复合控制，提升横侧向机动能力。在动力软着陆段，气动舵控制效率逐渐降低，此时箭体质心和压心变化较大，着陆支架展开存在动态过程，且展开不同步对姿态有冲击，以增强适应性为目标的辨识与抗干扰控制方法应是主要的研究方向。

（4）高精度导航技术

重复使用航天运载器的返回过程对导航精度要求很高。随着火箭距离着陆场越来越近，大气环境更为复杂，惯性/卫星组合导航方法已无法满足任务需求，应当结合地面辅助导航方法提升导航精度，例如采用差分全球定位系统（Differential Global Positioning System，DGPS）高精度导航，可将其基站布置在着陆场。对于海上着陆，在火箭高度较低时可增加微波测距测速的方式，补偿 DGPS 在高度方向精度不足的缺点。用于自主着舰的联合精密进近与着陆系统可以无视天气和强干扰电磁环境的影响而安全起降，能够满足重复使用火箭地面与海上着陆的导航精度要求。

（5）控制支撑机构技术

1）栅格舵。典型栅格舵系统的组成包括舵、解锁机构、展开锁定机构和传动机构等。栅格舵良好的外形设计是减缓翼元壁面之间气流拥塞，提高升阻比的关键。流线型剖面的翼元壁面具有降低阻力的效果，结合钝圆头的前缘能够对流线形剖面的尖锐前缘进行有效的防热结构设计。美国“猎户座”飞船的逃逸飞行器测试过整体后掠式栅格舵，超声速性能更佳。翼元壁面的局部前后掠也能够改善整体的气动特性，并改善整体后掠带来的结构安装不便问题。“猎鹰”-9 火箭的栅格舵就改进为翼元壁面的局部后掠式，对降低零升阻力和提高升阻比有明显作用。

未来，垂直回收将基于芯级栅格舵回收技术，芯级栅格舵回收基于传统火箭构型，利用栅格舵保持箭体姿态稳定，对火箭箭体改变较小，技术难度较低。其技术难点体现在子级栅格舵气动特性复杂、子级栅格舵组合体返回段姿态具有多通道耦合特性、子级再入大气层防解体难度大等方面。目前，栅格舵回收多项关键技术成熟度已达到较高水平。栅格舵系统作为高集成度的独立系统，成本低，适应性强，对箭体改动量少。

随着高度不断下降，利用栅格舵将子级姿态调整为稳定状态飞行，导航制导控制系统导引子级向目标落区飞行并定点着陆。运载火箭一、二级分离之后，一子级进行无动力飞行。安装在一、二级级间段上的栅格舵按预定指令展开。随着高度下降，动压不断增加，箭体姿态将进入自稳定阶段，即飞行状态为发动机朝前（向下）飞行，此时导航制导控制系统开始工作，导引一子级向目标落区飞行及定点着陆，可缩小落区范围。

2）着陆缓冲机构。为确保着陆缓冲机构整体可靠性，设计方案多基于尽量少的运动构件与单自由度方案开展，通过选用不同的运动机构与组合形式开展方案设计。目前，典型的着陆缓冲机构包括“猎鹰”-9 和“新格伦”火箭采取的两种倒三角式，“新谢泼德”火箭采取的四边形式。着陆缓冲机构的形式和具体方案取决于运载火箭返回质量特性、稳定性需求、着陆状态等因素。

3）冷气推冲分离机构。冷气推冲分离机构已应用到“猎鹰”-9 和“猎鹰”重型火箭的级间分离、整流罩分离和助推器分离中，以替代传统基于火工品的分离装置。这一改变实现了产品的重复使用，并做到可检测，有效提高火箭安全性与可靠性。类似的概念也应用在冷气推冲卫星释放机构中。

（6）热防护技术

与一次性使用火箭相比，重复使用火箭反复以高超声速进入大气层，需要耐受2 000 ℃以上的高温烧蚀，这对热防护系统提出了新的要求。“猎鹰”-9 火箭作为一种捆绑式火箭，其飞行阻力大于非捆绑的串联式火箭，同时其芯级采用传统的圆柱体外形，相比升力体外形，再入大气层时所承受的气动热环境和气动载荷环境将比发射时更加恶劣，空气流会在火箭表面摩擦产生大量热能。同时由于火箭不是流线型，表面气流环境会更加恶劣，会比流线型设计的飞船表面温度更高。因此，国外针对重复使用系统的热防护问题展开了大量研究。2011 年 3 月 5 日—2012 年 6 月 16 日，美国在 X-37B 轨道机动飞行器第二次飞行试验中，验证了整体增韧纤维抗氧化复合防热结构（TUFROC）。整体增韧纤维抗氧化复合防热结构是继美国航天飞机热防护结构之后，第一种成功用于航天器重返大气层飞行的新型可重复使用热防护结构，密度低、质量轻、成本低，能承受 1 700 ℃高温，高于航天飞机采用的增强碳-碳防热材料所耐受的温度，且能重复使用。

11.3.3 实现途径

SpaceX 公司于 2011 年 9 月启动重复使用运载火箭发展计划，技术方案是通过垂直降落方式回收火箭一子级，实现“猎鹰”-9 火箭第一级和第二级的重复使用，降低一次性使用运载火箭发射成本。SpaceX 公司火箭一子级的成功回收与复用，主要靠自己的努力，但是跟美国国家航空航天局积累下来的研究成果也是分不开的。早在 20 世纪 80 年代美国国家航空航天局就研制出了部分可重复使用的航天飞机，积累了大量相关技术。“猎鹰”-9 火箭的单个技术并无创新之处，但将成熟技术组合起来，将各部分性能发挥到极致，从而在无人涉足过的领域取得成功，这才是 SpaceX 公司火箭一子级成功回收的关键，也是令人惊艳之处。与航天飞机回收技术相比，火箭的垂直回收有新的技术难度，姿态控制系统和动力系统技术研究就成为关键。SpaceX 公司采用了不同的思路，经过迭代研制试验，制约可回收重复使用火箭研制的瓶颈技术逐一被消除。

SpaceX 公司成立之初的目标，就是要打破传统发射服务运营商的高昂价格，因此，火箭方案设计阶段就已经考虑到了重复使用的问题。当时虽并不被业界看好，但是现在看来，其试验方法途径和取得的成果对其他初创航天企业具有重要指导意义。SpaceX 公司在垂直起降技术上成功走出一条“陆上验证机验证—海上垂直降落受控试验—火箭改进—火箭回收”的火箭重复使用发展途径。其目标是火箭一子级在常规维护后可复用 10 次以上，中等规模的维修后可复用 100 次，远期目标是 1000 次，并希望把发射周转时间降低到 24 h。

为突破一子级火箭回收技术，SpaceX 公司制定了多元的、渐进式的发展计划，具体包括：低空（低于 3.5 km）、低速试验，高空（3.5～9.1 km）、中速试验，以及高空（9.1 km 以上）、高速（马赫数 6）的弹道式再入、受控减速和受控降落试验。其中前两类主要是通过“蚱蜢”垂直起降验证机、重复使用验证机 F9R－Dev1 以及重复使用验证机 F9R－Dev2 进行试验，而第三类则是在“猎鹰”－9 火箭的实际发射任务中进行试验。

“猎鹰”－9 火箭第一级改装的“蚱蜢”验证机成功验证了垂直起降技术。“蚱蜢”不仅在多次试验中稳稳地降落在试验场，还经历侧飞和横风的考验，验证了控制系统和动力系统的可行性和可靠性。SpaceX 公司还从改进后的“猎鹰”－9－1.1 开始了再入和着陆试验，成功验证了一级主发动机关机后的二次启动反推减速和受控再入大气层的技术，并在后续试验中验证了一级第三次点火减速的能力。通过第二次和第三次点火，“猎鹰”－9－1.1 的第一级减速落入大海，甚至在落海后继续收到无线电信号，证明了受控再入减速和着陆的可行性。SpaceX 公司分三个步骤开展回收技术演示验证。

第 1 步：利用“蚱蜢”验证机在地面上进行回收技术演示验证。“蚱蜢”验证机以“猎鹰”－9－1.0 火箭的一子级为基础建造，高约 32 m，其中贮箱高度约 26 m。验证机装有 1 台“隼”－1D 液氧/煤油发动机，推力 540 kN。验证机底部安装了 4 个配有液压减震装置的金属着陆支架和 1 套金属支撑结构，可以在着陆前起到缓冲作用。验证机垂直起飞、垂直着陆，试验过程中发动机全程保持工作，通过发动机推力矢量控制实现箭体姿态稳定，通过发动机推力大范围调节，实现上升、悬停、减速和着陆。

结束“蚱蜢”验证机的试验之后，SpaceX 公司利用“猎鹰”－9－1.1 火箭一子级改造形成了“猎鹰”－9 重复使用验证机 F9R－Devl，高约 42 m，直径 3.66 m。F9R－Devl 装有 3 台“隼”－lD 发动机和 4 个碳纤维铝合金蜂窝结构的着陆支架。F9R－Devl 在得克萨斯州的麦格雷戈试验场进行了 5 次低空飞行试验，最大飞行高度 1000 m，在 2014 年 8 月进行的第 5 次飞行试验中炸毁。马斯克曾经宣称，如果 2014 年能成功回收“猎鹰”－9 火箭一子级，将在 2015 年首次利用回收的火箭一子级执行发射任务。

第 2 步：利用“猎鹰”－9－1.1 火箭进行第一级助推器海上降落返回技术试验。与“蚱蜢”采用 1 台“隼”－1D 发动机降低降落速度不同，海上试验最多时启动 3 台“隼”－1D 发动机调整下降轨迹和降低下落速度，并对助推器重返大气层进行技术验证，实现以接近 0 m/s 的速度垂直落向海面。

第 3 步：利用海上移动平台在预定海区回收第一级助推器的技术进行演示验证。SpaceX 公司一系列的探索是它区别于蓝色起源公司的关键所在。长期以来，人们对火箭的重复使用还停留在纸面和想象阶段，对再入面临的困难知之甚少，无论是凯斯特勒公司（Kistler）的 K－1 火箭还是“猎鹰”－9 火箭，最初都打算采用无控直接再入大气层方式，受大气阻力减速到亚声速后使用降落伞落海回收。而“猎鹰”－9 火箭的早期试验，证明这种想法是行不通的，高超声速再入大气层的火箭第一级，如果不减速不受控的话，在巨大的冲击下几乎不可能保持完整。“猎鹰”-9火箭的最初两次试验，根本没等到开降落伞，火箭就空中解体了。蓝色起源公司的“新谢泼德”火箭速度较低而且基本是垂直升降，面对的热环境和气动阻力环境要好得太多。

SpaceX公司在随后的试验中，为“猎鹰”-9火箭第一级增加了着陆支架、更强的热防护系统，以及导航和姿态控制系统，成功实现了受控高速再入以及高空大气层的超声速点火反推。高空超声速反推减速，是重大里程碑，它不仅是实用型运载火箭第一级返回的必备技术，还是大型火星着陆器或是火星高海拔区域着陆的首选技术。经过一系列技术突破后，“猎鹰”-9-1.1火箭终于开始挑战最后的垂直着陆部分。但遗憾的是，为了满足火箭的性能要求，它的第一级长细比实在太大，这对火箭第一级的着陆控制提出了极大的挑战。火箭第一级的长细比高，对发射是一个优势，但对垂直着陆就是一个劣势，长细比高加上剩余推进剂少，即使节流好的“隼”-1D发动机也无法做到空中悬停，这都导致它的着陆难度远高于“新谢泼德”火箭。“猎鹰”-9-1.1火箭的垂直返回着陆试验是商业发射时附带进行的，无法在气流环境较为干净的陆上着陆场进行着陆试验，海上浮动发射平台面积狭小，同样增加了成功着陆的难度。因此，“猎鹰”-9-1.1火箭海上平台着陆的接连失败也就可以理解了。

11.4 回收试验

“猎鹰”-9火箭的第一级与第二级均采用垂直着陆方式，这种返回着陆方式与麦道公司提出的“德尔它”快帆试验机（DC-X）及其改进型（DC-XA）方案相同①。当时，麦道公司的方案成功中标美国1990年8月提出的单级入轨火箭技术计划（SSRTP）。“德尔它”快帆（DC-X/XA）试验机及其改进型的12次飞行试验，对运载火箭垂直着陆技术进行了充分验证，它表明重复使用“猎鹰”-9火箭的垂直着陆是可行的。全球发射市场对高可靠性、低成本商业运载工具的需求愈加强烈，完全重复使用是降低一次性运载火箭发射成本的最有效的途径，也是航天运输系统必然的发展趋势。SpaceX公司通过12次试验，其中前8次利用“蚱蜢”验证机在陆地对“隼”-1D多次启动、姿态控制技术和着陆缓冲技术等进行了验证；后4次是利用“猎鹰”-9-1.1火箭进行第一级助推器落入预定海区的海上垂直降落试验。通过12次试验，SpaceX公司在发动机多次启动、下降轨迹控制、落点精确控制、再入气动热控制、箭体姿态控制、缓冲着陆系统等高度复杂的技术上都取得了突破，为实现航天史上运载火箭助推器首次垂直降落回收奠定了坚实基础。

---

① “德尔它”快帆在设计上更接近于垂起垂降（VTVL）火箭，尽管“德尔它”快帆由于种种原因最终半途而废，不过作为探路者的有益探索，为日后的“猎鹰”火箭回收开辟了新路径。

11.4.1 “蚱蜢”起跳试验

“蚱蜢”验证机推进剂为航空煤油和液氧，能够产生最大约 55 t 的推力。机体高 32 m，其中贮箱高 25 m。按照计划，第一次试飞高度为 73.152 m，然后着陆，飞行时间 45 s；第二次试飞高度为 204. 216 m，然后着陆，时间仍是 45 s。此后的试飞高度依次提高，分别是 365.76 m、762 m、1 524 m、2 286 m、3 505.2 m，试验历时将逐渐增加到 160 s。虽然面临风险，SpaceX 公司完成了这一计划。“蚱蜢”垂直起降验证机试验情况见表 11-1。

表 11-1 “蚱蜢”垂直起降验证机试验情况汇总表

序号	试验时间	试验结果
1	2012 年 09 月 21 日	跳跃高度 1.8 m,试验持续时间 3 s
2	2012 年 11 月 01 日	跳跃高度 5.4 m,试验持续时间 8 s
3	2012 年 12 月 17 日	飞行持续时间 29 s,验证机在上升至 40 m 的高度后采用闭环推力矢量和节流控制，成功完成了稳定的高空盘旋和平稳着陆等动作
4	2013 年 03 月 09 日	跳跃高度 80.1 m,试验持续时间 34 s。此次试验为“猎鹰”-9 火箭的重复使用技术验证了一项关键技术
5	2013 年 04 月 19 日	试验历时 60 s,飞到 250 m 高度盘旋一段时间后着陆
6	2013 年 06 月 14 日	跳跃高度达到 325 m
7	2013 年 08 月 13 日	在 250 m 的高度成功完成了 100 m 的横向机动试验并准确返回发射点,本次试验验证了更加主动的转向机动能力
8	2013 年 10 月 07 日	跳跃高度达到 774 m

1）2012 年 9 月 21 日，SpaceX 公司在得克萨斯州的测试场进行了“蚱蜢”第一跳测试。尽管这次测试只升空了 1.8 m，持续时间 3 s，但它是一系列测试活动的开始，目标是让升空的火箭子级可以重复使用。

2）2012 年 11 月 1 日，SpaceX 公司在得克萨斯州的测试场进行了“蚱蜢”试验的第二次飞行测试。试验在 8 s 内，火箭上升至 5.4 m 的高度，之后又缓缓降落至发射台。

3）2012 年 12 月 17 日，“蚱蜢”垂直起降验证机在得克萨斯州的测试场完成第三次跳跃试验，跳跃高度达到 40 m，飞行时间持续了 29 s，实现了稳定的高空盘旋和平稳着陆。

4）2013 年 3 月 9 日的第四次发射，火箭抵达 80.1 m 的高度，大约停留了 34 s 后，最终利用闭环推力矢量和节流控制安全降落。着陆时，该火箭推重比（T/W）大于 1，为“猎鹰”-9 火箭的重复使用验证了一项关键技术。

5）2013 年 4 月 19 日的第五次发射，火箭抵达 250 m 的高度后着陆，试验历时 60 s。

6）2013 年 6 月 14 日的第六次发射，火箭腾空高度达到了 325 m，并成功着陆。另外，火箭发射在空中悬停也是一个亮点，因为使用了额外的传感器设备，精度更高。

7）2013 年 8 月 13 日，SpaceX 公司的“蚱蜢”验证机在位于得克萨斯州的测试场进行第七次试验，上升至空中 250 m 处，并侧向移动约 100 m，最终准确返回出发点。工程人员表示，成功实现侧向移动是一座里程碑，因为这是完成垂直着陆流程中必须掌握的飞行控制动作。

8）2013 年 10 月 7 日进行第八次试飞，对推力矢量控制等技术进行了阶段性测试。火箭飞行高度 774 m，然后安全降落在位于得克萨斯州麦格雷戈的发射台上。整个试验从起飞到降落，持续不到一分半钟。

11.4.2 下降受控试验

按照下降受控试验方案，重复使用整个回收过程为：“猎鹰”-9 火箭点火升空，在火箭一、二级分离后，一级火箭调整姿态，使其主发动机朝向降落的方向，9 台发动机中的 3 台重新点火以帮助减速。在接近地面时，火箭将展开 3 个着陆支架，使火箭能够在预定地点垂直着陆。第二级火箭在完成载荷部署后调整姿态离轨，并在防热系统的保护下重新进入大气层。一旦脱离了高速、高热区域，火箭第二级会再次调整姿态，采用与火箭第一级相同的方式实现垂直着陆。

（1）第一次下降受控试验

2013 年 9 月 29 日，美国 SpaceX 公司研发的新一代“猎鹰”-9 火箭——“猎鹰”-9-1.1 从范登堡空军基地发射升空。按计划，火箭一子级 9 台发动机中的 3 台发动机和二子级发动机将重启，一子级发动机进行两次重启，以验证重复使用技术。试验中，火箭二子级发动机重启失败；火箭一子级发动机的第一次重启成功，将一子级置于再入轨道，地面控制中心获得相关数据；第二次重启后，一子级箭体由于故障发生滚转，发动机提前关机，一子级最终落入范登堡空军基地附近太平洋海域，SpaceX 公司回收了部分坠落的火箭部件。虽然试验未取得成功，但马斯克表示，还将继续验证重复使用技术，并计划在接下来的两次发射任务中收集一子级数据，在 2014 年初进行的第三次国际空间站补给任务中尝试回收一子级，争取在 2014 年底实现一子级重复使用。

（2）第二次下降受控试验

2014 年 4 月 18 日，SpaceX 公司的“猎鹰”-9-1.1 火箭携带 6.65 t 重的“龙”飞船（其中货物质量 2.4 t）从卡纳维拉尔角起飞。发射过程中，“猎鹰”-9-1.1 火箭一子级在本次任务中开展了第二次重复使用技术受控下降测试验证，首次成功实施了火箭第一级“软着陆”试验。

在本次任务中，“猎鹰”-9-1.1 火箭一子级首次安装了 7.6 m 长的着陆支架。该着陆支架为碳纤维铝合金蜂窝结构，采用高压氦气气动系统展开，伸展长度为 18 m，总重为 2 t。SpaceX 公司称着陆支架对火箭的上升段没有负面影响，按计划着陆支架将在一子级落入海中的几秒前展开。美国国家航空航天局空间站项目主管迈克·苏弗雷迪尼称：“美国国家航空航天局能够批准 SpaceX 公司在火箭一子级上安装着陆支架的做法，是考虑到相对于“猎鹰”-9-1.1 火箭的整体性能，增加这点质量的影响可以忽略不计，不会对火箭的主要任务产生明显影响。”

从测试数据来看，试验状况良好，达到了预期目标。火箭第一级不仅实现了计划中的两次发动机重启，而且根据监测，在到达水面后的 8 s 内，箭载计算机仍持续发射信号，表明火箭第一级受到的损伤较小。SpaceX 公司从大西洋海域打捞出第一级后进行了详细数据分析，飞行数据表明，着陆支架的安装没有对火箭性能造成影响，并且在降落过程中能够顺利打开。

（3）第三次下降受控试验

2014 年 7 月 14 日，SpaceX 公司成功将轨道通信公司（Orbcomm）的 6 颗 OG2 通信卫星送入 400 km 的预定轨道。在本次发射中，SpaceX 公司第三次尝试回收一子级。一子级在返回地面过程中重启 3 台发动机，通过调整发动机节流阀设置，实现火箭一子级的受控下降，并在落入海面前展开携带的 4 个着陆支架，降落于卡纳维拉尔角东北方向几百千米远的海域。马斯克事后在推特上称：“火箭一子级在落入海面后损毁，但着陆支架完好。”

（4）第四次下降受控试验

2014 年 9 月 21 日，SpaceX 公司“猎鹰”-9-1.1 火箭搭载“龙”飞船，从美国佛罗里达州卡纳维拉尔角空军基地发射升空，执行国际空间站商业补给任务。此次发射原计划 9 月 20 日进行，后因发射场天气恶劣被迫中止。发射人员随即将火箭恢复到安全状态，从贮箱中泄出推进剂。20 日下午，发射人员再次启动倒计时，并于 21 日凌晨顺利发射。本次任务中，“猎鹰”-9-1.1 火箭一子级未安装着陆支架，在飞行到约 80 km 高度时主发动机按计划关机，一子级分离后，再经一系列机动，最终以受控模式降落在大西洋海域。作为试验这将有助于 SpaceX 公司重复使用火箭的研究。

发射任务中，美国国家航空航天局派出两架飞机监控火箭一子级有动力再入返回过程，并收集了相关的飞行数据。美国国家航空航天局希望利用这些数据研究未来火星着陆的问题，而 SpaceX 公司则可以依靠这些数据改进其一子级重复使用技术。根据美国国家航空航天局公布的录像，在火箭二子级点火不久，监控飞机上的红外传感器就捕捉到了一子级。一子级分离后在二子级的羽流内继续飞行；随后，一子级开始机动脱离二子级的羽流，达到 140 km 的最大高度后，一子级点火重启进行纵向航程控制；在下降至 70 km 高度时，一子级进行再次点火，开始进行反推再入过程；在 40 km 高度，第二次点火结束。

（5）第五次下降受控试验

2015 年 1 月 10 日第五次下降受控试验，一级增加了栅格舵控制装置，并使用海上移动回收平台进行着陆回收。试验中，从高超声速到亚声速阶段，栅格舵正常工作，一级箭体在返回过程中的姿态得到了有效控制，并精确落入预定目标区域。但着陆前，由于一个栅格舵液压油耗尽，导致箭体在着陆时姿态失稳，倾倒在着陆平台上。虽然着陆失败，但栅格舵与发动机联合的控制技术取得了初步验证。

（6）第六次下降受控试验

2015 年 2 月 12 日第六次下降受控试验，吸取了前次试验的教训，将栅格舵液压油量增加了 50%。在返回过程中的一系列动作均正常，但受恶劣天气影响，没有开展海上平台的着陆试验，最后箭体以竖直受控状态落入大西洋。

（7）第七次下降受控试验

2015 年 4 月 15 日第七次下降受控试验，一级与二级分离后 6 min，一级准确降落至海上回收平台指定位置，但由于侧向速度过大，致使箭体在与平台接触后发生了翻滚，导致箭体损坏，回收失败。

（8）第八次下降受控试验

2016 年 1 月 17 日第八次下降受控试验，一级分离后按计划准确降落至海上平台，然而着陆时一个着陆支架锁定失效导致箭体倾倒。总体来看，“猎鹰”-9-1.1 型火箭开展的八次回收试验全部以失败告终，但通过试验垂直回收相关技术得到了积累，为火箭改进及后续试验打下了良好基础。

11.5 前 14 次回收

马斯克曾经表示，未来一个目标是让火箭第一级经简单维护可重复使用 10 次到 20 次，经过整修后可重复使用 100 次左右；另一个目标是火箭第一级重复使用的时间间隔缩短至几个星期。“猎鹰”-9 火箭本身成本在 6 000 万美元左右，而每次加注燃料的费用约 20 万美元。因此，一旦火箭第一级达到有效快速重复使用的程度，届时发射成本将有望降到现在的百分之一。为验证火箭第一级的重复使用性能，SpaceX 公司需要通过实施 100 余次的发射任务来检验相关技术的成熟度和可靠性。马斯克距离他的目标越来越近了。

11.5.1 陆上回收“四试四成”

2015 年 12 月 21 日，SpaceX 公司在陆上成功收回了“猎鹰”-9 火箭的一级火箭，在人类历史上首次实现了陆地火箭回收。此外，SpaceX 公司研制的“猎鹰”-9 Block 5 型火箭，计划重复使用 10 次以上。几年前世界舆论的主流还是对该公司选择垂直发射及返回的技术路线持各种怀疑态度。目前，人们对 SpaceX 公司的成功回收火箭司空见惯，对垂起垂降的火箭复用技术路线深信不疑。

（1）第1次成功

2015年12月21日，SpaceX公司“猎鹰”-9火箭从卡纳维拉尔角LC-40号发射台起飞，成功为轨道通信公司发射了11颗通信卫星。这也是“猎鹰”-9-1.2火箭成功实现了第一级的地面回收，第一级火箭稳稳站立在发射场附近的陆上着陆平台，在人类历史上首次验证了轨道运载火箭的回收能力，意味着人们不必每次都重新制造复杂的运载火箭，对航天领域将产生颠覆性影响，被称为“史诗般的胜利”。甚至有人夸张地说，“猎鹰”-9火箭第一级回收成功，将使航天发射变成白菜价。对此，外界褒贬不一，心悦诚服、深信不疑者有之，半信半疑、谨慎观望者有之，更有人嗤之以鼻。实际上，火箭回收可以降低发射成本是肯定的，但是否真能降低到白菜价，绝无可能。

火箭发射10 min后，火箭的第一级缓缓下降，稳稳落地。在SpaceX公司发射中心，数百名员工通过大屏幕观看了这一历史性画面后，兴奋地欢呼起来。马斯克随即在网站留言，“欢迎回来，宝贝。”回收试验成功后，SpaceX公司的竞争对手蓝色起源公司掌门人，亚马逊CEO贝索斯第一时间也表示了祝贺，“欢迎加入我们的行列。”就在不到1个月前的2015年11月23日，蓝色起源公司的“新谢泼德”火箭在SpaceX公司之前率先完成了火箭回收试验。尽管从火箭结构和任务复杂性来说，“新谢泼德”都要比“猎鹰”-9简单许多，但带上首次火箭垂直着陆回收光环的“新谢泼德”仍然给了马斯克和SpaceX公司巨大的压力。“新谢泼德”火箭的任务是将载人飞船送入亚轨道完成低成本太空旅游，而“猎鹰”-9除了发射卫星之外，还要向空间站运送补给。用马斯克的说法，“新谢泼德”火箭只需要马赫数3的速度，而“猎鹰”-9需要加速到马赫数30。但之前接连的几次回收失败，让马斯克的解释变得有些苍白无力，这次成功回收才是马斯克对于外界质疑的最有力回击。毫无疑问，创新更多的是风险而非利润，但马斯克依然勇于冒险。用他的话说，“不做才是最大的冒险，因为成功的希望将变为零。”

（2）第2次成功

2017年2月18日，SpaceX公司在肯尼迪航天中心的LC-39A发射台，利用“猎鹰”-9火箭携带的“龙”飞船成功执行国际空间站商业货物补给合同第九次任务。SpaceX公司在此次发射中第二次成功实现“猎鹰”-9火箭的第一级陆地回收。大约在发射9 min 9 s时，“猎鹰”-9一级火箭成功在佛罗里达州卡纳维拉尔角空军基地LZ-1着陆区着陆。

（3）第3次成功

2017年5月1日，“猎鹰”-9火箭在卡纳维拉尔角肯尼迪航天中心发射升空，把美国国防部下属国家侦查局的NROL-76卫星送至预定轨道。此次任务中，火箭第一级在与第二级分离后返回地球，发射后约9 min，在卡纳维拉尔角发射场LZ-1着陆区成功垂直降落。此前，“猎鹰”-9火箭第一级已在LZ-1着陆区3次软着陆。

（4）第4次成功

2017年6月3日，在佛罗里达州卡纳维拉尔角，装备全新的“龙”飞船由一枚“猎鹰”-9火箭送上天际。发射约10 min后，“猎鹰”-9火箭第一级顺利分离，利用发动机推动，自我导引，成功返回卡纳维拉尔角空军基地LZ-1着陆区。根据SpaceX公司官方的数据，“猎鹰”-9火箭一子级回收大约损失了40%的运载能力。因此，当发射较大质量有效载荷进入地球同步转移轨道时，SpaceX公司不得不放弃回收一子级。

11.5.2 海上回收前十次情况

SpaceX公司的海上回收平台称为“自动航天港无人船”（Autonomous Spaceport Drone Ship，ASDS），是在甲板驳船的基础上改造而来，安装了用于维持位置的动力系统，以及大型的着陆平台，能够实现自动控制或远程遥控，在海上作为“猎鹰”-9火箭一子级着陆的平台，是该公司火箭重复使用计划的重要设施。

SpaceX公司的海上回收平台，均改装自麦克唐纳海事服务公司的Marmac 30X系列甲板驳船。最早投入使用的海上回收平台改装自Marmac 300甲板驳船，在用的“请阅读使用说明”回收平台改装自Marmac 303甲板驳船，“当然我依然爱你”回收平台改装自Marmac 304甲板驳船，三艘甲板驳船的性能参数基本相同。

Marmac 300是由墨西哥湾制造公司于1998年建造的，船龄已经接近20年，是最早改进的一艘甲板驳船（SpaceX公司在2014年10月第一次公布Marmac 300改装的信息）。这艘驳船在SpaceX公司海上回收平台的技术开发过程中充当了技术验证的角色。Marmac 303和Marmac 304则都是由标杆国际公司在2013年完成制造的，船龄仅有4年，属于比较新的船只。

为了使甲板驳船适用于“猎鹰”-9火箭一子级着陆回收任务，SpaceX公司对Marmac 30X系列甲板驳船进行了大量改造，主要包括4个方面：首先，扩展了甲板面积，保证有足够的着陆区域；其次，为甲板驳船安装了动力系统，使平台能够在海洋中保持相对稳定的位置；再次，为平台上的设备箱增加了起到保护作用的防爆隔离板等防护措施，以防在一子级未能成功着陆或者发生爆炸时，减小对平台设备的影响；最后，则是设计了用于固定火箭一子级的机器人，未来可能实现无人自主的回收操作，大幅降低风险。

SpaceX公司共有4个海上回收平台，其中3个在用，另外1个（也是最早投入使用的平台）已不再执行发射任务。在用的3个海上平台代号为“请阅读使用说明”（Just Read the Instructions，JRTI）、“当然我依然爱你”（Of Course I Still Love You，OCISLY）和“缺少庄重”（A Shortfall of Gravitas，ASOG）。2021年7月9日，在芬恩·法尔古特拖船陪伴下，“缺少庄重”从富尔雄港出发在墨西哥湾先行试航，抵达佛罗里达州卡纳维拉尔角，开展正式启用之前的关键测试。“请阅读使用说明”“缺少庄重”平台停靠在西海岸附近，在太平洋上回收从范登堡空军基地执行发射任务的“猎鹰”-9 火箭一子级；“当然我依然爱你”平台停靠在东海岸附近，在大西洋上回收从卡纳维拉尔角空军基地发射的“猎鹰”-9 火箭一子级。

从 2015 年 1 月首次尝试利用海上平台回收火箭，到 2017 年年底，已经成功回收 13 次，尤其是 2017 年以来的 9 次海上平台回收全部取得成功，但回收还是经历了一个跌宕起伏的过程。在 7 年多的时间里，SpaceX 公司的海上回收平台不断进行改进更新，为 SpaceX 公司火箭重复使用计划的顺利实施提供重要保障。同时，SpaceX 公司还将根据“猎鹰”-9 发射任务类型的不同，选择不同的着陆方式。SpaceX 公司对海上回收平台还会持续进行升级，朝着实现无人自主化操作的方向发展。

（1）第 1 次失败

2015 年 1 月 10 日，SpaceX 公司利用“猎鹰”-9-1.1 运载火箭从卡纳维拉尔角空军基地发射货运“龙”飞船，执行第五次国际空间站货运补给任务，同时进行火箭第一级的首次“海上移动平台着陆回收试验”。“猎鹰”-9-1.1 火箭将“龙”飞船成功送入预定轨道，但火箭第一级回收试验未能获得成功。

发射后 2 min 37 s，火箭一子级发动机关机，速度达到马赫数 10，高度 80 km。发动机关机后 4 s，火箭级间分离系统将一、二子级分开。级间分离 1 s 后，一子级利用冷气姿态控制系统操纵，离开二子级的羽流后继续上升，并准备返回大西洋上距离发射点354 km 的海上回收平台。在发射后 4 min，火箭一子级达到 140 km 的最高点。在最高点附近，一子级重新启动部分发动机，进行推进返回，用于控制一子级的纵向距离，开始瞄准91 m×52 m 的回收平台。在发动机第一次下降点火工作后，一子级进入一段较短弹道飞行阶段，之后展开 4 个栅格舵，这些栅格舵已经在 F9R-Devl 验证机上进行过低空低速的验证。4 个栅格舵各自独立控制，采用两自由度设计，可以同时滚转和倾斜，允许在大气层飞行过程中进行复杂的姿态控制。栅格舵在超声速和亚声速范围内表现的性能都非常好，但是在跨声速区内由于存在振动波，性能不是非常理想。

发射后 5 min 栅格舵展开，一子级的 3 台“隼”-1D 发动机在 70 km 的高度第二次点火，工作时间在 30 s 以内，再加上空气阻力的作用，此次发动机再入点火将飞行器的速度从 1 200 m/s 降低至 250 m/s。在飞越大气层的过程中，一子级重心很低（几乎没有推进剂，质量集中在底部的发动机上），需要利用栅格舵保持飞行器的姿态稳定。在大气层飞行过程中，栅格舵为一子级提供稳定的姿态，并进行俯仰角度修正，进一步扭转纵程距离，瞄准海上回收平台的位置。此时，海上平台附近（安全距离外）布置了一艘支援船只，该船只上装配了跟踪设备，用于记录一子级的遥测数据和视频。

在最后着陆点火时，位于中心的 1 台发动机第三次启动，一子级最后精确调整飞行路线，理想状态是垂直地下降到平台的“X”形标记上方。在下降前 10 s，4 个着陆支架利用增压氦气展开，火箭一子级垂直降落于平台。然而 SpaceX 公司公布的视频显示，火箭一子级最终以倾斜角度高速撞击到平台。马斯克称，此次试验的成功几率只有 50%，相比于之前在海面上降落，此次在平台上着陆就像寻找一个针尖大小的目标。火箭一子级虽然成功找到了“针”大的平台，但却未能够在平台上站稳。“猎鹰”-9 火箭的回收虽然选用了厘米级卫星定位系统、终端激光测距系统等多种高精度定位方式助其返回，但从 1 300 m/s 的亚轨道速度减速至 2 m/s，并降落在海上漂浮平台上，其难度无异于百步穿杨。

（2）第 2 次失败

2015 年 2 月 11 日，SpaceX 公司的“猎鹰”-9-1.1 火箭携带美国国家海洋和大气管理局的深空气候观测卫星（DSCOVR）从卡纳维拉尔角的 40 号发射台发射升空。SpaceX 公司原计划在此次发射中再次尝试火箭一子级海上平台回收，但有效载荷对轨道的要求增加了火箭回收的难度，火箭返回过程中承受的气动压力将是上次的 2 倍。但最终因发射当天海上天气情况较差取消了海上平台回收试验。不过数据显示，在本次着陆试验过程中，火箭第一级以完美的状态垂直入海，着陆精度在 10 m 以内。试验结果表明在天气状况好的情况下，火箭第一级完全有能力在海上平台实现软着陆。

（3）第 3 次失败

2015 年 4 月 14 日，“猎鹰”-9-1.1 火箭成功执行第六次国际空间站商业补给服务（CRS-6）任务，将货运“龙”飞船送入预定轨道。在本次任务中，SpaceX 公司再次尝试利用海上平台回收火箭一子级，但是由于横向速度过大，火箭“硬着陆”，一子级回收未取得成功。与二子级分离后，火箭一子级利用安装于级间段的低温氮气推进器脱离二子级羽流并调整姿态进行翻转，使发动机朝前，此时一子级速度为 2 km/s，随后继续利用推进器保持姿态稳定并上升至 125 km 的高度。发射后 4 min 30 s，三台发动机点火并持续工作 30 s，火箭一子级逐步缩短与着陆点之间的纵向距离。经过短暂的大气层外滑行后，推进器再次调整姿态调转一子级，使发动机指向再入方向，并打开栅格舵准备再入。发射后 6 min 45 s，在 70 km 的高度，一子级三台发动机再次点火并持续工作 15～20 s，在为一子级减速的同时，保护湍流区内的发动机部件。再入大气层后，一子级主要利用栅格舵控制姿态，推进器作为辅助方式。发射后 8 min，一子级中心发动机点火，并最后调整飞行路径，基本接近于垂直下降。着陆前 10 s，4 个着陆支架展开，一子级落到了海上平台上，但是由于横向速度过大失去平衡而翻倒，大部分部件已经损坏。

（4）第 4 次成功

2016 年 4 月 8 日，SpaceX 公司成功在大西洋上利用驳船回收“猎鹰”-9-1.2 一级火箭，这是人类历史上首次在海上成功实现火箭回收，也是“猎鹰”-9-1.2（又称“猎鹰”-9FT 火箭）第一次成功回收。有人称此举是人类实现完全重复使用航天运输系统的又一小步，类比为新时代的月球行走。从视频上看到细长的“猎鹰”-9 火箭一级，优雅地垂直降落在蓝色大海中自动驳船上，会有那么一瞬误以为是科幻电影。全世界的关注者都投以赞赏的目光，甚至有人预言“人类进入太空的成本将降低几个数量级，廉价太空时代已经越来越近了”。即使此前也有一些非专业人士表达过不同的声音，回收并不意味着低成本。

此次“猎鹰”-9-1.2 火箭第一级的海上垂直回收试验采用着陆支架和反推发动机结合的方案，在起飞约 2.5 min 后，“猎鹰”-9-1.2 火箭第一级的 9 台“隼”-1D 发动机停机，随后火箭第一级与其他部分分离，开始回收过程。整个回收过程中以三次发动机点火为重要节点来完成：第一次是调姿点火，与火箭的其他部分分离后，火箭第一级继续依靠惯性向前飞行，在起飞约 3 min 后，第一级 9 台发动机中的 3 台进行第一次点火，推动第一级返回，同时箭载冷气姿态控制系统开始调整火箭飞行姿态，使其由水平变为垂直；在向海面下落过程中，箭载冷气姿态控制系统继续导引火箭飞向预定的海上回收平台；第二次是再入减速点火，3 台发动机进行第二次点火，进行反推，使火箭第一级再入大气层，由于大气层阻力的作用，第一级返回大气层时的速度降至 250 m/s；此外为克服高速侧风的影响并准确降落至预定地点，采用箭载 4 片栅格舵确保火箭的空气动力稳定性；第三次是着陆点火，在最后的机动降落阶段，上述 3 台发动机中的 1 台发动机，即位于火箭第一级底部中心位置的“隼”-1D 中央发动机再次点火，将火箭下落速度控制在 2 m/s 以下。在起飞约 8 min 35 s 后，随着火箭第一级底部的四个碳纤维着陆支架完全打开，给予缓冲，火箭第一级的速度进一步减至接近零，成功降落至海上回收平台。

（5）第 5 次失败

2016 年 1 月 17 日，Jason-3 卫星由 SpaceX 公司的“猎鹰”-9 火箭发射升空。Jason-3 卫星是 2008 年 6 月 20 日发射的 Jason-2 卫星的后续任务，由美国海洋和大气管理局（NOAA）、欧洲气象卫星应用组织（EUMETSAT）和法国国家空间研究中心（CNES）联合研制，目标是保持“托佩克斯/波塞冬”（TOPEX/Poseidon）、Jason-1 和“海表地形任务”（OSTM）/Jason-2 卫星数据的连续性。

但是此次发射未能实现火箭在太平洋海上回收平台上的正常着陆。据悉，“猎鹰”-9 一级火箭其实已经实现了在海上回收平台上的着陆，但由于速度过快“砸”到了遥控船上。SpaceX 公司在对数据进行了进一步评估后得出结论称，“猎鹰”-9 的着陆很“轻柔”，但一个着陆支架未能锁定，导致整个火箭倾倒在回收平台上。当天，回收平台所在海面的浪高为 3.7～4.6 m，这也可能增加了火箭的着陆难度。这是 SpaceX 公司“猎鹰”-9 一子级第四次未能实现在海上漂浮遥控船上顺利着陆。

（6）第 6 次成功

2016 年 5 月 6 日，SpaceX 公司“猎鹰”-9 火箭成功升空并完成第二次海上成功回收。这是 SpaceX 第三次成功完成火箭回收，也是全世界首次在地球同步转移轨道发射任务中实现火箭回收。

（7）第 7 次成功

2016 年 5 月 27 日，SpaceX 公司在大西洋的无人船上成功回收了“猎鹰”-9 火箭的第一级。这是 SpaceX 公司第三次成功在海上回收一级火箭，第四次成功回收一级火箭。在“猎鹰”-9 第二级将通信卫星 THAICOM-8 送入地球同步转移轨道几分钟后，一级火箭成功实现海上着陆。马斯克在火箭着陆后表示，火箭在着陆时存在“一定倾倒风险，速度接近设计极限”。

（8）第 8 次成功

2016 年 8 月 14 日，SpaceX 公司的“猎鹰”-9 火箭将一颗美制日本通信卫星送入太空中，并成功完成本年度第四次海上回收火箭任务，用 9 个发动机中的 3 个作为动力，完美地返回到了一艘位于卡纳维拉尔角发射场附近的全自动驳船上。这次成功也说明 SpaceX 公司的海上火箭回收技术已日趋成熟。发射前几天，名为“当然我依然爱你”的回收平台出发，前往距离卡纳维拉尔角发射点以东约 600 km 的大西洋上等待火箭的到来。在发射前三天，火箭箭体在卡纳维拉尔角肯尼迪航天发射中心发射台进行了静态点火测试，并模拟了延迟发射对低温推进剂的影响，因为整个发射窗口会持续两个小时。

（9）第 9 次成功

2017 年 1 月 2 日，SpaceX 公司发布声明，详细解释 2016 年 9 月火箭发生爆炸的原因。1 月 7 日，美国联邦航空管理局授予“猎鹰”-9 火箭发射许可。2017 年 1 月 14 日，SpaceX 公司成功发射“猎鹰”-9 火箭，以一箭十星方式将铱星公司首批 10 颗通信系统卫星送入预定轨道。本次火箭发射载荷重约 9 600 kg，是“猎鹰”-9 火箭迄今为止发射载荷最大的一次。这也是 SpaceX 公司自 2016 年 9 月火箭爆炸后第一次重启发射任务，同时也是 SpaceX 公司首次在太平洋上成功实现火箭海上回收。此举标志着“猎鹰”-9 火箭垂直反推回收技术进一步成熟，大幅加快了火箭重复使用的步伐。

（10）第 10 次成功

2017 年 3 月 30 日，SpaceX 公司首次利用回收的“猎鹰”-9 火箭第一级成功发射 SES-10 商业通信卫星。在发射大约 10 min 后，火箭的第一级平稳降落在海上平台上。马斯克表示，“猎鹰”-9 火箭第一级首次成功重复发射和着陆是航天技术的一次革命。本次发射使用的重复回收火箭第一级，是 2016 年 4 月发射国际空间站商业补给服务（CRS-8）任务使用的火箭一子级。截至 2023 年 3 月 15 日，SpaceX 公司成功回收火箭总计 178 次，其中在海上成功回收火箭 138 次。

11.6　前景明朗

当年，SpaceX 公司的竞争对手们对重复使用技术在短期内的可行性和经济前景并不看好。洛马公司负责“宇宙神”-5 火箭的发射服务部主管罗伯特·克里夫说，“毫无疑问，这是天方夜谭。从 20 世纪 60 年代起，这就是一个天方夜谭，我们也曾经拥有过这样的东西，航天飞机就是，但价格并不是最好的。”俄罗斯国际发射服务公司总裁菲尔·斯莱克说，“现实是，在未来十年内，除了‘猎鹰’-9 火箭，我认为没有人会追求重复使用性，但‘质子号’火箭以及我们下一代的“安加拉”火箭都是一次性的。至少在近期内，我们不关注重复使用火箭计划。”

回收火箭只是路径，重复使用才是目的。2017 年 3 月 30 日，SpaceX 公司首次利用回收的“猎鹰”-9 火箭第一级成功发射，标志着航天技术产生了的颠覆性变化。“猎鹰”-9 火箭的成功回收意义远远不止技术上的胜利，人们看到了大航天时代的曙光。2018 年 12 月 3 日的“一箭三飞”，让马斯克和 SpaceX 公司制造标准化复用火箭的前景更加明晰。截至 2023 年 3 月 15 日，“猎鹰”-9 系列火箭已经发射了 219 次，其中 216 次成功（1 次部分失败，1 次完全失败，1 次火箭和有效载荷在发射台上被炸毁），共计 178 次成功回收火箭。诸多数据表明，“猎鹰”-9 火箭的垂直起降复用技术愈发成熟，而且也初步显现出类似航班化运营的模式，新制造的硬件越来越少，复用次数越来越多，复用间隔越来越短，检测维护更加简便。

11.6.1　复用流程简便

简单概括来说，“猎鹰”-9 火箭复用分为如下七步：

1）一级火箭实现软着陆和整流罩安全回收（整流罩受控海面溅落打捞回收，二级火箭目前不能回收复用）；

2）陆路运输至得克萨斯州麦格雷戈火箭测试基地进行复查、翻新、测试；

3）对 9 台“隼”-1D 发动机进行脱油清理，采用液氧/煤油作为推进剂的“隼”-1D 发动机不可避免地产生积碳问题，需要耗时耗力拆装涡轮机才能彻底清理干净；

4）对箭体、煤油罐/液氧罐、栅格舵、着陆支架、整流罩等硬件进行全面检查，包括 X 射线复检，试图发现潜在裂缝或者其他异常；

5）重新装配一级火箭，执行静态点火测试；

6）由火箭测试基地再次运抵发射场，对一二级火箭、整流罩、有效载荷进行水平整合；

7）发射前执行一系列复检，视情况而定是否执行发射台静态点火测试，事实上每次试射任务都会不可避免地对发动机造成损耗，通常需要执行发射台静态点火测试。

对于第4）步火箭的检查，SpaceX公司将其分为三级：A级为每次发射后进行的检查，相对简单；B级是定期检查，目前是每发射6到7次进行一次；C级是最为彻底的检查，用于发射次数最多的火箭，以及所有的载人发射任务。SpaceX公司的工程师表示，目前很多检查和维护都是预防性的工作，在未来如果通过研制改进，能够完全掌握火箭部件的具体工作情况，那么就可以减少很多这种预防性的检查。

11.6.2 技术不断升级

“猎鹰”-9全推力火箭共有三个主要型号，即基本型、全推力4型与“猎鹰”-9 Block5型。基本型“猎鹰”-9-1.2火箭较早期的“猎鹰”-9-1.0（V1.0）及“猎鹰”-9-1.1（V1.1）有大量的升级，包括改换“隼”-1D发动机，降低推进剂存储温度，优化栅格舵、着陆支架和发动机布局等。而全推力4型“猎鹰”-9则是基本型与“猎鹰”-9 Block5型之间的过渡版本。“猎鹰”-9 Block5型火箭升级了“隼”-1D发动机，将发动机推力提高了8%。“猎鹰”-9 Block5型火箭针对复用的可靠性与快速性进行了升级，主要包括：强化了栅格舵的耐高温能力；在一级火箭外部增加热保护层，以减小再入加热对火箭的损伤；对发动机的阀门进行优化，增加其工作寿命；重新设计了复合材料的高压氦气瓶，防止低温液氧对其造成破坏；使用螺接方式制造一级火箭的发动机安装结构，以缩短制造时间。

“猎鹰”-9 Block5型全推力火箭作为”猎鹰”-9火箭的定型产品，是承接该公司现在与未来的关键桥梁。2018年5月，“猎鹰”-9 Block5型发射前的电话记者发布会上，马斯克表示，在SpaceX公司完成“大猎鹰火箭”（Big Falcon Rocket）之前，“猎鹰”-9 Block5型是“猎鹰”-9火箭的最终型号。据马斯克所述，在设计上，“猎鹰”-9 Block5型全推力火箭能够在不进行重大翻新的前提下执行超过10次飞行任务。SpaceX公司也相信，“猎鹰”-9 Block5型全推力火箭实际上能够胜任100次以上的飞行。SpaceX公司火箭复用周期也在不断缩短，其首次复用周期近11个月，而2020年2月以来仅用时2个月，表明火箭回收后整修、测试流程已逐步成熟，正不断接近“1个月实现复用”的目标。2022年，SpaceX公司创下一个月七次发射、连续第170次成功发射、第160次成功回收火箭、第134次重复使用火箭的纪录。

11.6.3 可靠性的提升

2019年，SpaceX公司的垂直起降复用技术再次取得突破，“猎鹰”-9火箭不仅实现一子级的4次复用，而且10次一子级回收任务100%成功，表明其技术已经比较成熟。不过，由于“猎鹰”重型火箭芯级的再入速度较高，回收和复用还存在一定的难度。“猎鹰”

重型2019年执行了2次发射任务，虽然助推器都成功回收，但是芯级回收都未能完全成功，火箭复用带来的价格优势也在逐渐显现出来。

2020年，SpaceX公司的“猎鹰”-9火箭在垂直起降方案的应用上继续突破，全年25次发射中有20次采用回收一子级，仅用了5枚新生产的一子级，有2枚一子级的最大复用次数已经达到7次（2021年1月20日发射的“星链”卫星是该子级的第8次复用），未来可能会向着航班化的运营方式发展。SpaceX公司因此得到大量订单，既有美国国家航空航天局和美国军方等政府用户的高价值发射订单，也有从国际通信卫星公司（INTELSAT）、欧洲卫星通信公司（SES）、麦克萨技术公司（MAXAR Technologies）等得到的商业订单。复用“猎鹰”-9火箭的可靠性也得到美国国家航空航天局和军方认可，被允许执行载人发射任务和重要国家安全载荷发射任务。

2021年，31次“猎鹰”-9火箭发射任务，SpaceX公司只使用了两枚全新火箭。其余的29次飞行全部采用了“多手”回收火箭发射。这已经超过了马斯克预期的10次复用“小目标”。2021年，每一枚“猎鹰”-9火箭的平均使用次数为5.7次，远高于2020年的3.6次。2021年的发射任务中，全部安排了回收计划，SpaceX公司成功地回收了其中的30次。

2022年，SpaceX公司“猎鹰”火箭全年发射次数达到61次，比2021年的31次几乎翻倍，平均每5.98天发射一次，超额完成马斯克每周发射一次的年度目标。全年任务共消耗掉3枚“猎鹰”箭体，分别是B1066.1箭体（“猎鹰”重型芯级）、B1051.14（应用户要求）、B1049.11（应用户要求）；共启用6枚全新的“猎鹰”火箭箭体，执行了4次发射任务，其余的57次发射任务使用复用的火箭。

在航天飞机服役的早期，美国国家航空航天局需要在每次飞行后都对航天飞机的主发动机进行检查，但每次并没有检查出什么重要问题，并且在对航天飞机发动机测试过程中对组件造成了磨损，损失其部分寿命。因此，SpaceX公司认为，这些检查并没有太多价值，在具体工作中他们也看到了这种减少检测和维护需求的好处。而对于载人飞行，SpaceX目前也是在每次发射后都进行最为彻底的C级检查。实质上，SpaceX公司持续改进火箭制造和组装流程，在技术上对火箭可靠性进行保证，从而减少对复用火箭进行检测的要求。例如，对于火箭的涡轮泵中的涡轮，在组装该部件时，SpaceX公司在涡轮部件中增加了加速度传感器，以验证涡轮是否正常运行，如果出现问题，传感器和控制器会在半秒内自动中止发动机的工作。因此，SpaceX公司取消了在更换涡轮泵后，执行一次发动机点火，以验证部件工作是否正常的复用可靠性测试。

11.6.4 复用间隔缩短

平均复用时间间隔的快速缩短一方面来自于SpaceX公司针对火箭复用可靠性进行的

大量改进，另一方面，也来自 SpaceX 公司火箭在一次次的发射中对火箭复用检修程序的优化。

一般来说，一枚火箭在完成组装和测试后，仍需要 10 天到 30 天左右的时间完成与卫星的对接。除非 SpaceX 公司能采用全新的技术实现火箭与卫星的标准化对接，否则马斯克很难在 2019 年实现其 24 h 内完成复用的目标。当然，将复用的时间缩短至 30～45 天依然有很大希望；而这一点，已足够再一次撼动目前的航天发射市场，让“猎鹰”- 9 无论从性能、发射价格以及发射次数上达到对其他型号火箭的绝对优势。

2017 年，当 SpaceX 公司首次开始重复使用“猎鹰”- 9 一级火箭时，两次飞行之间的平均周转时间为 225 天。2018 年，这个数字略有下降，平均为 224 天。2019 年显著减少到 140 天，2020 年又减少到 113.8 天。2021 年，SpaceX 公司复用火箭的平均周转时间显著减少，延续了前几年的趋势，第一季度的平均周转时间为 56 天，31 次飞行的平均周转时间为 94 天。2022 年 4 月 29 日，“猎鹰”- 9（B1062.6）发射“星链”任务，使用的是仅仅 21 天前发射载人“龙”飞船回收的火箭一子级，复用火箭的平均周转时间比之前又缩短了 6 天。2022 年的 61 次任务仅使用 4 枚新的一子级，其余 57 次均采用复用一子级执行发射任务；执行任务时复用 10 次及以上的子级发射共计 19 次，一子级复用的平均间隔为 95 天。

11.6.5 影响更加深远

耐人寻味的是，当年蓝色起源公司比 SpaceX 公司整整早 1 个月实现火箭回收，只不过“新谢泼德”火箭属于亚轨道试飞，且至今依然保持这一“龟速”状态。此外，当年跟 SpaceX 公司一同竞争美国国家航空航天局货运补给订单的凯斯特勒公司（Kistler），更早起步研发一款全复用 K - 1 火箭，其回收思路是第一级采用气囊缓冲方式着陆。但这家公司却很短命，很快于 2010 年破产。作为老牌航天强国的俄罗斯，尽管兜里没钱但不乏创意。早在 2007 年，马克耶夫设计局就曾提出过一款类似“猎鹰”- 9 火箭的垂起垂降方案，比 2011 年 SpaceX 公司公布的“蚱蜢”验证机足足早了 4 年。只可惜俄罗斯航天局以技术风险太大为由，最终扼杀了开发念头。

火箭垂直回收复用试验的进行让人们看到了马斯克的任性，但他似乎还有远比人们当初预想的更为疯狂的念头。2015 年 1 月 16 日在西雅图举行的 SpaceX 公司大会上，马斯克表示，他计划有朝一日将太空互联网覆盖到火星。在人类未来能否抵达火星都是未知数的今天，马斯克想在火星覆盖互联网，这天方夜谭般的宏大计划竟是因为“我没看见其他公司去做这件事”。当未来某天地球上的人多到必须移民火星的时候，在开发火星能源、架设火星互联网之前，马斯克的火箭必须往返成功、多次使用，成本也不能太高。否则关于未来一切的梦想，将在开始的地方就止步了。

2015 年 12 月 22 日，SpaceX 公司全球首创入轨发射条件下成功回收一级火箭的壮举。2017 年 3 月 30 日，首次创造重复使用一级火箭实现轨道级发射。2018 年 5 月 11 日，首次成功发射“猎鹰”-9 Block5 型火箭，同年 12 月 3 日实现“一箭三飞三回收”。2019 年 11 月 11 日，实现“一箭四飞四回收”。2020 年 11 月 25 日，首次实现“一箭七飞七回收”。2021 年 4 月 23 日，首次采用复用火箭执行载人空间站飞行任务，2021 年 5 月 9 日，首次创下“一箭十飞十回收”的新纪录，同年底，创造了“一箭十一飞十一回收”新纪录。2022 年的 61 次发射活动中，有 18 次使用了“10 手”或者“10 手”以上的火箭执行了发射任务。目前 SpaceX 执行发射任务次数最多的“猎鹰”-9 火箭是 B1058，一共执行了 15 次发射任务，仅仅在 2022 年就执行了 6 次发射任务，从一枚“10 手”火箭变成一枚“16 手”火箭。“猎鹰”-9 火箭的最高发射频率超过了 20 世纪 70 年代初对航天飞机的预期，即每 5.98 天发射一次。并且 SpaceX 公司不会就此止步，其下一个目标是每年 100 次飞行。

凭借独一无二的火箭回收复用技术与高效运营，SpaceX 公司刷新一连串航天产业纪录。按年份排列重复使用一级火箭次数分别为：2017 年 5 次、2018 年 13 次、2019 年 10 次、2020 年 21 次、2021 年 29 次、2022 年 57 次。复用一级火箭所占当年发射总量比例分别为：2017 年 27%、2018 年 57%、2019 年 76.92%、2020 年 69.23%、2021 年 93.54%（29/31）、2022 年 93.4%（57/61）。截至 2022 年年底，现役一级火箭复用超过 10 次排行榜：B1058.15、B1051.14、B1060.14、B1049.11、B1061.11、B1062.11。

由 SpaceX 公司开创的一级火箭回收复用模式，从最初被业界不认同，到目前的争相效仿，短短几年工夫彻底改写了全球航天发射领域的市场格局和发展趋势。美国火箭实验室（Rocket Lab）发布的“中子”火箭，采用一级火箭和整流罩一体化垂直回收模式，瞄准 2024 年首飞。蓝色起源公司试图打造新一代复用型火箭“新格伦”。联合发射联盟（ULA）希望通过“火神”火箭进入复用航天俱乐部。相对论太空公司（Relativity Space）正在研制的“人族 R”火箭，同样瞄准垂直回收复用能力。

俄罗斯航天局试图把“阿穆尔”火箭打造成复用回收型火箭。欧空局（ESA）寄希望于“忒弥斯”（Themis）成为复用火箭。印度国家航天局（ISRO）期待自家下一代火箭有朝一日实现回收复用……。不过，纵观全球，不管是国家队还是老牌劲旅，即便从眼下开始算起，至少也得 5～10 年才能初步掌握回收复用火箭技术。到那时，一路遥遥领先的 SpaceX 公司，已经成为航天运输系统的佼佼者，更可能成为深空探索领域的领跑者。

第12章　创新者——“龙”飞船

12.1　概述

在吸取了航天飞机结构功能过于复杂的教训后，各国的设计师们都认识到，载人航天器本身主要是航天员往返天地的运输工具，不能在载人功能之外为其赋予太多的其他功能。随着2011年美国最后一架航天飞机“亚特兰蒂斯”号退役，飞船似乎赢得了最终胜利。航天史上，人类曾通过飞船和航天飞机两种工具进入太空。美国载人航天从飞船开始，先后经历“水星”“双子座”“阿波罗”飞船，其后于1981年转轨到航天飞机时代。航天飞机之后，美国又“退回”到飞船的路线。因此，在设计新一代飞船时，他们不约而同地又采用了舱体式飞船的总体设计方案，又都赋予了新飞船重复使用的功能。

以重复使用航天器为主要“卖点”的美国SpaceX公司，在获得成功的货运型“龙”飞船的基础上，设计了载人型“龙”飞船。在经过多轮竞标后，载人型“龙”飞船成为美国国家航空航天局商业载人航天计划的首批飞船，在2020年5月30日执行了航天飞机停飞后美国载人航天的首次复飞任务。载人型“龙”飞船一次最多可以将7名航天员送入太空，在不对接的情况下可以独立在太空中飞行一周。按照SpaceX公司对外公布的信息，载人型“龙”飞船重复使用约10次。但在现阶段的合同中，所有任务都会使用全新制造的飞船。

波音公司的CST-100飞船是商业载人航天计划的另一种飞船，同样具备可回收重复使用的能力，设计的最大重复使用次数在10次左右。在着陆过程中，飞船乘员舱底部的防热罩将在约1 500 m高度时被抛弃，露出布置在防热罩内的缓冲气囊。在落地前，缓冲气囊将充气展开，为落地提供缓冲。

美国国家航空航天局自行研制的载人“猎户座”飞船，也是一种具有重复使用能力的飞船。“龙”飞船和CST-100飞船主要用于往返国际空间站的飞行，而“猎户座”飞船则瞄准载人登月乃至登陆火星的任务需求，具备以第二宇宙速度直接再入大气层的能力，舱体的防辐射性能也考虑了深空飞行中更加恶劣的环境。与此同时，俄罗斯继“联盟”飞船之后的新一代飞船也提上研发日程。如果将“阿波罗”飞船、“联盟”飞船等称为第一代飞船，那么各国目前正在投入研发的飞船，都可以称为新一代飞船。

什么是新一代飞船的典型特点？黄志澄认为，首先是载人能力更强，乘坐更为舒适；其次是得益于防热层材料的巨大进步，重复使用将成为新一代飞船的标配。各国舍弃航天飞机，除去其成本过高原因，也有时代因素。新一代飞船的到来，与载人航天新时代的到来相伴随。这一次，人类设定了更远的目标：以月球为起点，去往火星。虽然“阿波罗”飞船已经将人送达过月球，但传奇的阿波罗计划之后，人类的脚步一直局限在近地轨道上，主要就是空间站。黄志澄说，早先，各国都认为近地空间的开发将带来巨大的经济效益，但几十年孜孜不倦的太空开发证明，能够带来经济效益的遥感、通信、导航等产业，都是不需要人类亲自进入太空的，而有人活动的空间站，经济价值很难说有多可观。

于是，新一代的载人航天将离开近地轨道飞向深空。在外星登陆的行动中，航天飞机远不及飞船实用。航天飞机虽然可以依托空气降落，但在没有空气的月球和空气稀薄的火星上，这种优势几乎没有用武之地，还占用了航天器宝贵的结构重量。依靠自身发动机点火再次起飞，并且构造简练的飞船，显然是登月、登火更好的选择。

“龙”飞船作为 SpaceX 公司的主打产品，同时也是商业航天企业涉足国际空间站的一个标志。2012 年 5 月，货运“龙”飞船首次与国际空间站实现对接，并将 0.5 t 左右的物资运抵空间站。2020 年 5 月 30 日，SpaceX 公司成功实施载人“龙”飞船发射。像飞船这样的天地往返平台都是国家级工程，不论是俄罗斯“联盟”“进步”飞船，美国“水星”“双子座”飞船，还是我国的“神舟”飞船，都是一项大工程。而一家商业航天企业能研制出一整套的飞船、火箭系统确实有其过人之处。近年来，SpaceX 公司的亮眼表现，成为支撑美国在全球航天发射市场稳居前二位置的主要原因，也极大地改变了世界商业航天发射市场格局。从长远看，研制重复使用航天运输系统可使人类探访甚至移居其他星球的梦想成真。

12.2 第一代货运“龙”飞船

2002 年 SpaceX 公司成立后，许多航天专家都认为马斯克不可能成功，这也就是促使马斯克以“龙”来命名飞船的原因。这里的“龙”不同于中国传统的形象，而是来自于美国童谣歌曲《神龙帕夫》[①]。马斯克从小就喜欢这首童谣。他以“龙”来命名飞船，就是要鼓励自己的团队，永远保持这种纯真，以激发丰富的想象力；永远保持这种纯真，要不断进取去实现自己的太空梦。纯真也意味着简单，简单化是SpaceX公司提高可靠性和安全性的重要原则，即简单就更可靠，也就更便宜、更快捷。例如，“龙”飞船采用标准的国际空间站停泊装置，使得“龙”飞船能被空间站遥控机械臂系统所捕获。这种交会对接方式，减少了飞船上对接系统的重量、成本和复杂性。

世界航空史表明，在莱特兄弟1903年12月实现人类最早的持续的动力飞行之后不久，就有人尝试用飞机开展运输和邮递服务；但直到1935年12月，当全金属结构的旅客机DC-3实现首次飞行之后，航空才实现了商业化。载人航天器的技术远比旅客机复杂，可以预料，载人航天商业化的道路也会更长、更复杂。因此，在这个道路上，单凭纯真显然是不够的，还需要技术进步和科学管理，但缺少了这种对梦想追求的纯真，也许就会永远无法达到彼岸。

12.2.1 主要特点

2005年SpaceX公司启动了货运“龙”飞船研制项目，用于向低地球轨道运送加压和不加压货物。它和正在孕育当中的载人版本一样，都属于可回收的航天器。新型商用飞船——货运“龙”飞船（或“龙”实验舱，Dragon Lab）是为满足国际空间站的货物运输需求来设计的，能往返地球和太空之间运输加压和非加压有效载荷，搭乘“猎鹰”-9火箭进入太空。作为自由飞行飞船，“龙”飞船还可作为理想的空间技术验证和科学仪器试验平台使用。SpaceX公司先期用“龙”飞船的名字承接完全商业化的非国际空间站飞行任务，为空间实验带来一项新的能力。“龙”飞船是重复使用10次左右的飞船，尤其是与低成本的“猎鹰”-9火箭结合使用，可进一步降低国际空间站的货运成本。

“龙”飞船是一个传统的钝角圆锥体弹道舱。“龙”飞船主要由前锥体、加压舱和服务舱三部分组成：前锥体，它在上升阶段起保护作用；加压舱，体积为10 m^3，用于搭载乘员或加压货物；服务舱，体积为14 m^3，装有电子设备、反应控制系统、降落伞和其他支持设备。“龙”飞船可利用头锥部安装的标准国际空间站通用停泊装置与国际空间站的美国舱段进行对接。通用停泊装置使得“龙”飞船能被空间站遥控系统捕获，并停泊到国际空间站的非俄罗斯舱段上。这种方式减少了“龙”飞船上对接系统的质量、成本和复杂性。“龙”飞船既可载人或载货前往国际空间站，又能作为国际空间站上航天员紧急返回

① 《神龙帕夫》是一首关于歌颂童年纯真的歌曲。歌词是由康奈尔大学19岁的伦纳德·利普顿所写。歌中的神龙是小男孩最喜欢的一件玩具，孩童了无羁绊的心灵，为它插上了想象的神奇外衣。在想象的奇境中，他们纵横驰骋。当白纸被染上污迹，而孩童失去可贵纯真时，想象力也就折断了翅翼。伦纳德完成歌词以后由他的好友彼得·耶鲁谱上曲子，并由彼得为首的组合，在1961年的一次现场秀上，首次公开表演了这首曲子，获得很大成功，从而成为了美国家喻户晓的一首童谣。

地球的运载器。

“龙”飞船包括载人型和载货型两种，载人“龙”飞船是后续发展计划。“龙”飞船提供了一个可进行太空实验（回收承压和非承压有效载荷）以及部署小型航天器的平台。整套“龙”飞船包括系统运行的方方面面：动力、热控、环境控制、电源、通信、热防护、飞行软件、制导、导航与控制、回收等系统。“龙”飞船的所有结构和机构均设计为能够支持乘员运输，且遵守所有相关的美国国家航空航天局标准和安全因子。

（1）加压舱

加压舱周围还装备了 18 台“超级天龙”小型火箭发动机，用于调整飞船姿态。“龙”飞船发动机同样由 SpaceX 公司制造，并且在“龙”飞船上采取了冗余设计，如果任何两个发动机在飞行过程中损坏，不会影响飞船控制效果。另外，在“猎鹰”-9 火箭上面级（第二级）也应用了 4 个该类型的发动机。

加压舱底部的防热罩也是“龙”飞船的一大亮点。“龙”飞船的防热罩材料为改进版酚醛浸渍碳烧蚀材料（PICA-X)。烧蚀热防护罩的概念是 19 世纪 20 年代提出来的，它的思想是靠烧蚀材料受热分解和氧化燃烧带走热量。目前，这是在高热流条件下唯一可行的一种防热方法，因此是极高速再入航天器所必备的。“龙”飞船进入大气层时速度约为 7 km/s，与大气摩擦能产生约 2 000 ℃的高温。为了保证舱内的正常温度，抵抗再入的燃烧热量，SpaceX 公司和美国国家航空航天局合作研制出了一种更容易制造的改进版酚醛浸渍碳烧蚀材料（PICA-X)，其具备卓越的性能，甚至经得起未来登月和火星任务再入大气层的考验。

（2）服务舱

服务舱在加压舱底部热防护板下方，容积为 14 m^3，用来运送不需要加压的货物。服务舱装有一对太阳能电池板，电池板为飞船提供 1 500～2 000 W 的平均功率，峰值功率可达 4 000 W，可输出 28 V 和 120 V 两种额定电压。服务舱还装有电子、能源、遥测、反应控制、喷气控制、降落伞等系统。服务舱不可回收，在进入大气层之前与飞船加压舱分离，坠入大气层烧毁。

（3）主要性能

“龙”飞船的主要性能包括：能完全自主交会对接，且在载人型飞船结构中具有手动替代控制功能；向上运送有效载荷质量为 6 000 kg（最大)，返回时所能携带的有效载荷质量为 3 000 kg（最大)；任务持续时间为 7 天至 2 年；采用具有通用性的电子系统；装载 1 200 kg 推进剂；采用通用停泊装置，如果需要，可采用低冲击对接系统（LIDS）和异体同构周边式对接系统（APAS）提供支持；装有 3 个或 4 个舷窗；采用降落伞水上溅落的返回方式；使用烧蚀材料打造高性能热防护罩和侧壁热防护系统。另外，在载人型飞船结构中，每个座位上都装有触摸屏笔记本计算机，在起飞过程中用座位下的脚凳提供支撑，起飞后脚凳会折叠起来。

为保证从货运型向载人型快速过渡，“龙”飞船的货运和载人型号基本相同，只不过载人型号将额外安装逃逸系统、生保系统和必要时能从计算机控制转为人员手动控制的操控系统。对于货运发射，飞船内部将布设模块化的货架系统，用于装载标准尺寸和形状的加压货物。对于载人发射，飞船内部则将设置乘员座椅、操控设备和先进的生保系统。重视通用性可减小设计工作量，并简化载人型号的研制过程，使关系到航天员和国际空间站安全的飞船各系统能在不载人验证飞行过程中就得到全面考核。

值得一提的是，传统航天器控制用的是宇航级器件，能承受非常恶劣的太空环境考验，其中最重要的是能承受空间辐射，因而异常昂贵。空间辐射会导致“粒子翻转”，计算机是二进制的，粒子翻转可能会让 0 变 1 或者 1 变 0，导致运算错误，可能会造成非常大的灾难。SpaceX 公司则选择了 Intel 的 X86 双核处理器，为了解决“粒子翻转”问题，SpaceX 公司把双核拆成了两个单核，分别计算同样的数据，每个系统配置 3 块芯片做冗余，也就是 6 个核做计算，如果其中 1 个核的数据和其他 5 个不同，那么主控系统会让这个核重启，再把其他 5 个核的数据拷贝给重启的核，从而保证数据同步，最后将处理器成本降到了原来的 1/5 000。货运“龙”飞船与其他货运飞船性能比较见表 12－1。

表 12－1　第一代货运“龙”飞船与其他货运飞船对照表

	货运“龙”飞船	“天舟”飞船	“进步”飞船	天鹅座飞船	HTV 白鹳号飞船	ATV 自动转移飞行器
所属国家(地区)	美国	中国	俄罗斯	美国	日本	欧洲
运载火箭	“猎鹰”-9	长征七号	“联盟”2.1a	安塔瑞斯 230+	H－2B	阿里安-5
发射质量	12.6 t	13.5t	7.2 t	6.6 t	16.5 t	20.75 t
飞船长度	8.1 m	10.6 m	7.23 m	5.1 m	10 m	10.3 m
飞船直径	4 m	3.35 m	2.72 m	3.07 m	4.4 m	4.5m
载货空间	9.3/37 m^3	40 m^3	7.6m^3	27m^3	14 m^3	48 m^3
运送能力	上行 6 t 下行 3 t	上行 6.9 t	上行 2.5 t	上行 3.8 t	上行 6.2 t	上行 7.66 t
发射至对接最快时间	17 h	2 h	3 h 19 min	1 d 11 h	3 d 21h	5 d 18 h
最长在轨时间	36 d	183 d	367 d	109 d	85 d	186 d
主要特点	唯一复用飞船	现役运力最大、发射对接最快	发射对接较快	—	成功系数最高	迄今最大运力
运行状态	现役	现役	现役	现役	退役	退役

12.2.2 货运任务

10 多年间，SpaceX 公司的第一代货运“龙”飞船总共发射 22 次，其中 20 次成功发射，1 次试飞成功，1 次失败（在 2015 年 6 月 28 日，“猎鹰”-9 火箭“折戟”，编号 C109 的货运“龙”飞船在火箭爆炸中幸存下来，在海上安全降落并回收）；总计运送太空“包裹”超过 43 t，运回物资 33 t，顺利完成第 1 阶段美国国家航空航天局国际空间站商业补给货运任务。SpaceX 从美国国家航空航天局手中拿到 30 亿美元合同，平均每次“太空快递”费用 1.5 亿美元，而美国另一款“天鹅座”货运飞船平均每次发射费用为 2.3 亿美元。

SpaceX 公司手中有美国国家航空航天局的两份国际空间站货运补给合同，应在 2024 年前执行至少 26 次补给任务。据称，第一份国际空间站商业补给服务（CRS）合同余下的飞行任务采用已飞过两次的旧船。第二份国际空间站商业补给服务合同下的至少 6 次货运任务采用载人“龙”飞船的货运型号，该飞船将可至少使用 5 次，并改在大西洋上溅落，以缩短再飞准备时间。

2020 年 3 月 7 日至 4 月 6 日，全程历时 29 天零 48 分钟，最后一艘第一代货运“龙”飞船完美谢幕。这艘货运“龙”飞船借助降落伞，溅落在加利福尼亚州长滩西南太平洋海域，绝版货运“龙”飞船完成历史定格。这次任务堪称“龙”飞船标志性谢幕飞，既标志着一个时代的结束，又意味着一个绝版的定格。SpaceX 公司第一代货运“龙”飞船现已承运 20 次；第二代货运“龙”飞船计划承运 6 次（2020—2024 年），总计 26 次。第一代“龙”飞船是迄今为止唯一能够复用的货运飞船，自 2017 年 6 月 3 日首次复用以来，总计创造 9 次复用发射纪录，其中 3 艘飞船 3 次发射复用（C108、C106、C112），3 艘飞船 2 次发射复用（C110、C111、C113），甚至还多次创下复用飞船搭乘复用火箭的全复用太空快递任务。SpaceX 公司一直在朝全复用目标不断突破，第二代货运“龙”飞船正是开路先锋。第一代货运“龙”飞船的国际空间站货运任务清单见表 12-2。

表 12-2 第一代货运“龙”飞船国际空间站货运任务清单

任务名称	任务代号	飞船编号	发射时间	停靠国际空间站时间	结果	备注
SpaceX 公司商业货运补给测试飞行 1	COTS DF-1	C101	2010 年 12 月 8 日	未对接	成功	“龙”飞船首次飞行，“猎鹰”-9 火箭第二次发射，成功测试了“龙”飞船轨道操作和返回舱再入能力，飞船回收后永久性保存
SpaceX 公司商业货运补给测试飞行 2	COTS DF-2	C102	2012 年 5 月 22 日	5 天 16 小时	成功	第一艘“龙”飞船实现对国际空间站对接，回收后在肯尼迪航天中心永久性保存

续表

任务名称	任务代号	飞船编号	发射时间	停靠国际空间站时间	结果	备注
第1次	CRS-1	C103	2012年10月8日	17天22小时	飞船成功发射，次要载荷入轨异常	SpaceX公司正式发射第一艘货运“龙”飞船，完成第1次商业货运补给任务，但由于“猎鹰”-9火箭一个发动机失效，导致次要有效载荷未能进入正常轨道
第2次	CRS-2	C104	2013年3月1日	22天18小时	发射成功，飞船异常	首次使用“龙”飞船非加压舱，发射环节成功，但飞船推进器出现异常，后经过轨道修正，飞船推迟一天与国际空间站对接
第3次	CRS-3	C105	2014年4月18日	27天21小时	成功	飞船升级后首次发射
第4次	CRS-4	C106	2014年9月21日	31天22小时	成功	“龙”飞船首次运送活物：20只太空老鼠，用于研究长期太空飞行的影响
第5次	CRS-5	C107	2015年1月10日	29天3小时	成功	因2014年10月28日第三艘天鹅座飞船发射失败，导致这次任务推迟至下年
第6次	CRS-6	C108	2015年4月14日	33天20小时	成功	
第7次	CRS-7	C109	2015年6月28日	未对接	失败	“猎鹰”-9升空139 s后爆炸解体，“龙”飞船在爆炸中幸存下来，海上溅落
第8次	CRS-8	C110	2016年4月8日	30天21小时	成功	一级火箭首次实现海上平台垂直着陆
第9次	CRS-9	C111	2016年7月18日	36天6小时	成功	
第10次	CRS-10	C112	2017年2月19日	23天8小时	成功	自2011年航天飞机谢幕后首次在黄金发射工位LC-39A发射。由于软件不兼容，对接空间站推迟1天
第11次	CRS-11	C106.2	2017年6月3日	27天1小时	成功	首次发射复用回收“龙”飞船
第12次	CRS-12	C113	2017年8月14日	30天21小时	成功	最后一次使用全新的“龙”飞船
第13次	CRS-13	C108.2	2017年12月15日	25天21小时	成功	第2次发射复用“龙”飞船，同时也是首次采用复用的回收火箭发射
第14次	CRS-14	C110.2	2018年4月2日	23天1小时	成功	第3次发射复用“龙”飞船
第15次	CRS-15	C111.2	2018年6月29日	32天2小时	成功	第4次发射复用“龙”飞船
第16次	CRS-16	C112.2	2018年12月5日	36天7小时	成功	第5次发射复用“龙”飞船

续表

任务名称	任务代号	飞船编号	发射时间	停靠国际空间站时间	结果	备注
第 17 次	CRS－17	C113.2	2019 年 5 月 4 日	28 天 2 小时	成功	第 6 次发射复用“龙”飞船
第 18 次	CRS－18	C108.3	2019 年 7 月 24 日	30 天 20 小时	成功	首次发射 3 次复用“龙”飞船
第 19 次	CRS－19	C106.3	2010 年 12 月 5 日	29 天 19 小时	成功	第 2 次发射 3 次复用“龙”飞船
第 20 次	CRS－20	C112.3	2020 年 3 月 7 日	29 天 48 分钟	成功	第 3 次发射 3 次复用“龙”飞船

12.2.3 重要影响

国外对“龙”飞船对接试验获得成功所带来的影响多冠以“创造了历史”“开启了新时代”等评语。这种影响值得关注，要客观分析。

1）“龙”飞船对接试验成功提升了“商业航天”的地位。在美国，商业航天项目是相对于军用航天和民用航天项目而言的。商业航天项目指那些由私营机构负责、没有美国政府机构直接参与管理、以赢利为目的航天项目；政府机构作为用户对项目要达到的目标提出具体要求，提供部分项目启动种子资金，但主要研制费用还是由商业航天企业承担。项目研制出的火箭、飞船等产品归私营机构所有，政府机构可以通过购买的方式获取服务。这与军用航天项目由国防部和国家侦察办公室负责、民用航天项目由美国国家航空航天局和国家海洋与大气管理局负责是不同的，军用和民用项目都属于政府项目，资金主要来源为政府合同拨款。

SpaceX 公司的“龙”飞船是美国第一种进行轨道飞行的商业飞船，更是第一种与国际空间站成功对接的商业飞船，其影响远大于商业卫星和商业运载火箭。尤其是在航天飞机退役后，美国一直依靠俄罗斯、欧洲、日本的货运飞船执行国际空间站货运任务，对接试验的成功将大幅提升商业航天在美国的地位，为其他商业航天企业进入航天领域提供了范例。这是所谓“创造历史和开启新时代”的第一层含义。

2）“龙”飞船对接试验成功为美国政府将国际空间站商业乘员运输任务交给商业航天企业提供了佐证。奥巴马新航天计划中提出将把国际空间站的货运和载人任务都交给商业航天企业。在与 SpaceX 公司和轨道科学公司签订了国际空间站货运合同后，美国国家航空航天局又制定了商业乘员发展计划，并从 SpaceX 公司、波音公司等 4 家企业中遴选合同承包商。需要指出的是，美国国会并不十分支持这一做法，对商业航天企业执行载人任务的可靠性提出了质疑；同时在项目资金上予以削减，将商业乘员发展计划 2012 财年预算从 8.3 亿减少至 5.3 亿美元。美国国会把更多的资金投入到美国国家航空航天局负责研制的重型运载火箭和“猎户座”多用途乘员飞行器上，将2012财年预算从23亿增至27亿美元。

虽然是货运飞船，但本次“龙”飞船对接任务的成功仍证明了商业航天力量在空间站运输方面的技术水平和可靠性是可以信赖的，使后续为商业乘员项目争取更多资金投入成为可能，为SpaceX公司和美国国家航空航天局增加了话语权，为实现美国政府商业乘员发展计划的目标增加了几成胜算，同时将使美国国家航空航天局能够集中精力去完成低地球轨道以外的小行星和火星探测。这是所谓“创造历史和开启新时代”的第二层含义。

3）“龙”飞船对接试验成功将进一步推动实现降低进出空间成本的目标。谈到SpaceX公司“龙”飞船和“猎鹰”火箭，一定离不开低成本的话题。本次对接试验前，SpaceX公司曾表示：与目前美国为购买俄罗斯“联盟”载人飞船的一个座位要支付约6 000万美元相比，载人“龙”飞船未来的目标是把单个乘员的运送费用降低到约2 000万美元。SpaceX公司还提出：“猎鹰”-9火箭能够以5 700美元/kg的价格将载荷送入低地球轨道，“猎鹰”重型火箭的这一成本更可以降低到2 300美元/kg。尽管上述说法遭到了美国国内各方面的质疑，目前也没有充分的数据予以证实，但这毕竟代表了商业航天企业在降低进入太空成本方面具备的潜力，符合人们的期望。因此，本次“龙”飞船交会对接成功，不仅证明了SpaceX公司能落实美国国家航空航天局16亿美元的国际空间站货运合同，更将推动航天领域实现降低进入太空成本的目标。这是所谓“创造历史和开启新时代”的第三层含义。

12.3 第二代货运“龙”飞船

2020年，SpaceX公司“龙”飞船顺利实现升级换代。第一代“龙”飞船于2020年3月7日执行完最后一次货运任务，SpaceX公司第一阶段国际空间站商业货运补给服务合同顺利完成。第二代货运“龙”飞船于2020年12月6日首飞，开启SpaceX公司第2阶段国际空间站商业货运补给服务合同，总金额约10.7亿美元。SpaceX公司需要利用第二代货运“龙”飞船完成6次国际空间站补给任务。

第二代货运“龙”飞船其实是简化版的载人“龙”飞船，或者说是货运版的载人“龙”飞船。与载人“龙”飞船相比：没有配备座椅、舷窗、驾驶控制系统、完整的生命维持系统（只提供最低支持系统，用于航天员进出货运飞船），以及“超级天龙”推进器（因为不载人，所以没必要配备用于发射中止的“超级天龙”推进器），这为货运“龙”飞船提供了更多空间，并减轻了不必要的重量。

12.3.1 技术改进

与第一代货运“龙”飞船相比，第二代的货运“龙”飞船重点提升了运输能力和重复使用效率，回收检修后能够快速重复使用。第二代货运“龙”飞船主要进行了六项优化：一是装载体积比第一代飞船多出 20%；二是复用次数增加，最多可使用 5 次（第一代最多 3 次）；三是可以全自动直接对接空间站，第一代需要加拿大机械臂先捕获，再对接舱口；四是升级降落伞系统，返航安全系数变得更高；五是太阳能电池系统由阵列翅膀变成裙装，效率更高、更安全可靠；六是海上溅落着陆区从加利福尼亚州太平洋海域改为佛罗里达州大西洋海域，大大缩短返航时间，从一两天锐减到几个小时回港，既能使科学实验样本尽快送达，又能大幅缩短飞船翻新复用间隔。

12.3.2 货运任务

SpaceX 公司现役第二代货运“龙”飞船三艘，编号为：C208、C209、C211。截至 2023 年 3 月 15 日，第二代货运“龙”飞船已执行 7 次任务，任务代号为：CRS-21/22/23/24/25/26/27，最多重复使用次数 3 次（C208.3、C209.3），最快周转使用时间 164 天（CRS-22/CRS-24），上行最大载荷量 3.528 t（CRS-26）；下行最大载货量 2.002 t（CRS-21），最短交会对接时间 17 h 10 min（CRS-26），最长在轨时间 45 天 14 h 59 min（CRS-26）。第二代货运“龙”飞船国际空间站货运任务清单见表 12-3。

表 12-3 第二代货运“龙”飞船国际空间站货运任务清单

任务名称	任务代号	飞船编号	发射时间	结果	备注
第 1 次	CRS-21	C208.1	2020 年 12 月 6 日	成功	第二代货运“龙”飞船首次补给任务（“四手”火箭 B1058.4+新飞船 C208.1）
第 2 次	CRS-22	C209.1	2021 年 6 月 3 日	成功	第二代货运“龙”飞船第二次补给任务（新火箭 B1067.1+新飞船 C209.1）
第 3 次	CRS-23	C208.2	2021 年 8 月 29 日	成功	第二代货运“龙”飞船第三次补给任务（“四手”火箭 B1061.4+“二手”飞船 C208.2）
第 4 次	CRS-24	C209.2	2021 年 12 月 21 日	成功	第二代货运“龙”飞船第四次补给任务（新火箭 B1069.1+“二手”飞船 C209.2）
第 5 次	CRS-25	C208.3	2022 年 7 月 15 日	成功	第二代货运“龙”飞船第五次补给任务（“五手”火箭 B1067.5+“三手”飞船 C208.3）
第 6 次	CRS-26	C211.1	2022 年 11 月 26 日	成功	第二代货运“龙”飞船第六次补给任务（新火箭 B1076.1+新飞船 C211.1）
第 7 次	CRS-27	C209.3	2023 年 3 月 15 日	成功	第二代货运“龙”飞船第七次补给任务（“七手”火箭 B1073.7+“三手”飞船 C209.3）

（1）第 1 次任务

2020 年 12 月 6 日，SpaceX 公司发射了执行美国国家航空航天局第二阶段“商业补给服务”合同下国际空间站货运补给任务的一艘第二代货运“龙”飞船（C208.1），任务代号为 CRS-21。SpaceX 公司握有美国国家航空航天局两项空间站货运补给合同，涉及至少 29 次补给任务。2016 年签订的第二阶段国际空间站商业补给服务合同原本包括至少 6 次货运任务，但美国国家航空航天局一位发言人 2020 年 11 月称，那项合同已被扩充到包括 9 次任务，这些任务都将使用第二代货运“龙”飞船来执行。

这次任务采用一枚第四飞明星级火箭（芯级编号 B1058.4），在此之前曾三度穿行天地间，先后发射过大名鼎鼎的奋进号“龙”飞船（Demo-2 任务）、韩国首颗专用军事通信卫星（ANASIS-Ⅱ）、部署第 12 批 1.0 版“星链”卫星。之所以称为明星级火箭，因为它就是 2020 年 5 月 30 日历史性发射奋进号“龙”飞船的那枚一级火箭，由此开创了全球商业载人航天新纪元。

本次任务中，首次出现“双龙”同框的历史性一幕。恢复号“龙”飞船（2020 年 11 月 16 日发射，2021 年 5 月 2 日返回）停靠在“和谐”号节点舱接口处（IDA-2），第 21 次国际空间站商业补给服务任务的货运“龙”飞船，停靠在“和谐号”节点舱接口处（IDA-3）。两艘“龙”飞船呈 90°直角停靠在国际空间站上，这一场景持续了 35 天左右，直到货运“龙”飞船返回地球。在此之前，只有俄罗斯两艘飞船（“联盟”号载人飞船、“进步”号货运飞船）同框相会过。

（2）第 2 次任务

2021 年 6 月 3 日，SpaceX 公司用“猎鹰”-9-1.2 型火箭，在卡纳维拉尔角肯尼迪航天中心 LC-39A 发射台，发射了国际空间站货运补给服务（CRS-22）任务的第二代货运“龙”飞船（C211.1）。起飞后约 12 min 完成船箭分离，飞船于 6 月 5 日抵达国际空间站。这是第二代货运“龙”飞船的第二次飞行。

本次发射采用了一枚全新的第一级火箭，编号为 B1067.1。在本次发射中，这枚火箭成功实现了落船回收。这是 SpaceX 公司 2021 年的第 17 次发射，也是其 2020 年 11 月以来首次采用全新的第一级火箭执行发射任务。SpaceX 公司“龙”飞船任务主管沃克在 2021 年 6 月 2 日的射前通报会上说，公司现在每当采用新火箭发射时反倒会觉得新奇。

尽管用的是一枚新火箭，但 SpaceX 公司这次却未在发射台上对第一级做射前静态点火试车。沃克称，随着经验的积累，公司正逐渐改掉多年来养成的每次发射前都要做这类测试的习惯。这枚第一级火箭在运往发射场前曾在公司位于得克萨斯州麦格雷戈的试验场做过静态试车。因此，SpaceX 公司和美国国家航空航天局共同认定本次任务没必要在发射台上再做一次静态点火试车。

（3）第 3 次任务

2021 年 8 月 29 日，SpaceX 公司在卡纳维拉尔角肯尼迪航天中心 LC-39A 发射台执行第 23 次国际空间站商业补给任务（CRS-23）。此次发射任务是第二代货运“龙”飞船 C208.2 第二次飞行、2021 年第二次向国际空间站发射机械臂、第二阶段“商业补给服务”合同下的 SpaceX 公司第三次发射任务、第 124 次“猎鹰”-9 火箭发射、SpaceX 公司第

130次发射任务、第90次助推器着陆、第28次发射“龙”飞船、第25次向国际空间站发射“龙”飞船。仅仅间隔8个月后，这艘第二代货运“龙”飞船再度投入使用（周转时间226天），而第一代货运飞船最快周转复用纪录为418天，几乎缩短了一倍。这次发射的次要任务是完成一级火箭海上回收，首度出马的“缺少庄重”海上回收平台第一次喜迎火箭。8月30日，SpaceX公司的货运“龙”飞船在澳大利亚西部上空成功与国际空间站“和谐”号舱前向接口自动对接。此时有5艘飞船停泊在国际空间站：货运“龙”飞船、载人“龙”飞船、“天鹅”号货运飞船、“联盟”号载人飞船、“进步”号货运飞船。

自2021年6月30日发射Transporter-2共乘任务之后，一向勤勉高效的SpaceX公司突然偃旗息鼓，罕见出现长达两个月的发射空档期（2021年6月30日至8月29日），直到这次任务恢复常态发射，背后有何原因？有多种因素使然：一是自家“星链”任务出现阶段性小结，上半年快速部署完成“星链”星座第一个轨道层（累计发射1737颗、在轨操作1 600多颗），需要一段调试/消化时间；二是“星链”卫星即将从V1.0版切换到V1.5版（新增小型激光器，添加卫星之间激光链路新功能），需要一定准备期；三是商业发射任务的客户及有效载荷尚未准备就绪，因此出现商发空档期；四是7、8月正值美国度假集中期，高强度忙碌半年的SpaceX公司员工也该享受一下暑期年假。

（4）第4次任务

2021年12月20日，SpaceX公司成功执行了第24次国际空间站货运补给服务（CRS-24）任务。本次任务使用了一枚全新的“猎鹰”-9火箭（编号为B1069），海上回收船为“请阅读使用说明”。此次发射的编号为C209.2的第二代货运“龙”飞船已经是第2次使用，在6个多月之前曾经对接过国际空间站。

SpaceX正在打造前所未见的“龙”之队，包括5艘载人“龙”飞船和3艘货运“龙”飞船。定期、高密度和复用性正成为第二代货运“龙”飞船的最大特点，第二代货运“龙”飞船正在开启一个全新时代，期冀再造新传奇。除此之外，此次发射正好是SpaceX公司“猎鹰”系列火箭的第100次成功回收，也是人类航天史上垂起垂降轨道级发射任务的第100次助推器回收。在SpaceX公司100次成功的可回收发射中，通过2021年的31次发射证明了“猎鹰”-9 Block5型火箭的可重复使用性。

（5）第5次任务

2022年7月15日，SpaceX公司“猎鹰”-9火箭从佛罗里达州肯尼迪航天中心成功发射，将一艘货运“龙”补给飞船送入国际空间站（任务代号CRS-25）。CRS-25是这艘货运“龙”飞船的第3次国际空间站货运任务，也是“猎鹰”-9火箭一子级（B1067.5）的第6次发射任务。CRS-25为空间站提供超过2 630 kg的科学仪器和物资，包括支持近40项正在进行研究所需的设备，以及各类食品等生活物资。飞船返回地球时所携带的货物几乎与发射时所携带的货物一样多，包括多达50项研究的样品和设备。

（6）第 6 次任务

2022 年 11 月 27 日，搭载货运“龙”飞船的“猎鹰”-9 运载火箭，在佛罗里达州肯尼迪航天中心 LC-39A 工位发射升空，执行美国国家航空航天局国际空间站货运补给任务（CRS-26），这是 SpaceX 公司第 26 次商业补给任务。本次任务运载美国国家航空航天局的多种科学研究载荷、国际空间站下一对推出式太阳翼，后者将提升空间站的发电量。本次任务“猎鹰”-9 火箭一子级是一枚全新的箭体，发射成功后降落在停泊于大西洋上的“请阅读使用说明书”无人回收船上。

（7）第 7 次任务

2023 年 3 月 15 日，“猎鹰”-9 Block5 运载火箭从佛罗里达州肯尼迪航天中心 LC-39A 工位发射升空，将一艘货运“龙”飞船送入国际空间站，点火后约 12 min 船箭分离，飞船于 3 月 16 日对接于“和谐”号节点舱前向端口，整个上行过程耗时约 35 h 22 min。货运“龙”飞船为国际空间站送去超过 2.8 t 的科学研究物资、补给品和设备，包括美国国家卫生研究院和国家实验室的太空组织芯片计划最后 2 项实验所需物资和设备，分别为 Cardinal Heart 2.0 和 Engineered Heart Tissues-2，都使用了含有模拟人体组织和器官功能活细胞的小型装置，以促进心脏功能障碍治疗的发展。本次发射是“猎鹰”-9 火箭一子级（B1073.7）的第七次飞行，一二级分离后一子级降落在停泊于大西洋上的“缺少庄重”回收船上。

12.4 载人“龙”飞船研制

如果说 SpaceX 公司是站在美国航天这个巨人肩上的一匹黑马，那么载人“龙”飞船则是站在 SpaceX 公司和美国国家航空航天局两个“巨人”肩膀上的划时代产品。美国国家航空航天局首先用数十亿美元资助 SpaceX 进行载人“龙”飞船的开发；其次用其数十年的技术积淀和丰富的测试设施帮助 SpaceX 进行技术转化和测试试验；再次通过史上最严苛的载人安全性要求和锱铢必较的审查评估，协助 SpaceX 公司把关飞船质量，并最终实现“双赢”。美国国家航空航天局和 SpaceX 公司取得了“双赢”，美国国家航空航天局重新拥有独立的本土载人航天运输能力，SpaceX 公司获得了技术与资金，并促进了公司可持续发展。SpaceX 公司载人“龙”飞船近十年的发展，离不开美国国家航空航天局在大量协议和合同下的资金与技术支持，离不开美国国家航空航天局有史以来最严苛的载人安全性要求，以及为此所做的大量地面测试，离不开自带全程逃逸能力的载人“龙”飞船的关键中止/逃逸验证试验。而所有这些都助力了载人“龙”飞船 2019 年开始的飞行试验和后续飞行任务，也成就了 SpaceX 公司商业载人航天的领军地位。

12.4.1 总体设计

载人“龙”飞船是在第一代货运“龙”飞船的基础上研发的。其上方是由一个鼻锥和一个钝锥弹道舱组成的载人舱，下方是圆柱形的货舱，外部使用了改进版酚醛浸渍碳烧蚀材料（PICA-X），代替了发射整流罩，降低了成本，便于进行模块化更新。载人“龙”飞船的鼻锥可以打开，其下方是对接口，能自动对接国际空间站，同时也保留了手动操作对接功能。与俄罗斯的“联盟”飞船不同，载人“龙”飞船将返回舱和轨道舱整合在了一起，内部有9.3 m^3的加压空间，最多可搭载 7 名航天员，与航天飞机相当。作为可复用航天器，航天飞机的平均单次发射成本达 15 亿美元，而载人“龙”飞船的单次发射成本只有约 1.5 亿美元。SpaceX 公司给美国国家航空航天局每个座位的报价约为 2 000 万美元，俄罗斯“联盟”飞船每个座位的报价约为 6 000 万美元，SpaceX 是其报价的 1/3。在未来的太空飞行任务中，载人“龙”飞船还将会搭载付费的太空游客。

载人“龙”飞船在外形上与第一代货运“龙”飞船有明显不同。首先，飞船利用非轴对称较扁平的外形，安装了公司自行研制多年的 4 组 8 台“超级天龙”发动机，并呈“X”型分布在舱体两侧；采用这种外形，明显提高了再入时的升阻比，让航天员在飞船再入时更舒服，并减小气动加热而便于重复使用。其次，载人“龙”飞船采用了像直升机那样的定点降落方式，飞船利用上述“超级天龙”发动机，可以在低空减速乃至悬停，并伸出 4 个着陆支架降落在选定的任何地方；这种设计突破了载人飞船习惯使用降落伞降落的传统，使得飞船在降落时更安全、更舒适；无疑，这种降落方式，也更适宜在登陆火星时使用。再次，飞船实现重复使用，无需更换飞船上的任何部件，包括防热大底，只需要为其补充燃料，就可再次发射升空；飞船主结构寿命很长，但防热系统只可使用 10 次，到时只需局部更换防热系统即可继续使用；因此，飞船具有更好的经济性，根据估算，载人“龙”飞船每次飞行的单个座位成本在 2 000 万美元左右。最后，飞船与国际空间站对接，采用了标准化的同构异体自动对接装置，确保飞船在空间站需要全员撤离时，能够自动解锁，不必像第一代“龙”飞船需要留下一名航天员，在空间站内操纵机械臂使飞船分离。

载人“龙”飞船使用了大量先进的制造工艺，操作界面是由 4 块可移动的液晶触控屏组成，操作更简便。动力系统的燃烧室，是利用金属激光烧结技术 3D 打印而成，其总推力达到 22 kN，是第一代“龙”飞船的 200 倍。在太空中，飞船依靠船身上贴的太阳能板来供电。“超级天龙”发动机的制造还采用了 3D 打印技术。再生冷却燃烧室由超耐高温合金——铬镍铁合金打印而成，具备高强度和韧性，可大幅提高发动机可靠性。马斯克称，使用 3D 打印技术与传统工艺相比可有效降低时间和费用成本。

2014 年 5 月 29 日，SpaceX 公司在美国加利福尼亚州霍恩市举行了第二代载人“龙”飞船发布会。载人“龙”飞船仍使用“猎鹰”-9 火箭发射，最多可搭载 7 名乘员或可人货混装，可着陆于地球上任意地点，计划于2017年前实现载人飞行。SpaceX公司称，作为21世纪的现代载人航天器，载人“龙”飞船将彻底变革进入太空的方式。载人“龙”飞船首创的发射逃逸系统将在乘员从进入飞船到入轨的全过程中提供逃逸能力，能在地球或其他行星表面以直升机的精度进行反推式着陆，使星际往返成为可能。反推式着陆不仅便利，还能实现快速复用。着陆后，载人“龙”飞船可补加燃料并飞行10次，极大降低了太空飞行的成本。

（1）载人“龙”飞船设计升级

作为SpaceX公司的新宠，在内部设计上，新一代载人“龙”飞船则更为圆滑，配有一个大片触摸屏控制器以及可以转动的棕褐色真皮座椅。马斯克表示：“我认为这在技术上是一个非常大的飞跃。它真的使设计发展到了一个新的水平。”

相对于内外结构的改变，载人“龙”飞船新型的着陆方式，则成为了其技术革新的一大亮点。它的侧面安装有动力系统和供航天员向外观察的大舷窗，底部还有可以弹出的着陆支架，这使载人“龙”飞船可以像直升机一样安全、准确地降落在地球的任何位置。“这就是21世纪的载人飞船该具备的着陆方式”，马斯克表示。该飞船在紧急情况下仍能使用降落伞在海洋降落。这种灵活便捷的着陆方式不仅增强了飞船的重复使用性，还降低了发射成本，而这些优势的取得都要归功于载人“龙”飞船的新型动力系统。

载人“龙”飞船的动力系统由8台“超级天龙”发动机组成，这些发动机为飞船提供的动力，可以让其缓慢且垂直地降落。该发动机的内腔由“因科内尔”（Inconel）铬镍铁合金直接利用金属激光烧结技术制成。

不同于货运“龙”飞船需要使用机械臂与国际空间站对接，载人“龙”飞船与国际空间站采用自动对接方式。当飞船接近国际空间站的时候，载人“龙”飞船的头部就会打开，内部伸出一小段与空间站对接，整个过程只需要几分钟。除此之外，如果有需要的话，航天员也可以使用手动控制完成对接。

作为SpaceX公司的新一代“龙”飞船，载人“龙”飞船不仅在设计上取得了全面的升级，其在着陆、动力系统、热防护等方面对复用技术的应用也取得了重大突破。载人“龙”飞船的革新不仅对SpaceX公司意义重大，对于近年来越来越重视与商业航天公司合作的美国国家航空航天局同样具有重要意义。

（2）打造“太空巴士”

载人“龙”飞船是SpaceX公司“龙”飞船的全面更新版本，在重新加装燃料后，载人“龙”飞船可再次执行飞行任务，这就大大降低了发射成本，对于进出太空具有革命性意义。马斯克称，“载人‘龙’飞船可以迅速实现复用，可以重新加注推进剂和再次飞行，这对于进出太空是非常重要的技术革新，因为如果我们继续扔掉火箭和飞船，我们将永远不会真正地进入太空，这将是令人难以置信的高昂成本。”目前，“龙”飞船是唯一一个能从国际空间站带回物资到地球的商业飞船。另一家公司，位于弗吉尼亚州的轨道科学公司，拥有价值 19 亿美元的向国际空间站提供货物的合同，但是“天鹅座”飞船在任务结束后将在大气层中坠毁。马斯克表示，“当我们设计创造第一代‘龙’飞船的时候，我们不清楚怎样创造一个飞船，我们在之前从未创造过飞船，这是一个伟大的概念验证，它向我们展示了如何在轨道上带回来一些东西，而这是一件非常困难的事情。通常情况下，一些东西从轨道上回来时，它将会燃烧成一个大火球。但是从第一代“龙”飞船开始，我们就希望在技术上迈出一大步。”

（3）采用新型热防护技术和控制部件

载人“龙”飞船采用 SpaceX 公司的第三代热防护技术，可降低返回大气层时对飞船的烧蚀，提高飞船的重复使用性。飞船内部设计简洁，顶部配备可下拉的触摸屏控制器，中央控制台上设计有专为紧急情况下使用的人工按钮。在太空行动协议下，美国国家航空航天局为 SpaceX 开放了部分测试设施，并提供了部分技术转移，例如，飞船再入大气层隔热用的酚醛浸渍碳烧蚀材料（PICA）。

12.4.2 飞行任务

2014 年，经过数年的筹备工作，美国国家航空航天局同波音和 SpaceX 公司分别签订合同，开发载人航天工具。SpaceX 公司设计开发了载人“龙”飞船，波音公司设计开发了“星际航线”（Starliner）。载人“龙”飞船是美国史上第 5 款载人飞船、全世界第 9 款载人飞船。我们知道，自从 2011 年美国航天飞机退役之后，美国就失去了载人航天的能力，不得不为去国际空间站的美国航天员购买俄罗斯“联盟”飞船的“船票”。为了应对这种尴尬的局面，美国国家航空航天局转而支持国内商业航天企业的发展，希望它们能够挑起大梁，让美国再次获得从本土发射载人飞船的能力。然而载人“龙”飞船的发射也非一帆风顺。SpaceX 公司最早计划是在 2015 年进行，后来推迟到了不早于 2016 年 12 月，随后 2017 年又进行了几次推迟，最后说是 2018 年 12 月或 2019 年 1 月。直到 2019 年 3 月，SpaceX 公司才成功完成“龙”飞船不载人的试飞，使得美国从本土进行载人发射的愿景终于露出了一丝曙光。

2019 年 3 月 2 日至 8 日，SpaceX 公司成功进行 Demo-1 演示任务的发射，载人“龙”飞船在不载人的情况下发射前往国际空间站并成功返航。2020 年 5 月 30 日至 8 月 2 日，SpaceX 公司成功进行 Demo-2 演示任务的发射，两名美国国家航空航天局的航天员搭乘 SpaceX 公司载人“龙”飞船前往国际空间站，并成功返航。通过此次任务，SpaceX 公司载人“龙”飞船项目正式完成开发阶段的工作并通过验收，由此转入正式运营阶段。截至 2023 年 3 月 5 日，SpaceX 公司已经完成 5 次正式美国国家航空航天局载人航天运营任务。在此期间，SpaceX 公司还进行了两次创造历史的私营商业载人航天任务，即“灵感”4（Inspiration 4）任务与“公理”1号（Ax-1）任务。算上 Demo-2 演示任务，在两年多的时间内，SpaceX 进行了8次载人航天任务的发射活动，将30名航天员和私人游客送上国际空间站。

SpaceX 公司现役载人“龙”飞船有4艘：奋进号 C206、恢复号 C207、坚忍号 C210、自由号 C212。在建的第5艘载人“龙”飞船计划2024年投入使用。截至2023年3月5日，载人“龙”飞船已执行9次飞行任务（表12-4），搭载航天员34人，回收载人“龙”飞船8次，停靠国际空间站1艘。最多使用次数4次（奋进号），最快周转使用时间137天（Crew-1/Inspiration 4），最长在轨时间199天（Crew-2），最短在轨时间71 h。

表12-4　载人“龙”飞船历次飞行任务的具体情况

时间	任务	飞船	火箭
2020年5月30日	Demo-2	奋进号 C206.1	“猎鹰”-9火箭编号 B1058.1(首发)
2020年11月16日	Crew-1	恢复号 C207.1(首飞)	“猎鹰”-9火箭编号 B1061.1(首发)
2021年4月23日	Crew-2	奋进号 C206.2(第2次飞行)	“猎鹰”-9火箭编号 B1061.2(第2次发射)
2021年9月16日	Inspiration 4(灵感4)	恢复号 C207.2(第2次飞行)	“猎鹰”-9火箭编号 B1061.3(第3次发射)
2021年11月11日	Crew-3	坚忍号 C210.1(第1次飞行)	“猎鹰”-9火箭编号 B1067.2(第2次发射)
2022年4月8日	Ax-1(公理1号)	奋进号 C206.3(第3次飞行)	“猎鹰”-9火箭编号 B1062.5(第5次发射)
2022年4月27日	Crew-4	自由号 C212.1(第3次飞行)	“猎鹰”-9火箭编号 B1067.4(第4次发射)
2022年10月5日	Crew-5	坚忍号 C210.2(第2次飞行)	“猎鹰”-9火箭编号 B1077.1(第1次发射)
2023年3月2日	Crew-6	奋进号 C206.4(第4次飞行)	“猎鹰”-9火箭编号 B1078.1(第1次发射)

12.4.3　创新之路

（1）先进的安全设计

考虑到最长210天的任务周期和各种太空意外，载人“龙”飞船航天员损失比设计总指标是1∶270，即每270次任务最多只能损失1位航天员。相比较而言，美国航天飞机项目要求为1∶90，实际是2∶135；俄罗斯“联盟”飞船要求是1∶110，实际是1∶87。在突发失压甚至真空状态，要求飞船设计依然能够让整体正常运行，保障航天员的安全。

传统载人飞船发射必须携带昂贵的逃逸塔，负责发射前和发射后2 min左右的航天员安全。点火发射后约2 min，逃逸塔被抛掉。而载人“龙”飞船抛弃了传统的逃逸塔模式，采用了首创的新型发射逃逸系统。载人“龙”飞船在4个侧面分别装有推进器吊舱，每个吊舱配有2台“超级天龙”发动机，2台一组，互为备份，确保载人飞船具备故障情况下全程逃逸能力。另外，取消逃逸塔也进一步省略了整流罩设计，大幅提高了航天员的安全性。

（2）全系统可复用设计

载人“龙”飞船自带可复用逃逸系统，且自身设计不需要额外的整流罩。返回地球时至关重要的隔热罩采用第三代改进型酚醛浸渍碳烧蚀材料（PICA－X）制造，可承受多次高温烧蚀而不呈现严重退化，同时采用模块化设计可方便更换。海面溅落式回收对飞船的硬冲击也很小，本身的设计也是围绕可回收进行。如果再考虑采用可复用火箭，一次载人“龙”飞船任务的全系统可回收复用能力极高。

（3）强大的性能设计

载人“龙”飞船的内部加压空间有9.3 m^3，集中在一个舱段里，而非加压货运舱段有12.1 m^3。载人“龙”飞船最多可以搭载7名航天员，也可以搭载较多货物，尤其具备货物下行运输能力。载人“龙”飞船取消了传统的展开式太阳能电池翻板，而采用了非加压舱外半包围、体装式太阳能电池板。这样可以避免出现太阳能电池翻板不能展开的问题，无论哪个角度，只要有太阳光照，飞船就会吸收太阳光能，使用率高，效能更好。SpaceX公司设计的航天员舱内服不仅外形美观，而且轻便安全；其头盔和关节过渡段，均经过特殊设计，可在舱内失压时进行良好密闭并充气保压，能够保障航天员在紧急情况下的生存。航天员舱内服的最大过载设计仅3倍重力加速度，甚至低于一些游乐场的大型游乐设施，对普通人都很友好。

（4）高度智能化的操控系统设计

载人“龙”飞船集成了最现代的信息技术，实现了完全自动驾驶，既可以全程自动化飞控、全自动对接空间站、全自动应急处理，也可以切换到人工操控，同时还同步受到地面飞行控制中心监控。控制系统采用触屏化和智能化技术，传统控制面板仅作备份，其操控台由4块可移动的大型液晶触摸控制屏组成，操作过程简便，对于航天员非常友好。载人“龙”飞船内部采用了类似特斯拉电动汽车的设计，力求简洁、舒适和美观；独有的5扇舷窗设计，大幅扩展了航天员的视野，让搭乘载人“龙”飞船具有了一种太空观光体验。

（5）合理进行工程目标的权衡与取舍

载人“龙”飞船的研制是一项复杂的系统工程，需要兼顾高安全性、低成本和操作方便等目标，同时兼顾难度非常大，必须进行适当权衡及取舍。目前SpaceX公司的载人“龙”飞船每次任务的报价约为1.5亿美元，每个座位的报价将远低于“联盟”飞船约6 000万美元报价，载人“龙”飞船发射对气象环境因素很敏感，这就是权衡与取舍的结果。

（6）高度重视完整迭代试验产生的经验

在载人航天工程中，传统的系统工程认为，应在地面试验中暴露尽可能多的风险，以降低试错成本。在载人“龙”飞船的研制中，一方面尽可能在地面试验中进行考核；另一方面，也重视总结每一次完整飞行试验之后产生的经验。载人“龙”飞船虽只经过一次无人飞行试验就大胆进行了载人飞行，是由于载人“龙”飞船是在货运“龙”飞船的基础上研制的，而货运“龙”飞船已经完成了20次飞行任务，其积累的经验，十分有助于减少研制载人“龙”飞船所需飞行试验次数，从而大大降低成本。由此可见，载人“龙”飞船的发展，与苏联研制“联盟”载人飞船和“进步”号运货飞船的做法完全不同，这也是载人“龙”飞船最大的系统工程创新。

（7）极力打造高度扁平化的管理体制

SpaceX公司的主要技术骨干既有来自传统航天公司和硅谷信息技术公司，也有来自美国国家航空航天局。为了使团队保持创新能力，SpaceX公司一直尝试着精简组织架构，省略不必要的规范，去除多余的过程管理。公司内部没有传统意义上的部门划分，各领域的员工都可以平等地参与技术研讨、设计和开发等工作；火箭动力、材料、结构、系统集成等不同专业的工程师，都集中在一个超大的办公室里，工作上的问题可以随时面对面讨论解决；每一位员工，还可以发邮件给马斯克，或者直接要求与马斯克面谈；设计人员在设计之初，就会考虑到材料和工艺的可实现性，随时到车间与生产人员直接沟通，及时了解相关技术是否具备投产条件。事实证明，扁平化的管理体制，不仅激发了科技人员的创新热情，保证了整个研发工作团队的效率，而且也大大节约了管理成本。

（8）巧用工业级替代宇航级器件

实际上，SpaceX公司除了大力宣扬可回收重复利用概念外，还一直致力于使用工业级器件替代宇航级产品，以全方位提高产品价格竞争力。SpaceX公司“猎鹰”-9火箭和载人“龙”飞船用控制器硬件都是Intel双核的x86处理器，软件系统是商用的Linux、LabView、Matlab、C++、Python，通过采用多路并行处理、同位位元等技术措施，既确保了控制系统的高可靠性，又极大降低了生产成本。以SpaceX公司的“龙”飞船主控系统为例，14个系统、28个控制器，仅用了2.6万元人民币，而同样规模的常规载人飞船搭载的计算机和控制器成本需要花费约1.4亿元人民币。

第 13 章 探险者——超重-星舰

13.1 概述

可持续性的载人火星登陆任务，堪称 21 世纪载人深空探索领域皇冠上最耀眼的明珠，其巨大的技术难度和天文数字般的资金投入令世界航天大国望洋兴叹。要完成这样一个近乎“痴人说梦”的目标，首先要做的就是想尽一切办法降低进入太空的成本，而且必须是根本性或者是数量级上的降低。这就注定了超大型可复用的运载火箭是可持续性火星探测任务的最重要条件。SpaceX 公司的“超重-星舰”定位于载人深空探索，预计发射成本低廉，一旦研制成功并投入使用，将有望拓展新的国际商业航天发射市场领地，引领探索星际旅行市场。

2012 年 11 月 16 日，马斯克在英国皇家航空学会演讲时首次公开陈述了其火星殖民构想。2013 年 6 月 6 日，马斯克首次公开确认火星殖民运输器（MCT）方案。后经多次设计方案调整，2018 年，SpaceX 公司最终确定了采用液氧/甲烷发动机的“超重-星舰”（SHS）运输系统方案（“超重”为助推级、“星舰”为上面级），实现两级完全重复使用，此举引发了航天界广泛关注。该系统主要执行未来火星移民任务，还可应用于超大规模卫星星座、大型航天器部署、载人登月和地球极速货运等任务。在“火星之梦”的牵引下，SpaceX 公司业务布局纵横交织，从“猎鹰”火箭、“龙”飞船到“星链”和“星舰”，商业化业务造血后输给“星舰”业务，SpaceX 公司似乎真的离火星越来越近了。

自 2011 年航天飞机退役以来，SpaceX 公司与美国国家航空航天局的合作越来越紧密，在美国国家航空航天局发射中所占的份额也越来越大。目前，SpaceX 承担了美国国家航空航天局超过半数的发射，包括许多科学有效载荷，还通过了美国国家航空航天局的载人认证，执行国际空间站乘员轮换任务。此外，SpaceX 还被美国国家航空航天局选中为其设计月球着陆器、运输月球门户空间站，参与到“阿尔忒弥斯”（Artemis）重返月球计划中，如果“超重-星舰”能顺利按照计划研制成功，那么将具备100 t以上的低地球轨道运输能力、重复使用能力及载人运输能力，可以通过一次发射将超大型有效载荷送入轨道，这些都符合美国重返月球计划的需求。

相比之下，美国为重返月球而开发的“太空发射系统”重型火箭，自2010年开始研制，成本增加了一倍，到2020年投入已超过180亿美元，预计到2025年将达到410亿美元。“太空发射系统”的研制进度也一推再推，比最初计划的首飞时间至少延迟了3年。美国国家航空航天局的一份报告指责波音公司管理、技术和基础设施问题是导致成本大幅上升和研制进度延迟的主要原因。反观SpaceX公司，仅用5亿美元就研制出了低地球轨道运载能力达53 t的“猎鹰”重型火箭，并正在积极推进运载能力100 t以上的“超重-星舰”。而“太空发射系统”初始型低地球轨道运载能力仅为70 t，最终版低地球轨道运载能力为130 t。此外，“太空发射系统”的设计仅能搭载4名航天员，而“超重-星舰”宣称可搭载100人。美国公众纷纷建议把钱投给SpaceX公司，由它来完成“阿尔忒弥斯”计划。因此，一旦“超重-星舰”的研制取得了实质性进展，很可能引起公众对“太空发射系统”项目更为强烈的诟病。

SpaceX公司以载人登陆火星为目标而研制的“超重-星舰”运输系统采用两级构型，由一子级“超重”和二子级“星舰”组成。“超重-星舰”采用船箭一体化设计，两级构型，全长约120 m，箭体直径9 m，起飞质量5 000 t，起飞推力7 590 t。其完全重复使用情况下低地球轨道运载能力初期达到100 t，但随着技术改进和升级，未来运载能力将提升到125～150 t；如果不考虑重复使用，其低地球轨道运载能力将超过200 t。“超重-星舰”两级均可垂直起降重复使用，且“星舰”取消了传统有效载荷整流罩，采用类似航天飞机的翻盖式舱门设计，使“超重-星舰”具备了完全重复使用的能力。SpaceX公司始终忙着建造、测试“星舰”原型机，并不断迭代改进。包括“星跳虫”（Starhopper）、“星舰”Mk-1/2/3/4、“星舰”系列，用于验证一系列分系统和关键技术，扩展“星舰”的研制包络。SpaceX公司表示将发展多个版本的“星舰”试验原型机，逐步改进“超重-星舰”设计。因“星舰”的轨道再入速度更大、环境更恶劣，还需要对热防护、高精度制导、原位回收以及大范围调姿机动等技术进行攻关。SpaceX公司有志于驾驭新一代快速全复用太空运输系统——“超重-星舰”，娴熟掌握完全复用技术，在地球空间编织点对点的全球一小时交通网，在地月轨道构建繁忙的载人登月航班，在地火之间打造定期的火星运输线……。

13.2 技术方案

“超重-星舰”的初步方案由SpaceX公司创始人马斯克在2016年公布，经过几次重大的修改，从公布之初的“星际运输系统”（Interplanetary Transport System，ITS）方案，到 2017 年的“大猎鹰火箭”（BFR）方案，直至目前的“超重-星舰”方案，在不断修改中逐渐向可实现的方向发展，主要设计演变见表 13－1。

表 13－1 2016—2021 年“超重-星舰”的演变历程

参数	2016 版 ITS	2017 版“大猎鹰火箭”（BFR）	2018 版“超重-星舰”	2019 版“超重-星舰”	2020 版“超重-星舰”	2021 版“超重-星舰”
总高度/m	122	106	118	118	120	120
直径/m	12	9	9	9	9	9
助推级发动机数量	42 台“猛禽”发动机	31 台“猛禽”发动机	31 台“猛禽”发动机	37 台“猛禽”发动机	31 台“猛禽”发动机	33 台“猛禽”2.0 版发动机
上面级发动机数量	9 台“猛禽”发动机（3 台海平面＋6 台真空）	6 台“猛禽”发动机（2 台海平面＋4 台真空）	7 台“猛禽”发动机	6 台“猛禽”发动机（3 台海平面＋3 台真空）	6 台“猛禽”发动机（3 台海平面＋3 台真空）	6 台“猛禽”2.0 版发动机（3 台海平面＋3 台真空）
起飞推力/t	12 800	5 270	6 080	7 200	5 735	7 590
起飞质量/t	10 500	4 400	—	5 000	5 000	5 000
完全重复使用近地轨道运载能力/t	300	150	100	100	100	复用型 150 消耗型 250
相比前一版的主要变化	此前仅描绘上面级方案，在此次任务中加入了助推级，给出了完整的 ITS 方案	总规模缩小近 1/2，上面级气动外形调整为三角尾翼	“星舰”前后各增加 2 个可摆动的翼面，着陆支架与尾翼融合，腹部大面积增加隔热层，提出“全不锈钢版”箭船组合概念	“星舰”尾部改为 2 个驱动鳍，前鳍外形略有改动，着陆支架变成 6 个可伸缩式	“超重”高度增加了 2 m，由 68 m 调整为 70 m，发动机数量更新为 31 台	发动机更换为推力更大的“猛禽”2.0 版，“超重”发动机数量更新为 33 台
外观渲染图	 复合材料	 复合材料	 不锈钢	 不锈钢		

2016 年 9 月，SpaceX 公司正式对外公布了“星际运输系统”，瞄准人类殖民火星以及星际探索。随后持续进行快速迭代，每年均进行一定程度的方案调整，逐渐演化成“超重-星舰”运输系统。

2020年3月，SpaceX公司正式发布“超重-星舰”用户手册，描述该运输系统可实现两级完全重复使用，由“超重”（助推级）和“星舰”（上面级）组成，旨在满足地球轨道以及月球、火星等运输任务需求。其中，“星舰”分为载人版和不载人版两种构型，不载人版有能力将大型卫星、天文台、货物、推进剂贮箱及其他载荷运送到所需轨道。

2020年4月，SpaceX公司基于“星舰”改进的登月方案入选美国国家航空航天局选定的三项载人登月着陆器方案之列，说明SpaceX公司的方案在一定程度上获得了美国国家航空航天局的认可。

2020年5月，美国联邦航空管理局（FAA）商业太空运输办公室颁发给SpaceX公司为期两年的发射许可证，允许从博卡奇卡基地（Boca Chica）执行亚轨道飞行发射，这是从政府层面给予“星舰”的有力支持。

2022年2月，SpaceX公司举办“超重-星舰”最新进展发布会，全面介绍了最新的设计方案。“星舰”基础构型采用6台“猛禽”2.0版发动机，其中，3台是真空型发动机，3台是海平面型发动机；未来增至9台后，可具备单台发动机故障冗余能力，且具备整级逃逸能力。“超重”发动机增加至33台海平面型“猛禽”2.0版发动机，起飞推力达到75 900 kN。低地球轨道运载能力达到100～150 t，执行“星链”发射任务时运载能力为100 t。

在热防护方面，采用耐高温、可复用的低成本防热瓦，在SpaceX公司称为“面包店”的工厂内自行研发制造。另外，该公司公布的新版“星舰”采用翻盖式有效载荷整流罩设计，能够允许工程师开发一种机制来收集卫星，实现在轨卫星捕获，以便对卫星进行在轨维修，或将其带回地球处理，抑或将其转移到新的运行轨道。

2022年6月，马斯克透露了“星舰”在轨部署“星链”V2.0卫星的新方式，卫星在“星舰”有效载荷整流罩内采用多层堆叠布局方案，每一层并排布置2颗“星链”V2.0卫星。“星舰”进入预定轨道后，会在有效载荷空间底部打开一个扁平出口，位于堆叠载荷底层的2颗“星链”卫星利用类似冷弹射的方式从扁平出口顺序弹射出来进入轨道。之后，堆叠载荷整体下移，下层的2颗卫星再从“星舰”弹射出来，以此方式不断循环部署全部卫星载荷。

（1）“超重”助推级

“超重”助推级也称为“超重”助推器，高70 m，直径9 m，推进剂加注量为3 300 t，设有4个栅格舵（外形由矩形改为菱形），并设4个固定尾翼兼着陆支架。其采用“猛禽”液氧/甲烷发动机，但发动机数量经多次修改。“超重”助推器原型机的制造工作由于受到生产能力的限制，直到2020年10月才得以启动。目前已经完成和正在制造的“超重”助推器原型机有10个。

（2）“星舰”上面级

“星舰”上面级高 50 m，直径 9 m，采用 6 台“猛禽”液氧/甲烷发动机，推进剂加注量为 1 200 t，采用“双鸭翼＋双尾翼”设计，设 6 个可伸缩着陆支架。鸭翼和尾翼均改成梯形，以提高着陆时的翼面控制效率。迎风面防热由气膜主动冷却改为防热瓦。

（3）“猛禽”发动机

SpaceX 公司研制的一型液氧/甲烷“猛禽”发动机，采用全流量分级燃烧循环，是世界上第一种实用化的全流量分级燃烧火箭发动机，亦是世界上第一种实用化的液氧/甲烷火箭发动机。最新的“猛禽”发动机高 3.1 m，直径 1.3 m，结构质量 1 500 kg，海平面推力达 230 t，海平面比冲 327 s，真空比冲 380 s，燃烧室压力 30 MPa。

（4）研制进展

在“超重-星舰”的研制过程中，SpaceX 公司采用了快速分阶段验证迭代式研制模式，以验证设计概念和方案的可行性。从项目的公布到首架“星舰”验证机的建成，仅仅用了 3 年的时间。该项目自 2019 年 3 月进入密集测试阶段，截至目前已完成对多台 9 m 直径的“星舰”验证机和 Mk 系列全尺寸原型机的测试，并对多架 SN/S 系列原型机进行了飞行测试；实现了“星舰”原型机的 150 m 低空飞行和 10 km 级高空飞行，并在试验中实现了软着陆；验证了“星舰”导航系统、全箭不锈钢箭体的结构强度、新型着陆支架以及其他一些基本功能，有力地证明了 SpaceX 公司采取的迭代式研制模式的有效性。

2022 年，SpaceX 公司建造了三枚“超重”原型机（B8、B9、B10）和四艘“星舰”原型机（S22、S24、S25、S26）。“超重”原型机 B8 在完成后就立即被淘汰了。“超重”原型机 B9 在先前型号的基础上进行了重大修改和升级，并进行了有限数量的测试，于 2023 年 1 月初返回工厂，后续可能用于“猛禽”发动机的安装。“超重”原型机 B10 的命运尚不清楚。“星舰”原型机 S22 在制造完成后就退役了。“星舰”原型机 S24 完成地面测试，“星舰”原型机 S25 完成制造并开始测试，“星舰”原型机 S26 作为重返月球项目的月球着陆器原型机，可能用于极限载荷测试，已完成制造。

13.3 主要特点

总体来看，“超重--星舰”在设计之初的技术指标非常大胆，但中途趋于保守，然而在原型机建造与试验开始后调整了部分技术指标，并且结合建造与试验结果进行了微调，最终基本定型，虽然后期也不排除在一定的飞行试验后再次调整的可能性，但不可能大改。“超重-星舰”在技术上大胆创新，包括不锈钢作为主体材料、30 余台发动机并联、尾翼/舵面与着陆支架融合、复杂贮罐布局等。通过“超重”和“星舰”原型机飞行试验，验证了部分设计。

（1）采用全箭不锈钢结构设计

从2016年首次方案公开到2018年年底，SpaceX公司一直都宣称该“星际运输系统”将采用碳纤维复合材料。但在2018年年末突然宣布，改用航天领域不常用的不锈钢材料，并立即报废了曾经用重金购买的复合材料工装，理由是从太空超低温到重返大气层的高温状态，全不锈钢箭体的可用强度与质量比，要比碳纤维、钛合金等航天材料表现更好，只是在常温时不如后两者。不同于“半人马座”上面级的不锈钢气压设计，“超重-星舰”采用轴压设计，贮箱在不加注时仍可以保持结构完整。同时，贮箱还要反复加注泄放过冷甲烷和液氧，这都是之前业内鲜有应用的设计。最初，“星舰”验证机所采用的是高质量301级不锈钢。但在2020年6月，SpaceX公司利用“星舰”原型机SN7贮箱进行了低温加压试验，验证了另一种类似304L的不锈钢材料，得出结论是这种不锈钢材料在低温下具有更强的延展性和韧性。

（2）采用“猛禽”液氧/甲烷发动机

“超重-星舰”采用的“猛禽”液氧/甲烷发动机为全流量补燃循环发动机。该发动机设计推力为1 993 kN，约为“猎鹰”-9火箭使用的“隼”-1D发动机的2.5倍。该发动机比冲330 s，主燃烧室压力超过25 MPa，具备高比冲、深度节流的特点。一旦投入使用，将有望成为第一款投入实用化的液氧/甲烷发动机，也是第一款全流量补燃循环发动机。根据马斯克的说法，单台“猛禽”发动机设计可执行1 000次飞行，几乎无需维护。采用甲烷具有以下优点：燃烧起来比煤油更清洁，发动机上的焦化更少，有利于重复使用；价格便宜并且可以在火星上提取，能够满足未来火星探测的需求。

（3）采用新的回收方式

“超重-星舰”系统为完全重复使用运输系统，其助推级与上面级均可回收。其中，“星舰”设计采用了与此前截然不同的回收方案。当从轨道返回时，“星舰”不以垂直姿态进入大气层，而是以60°倾斜的姿态及25倍声速的超高速度“躺着”进入大气层。“星舰”将由四个单独控制的襟翼精确引导下降。其中两个在鼻锥上，两个在舰尾部分。根据马斯克的说法，“在超声速状态下产生升力，这对限制加热峰值非常重要”。换句话说，“星舰”将尽可能最大限度地利用空气制动。最终在接近地面时还将进行一次大幅机动，点燃“猛禽”发动机进行翻转，最后垂直到达地面进行精确着陆。“星舰”的回收比“猎鹰”-9火箭一子级的回收要困难得多，但如果SpaceX公司能做到这一点，将会是革命性的突破。

（4）采用防热瓦设计

由于不锈钢的熔点较高，新的不锈钢“超重-星舰”设计与碳复合材料相比，需要的热防护措施较少，从而弥补了钢具有更高质量的这一缺点。“星舰”从低地球轨道返回时，表面约20%的部分将暴露在最高温度约1 476 ℃的环境中，另外20%最高温度至

1 326 ℃，其余表面最高温度将低于 1 176 ℃，这是不锈钢无需任何额外冷却即可承受的温度。再入时“星舰”所承受的温度最高不超过 1 330 ℃，发动机部分周围的温度不超过 925 ℃，可采用被动辐射冷却来应对，这意味着“星舰”的背风侧不需要任何隔热层。

而在迎风面，最初马斯克曾设想使用“双层不锈钢外壳＋液膜冷却”来实现防热。但最终 SpaceX 公司研发团队还是决定采用坚固的可重复使用防热瓦，从而使系统整体更轻。迎风面防热结构将大部分由六边形防热瓦组成。SpaceX 公司并未透露防热瓦所采用的材料，而根据 SpaceX 公司与美国国家航空航天局的合作协议推测，SpaceX 公司很可能在“星舰”上采用美国国家航空航天局所拥有的改进型整体增韧纤维抗氧化复合防热结构（TUFROC - X）。该防热结构用于美国空军试验航天器 X - 37B 的翼面前缘，并经过飞行验证。改进型整体增韧纤维抗氧化复合防热结构（TUFROC - X）材料可直接贴敷于不锈钢表面，工艺上相较碳纤维结构防热材料有所简化。

（5）气动外形优化设计技术

当前，传统的运载火箭从外形上看基本均为圆柱状，前端有整流外形。这样的火箭气动外形主要为动力上升入轨而设计，在飞行过程中箭体主要承受轴向载荷，对法向载荷的承受能力较弱，且在大气层内飞行时速度不高，气动加热相对来说不明显，也不用考虑回收后的维护和检修。但对于需要回收的火箭而言，其再入大气层内飞行的速度要大于上升段，且为了利用气动力来调节飞行轨迹，返回过程中一般会施加一定的攻角，甚至采用具有一定升阻比的外形，因而箭体还需要承受一定的法向载荷，载荷工况更加复杂，气动热效应也更为明显，此外回收后检测维护和重复使用也将对火箭气动外形设计产生重要的影响。因此，重复使用运载火箭的设计有别于传统的一次性运载火箭，应着眼于全任务剖面、全生命周期的研制理念，既要满足上升段飞行要求，也要考虑返回段的复杂载荷工况、气动控制、热防护以及多次重复使用中的检测维护、疲劳载荷等因素。运载火箭研制理念正在经历新一轮革新。SpaceX 公司的“星舰”从 2016 年以来一直在进行气动外形优化，翼的数量和形状经过了四轮较大的变化，到 2019 年开始才逐渐固化，形成了前后两对翼均可沿与箭体对接面摆动的方案，能够提供更大的控制能力，大大拓宽了“星舰”的再入飞行通道，有利于适应不同的再入返回任务。

13.4 基本用途

“超重-星舰”问世后如何使用是我们所关心的问题。“超重-星舰”原本是面向火星任务设计的运输系统，计划将人类从地球送上火星并长期生存，打破人类生存在地球上的局限。但没想到，“超重-星舰”还没飞向火星，甚至连入轨的试飞都还没有，就被美国国家航空航天局和美国空军委以他任，准备采购运输服务了。美国空军打算进一步研究是否能利用商业火箭往世界各地运送货物。

根据马斯克的计划，这艘飞船会为搭载的人员提供足够的空间和生存物资，为长途旅行做准备。其次它还将具有在轨燃料输送能力，也就是第一艘“星舰”搭载载荷和人员，而第二艘则搭载燃料，在轨道上两艘“星舰”对接后，一艘“星舰”以一个小的加速度加速，让燃料自然流入另一艘“星舰”。那么一艘这么巨大且加满燃料的“星舰”就基本具备了行星间航渡飞行和着陆的能力。可以说，在美国国家航空航天局的火星计划缓慢而拖沓地推进时，SpaceX 公司的“超重-星舰”让人类有希望早日实现登陆火星的梦想。

根据美国空军预算文件，一个称为“火箭货运”的项目已入选空军所谓的“先锋计划”。这类项目属于预研投资，目的是发展在未来用到的能力。空军在其 2022 财年预算案下提出要为火箭货运项目申请 4 790 万美元。预算案未点出任何公司的名字，但对该项目的描述表明，空军有意探讨能否把超大型重复使用航天运载工具，例如 SpaceX 公司的“超重-星舰”用于军事运输。美国空军希望充分利用眼下为发展有史以来最大的火箭而开展的数十亿美元商业投资，并凭借完全可复用技术实现将 100 t 货物在不到 1 h 内运往地球上任何地点的能力。美国空军解释称，它并不打算投资研制商业火箭，而是要发展利用商业火箭来满足特定军事需求所需的技术。该火箭货运项目将利用建模和仿真模拟来分析投送货物的军用价值。这样一来，“超重-星舰”形成了军民两用、地月火三栖的“1＋4”多功能格局。五种基本功能可以理解为“超重-星舰”的五个不同版本。

1）载人登火版，满足 SpaceX 公司运送人类登陆火星的核心需求。“超重-星舰”用于大规模的火星运输，能够在火星上垂直着陆，有完整的发射与着陆方案，且方案已经向业界多次展示。

2）载人登月版，满足美国国家航空航天局重返月球计划的部分需求。2021 年 4 月，SpaceX 公司被美国国家航空航天局要求改装研制登月版“星舰”，用来从“门户”月球轨道空间站运送航天员至月球表面，以及搭乘航天员从月球表面返回“门户”月球轨道空间站。美国国家航空航天局已经授予 SpaceX 公司研制合同，虽然因为其他公司抗议而拖延了合同的执行，但并不影响“超重-星舰”项目拿到经费，也不影响“超重-星舰”的研制进度。毕竟，其他公司都还没有任何一款月球着陆器有实质性进展，只有“超重-星舰”在孜孜不倦地试飞。

3）军用地球运输版，满足美国空军百吨级物资快速投送的需求。美国空军“先锋计划”[①] 增加预研项目“火箭货运”，虽然目前还没有明确说用谁家运输系统，但从技术描述

① “先锋计划”是美国空军研究实验室承担的、被空军认为能影响美军未来几十年发展的、引领美国未来军事科技最前沿的、迫切需要论证的技术与系统方案。该计划下三个已有项目包括：旨在创建由协作、自主、网络化武器集成的“金帐汗国”（Golden Horde）弹药自主蜂群项目，验证下一代 PNT 服务能力的导航技术卫星 3（NTS-3），以及自主无人战斗机智能平台项目 Skyborg。现在，通过大火箭为军方运输百吨级的军用货物的“火箭货运”，成为了该计划下的第 4 个项目。

来看，目前满足要求的只有“超重-星舰”。航空运输机时速大多为几百公里且运载能力远小于 100 t，而“超重-星舰”能够单级或两级飞行入轨，飞行速度可以达到 29 000 km/h（大约为第一宇宙速度），再入到达全球任何地点的时间都不会超过 1 h，为军方快速投送提供了一种可用的运输系统。

4）商用地球运输版，打造 SpaceX 公司商业版图中的“地球一小时交通圈”。点对点的运输，在不到 1 h 内将货物或乘客运送到地球表面任何一个地方，纽约到上海大约用时 39 min。这事儿虽然成行尚早，未来若实现规模化应用，飞机的淘汰是必然了。

5）高超试验版，SpaceX 公司用一枚原型机做高超声速飞行试验，希望引来军方更多试验合同。5 月初，历经数次爆炸、数百项技术改进的“星舰”SN 系列原型机终于成功试飞、成功着陆。编号 SN15 的这枚原型机完成试飞后，它的继任者“星舰”原型机 SN16 却从试飞场地转移走了。人们猜测 SN16 是否要在没有飞行的情况下退役。马斯克在推特上回应说，SpaceX 公司“可能会在高超声速飞行测试中使用 SN16”。一般来说，能入轨的飞行器在再入大气层时都可以进行高超声速飞行，既然“超重-星舰”本身就有这个速度和再入控制能力，为什么不试验一下呢？不过，SpaceX 公司的考虑应该并非试验飞行能力这么简单，而是希望军方能够看到“超重-星舰”作为军方高超试验平台的能力——可以用来验证高超声速飞行的结构、材料、制导、姿控等关键技术。毕竟用现有的火箭或高超试验平台还是太贵，使用“超重-星舰”原型机，性价比高得多。那么，“星舰”原型机 SN16 相当于面向军方精准展示的活广告。

五种“超重-星舰”版本中，第一个版本是 SpaceX 公司发展“超重-星舰”的“初心”。正是基于其核心的火星运输能力，急于重返月球而又没有登月系统的美国国家航空航天局才会为之心动，采购“超重-星舰”登月服务也就顺理成章。天地飞行加上着陆回收能力，“超重-星舰”当然可以用作军方的快速运输工具。军用功能被认可了，商业化推广就有了基础。这样看来，“超重-星舰”的多个功能之间密切联系，形成了良性循环和马太效应。

任何一种创新技术，其创新价值的最大化离不开技术的转移与扩散。“超重-星舰”作为一种创新的航天运输系统，系统能力的转移与扩散难度远超单项技术。SpaceX 公司做到了，或者说正在实现的路上。当然，“1＋4”多功能布局中任何一个应用方向的成败都要看“超重-星舰”全流程试飞的进展。这个研制案例告诉我们，一方面，只要有秒杀同行的核心技术和产品，不愁没人用，且应用的需求之广超出研制方最初设想；另一方面，世界上的创新技术和系统大多首先用于军事，这一刚需亘古不变，未来将继续如此。

13.5 研制过程

历经数年迭代，“超重-星舰”终于在 2021 年基本定型。SpaceX 公司最终的目标是发展在轨推进剂加注能力，以扩大“超重-星舰”的重型货物运输范围，提升进出太阳系遨游的能力。SpaceX 公司的企业使命是让人类跨越多个行星，发展“多星球”文明。马斯克认为，要实现这一愿景，需要一个完全重复使用的发射器和“星舰”规模的运输器。对第一次轨道发射任务，SpaceX 公司计划一次性的飞行剖面，“超重”助推器将在墨西哥湾海水中着陆。在未来的轨道发射尝试中，一个重复使用的“超重”助推器与“星舰”分离，返回地球垂直着陆，直接返回发射所在的发射台。“星舰”将继续进入轨道，部署其有效载荷或前往其深空目的地，完成任务后，返回地球，再入大气层飞行，垂直着陆。“星舰”兼作上面级和重复使用的运输器，在太空中运送人和货物到地球轨道、月球、火星和其他更遥远的目的地。

据马斯克透露，计划 10 年内在得克萨斯州南部的一个工厂内建造 1 000 艘“超重-星舰”。最终希望是每年发射 1 000 次“超重-星舰”飞往火星——平均每天三次。每次旅行都会有一百名乘客前往这颗红色星球。2022 年年初，SpaceX 公司得到美国空军价值 1.02 亿美元的“火箭货运”合同，旨在验证利用重型重复使用火箭实现 100 t 级军用物资的全球 1 h 快速投送，未来很可能会对作战后勤补给产生颠覆性影响。而美国国家航空航天局也在 11 月给予 SpaceX 公司价值 11.5 亿美元合同，再购买一次登月版“星舰”飞船级任务，支撑美国国家航空航天局的第二次载人登月任务。显然，美国政府对 SpaceX 的支持也极大促进了“超重-星舰”的进展。

13.5.1 总体设计

众所周知，运载火箭级数越多，其回收设计就越困难，所以“超重-星舰”虽然规模庞大，但因完全重复使用目标的限制，火箭目前只有无助推器两级一种构型。这种构型对深空探测和高轨任务十分不利，但 SpaceX 公司却宣称“超重-星舰”达到“多能”水平，可执行近地、月球、火星乃至更远的深空任务。未来甚至将会淘汰掉自家的“猎鹰”-9 及“猎鹰”重型火箭，只运营“超重-星舰”发射。要达到这样的目标，“超重-星舰”必须解决两大挑战，一个是如何大幅降低发射成本，另一个是如何发射高轨深空任务。实现这两个目标的关键技术是“低成本快速复用”和“在轨加注”，这也是摆在 SpaceX 公司面前的两座大山。

说起低成本快速复用就不得不提起“猎鹰”-9 火箭。经过 4 年的迭代更新，“猎鹰”-9 的一级回收复用已经日渐成熟，同时复用发射报价相对新火箭报价降幅达上千万美元，真正实现了“降本增效”。SpaceX 公司宣称“超重-星舰”未来可以和“猎鹰”-9 或“猎鹰”重型一样执行商业发射，而报价将持平甚至低于现役的“猎鹰”系列火箭。一枚超重型火箭报价要低于目前报价最低的商业火箭，现在听起来无异于“天方夜谭”。事实上这正符合 20 世纪航天飞机诞生时的美好构想。凭借重复使用特性，航天飞机是人类航天史上第一型单次发射报价低于造价的运载工具，也就是说一次性发射是亏损的，只有通过多次复用才能收回成本乃至盈利。但航天飞机本身的高昂的成本，较低的复用率，繁复的翻修过程都推高了其使用成本，不但发射成本未能击败同时期的运载火箭，可靠性也受到影响。

“超重-星舰”目前的设计正尽可能吸取航天飞机的经验教训，一方面降低制造成本，例如，采用成本低廉且工艺成熟的不锈钢作为贮箱材料，成本仅为碳纤维的几十分之一，还额外降低了热防护系统的工作量；全箭仅使用“猛禽”一种发动机，缩减型号数量压低成本；另一方面设法减少翻修工作量，例如，采用改进型整体增韧纤维抗氧化复合防热结构（TUFROC - X），使用成本低廉且无积碳的液氧/甲烷推进剂组合，提高复用率到 100％，避免重蹈航天飞机的覆辙。

而“星舰”在执行深空任务时，“在轨加注”技术是必不可少的。以火星任务为例，执行奔火任务的任务版“星舰”首先进入近地停泊轨道，然后满载推进剂的加油版“星舰”发射并与之对接，将所有推进剂转移至任务版“星舰”中。根据任务需求可重复多次在轨加注，直至获得足够的“奔火”用推进剂，最后任务版“星舰”点火奔向火星。该技术与卫星所用的常温推进剂加注不同，属于“大规模低温推进剂在轨加注”，不仅推进剂加注量高达上百吨，还要克服低温推进剂在轨蒸发问题，难度极高且史无先例。而 SpaceX 公司目前正与美国国家航空航天局马歇尔航天飞行中心开展合作研发。之前因在轨加注技术有可能威胁新一代太空发射系统的地位，该技术在美国国家航空航天局内部研发受阻，因此马歇尔航天飞行中心对 SpaceX 公司的资助无异于“友情支援”。

13.5.2 热防护设计

纵观 SpaceX 公司在“超重-星舰”热防护系统上的迭代设计过程，既没有想象中的“黑科技”，也没有难以理解的“反常识”，一切都不过是成熟方案与已有技术的重新组合。在这个过程中，SpaceX 公司有所为有所不为，既有砍掉“猎鹰”-5 和“红龙”太空舱时的壮士断腕，又有翼伞回收和换用不锈钢时的大胆借鉴。我们并不知道 SpaceX 公司为什么放弃了传统冷却方式，但是一定有适当的理由。航天技术的发展就是尝试和改进间不断反复，SpaceX 公司最终找到了一条适合“超重-星舰”的热防护方案。

“超重”助推器的回收与“星舰”返回着陆的热环境相异。“超重”助推器一直工作在大气层内，按照“猎鹰”-9 火箭一级的经验，最高速度也不过马赫数 10。而且更有趣的是，由于采用了301不锈钢贮箱，有效控制分离速度后，“超重”助推器的热防护系统设计大幅简化。箭体再入的峰值热流直接就被包络在不锈钢的工作温度范围内，不再需要“猎鹰”-9 Block5型火箭上铝锂合金所使用的热防护涂层。“星舰”返回地球时要以马赫数25左右的高速再入大气层，在更远的火星及月球任务中，甚至要以马赫数30以上的高速再入大气层。

“超重-星舰”与“猎鹰”系列火箭最大的区别在于“星舰”部分，“星舰”在入轨并释放有效载荷后，可再入大气层并垂直着陆地面。所以“星舰”从构想至今，人们都在好奇SpaceX公司如何能够避免陷入航天飞机的“困境”，打造一套高可靠、低成本、可复用的“星舰”上面级。自2016年至今，SpaceX公司在“星舰”的防热设计上进行了一系列曲折而反复的探索，尝试和考虑过多种热防护方式。虽然距离真正的轨道试验依旧遥远，但迭代和改进的过程却是一个曲折航天路的故事。

当前版本的“星舰”不仅热防护系统神似航天飞机，再入方式也与之如出一辙。以航天器再入阶段表面热流随温度的变化为例，“神舟”和“联盟”这种飞船再入时，飞船表面热流在很短的时间内就能达到最大值；而在航天飞机的情况下，虽然较长时间内迎风面仍保持着很高的热流密度，但是最高值相对于飞船弹道或半弹道再入要低得多，这就大幅降低了对热防护材料的性能需求。不仅如此，航天飞机的再入过载远低于载人飞船，如果“星舰”未来真的有大规模载人的可能，采用航天飞机再入方式的确必不可少。此外，SpaceX公司称“星舰”为了继续降低再入难度，还引入了航天飞机的蛇形机动，也就是再入阶段走的是Z字形轨迹，飞控系统会控制姿态，让两侧翼面以一定规律交替受热，从而降低热流峰值。

但“星舰”的再入设计也并非全盘借鉴航天飞机，而是依托SpaceX公司成熟的反推着陆技术做了改进。航天飞机的方案是水平无动力滑翔着陆，也就是说航天飞机一旦脱离地球轨道进入大气层，就是一锤子买卖，必须在指定点一次降落成功。这要求航天飞机具有良好的升阻比，可以滑翔一定的距离。在滑翔中具有良好的操控，尤其要有良好的着陆操控性能，这需要采用具有较高升阻比的气动翼面设计。但是反过来，航天飞机在返回大气层之初，速度可以高达马赫数24，这样的高超声速又要求采用阻力最小的升力体结构。所以两种设计约束折中后的结果就是航天飞机返回时必须沿一条精心计算过的在瞬时气动加热和累计气动加热之间的最优化的路径下滑，以最大限度地降低热负荷，使用要求非常高，适用范围较窄。

“星舰”由于采用垂直反推着陆，而非水平无动力滑翔着陆，可以引入更多的着陆方案和轨道设计来降低再入热流峰值。例如，采用跳跃式弹道。跳跃式弹道的好处是，每一次擦过大气层边缘的时候，气动加热的时间较短，弹回寒冷的近地空间期间正好借机将热量耗散掉，这样一凉一热，直到动能被耗散到一定程度后，不再跳跃，直接进入大气，这对进一步降低热防护系统的性能和重量要求，提高复用性都有一定好处。

13.5.3　发动机研制

2009 年，SpaceX 公司提出“猛禽”发动机研制计划，最初选择液氧/煤油作为推进剂，后改为液氧/甲烷。新型燃料将用于“猎鹰”重型和未来运载能力更大的火箭。对于燃料的更换，马斯克表示甲烷在性能、成本和存储要求等方面都比其他燃料更具有优势，这种燃料甚至能从火星大气中提取，是一种便于制备的燃料。他还明确表示，虽然俄罗斯甲烷火箭技术领先世界，但他不会寻求与俄罗斯合作。

液氧/甲烷发动机有两个最大的好处：一个是燃烧不积炭，因此更容易实现重复使用；另一个是在外星球比较容易制备，可以利用氢和二氧化碳反应产生甲烷和水，那么火星大气中的二氧化碳就成为宝贵的原料，人类飞船只要携带少量的氢就可以在火星上制备燃料。这对未来的星际之旅带来极大的灵活性。另外，甲烷的质量比略超过煤油，但体积比则不如煤油，因此想充分发挥其优势，采取全流量分级燃烧是最佳选择。只不过这种技术难度较大，而对于马斯克来说，选择一条最佳路线，然后狠啃硬骨头是其一贯风格。

“星舰”安装有 3 台海平面版的“猛禽”发动机，发动机高 3 m，喷管直径 1.3 m，均为双摆设计，推力 200 t，比冲 330 s 左右，可用于上升段推进和返回段反推着陆。正式版“星舰”将安装有 6 台“猛禽”发动机，3 台是海平面版，3 台是真空版。真空版发动机固定不可摆，真空推力 220 t，比冲 380 s。最新的“星舰”拥有 7 台“猛禽”发动机，当发射到月球、火星或返回地球时，7 台发动机担负着保障安全着陆的任务。SpaceX 公司曾宣称，在某些极端情况下，就算“星舰”其中 4 台发动机故障，也就是 7 台发动机中只要有 3 台发动机工作，也能安全着陆。这样，“猛禽”发动机被设计成达到与最安全的商用客机相当的着陆可靠性。“猛禽”发动机经过多个版本迭代，加之受液氧/甲烷推进剂组合的理论限制，技术参数基本稳定，但凭借全流量分级燃烧循环的优势，推进效率已经超越蓝色起源公司的 BE-4 发动机。

“超重”助推器也使用“猛禽”发动机，是一种分级燃烧的火箭发动机，由液氧/甲烷作为推进剂。初始设计阶段，“猛禽”发动机燃烧室压力为 25 MPa，后期将增加到30 MPa。“猛禽”发动机于 2012 年开始研发，2016 年开始测试。“猛禽”发动机在研制过程中高度重视可靠性。

2013 年 10 月中旬，SpaceX 公司与美国国家航空航天局的斯坦尼斯航天中心就使用其 E-2 测试平台签订了协议。根据协议，SpaceX 公司利用 E-2 测试平台对其正在研制的大推力“猛禽”液氧/甲烷火箭发动机进行试验，具体试验时间安排在 2014 年进行。该大推力火箭发动机可能是 SpaceX 公司为执行火星任务的运输系统研制的。SpaceX 公司将在第一阶段测试“猛禽”液氧/甲烷发动机的一些组件，而后逐步实现整机试车。为此，斯坦尼斯航天中心将改造 E-2 试验设施，费用由密西西比州和美国国家航空航天局共同承担，前者出资 50 万美元，后者出资 60 万美元。

2022 年 7 月，SpaceX 再度公布“猛禽”发动机最新进展，发布了“猛禽”2.0 版发动机相关信息。相比“猛禽”1.0 版，“猛禽”2.0 版发动机取消大量电线和敏感元件，利用焊接替代法兰连接结构，大幅降低复杂度，使得发动机整体上更加简洁，在制造方面变得更容易、更快捷、更便宜，最终将生产成本降低到 1 000 美元/t，在 2 300 kN 推力目标下生产成本降低至 23 万美元。而且 SpaceX 公司成功验证 1 周制造完成 7 台“猛禽”2.0 版发动机的批产速度。另外，SpaceX 公司取消了主燃烧室内的火炬点火器，利用高温甲烷和氧气实现自燃，简化结构；真空型“猛禽”2.0 版发动机改为固定喷管设计，增大了喷管喉部面积，通过降低比冲换取更大推力。改进之后，海平面型“猛禽”2.0 版发动机结构质量降至 1.6 t，推力提升至 2 300 kN，燃烧室压力达到 30 MPa，比冲 327 s，推重比和燃烧室压力创下新纪录。虽然“猛禽”2.0 发动机出现多次试车事故，但是每周 7 台的高产能却足以支撑其快速改进和优化。

13.5.4 捕获塔设计

2021 年 4 月 10 日，马斯克首次在推特上用“机甲酷斯拉”（Mechazilla）来称呼用于捕获“超重”助推器的发射塔。8 月份，他又在推特透露，SpaceX 公司将尝试用“超级筷子”（Chopsticks）捕获有史以来最大的飞行物体。他还形象地调侃道，“超级筷子”捕获“星舰”的能力，就像用筷子夹起小块寿司一样。2022 年 1 月 9 日，Spacex 公司官方动画演示了“超重-星舰”首飞中发射塔及其机械臂成功捕获“超重”助推器的视频。该发射塔建在美国得克萨斯州，将用于发射和捕获“超重”助推器。这将帮助 SpaceX 公司实现快速周转复用时间，用于开发完全重复使用的运输工具。该设施可帮助 SpaceX 公司能够将第一批人类送上火星。当与“超重”助推器组装在一起时，这个巨大的建筑大约有 140 m 高，设计用于一次将约 100 t 货物或 100 人送入太空。

一时间国际航天界议论纷纷，马斯克的“猎鹰”-9 火箭于 2015 年首次采用着陆支架成功进行陆地回收，2016 年首次验证采用着陆支架进行海上回收。目前这种采用着陆支架回收的方式已经日趋成熟，远远领先世界上的其他航天科技公司，得到国际社会的广泛赞扬，并因此成为很多国家“创新”的标杆和偶像。那么究竟是什么原因让马斯克放弃着陆支架回收方式，而走另一条技术难度更大，采用发射塔架机械臂回收“超重”助推器的路呢？“超重”助推器回收采用的“超级筷子”（Chopsticks）方法，意味着不再需要着陆支架返回地球。马斯克在 2021 年 8 月解释说，在人类登陆火星和其他行星之前，只有建造出基础设施来捕获登陆器才有可能实现“超重”助推器的着陆。在“超重”助推器返回时，用发射塔上的机械臂将其抓住的最大好处是，有效缩短两次发射任务之间的准备时间。马斯克解释说："采用着陆支架的方式也能实现回收，但是对于快速复用发射而言，最好还是没有这部分。虽然我们可以采用这种方式，但是我们选择走另一条更难的路，这有充足的理由。"

首先，采用捕获这种方式节省了着陆支架的质量和成本，而且可以更加迅速地将"超重"助推器重新定位于发射塔架上，在一个小时内准备完成下一次的飞行任务。所以如果仍然采用以往的回收方式，即便着陆回收区在不远的地方，也需要做很多的准备工作。正像"超重-星舰"的首次低空测试飞行试验一样，首先需要一台移动式的超重型履带车和起吊机将"星舰"和"超重"助推器运输到发射塔架附近，然后整体起吊到发射塔架上进行组装对接。原有方式除了需要在"超重"助推器上安装沉重、复杂和昂贵的着陆支架外，两次任务之间的检修和维护也十分麻烦。"猎鹰"-9 火箭的着陆支架没有减震器的设计，而是采用蜂窝状的缓冲装置来吸收着陆冲击载荷，因此每次发射任务结束后，都需要对着陆支架进行检修和更换。如果未来想实现马斯克的梦想，在载人火星任务中继续使用"超重-星舰"组合体，每天可以发射 3 次的话，当前靶场发射和维护效率显然是很难满足要求的，因此必须寻找另一条出路。

其次，"超重"助推器使用的是"猛禽"发动机，这种发动机的推力很大，但是节流变推力控制的能力还是有限。正如"猎鹰"-9 火箭的回收一样，火箭能够悬停的关键是发动机的推力能够降到和火箭当时重力相当的水平。然而"超重"助推器采用了多台"猛禽"发动机，这就需要精确控制变推力的能力，如果悬停时推力过低，火箭就会摔下来；如果悬停时推力过大，火箭就会再次弹跳上去并摔在地面上。这两种情况在"猎鹰"-9 回收时都曾出现过。那么在"超重"助推器的回收过程中，并非采用垂直着陆在发射塔架旁的方式，而是通过发动机的摆动角度去靠近发射塔，在达到悬停状态后，再由机械臂进行捕获，然后发动机关机熄火。这个回收难度可想而知，很多人很可能好奇这个控制精度如何实现。对于 SpaceX 公司而言，看看海上回收驳船上那个小小的圆圈就可以理解了，控制精度的问题对于他们已是过去式，属于已经掌握的技术，现在他们要挑战的是前所未有的新难度了。

SpaceX 公司正在积极测试"超重-星舰"的发射塔，最引人注目的当属被称之为"超级筷子"的巨型捕获机械臂，它将是未来"超重"助推器快速回收复用的核心。"超级筷子"的作用和价值毋庸置疑，也是"超重-星舰"发射塔上的核心部分。"超重"助推器的回收着陆是"超级筷子"机械臂和"超重"助推器配合使用，"超重"助推器顶部的四个栅格舵在垂直降落末端锁定为水平位置，机械臂展开接触锁定的栅格舵，托住下落中的"超重"助推器，随后移动将其精确放置到发射台上。"超级筷子"是托住而不是夹住"超重"助推器，其实和筷子夹寿司没多少相似之处。对于只有几毫米厚的不锈钢箭体，9 m 直径的"超重"助推器仍然是典型的馅大皮薄结构，绝对是经不起这对"超级筷子"如钳子般猛夹一下。马斯克推文说“超级筷子”将接住有史以来最大的飞行物，其实托住回收飞行器的方式并非新概念，二战时期就有吊臂回收飞机的方式，20 世纪 80 年代英国人又提出了“天钩”的概念，并用海鹞战斗机做了测试。但马斯克这对“超级筷子”承接的重量高达数百吨，工程难度的确是空前的。

按照 2021 年 5 月 SpaceX 公司披露的测试计划，“超重-星舰”的首次发射中无论“超重”助推器还是“星舰”都不回收，其中“超重”助推器返回到“超重-星舰”基地附近，溅落在墨西哥湾海面上，而“星舰”将进行一次亚轨道飞行，溅落在夏威夷岛东北方的太平洋上。马斯克曾乐观地表示，第二次“超重-星舰”发射将尝试使用“超级筷子”捕获回收返回的“超重”助推器。

2021 年 10 月 6 日到 10 月 20 日间，“超级筷子”发射塔上陆续安装了推进剂加注臂（QB 臂）和捕获“超重”助推器的一对超级机械臂，为测试“超级筷子”机械臂做好准备。2021 年 10 月 28 日，“超级筷子”首次进行了测试活动。2022 年以来“超级筷子”机械臂的测试过程主要包括：1 月 4 日午夜，发射捕获塔上的“超级筷子”进行了升降和大幅度的伸展动作，这次测试是机械臂安装以来的首次升降移动，也拉开了“超级筷子”测试序幕；1 月 8 日的第二轮测试中，“超级筷子”又进行了大幅度的摆动测试活动，眼尖的粉丝还发现上方的推进剂加注臂安装了弹性抓盘，以避免接触“超重”助推器时擦伤不锈钢箭体和防热瓦；1 月 10 日的第三轮测试中，“超级筷子”陆续进行了升降和摆动测试，为捕获“超重”助推器获取更全面的测试数据，“超级筷子”的测试动作看起来十分“炫酷”。1 月 11 日，发射捕获塔继续进行测试，为了模拟捕获的“超重”助推器，推进剂加注臂挂上了两套模拟水袋，注水后的水袋能模拟几乎耗尽燃料的“超重”助推器，以测试“超级筷子”的悬挂能力，“超级筷子”仅用约 7 min 就顺利完成捕获，这种魔幻般的火箭回收方式，正在从设想变成现实。

2022 年 2 月 7 日，“超级筷子”首次托举“星舰”S20，吊装近百米，举到“超重”助推器 B4 头顶。“B4＋S20”组合体第二次合体，这是 2021 年 8 月 6 日“快闪”合体之后再度堆叠组装。作为装配齐全的“超重”助推器 B4，自建成以来第三次被吊装到 21.5 m 高的发射台上。2021 年 8 月 4 日，“超重”助推器 B4 首次被移至发射台；8 月 6 日，“超重”助推器 B4 与 S20“快闪”合体，首次堆叠组装演示；8 月 12 日，“超重”助推器 B4 运回建造区；9 月 8 日，“超重”助推器 B4 第二次登上发射台，装配 29 台“猛禽”发动机；12 月，先后三次进行低温加压测试以及中心区 9 台“猛禽”发动机矢量转向测试；再之后“超重”助推器 B4 从发射台移至附近台架，直至这次第三次登上发射台，迎来“B4＋S20”第二次合体。这三次吊装“超重”助推器 B4 全部动用超级起重机，第三次使用的是 SpaceX 自用定制版起重机。最近已经进行多次模拟重量测试和多次举重测试的“超级筷子”，面对整体高 69 m、直径 9 m、干质量约 200 t 的“超重”助推器 B4，应该说可以堪当吊装重任。不过出于安全起见，还是采用超级起重机吊装“超重”助推器 B4 登上发射台。值得注意的是，“超级筷子”没有吊装“超重”助推器 B4，却会用于吊装“星舰”S20。由于 SpaceX 自用超级起重机设计高度和载重能力有限，无法将“星舰”S20 吊装至“超重”助推器 B4 之上进行堆叠，因此最快最实际方案就是动用“超级筷子”。

13.5.5 发射回收模式

SpaceX 公司将发射塔称为整个“超重-星舰”系统的“第 0 级”，它的重要程度与“超重-星舰”的一、二级相同，从设计到制造完成历时 13 个月。SpaceX 公司使用类似于“筷子”的巨型机械臂回收“超重”助推器，能实现快速翻新和再次飞行。“超重-星舰”的发射和回收均在 SpaceX 公司自建的博卡奇卡基地执行。该基地位于美国得克萨斯州，靠近布朗斯维尔市的博卡奇卡海滩，目前该发射场已经执行了多次“星舰”原型机的亚轨道飞行试验。“超重-星舰”的发射和回收都将使用新建成的发射台，发射台旁边建有发射塔，如图 13 - 1 所示。

图 13 - 1 得克萨斯州博卡奇卡基地与“超重-星舰”的发射塔及其巨型机械臂

发射台高约 25 m，采取简化设计，主体部分由 6 根支柱、6 根短柱和一个圆形发射台面组成，在发射台面上设有牵制释放机构。发射台下方不设导流槽，主要依靠喷水系统来实现发射和回收时的冷却，喷水系统的喷水量高达 1 100 t/min。

发射塔主要用于火箭在发射区的测试和加注，高约 140 m，同样采用简化设计，发射塔上最大的创新是设置了一组可以滑动和开合的巨型机械臂——“超级筷子”，用于“超重”助推器和“星舰”的吊装对接和回收。

在发射前，“超重”助推器和“星舰”上面级分别从各自的厂房拉出，垂直转运至发射台附近，然后，机械臂旋转一定角度，降低一定高度，先将“超重”助推器吊装至发射台上，然后再用同样的方式将“星舰”吊装至“超重”助推器上方进行对接。对接完成后，通过发射塔对火箭进行液氧/甲烷的加注，然后再经过射前检查后实施发射。

“星舰”上面级回收过程中，以“腹部拍水式俯冲”方式下降。下降过程中，反推力矩逐渐摆正姿态，着陆前恰好垂直。“星舰”上面级需要不断调整姿态，以保持稳定飞行，再入返回地球飞行剖面如图 13－2 所示。

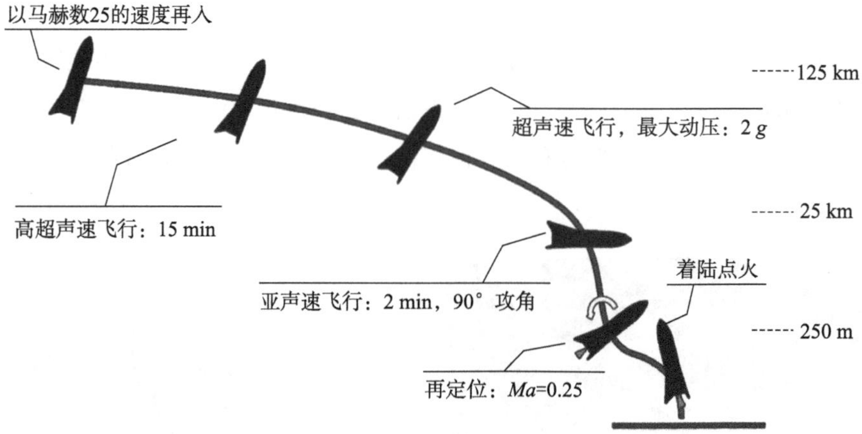

图 13－2　“星舰”再入返回地球飞行剖面图

13.5.6　飞行终止系统

运载火箭的飞行终止系统（Flight Termination System，FTS）是一个关键的安全功能系统，如果火箭偏离航线有可能造成重大危险时，则可以通过远程控制引爆箭体，提前结束飞行任务。“超重-星舰”的飞行终止系统对其更是异常重要，因为“超重-星舰”推进剂满载量将达到惊人的 4 600 t（“超重”3 400 t、“星舰”1 200 t）。

“超重-星舰”共配置了 4 个飞行终止系统。2 个在“超重”助推器上，2 个在“星舰”上。这形成了一个冗余系统，在发生问题时确保能够完成此项工作。飞行终止系统位于“超重-星舰”推进剂贮箱的共底处。当爆炸发生时，公共圆顶将被部分破坏，使贮罐中的甲烷和氧气混合并爆炸，从而确保在危险区域之外把能量全部释放。“超重-星舰”和“猎鹰”－9 火箭一样，使用的是一种自动飞行终止系统的装置，这意味着将由箭上的飞行计算机来控制飞行终止系统。

13.6 试验验证

众所周知，SpaceX 公司的研发思路和速度堪称美国航天“异类”，在大胆尝试新技术的背景下屡遭“挫折”。成立至今的 20 多年间，SpaceX 公司炸过飞船、炸过火箭、炸过发射台，在“星舰”的研制过程中，爆炸几乎也成为“家常便饭”，见表 13-2。对于经常爆炸采取的办法是一次研制多个原型机，这是公司的一贯思路，也是想借鉴以往“猎鹰”火箭的研制思路。“星舰”经常爆炸并不是暗示其开发、测试方法有缺陷，而是“星舰”的开发思维与传统火箭不同，并非一次定型或者深度论证完善的型号，而是采用一系列原型机反复测试，总结经验教训，逐步改进，最终达到设计目标。这种开发上快速迭代的方法酷似“互联网思维”，在航天史上并无先例。因此，数十枚测试原型机都是承担不同任务的“消耗品”，大多数的“宿命”本就是在各种各样的测试中损毁，以获取充足的试验数据。

“星舰”自 2018 年设计基本定型后，便迅速开始了原型机的建造与试验。从 2018 年年底开始，“星跳虫”、“星舰”Mk 系列、“星舰”SN 系列原型机依次上阵，在 3 年多时间内快速迭代并广泛试验。从 2019 年开始启动原型机的演示验证，通过快速迭代的开发方式推动项目研制。从 2019 年 9 月 28 日在美国得克萨斯州博卡奇卡镇荒凉海滩上召开的一次“星舰”原型机发布会开始，马斯克似乎朝“殖民火星”的目标又前进了“一小步”。与往年的发布会相比，此次发布会告别了只看“PPT”演示，而是将一艘高 50 m、直径 9 m 的全尺寸“星舰”原型机实物屹立在马斯克的身后。

表 13-2 “星舰”原型机试验过程中发生的爆炸

时间	型号	测试结果
2019 年 11 月 21 日	Mk1	地面压力测试中爆炸,Mk2/Mk4 直接退役
2020 年 02 月 28 日	SN1	地面压力测试中爆炸
2020 年 04 月 02 日	SN3	地面压力测试中爆炸
2020 年 05 月 09 日	SN4	150 m 弹射试验爆炸,波及场地
2020 年 09 月 22 日	SN7	为了测试贮箱压力极限而发生爆炸,需要说明的是,爆炸是刻意为之
2020 年 12 月 10 日	SN8	在着陆阶段未能减速成功,与地面发生碰撞而猛烈爆炸
2021 年 02 月 02 日	SN9	未能点燃 2 台“猛禽”发动机而撞击地面发生爆炸
2021 年 03 月 04 日	SN10	着陆时着陆支架受损,着陆 8 min 后爆炸
2021 年 03 月 30 日	SN11	在下降过程中爆炸

SpaceX 公司始终忙着建造、测试“星舰”原型机，并不断迭代改进。SpaceX 公司“星舰”原型机包括“星跳虫”、“星舰”Mk 系列、“星舰”SN/S 系列，用于验证一系列分系统和关键技术，扩展“星舰”的研制包络。SpaceX 公司研制了至少 20 个版本的“星

舰”原型机，逐步改进“超重-星舰”设计。图 13-3 是“星舰”系列原型机图片，从 S20 原型机以后其外形基本保持不变。

图 13-3 “星舰”系列原型机图片

13.6.1 “星跳虫”

“星跳虫”（Starhopper），别称“Starship Alpha”，是“星舰”的原型试验机，类似于“猎鹰”-9 火箭的“蚱蜢”原型试验机。2018 年年底开始建造的“星跳虫”，摒弃了初始设计的碳纤维复合材料，改用 301 不锈钢，且未采用舷窗设计。“星跳虫”原计划配置 3 台“猛禽”液氧/甲烷发动机，后改为仅配置 1 台偏置的发动机，用于悬停和低空测试飞行；此外，还安装了稳定翼和鼻锥。“星跳虫”全箭高 39 m，采用12.5 mm 厚度不锈钢。

2019 年 1 月 22 日至 23 日夜间，“星跳虫”鼻锥被强风损坏，因此随后的测试并未使用鼻锥，仅使用“星跳虫”下半部分。

2019 年 4 月 3 日至 5 日，“星跳虫”先后成功完成两次跳跃测试，其中单台发动机仅燃烧了数秒钟，并且“星跳虫”被系留在了地面上，离地距离很小。

2019 年 7 月 25 日，“星跳虫”进行了约 20 m 高度的悬停测试飞行，同时还执行了短距离的简单平移操作。而美国联邦航空管理局（FAA）在该飞行试验前的审批限制飞行试验高度为 25 m。

2019 年 8 月 27 日，“星跳虫”成功进行了高度约 150 m 的测试飞行，飞行时长 57 s，并成功着陆在距离发射台约 100 m 远的着陆区。位于“星跳虫”顶部附近的数台冷气推进器帮助“星跳虫”保持了飞行姿态稳定。“星跳虫”原计划的测试飞行高度为 200 m，但美国联邦航空管理局在对其飞行试验进行第二次审批时，在“不超过 25 m”一条的基础上，增加了“不超过 150 m”一条。根据其申请，SpaceX 公司可以在未经美国联邦航空管理局进一步许可情况下，将“星跳虫”进行飞行试验，飞行高度不超过 150 m，起飞时最大负载为 30 t。

13.6.2 Mk 系列

Mk 系列原型机是“星舰”较大尺寸的原型机，或称“全尺寸原型机”，并且基本是定型设计。为了提升效率和加速迭代，该系列原型机分别由 SpaceX 公司的 2 个独立团队在美国两地——得克萨斯和佛罗里达州制造。得克萨斯州团队负责 Mk1，佛罗里达州团队负责 Mk2，二者自 2019 年 5 月 14 日开始被媒体大量曝光。

当 Mk1 第一次亮相在荒凉海滩上时，许多人的第一反应是太奇葩了，这个“家伙”外观上不像任何火箭，是比 SpaceX 公司金牌火箭“猎鹰”-9 还要粗的“怪物”，更像是《丁丁历险记》漫画里的科幻产物。不过比外观设计更引人注意的是这个火箭居然是由不锈钢制造，一种常人绝不会和航空航天载具画等号的材料。

可以说不锈钢和合金钢是现阶段技术能满足“星舰”诸多目标和经济要求的、最佳也是唯一的材料。不过得克萨斯州这个亮闪闪的，都能被风吹倒的银色原型机只是“星舰”的第一步，并不具备进入太空的能力，仅仅是为了给 SpaceX 公司测试“星舰”的悬停降落功能和编写飞控软件，“星舰”的建造试飞之路还很漫长。“猎鹰”重型火箭这个马斯克在 2011 年 4 月正式对外画的大饼，整整花费了 7 年才兑现；这次画的不锈钢“星舰”大饼，应当需要更长时间才能兑现。

不过，SpaceX 公司依然自信并高调宣布了“星舰”的发展目标。其近期目标是：2022 年前，“星舰”首发火星的货运飞行；2023 年，第一次载人飞行飞向月球；2024 年，第一次载人飞向火星，登陆火星。SpaceX 公司有些过于乐观，目前研制试验实际进度已经落后于整体计划。

2019 年 11 月 21 日，“星舰”初代原型机 Mk1 在低温压力测试时爆裂。当天下午，SpaceX 公司的“星舰”原型机 Mk1 在位于得克萨斯州南部海岸的博卡奇卡基地进行低温压力测试时发生爆裂，顶端部分被浓烟掀开，大量白色烟雾从顶部涌出。Mk1 在事故发生后基本保持完好，但不锈钢外壳看上去有些损坏。该原型机旨在测试“星舰”的设计，实际上，这正是马斯克 9 月发布会上向记者展示的那艘“星舰”原型机。他当时声称测试飞船可能会在接下来的几个月内进行低空飞行，而某些版本的“星舰”可能会在 6 个月内到达地球轨道。爆炸发生后，SpaceX 公司在一份声明中称，“没有人受伤，这也不是一个严重的挫折。”马斯克也在推特上发文淡化了此事影响，指出测试工作已被搁置，公司宣称不会维修和试飞“星舰”Mk1，在吸取此次事故经验的基础上直接跳跃至轨道版 Mk3 的设计和制造，但对卡纳维拉尔角遗留的 Mk2 去留并未表态，作为 Mk1 的同架构型号，其前景也不容乐观。

在 Mk1 测试爆炸当天晚些时候，马斯克在回应网友提问时表示：“要转到 Mk3 设计，作为一个制造的探路者，Mk1 有一些价值，但飞行设计却截然不同。”当晚，SpaceX 公司向 CNBC 记者发布的声明中也确认了这一回应：“我们已经决定不试飞该原型机 Mk1，团队工作重点是建造 Mk3，而它是为轨道飞行设计的。”Mk1 测试爆炸后，与 Mk1 同时开始建造的 Mk2 停止建造，而已经从 2019 年 10 月开始建造的 Mk3 仍在继续建造，并于同年 12 月更名为“SN1”。作为 Mk2 后继者，与 Mk3 同时开始建造的 Mk4 在此次事故后并没有立即停止制造，但最终还是停止了制造。

13.6.3 SN/S 系列

2019 年 12 月，Mk3 更名为 SN1 后，“星舰”开始了全新的原型研发序列。计划中 SN1 有轨道级飞行测试计划、SN3 有短跳——低高度飞行/悬停飞行计划、SN4 有更长时间的飞行测试计划，但均因为测试出现问题而取消。发动机配置方面，SN1 原计划配备 6 台“猛禽”发动机——海平面版和真空版各 3 台。而事实上仅 SN4 先后以单台配置安装过 2 台“猛禽”发动机。SN 系列每台原型机都至少会有一些小的改进，并持续到 S20。SN 系列与 Mk 系列原型机相比，生产工艺发生一定变化，从而使精度更高、接头更强，并减少 20%的质量。

2020 年 1 月，SpaceX 公司先后在 2 个测试贮箱上进行了系列压力测试。2020 年 1 月 10 日，测试贮箱因加压过高而破裂，贮箱（穹顶与贮箱侧面间焊缝）达到 710 kPa 压力。2020 年 1 月 27 日，另一测试贮箱首次压力测试，在出现泄漏之前承受了 750 kPa 压力。2020 年 1 月 28 日，对出现泄漏贮箱进行焊接后再次进行了低温压力测试，该贮箱被加压至破裂，破裂时压力为 850 kPa。尽管测试贮箱最终破裂，但测试仍被认为是成功的。由于“星舰”非载人状态下进行轨道级飞行能承受的贮箱压力最高约为 600 kPa，而出于安全原因，执行载人飞行任务会将其提高至 1.4 倍（安全系数），即 840 kPa。该测试贮箱在该系列试验中是达到 850 kPa 压力时破裂的，即初步证明了其载人飞行的安全性。

（1）SN1 原型机

2020 年 2 月，SN1 正式开始组装。但由于存在和 Mk1 一样的下部贮箱推力结构设计问题，SN1 在 2020 年 2 月 28 日的低温压力测试中破裂。SN1 结构从下至上破裂，穹顶大部分飞到空中后坠落。破裂时，SN1 并未安装前锥体、飞行控制结构、“猛禽”发动机，而是静置在测试台上。SN1 故障归结为靠近发动机的舰体薄弱部位的不良焊接，焊缝承压不够导致破裂。

（2）SN2 原型机

随后的 SN2 专门解决了 SN1 下部贮箱推力结构设计问题，主要加装了推力圆盘，且舰身环向褶皱大幅降低，其结构相对 SN1 简单直接，尺寸更小。SN2 于 2020 年 3 月 8 日成功进行了低温压力测试和发动机推力载荷测试。由于 SN2 仅为测试而简单设计，测试结束后即报废。

（3）SN3 原型机

2020 年 2 月 28 日，SN3 在低温贮箱压力试验中破裂。爆炸发生后，SN3 被炸离地面达到 10～20 m，然后再重重地摔到地面。原型机的燃料糟填充高压液氮，这是一种不燃烧的气体，因此即使发生爆炸，现场也没有引发火灾，附近设备都还完整。初步报告表示，贮箱在增压过程中，可能结构强度不足而破损，引发后续的爆炸。美国航天飞行网的贝勒表示：“不必太过担心，这是研发的必经之路，SpaceX 公司会从中学习，并再前进。他们显然已经考虑到这一点，采取了非常低风险的测试方式。”2020 年 4 月，SN3 在加入低温推进剂后自行垮塌。

（4）SN4 原型机

SN4 原型机在 SN3 原型机试验失败不到 1 个月后就制造完成了，并很快被安置在发射台上，几天后就开始测试，创造了新的里程碑纪录。SN4 原型机成为首个通过低温测试的全尺寸“星舰”原型，即用真正的推进剂进行所谓的湿彩排（WDR），启动“猛禽”发动机，并完成低温压力测试。2020 年 5 月 29 日，SpaceX 公司最新的“星舰”SN4 原型机在发动机静态点火后不久爆炸，得克萨斯州的试验场冒出巨大火球。这是 SpaceX 公司 2020 年第三艘被摧毁的“星舰”原型机。爆炸发生在对“猛禽”发动机进行短暂测试大约 1 min 之后。马斯克称“一次快速断开的小测试”出错，导致液体甲烷泄漏，随后起火并发生巨大爆炸。尽管 SN4 从技术上说确实在 1 min 前完成了第五次“猛禽”发动机的静态点火测试，但 SN4 原型机和它周围的一切都被猛烈的爆炸摧毁了，只留下钢铁碎片和发射装置的外壳。

SN4 是“星舰”一系列原型机中的最新一款。2020 年 4 月，美国国家航空航天局选择 SpaceX 公司的“星舰”，作为 2024 年执行载人登陆月球的“阿尔忒弥斯”计划的备选商业航天器之一。SN4 是寿命最长、测试最多的原型机。SN4 故障发生之际，SpaceX 公司已经在建造另一个“星舰”原型机 SN5，成为该公司下一轮测试的重点。

从上述“星跳虫”和“星舰”Mk1～Mk4、SN1～SN4 等原型机的试验来看，“星舰”原型机的快速迭代在一开始并不是十分顺利，中途出现多次影响既定计划的问题，但是通过快速定位与改进，SpaceX 公司迅速解决了问题并进一步优化“星舰”的设计。同时，在 Mk1～Mk4 中采用团队竞争模式，通过并行研发，加速设计改进和建造速度，虽然最终团队竞争模式因多种原因被取消，但无疑该模式提升了“星舰”原型机的建造效率，并对“星舰”的最终设计定型奠定了基础。虽然露天建造条件简陋、监管部门限制严格，但是基本上并未影响其在研发与测试的道路上继续前进。

（5）SN5 和 SN6 原型机

在导致 SN4 爆炸的地面系统燃料泄漏之前，SN5 原型机距离尝试首次试飞只剩几天时间。此时，SpaceX 公司实际上已经完成 SN5 的制造，并计划将其安装到发射台上，然后尝试低温压力测试和“猛禽”发动机静态点火测试，以便为飞行测试创造条件。SN5 和 SN6 曾被计划在 2020 年年底前用于进行轨道级飞行测试，但最终分别仅进行了一次150 m 的测试飞行。SN5 和 SN6 均配备单台“猛禽”液氧/甲烷发动机，同时均通过采用 6 个内置伸缩式着陆支架弹性触地来实施着陆。

SN5 给人一种全新视觉，它的上部和下部不仅增加多个襟翼，顶部还增加一个鼻锥。按照设计图，鼻锥里面会配备三个舱室，一个观光舱、一个乘员舱和一个物资舱。观光舱将配备超大舷窗，主要用来观望，乘员舱可用来乘坐，物资舱用来储备生活物品。如果更换地面设施的工作能够迅速完成，SN5 的飞行测试可能在几周后就会进行。SN5 先后于 2020 年 6 月 30 日和 7 月 30 日成功完成了低温压力测试和静态点火测试后，于 2020 年 8 月 4 日成功进行了 150 m 测试飞行，并成功降落在附近一个着陆台上。但 SN5 着陆并不完美，舰体微微倾斜，疑似 2 个着陆支架出现问题。它最终可能会进行升级，配备整流罩、襟翼和两个额外的“猛禽”发动机，以执行 2 万米高空飞行、重返大气层以及着陆测试。同时，SN6 当天也被运抵发射场，在勇闯第一关之前同样要进行一系列发射前的准备，成功之后才有资格挑战 150 m 低空飞行。与 SN5 类似，SN6 先后于 2020 年 8 月 16 日和 8 月 24 日成功完成了低温压力测试和静态点火测试，于 2020 年 9 月 3 日进行了 150 m 测试飞行，并成功着陆。SN6 飞行轨迹与 SN5 相似，但运行更平滑、迅速，测试飞行持续约 45 s，但着陆后船身有些许倾斜，疑似单个着陆支架着陆时出现故障。

（6）SN7 原型机

根据马斯克透露，通往火星之路，不止 SN5 和 SN6，还有 SN7 和 SN8。SN7 已被指定为下一个“先烈”，新型低温贮箱建造完成之后，将用于极限低温加压测试，人为制造一次压力爆裂，以便掌握采用新型不锈钢打造燃料贮箱的压力极限。这就是原型机的宿命，以先驱者角色在前面探路，不成功便成仁。SN8 则有望走得更高更远更亮眼，因为这艘“星舰”不再是模型，而是要首次入轨飞行和降落回收。

SN7 原型机主要是通过一系列低温压力测试，用于改进低温贮箱材料与设计，基本结构主要是一个独立贮箱，目前有 SN7、SN7.1、SN7.2 等三型。SN7 主要用来测试将 301

型不锈钢转换为 304L 型不锈钢后的结构状态。SpaceX 公司用过冷液氮填充贮箱，以测试其在实际发射过程中容纳过冷低温推进剂的能力。2020 年 6 月 15 日，SN7 进行了首次低温压力测试，该测试在最终出现泄漏前达到 760 kPa 的压力。2020 年 6 月 23 日，经过维修后 SN7 进行第二次低温压力测试，在低温极限压力测试时发生爆裂并瞬间坍塌，但是爆裂时最大压力并未公布。

作为第二个采用 304L 型不锈钢（实际是 301 与 304L 混合使用）制造的测试贮箱，SN7.1 尝试进一步提高建造质量，并试图达到比 SN7 更高的失效压力。SN7.1 是 SN7 的改良款，底部增加了一个侧裙，并用推力穹顶取代了底部穹顶。SN7.1 在 2020 年 9 月进行了至少 4 项测试。2020 年 9 月 10 日，低温验证测试，成功；2020 年 9 月 23 日的低温压力测试中，SN7.1 最终在贮箱顶部附近的金属分离区域（301 和 304L 连接处）以 800 kPa 的压力破裂。

SN7.2 采用 3 mm 的不锈钢制成贮箱外壁，并吸收借鉴了 SN7 和 SN7.1 的部分组件设计。2021 年 1 月 26 日，SN7.2 通过了初步低温压力测试。2021 年 2 月 4 日，SN7.2 进行加压失效测试，在测试过程中，贮箱性能良好，泄漏很小，没有破裂。

（7）SN8 原型机

“星舰”系列原型机从 SN8 起，开始拥有完整配置，包括鼻锥（含整流罩）、2 对空气动力学舵面、3 台或更多台“猛禽”发动机，并相继执行 10 km 级别高空亚轨道飞行测试，此外还逐步加大隔热瓦在“星舰”原型机外侧的测试规模。

2020 年 9 月 15 日，马斯克曾表示：“如果 SN8 坠毁，那么 SN9、SN10 将跟上。高生产效率允许快速迭代。”2020 年 9 月 26 日，在被问及 SN8、SN9 的飞行测试高度时，马斯克表示：“我们只需要足够的高度来测试机身舵面，并从顶部贮箱和主贮箱中获得推进剂。‘星舰’原型机将做数次飞行，以确保工作良好，然后添加隔热瓦，并尝试更高马赫数的飞行。”

2020 年 9 月，马斯克透露，SN8 原型机已经完成，随后将开展高空飞行。与早期版本测试相同，包括一次静态点火和其他地面检验，再进行第二次静态点火，最终尝试飞向约20 km 的高度，返回地面时进行飞行控制着陆。马斯克表示，SpaceX 公司“星舰”原型机 SN5 和 SN6 都是由 301 不锈钢制成，而 SpaceX 公司“星舰”原型 SN7 是由 304L 不锈钢制造，SN8 也是 304L 不锈钢制造，该原型将帮助测试“星舰”发射系统。

值得注意的是，SN8 将配备 3 台“猛禽”发动机。SN8 将经历同样的早期测试和先兆测试。2020 年 12 月 10 日，SN8 完成首次高空测试，升至距地约 12.5 km 的高度，但在尝试着陆时与地面撞击发生剧烈爆炸（图 13－4）。SN8 在高空“跳”飞前已花费一个多月的时间进行了 4 次静态点火测试。另外，作为“星舰”原型机测试的监管部门，美国联邦航空管理局（FAA）出于公共安全责任也参与到 SN8 着陆爆炸的事故调查中，并同步开始调查 SpaceX 公司在 SN8 试飞过程中违反发射许可证的行为。

图 13-4 “星舰”SN8 演示从发射、水平下落、发动机开机、翻转、着陆过程

2021 年 2 月 2 日，美国联邦航空管理局就上述调查发布补充声明：“关于 2020 年 12 月的 SpaceX 公司 SN8 发射，该公司在规定的监管标准范围之外进行了发射。美国联邦航空管理局要求 SpaceX 公司对事件进行调查，包括全面审查公司的安全文化、运营决策和发射流程。所有可能影响博卡奇卡基地公共安全的测试都被暂停，直到调查完成且美国联邦航空管理局批准该公司的纠正措施。美国联邦航空管理局的合规性监测和执法旨在纠正 SpaceX 公司的违规行为，以符合联邦安全法规。”美国联邦航空管理局批准的纠正措施由 SpaceX 公司实施，一定程度上增强了公共安全。

（8）SN9 原型机

2020 年 11 月 24 日，马斯克表示 SN9 和 SN10 将与 SN8 非常相似，但包括许多小的改进，例如接线更坚固、发动机更成熟、鼻锥密封性更好。SN9 与 SN8 类似，同样是全配置、全尺寸比例的“星舰”原型机，是首个全部采用 304 不锈钢的“星舰”原型机。2019 年 12 月 30 日，在被问及 SN9 如何解决液态甲烷顶部贮箱失压问题以及是否在软硬件上有所变化时，马斯克回应道：“SN9 将采用氦气压入液态甲烷到顶部贮箱。最优解决方案仍在讨论中。”

2020 年 12 月 11 日，SN9 加工时倾倒，撞在车间墙壁上并受损，因此更换了两个前翼面。2020 年 12 月 29 日，SN9 一次性通过低温压力测试。2021 年 1 月，SN9 前后共进行了 6 次静态点火测试。2021 年 1 月 6 日，SN9 进行首次静态点火测试，约 1 s。2021 年 1 月 13 日，SN9 进行第 2、3、4 次静态点火测试，为了测试“星舰”在同一天内的多次点火能力，经官方确认顺利完成。2021 年 1 月 21 日，SN9 进行第 5 次静态点火测试，约 3 s。2021 年 1 月 22 日，SN9 进行第 6 次静态点火测试，经官方确认是一次成功的静态点火测试。SN9 原计划于 2021 年 1 月 28 日进行 10 km 测试飞行。然而，美国联邦航空管理局却在中途解除了测试地点周围空域的临时飞行限制。因此，SN9 当日进行了一次演练，加注推进剂等工作在发动机点火前停止。

SN9 原计划于 2021 年 1 月 29 日进行第二次试飞尝试，然而美国联邦航空管理局因为安全问题取消了发射。美国联邦航空管理局在当日晚间的一份声明中指出："将继续与 SpaceX 公司合作，以评估该公司提供的附加信息，作为批准发射许可证申请的依据。为了促进商业航天领域的增长和创新，美国联邦航空管理局不会损害其保护公共安全的责任。只有在我们确信 SpaceX 公司已采取必要步骤以符合监管要求之后，我们才会批准发射许可申请。"究其原因，前述美国联邦航空管理局对 SN8 原型机着陆爆炸事故和违反发射许可证的调查，以及 SpaceX 公司在 SN9 发射许可证申请上的数处修改，导致 SN9 的 10 km 测试飞行迟迟得不到许可。

2021 年 2 月 2 日，SpaceX 公司成功发射了 SN9"星舰"原型机，但是在返回着陆时猛烈撞击着陆场发生爆炸。这是"星舰"原型机第二次高空试飞触地爆炸。SpaceX 公司表示，在实际的着陆翻转过程中，其中 1 台"猛禽"发动机没有重新点火，导致 SN9 高速着陆。这和 2020 年 12 月 SN8 开展的首次高空试飞并着陆爆炸的情形类似，下次试验预计使用已经就位的 SN10。

（9）SN10 原型机

2021 年 3 月 4 日，SpaceX 公司在美国得克萨斯州博卡奇卡基地，进行"星舰"SN10 原型机高空试飞，测试全尺寸"星舰"动力系统、姿态控制系统、导航系统的功能，全不锈钢舰体结构强度，以及返航着陆能力。SN10 飞行 380 s 后触地着陆，第一次实现了"星舰"原型机高空飞行后的成功着陆。但落地大约 8 min 后，SN10 突然原地自爆。按照 SN9 坠毁中的改进措施，SN10 在着陆过程中，3 台"猛禽"发动机均二次启动（1.5 s 内先后点火），随后依次关闭两台发动机（时间间隔约为 0.4s），着陆前保留一台进行制动减速，实现了着陆成功（图 13－5）。但着陆 8 min 后，从底部发生爆炸，其可能原因如下：

一是着陆下降阶段箭体尾部侧面火焰源于发动机舱内泄漏的推进剂燃烧。分析 SN8、SN9、SN10 三次飞行试验轨迹，SN8、SN9 在着陆下降阶段，箭体尾部侧面未出现燃烧火焰，仅 SN10 箭体尾部侧面出现异常燃烧火焰。在着陆下降阶段与 SN8、SN9 相比，SN10 的 3 台发动机全部二次启动时的箭体轴向过载要相对较大。相对较大的推力冲击，可能对发动机舱内的推进剂管路形成破坏，造成甲烷少量泄漏，泄漏的甲烷在发动机火焰触发下，与空气中的氧发生燃烧现象。着陆阶段，3 台发动机使用的甲烷推进剂来源于甲烷主贮箱底部和头锥上的顶部贮箱，因此，不能确定泄漏推进剂是来自顶部贮箱输送管路还是来自主贮箱输送管路。

二是着陆支撑系统存在薄弱环节造成箭体着陆瞬间姿态失稳，可能对破损的推进剂输送管路形成加剧破坏。SN10 着陆支撑系统与"猎鹰"系列采用"蚱蜢腿结构"不同，采用了舱内折叠翻转的着陆支架。2020 年 8 月 5 日，SN5 开展试验测试着陆支撑系统，通过单台“猛禽”发动机平稳飞出 150 m，之后稳稳软着陆，当时被美誉为惊艳一跳，但其着陆支撑支架实际上已经发生形变。SN10 着陆前出现了 6 个着陆支撑支架有 3 个没有完全展开到位的情况，可以看出“星舰”的着陆支撑系统还有薄弱环节。受 3 个未释放到位的着陆支架影响，舰体着陆瞬间重心侧倾，加之较快的坐落速度，舰体可能会受到较大的冲击和振动，从而很可能对破损的推进剂输送管路形成加剧破坏，并进一步扩大推进剂泄漏。

三是由于消防不彻底，剩余推进剂快排设置不合理，以及舱内明火未彻底扑灭，综合触发了 8 min 后的爆炸。SN10 返回段着陆偏离了着陆中心点，着陆场 4 个消防喷水设施仅开启了 1 个。经地面消防，箭体外围没有明显火焰，箭体外围火焰基本扑灭。本次试飞着陆后，快速排放的甲烷与空气中氧气，以及与未完全散发出去的液氧混合，形成爆炸条件。SN10 主贮箱加注推进剂质量 280 t，推进燃烧及排放推进剂质量 242.46 t，着陆剩余推进剂质量 37.54 t。按照推进剂混合比（78%甲烷、22%液氧）粗略计算，剩余的 37.54 t 燃料中有 29.28 t 液体甲烷和 8.26 t 液氧。

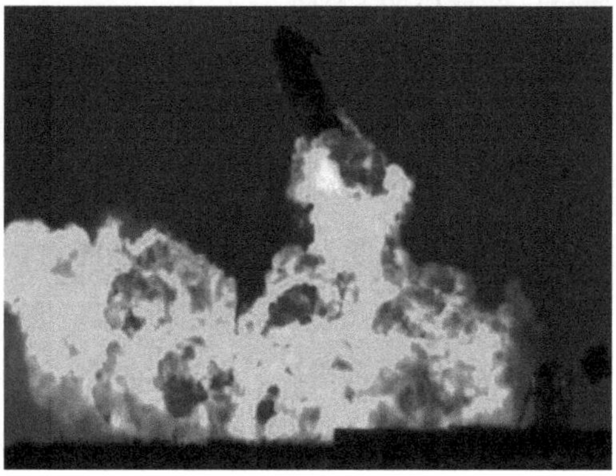

图 13-5　“星舰”原型机 SN10 着陆成功，但 8 min 后爆炸

甲烷和空气混合物爆炸极限本身范围较窄，不足以触发爆炸发生，但会持续燃烧。液氧汽化比为 1∶800，沸点为−183 ℃，受发动机舱内燃烧火焰的高温作用，使得液氧剧烈汽化膨胀。发射约 8 min 后，液氧贮箱因液氧高温剧烈汽化超压泄漏，甚至直接爆裂，高汽化比的液氧迅速与局部范围内的甲烷气体混合，甲烷浓度瞬时降至 3%～25%爆炸极限范围内，导致爆炸发生。

（10）SN11 原型机

SN11 与 SN8、SN9、SN10 配置类似，配备了 3 台“猛禽”发动机。SN11 高空飞行测试前进行的地面测试具体如下：2021 年 3 月 11 日，SN11 使用液氮进行了低温验证测试，以验证原型机结构完好，还进行了姿态控制系统测试；2021 年 3 月 15 日，SN11 进行了一次静态点火测试，但发动机点火后不久即中止；2021年3月22日，SN11直接进行了一次3台发动机静态点火测试，测试期间单台发动机出现问题需要更换；2021年3月26日，更换发动机后的SN11静态点火测试成功进行。

原计划2021年3月29日下午SN11试飞，但当天上午却因为美国联邦航空管理局安全检查员无法到达发射现场而推迟。美国联邦航空管理局声明回应了上述推迟："3月12日，美国联邦航空管理局修改了SpaceX公司"星舰"发射许可证，要求美国联邦航空管理局安全检查员在每次飞行时都要出现在博卡奇卡基地。这是美国联邦航空管理局继续监督SpaceX公司以确保遵守保护公共安全的联邦法规的结果。SpaceX公司必须提供其发射时间表，以允许美国联邦航空管理局安全检查员发射前到达博卡奇卡基地。"据悉，美国联邦航空管理局一直是等待SpaceX公司完成静态点火测试后再派安全检查员到现场。

2021年3月30日上午9时，SpaceX公司发射了"星舰"SN11原型机，进行第四次高空飞行测试。与过去的原型测试一样，SN11测试了3台"猛禽"发动机的点火和自主控制引导其下降回落的空气动力襟翼。发射后5 min 49 s，SN11飞行至10 km高空时，摄像头信号消失，飞行测试的直播中断，SpaceX公司位于得克萨斯州的发射场周围烟雾重重，现场目击者很难看清到底发生了什么。SpaceX公司在直播中说："不用再等了，它不会回来了。"来自现场的报告显示，SN11原型机在下降过程中发生爆炸，碎片散落在着陆点周围。

马斯克说，"SN11在下降开始后不久发生了一些重要的事情，等我们今天晚些时候检查燃烧碎片和分析事故原因后就能知道。"在积累了足够多的经验与教训后，SN11理应取得突破。而且，依照马斯克给"星舰"项目制定的激进的进度，SN11也必须成功。不幸的是，SpaceX公司的此次试飞同样并不顺利，SN11原型机在最后的下降过程中同样以爆炸告终。

2020年10月开始同时建造的SN12、SN13、SN14，因SN8～SN11试验进度超出预期和SN15的重要技术升级而取消试验，随后于2021年1月相继报废。但是，SN12的鼻锥作为试验结构得以保留，用来验证目前鼻锥设计的性能。2021年4月28日，SN12鼻锥进行了结构验证测试，但没有测试结构失效性。

（11）SN15原型机

2021年5月5日，SpaceX公司的"星舰"原型机SN15，从得克萨斯州博卡奇卡基地起飞，达到了约10 km的高度，然后转入下降阶段，并于起飞后6 min落回到试验场。原型机底部着陆后出现了火情，与2021年3月30日SN10试飞时的情况类似，但是这次消防系统只用了几分钟就把火给扑灭了。

SpaceX公司在官方网站上说，SN15在结构、电源、软件和发动机方面均有改进，"从而允许在生产和飞行时提高速度和效率"。SN15主要改进包括采用新的经强化的电源设备、升级完善裙体内的推进剂贮箱结构以及采用新的“猛禽”发动机设计和配置。该公司工程师英斯普鲁克在本次试飞的直播中说，“这次飞行涉及多项升级和改进，以解决从上次飞行意外解体中发现的问题，还做了将让我们更接近于入轨配置的一些调整。”

马斯克对本次试飞看来很满意。他在 SN15 着陆后不久发推特说：“‘星舰’顺利着陆!”。该公司尚未透露其是否打算让 SN15 再次升空飞行。编号为 SN16 的原型机即将在该公司位于博卡奇卡基地的设施完工。“星舰”将作为 SpaceX 公司下一代运载系统的上面级使用。在执行轨道飞行任务时，“星舰”将由“超重”助推器发射，而后者仍在研制之中。

2021 年 3 月 11 日，马斯克在回应有关 SpaceX 公司发射运力与复用周转时长问题时表示，“一艘‘星舰’的设计是在一天内完成目前地球上所有火箭一年的发射任务。即便如此，约 1 000 艘“星舰”将需要约 20 年时间才能在火星上建立一个自我维持的城市。”SN15 高空飞行测试的成功，标志着“星舰”长达 30 个月的研发测试取得阶段性胜利。“星舰”又一小幅度升级版本 S20 和“超重”助推器系列原型机的开建，正推动“超重-星舰”组合体进行飞行测试。与此同时，作为动力核心的“猛禽”发动机也已经实现了约 48 h 生产 1 台的生产速度。为入轨发射准备的发射台和发射塔也正紧锣密鼓地建设中。上述所有研发与建设工作都是为了实现“超重-星舰”的首次入轨发射测试。

2021 年 5 月 5 日，“星舰”SN15 亚轨道高空试飞取得了圆满成功。SpaceX 公司的“星舰”项目放缓了节奏，进行一些调整。一方面，后继者 SN16 被拉到 SN15 身旁，似乎不再继续开展高空飞行试验，马斯克也许觉得 SN15 的成功足以提供完整可靠的数据，没必要再耗时耗力。另一方面，“超重”助推器研发进度卡壳，没能如期推进。马斯克豪言 7 月初计划用 S20 和“超重”助推器 B3 的组合进行首次轨道级发射，自然也就化作泡影。正所谓计划赶不上变化，像“超重-星舰”这样的突破性航天技术更是如此。短暂休整后博卡奇卡基地又开始热闹起来，SpaceX 公司对“超重”助推器动作频频。2021 年 7 月 1 日，“超重”助推器 B3 被转运至发射台。

作为没经历过一次测试的全尺寸原型“星舰”，SN16 最早在 2020 年 12 月 4 日开始建造，2021 年 4 月 29 日进入高塔内堆叠组装，但随着 SN15 历史性成功首飞，SN16 的命运安排也变成了过山车游戏——最先计划安排 SN16 尽快发射，之后传出 SN15 复飞消息，SN16 组装变得越来越慢，几乎停滞，直到 SN15 发射成功后被送回建造区成了历史纪念物，处在高塔里的 SN16 只能终日眼巴巴地看着“超重”助推器 B3 一天天长高。2021 年 6 月 16 日，SN16 从高塔移出，落脚点与 SN15 为邻，成为“星舰”基地一景：双舰奇观。不过，貌似马斯克还嫌剧情不够精彩，宣告 SN16 另有任用，掀开了戏剧化一幕。此后，“星舰”代号从 SN 缩减为 S，开始瞄准轨道级飞行任务。

（12）S20 原型机

虽然 10 km 飞行测试只成功了一次，SpaceX 公司依旧选择不再次进行测试，跨过 SN17、SN18、SN19（类似于果断弃用 SN12、SN13、SN14），直奔主题推出 S20。S20 的组装以及测试进度，都要远远慢于之前的测试任务。SpaceX 公司“超重-星舰”的首次轨道飞行，计划从得克萨斯州南部的“星舰”基地发射。S20 将尝试在夏威夷考艾岛海岸外的海上软着陆。在这次雄心勃勃的飞行测试之前，SpaceX 公司需要分别在地面测试“超重”助推器和“星舰”，以确保它们在结构上都是可靠的，可以达到起飞的要求。

2021 年 7 月 1 日，“超重”助推器 B3 被转运至发射台，SpaceX 公司先对“超重”助推器 B3 进行了环境压力测试，低温加压测试，随后安装上 3 台“猛禽”发动机，为静态点火测试做准备。2021 年 7 月 20 日，“超重”助推器 B3 的 3 台“猛禽”发动机被点燃，瞬间爆发出强烈的烟火与轰鸣，顺利完成首次静态点火测试。马斯克表示，“超重”助推器 B3 不进行飞行测试，而是用于地面测试，后继者“超重”助推器 B4 计划于“星舰”首次入轨发射。“超重-星舰”的首次入轨发射计划是：“超重”助推器搭载着“星舰”从发射基地起飞，两分多钟后两者分离，“超重”助推器下降溅落于墨西哥湾，“星舰”继续进入低地球轨道，大约环绕地球一周，然后在夏威夷考艾岛附近海域软着陆。

“超重”助推器 B4 配备 29 个“猛禽”发动机。该助推器将进行单独的测试活动。首先是一系列类似 S20 原型机的验证测试，然后是对这些强大发动机的静态点火测试。这将是该公司首次发射带有 29 台“猛禽”发动机的助推器。就这种发动机而言，它是航天行业的创新产品，由 SpaceX 公司设计和制造。与以煤油为燃料的“猎鹰”火箭发动机不同，“猛禽”发动机使用液态甲烷（燃烧剂）和液态氧（氧化剂）作为燃料。根据公布的数据，每台“猛禽”发动机可以产生约 185 t 的推力。马斯克此前表示，他们的目标是在未来的“猛禽”发动机生产中，将“推力从约 185 t 提高到约 230 t”。一旦投入使用，“超重”助推器将成为世界上最强大的运载火箭。对于 SpaceX 公司来说，“超重”助推器将成为实现登陆月球、殖民火星的关键。

“超重”助推器 B4 已完成 3 次低温加压测试。有消息称，有可能不会安排“超重”助推器 B4 试射测试而直接首飞。根据美国联邦航空管理局（FAA）最新发布“星舰”基地环评报告判断，“超重-星舰”的“S20＋B4”组合体轨道级首飞很可能是在 2022 年第二季度，最终未按计划实施。

S20 作为指定首飞的轨道级“星舰”，自从 2021 年 3 月开建以来，历经一系列重要时刻：8 月 5 日首次转运至发射台，8 月 6 日与“超重”助推器 B4 首度快闪合体，8 月 13 日再度从建造区转运至发射区，从 9 月底开启多项测试，包括低温压力测试、单台真空“猛禽”发动机静态点火，直至最新完成两次 6 台“猛禽”发动机静态点火。2021 年 8 月，SpaceX 公司在“星舰”的完全重复使用方面，取得了一个重要里程碑：将 S20“星舰”对接、拼装在“超重”助推器 B4 的顶部，“超重”助推器 B4 装有 29 个“猛禽”发动机。这是“超重-星舰”首次进行的合体对接，它同时还创造了有史以来拼装火箭的新高度。对接工作在 SpaceX 公司位于得克萨斯州博卡奇卡基地进行，该组合体有望在下一次的发射测试任务中进入轨道。这个庞然大物高近 120 m，再加上它所在的发射台，整个系统高约 140 m。虽然本次对接令人印象深刻，不过下一步还要将整个组合体再次分开，并在重新组装之前进行更多的分析、测试和调整，为最终的轨道发射做准备。SpaceX 公司计划在 2022 年达成这一目标，并实现全系统回收，真正做到在发射任务中不浪费一颗螺丝，可以在低成本的情况下单次运输超过 100 t 的货物进入低地球轨道，相当于一次可以发射约 400 颗“星链”卫星。随后由于“猛禽”2.0 版发动机取代 1.0 版，“超重”助推器 B4 于 2022 年 6 月 30 日运返建造基地，并正式退役。

2021 年 9 月 9 日晚上，SpaceX 公司对 S20 进行了第二次低温测试。测试完成后不久，马斯克通过推特分享了测试结果，他表示测试结果良好。9 月 27 日，SpaceX 公司启动了对 S20 的测试活动，为其备受瞩目的首次轨道级飞行做准备。SpaceX 公司测试了 S20 的姿态控制系统，这是一套用于引导和控制“星舰”推进的系统，用于调整推进器动力和方向以提供姿态控制。当天晚上，SpaceX 公司还对 S20 进行持续的低温验证测试，通过向不锈钢贮箱注入低温液氮来评估其结构完整性，还模拟测试了“猛禽”发动机的推力。在即将进行的轨道飞行中，S20 将配备 6 台“猛禽”发动机。如果这艘用不锈钢制成的“星舰”原型机通过了所有的飞行前测试，它将首次在“超重”助推器的推进下进入地球轨道。

2021 年 10 月 22 日，SpaceX 公司正式启动了 S20 原型机的第一次静态点火测试，并且此次点火测试，只测试其中的 1 台“猛禽”发动机，另 1 台“猛禽”发动机属于不同版本，更接近最终“星舰”使用的发动机。当晚 20 时许，进行第二次静态点火，点火测试单台真空版“猛禽”和单台海平面版“猛禽”发动机。11 月 12 日下午 14 时许，进行第三次静态点火，首次点火测试 6 台“猛禽”发动机（3 台真空版和 3 台海平面版）。12 月 29 日中午，进行第四次静态点火，再次点火测试 6 台“猛禽”发动机（3 台真空版和 3 台海平面版）。此次测试时间点也是耐人寻味，选在美国联邦航空管理局推迟发布“星舰”环评报告的第二天，貌似隔空呐喊，冲着这家臃肿低效的官僚机构表示强烈抗议。

“超重”助推器 B7 首次采用了推力更大的“猛禽”2.0 版发动机，共安装了 33 台，并计划用于“超重-星舰”的首次轨道飞行试验。2022 年 7 月 11 日，B7 进行第一次 33 台发动机涡轮启动测试，但用于推动涡轮的气态甲烷及气态氧气与大气混合并发生爆炸，B7 更换了部分损毁发动机，发射台也进行了维修，继续开展测试。2022 年 8 月 9 日，B7 进行第一次单台发动机静态点火测试，这是“超重”助推器首次于发射台进行静态点火测试。2022 年 8 月 11 日，B7 进行第二次单台发动机静态点火测试，此次测试长达 20 s，为目前最长时间静态点火测试。2022 年 8 月 31 日，B7 进行第三次静态点火测试（3 台发动机），但其中 1 台发动机未能正常点燃，未点燃的发动机随后进行了更换。2022 年 9 月 8 日，B7 再次进行 33 台发动机涡轮启动测试，取得了成功。截至 2022 年 9 月 8 日，B7 已进行 6 次低温加压测试、1 次推力圆盘压力测试、6 次涡轮启动测试及 3 次静态点火测试。此后，由于“猛禽”2.0 版发动机取代 1.0 版，S20 及其后的 S21、S22 和 S23 均退役，让位给安装了“猛禽”2.0 版发动机的 S24。

（13）S24 原型机

2022 年，SpaceX 公司建造了三枚“超重”原型机（B8、B9、B10）和四艘“星舰”原型机（S22、S24、S25、S26）。B8 原型机几乎在完成后就立即被淘汰了。B9 原型机在之前型号的基础上进行了重大的修改和升级，并进行了有限数量的测试，于 2023 年 1 月初返回工厂，后续可能用于“猛禽”2.0 版发动机的安装。SpaceX 公司于 2022 年 10 月底开始堆叠组装 B10。S22 原型机在制造完成后就退役了。S24 完成地面测试。S25 完成制造并开始测试，计划与 B9 组合执行第二次轨道试验飞行任务。S26 和 S27 设计基本一致，可能作为油库版试验“星舰”。

SpaceX 的首要任务是“星舰”的轨道试验飞行。首次尝试将由“星舰”S24 和“超重”B7 组合体执行，第二次飞行将由“星舰”S25 和“超重”B9 组合体执行。S24 安装的“猛禽”发动机均为推力更大的 2.0 版，包括 3 台海平面发动机和 3 台真空发动机，并计划用于“超重-星舰”的首次轨道飞行试验。截至 2022 年 8 月 25 日，S24 完成了 1 次气密测试、3 次低温加压测试、1 次推力圆盘测试、2 次发动机静态点火测试及 8 次发动机涡轮启动测试。2022 年 8 月 9 日和 9 月 9 日，分别对 2 台和 6 台发动机进行了静态点火，并取得了成功。

2023 年 1 月 23 日下午，在得克萨斯州博卡奇卡基地，SpaceX 公司完成了“超重-星舰”（“超重”B7 和“星舰”S24）的第一次全箭湿彩排（WDR）（图 13－6），SpaceX 公司向着目标又迈出了坚实的一步。本次被官方称为“飞行式湿彩排”的测试，最主要的测试项目就是“超重-星舰”燃料的完全加注。此前，在 2023 年 1 月 13 日，SpaceX 公司曾在合体的“星舰”S24 与“超重”B7 上，进行过一次助推燃料的小规模加注。本次“星舰”S24 与“超重”B7 燃料的完全加注过程耗时约 90 min，加注了约 4 500 t 的液氧与甲烷，“超重-星舰”总质量超过了 5 000 t。SpaceX 公司官方随后在推特上发布了相关消息。全箭湿彩排是“星舰”与“超重”助推器的最重要的测试之一，根据计划，这也是倒数第二个关键节点。后续“超重”B7 全部 33 台“猛禽”2.0 版发动机进行了热试车，最终成功点燃 31 台发动机，产生了 3 580 t 的推力，这次试验成为火箭史上动力最强的一次热试车，这一试验也充分说明，即使关闭两台发动机，“星舰”也可以实现升空目标。

图 13-6　“超重”B7 与“星舰”S24 组合体在博卡奇卡基地发射台上进行首次全箭湿彩排（WDR）

（14）S25/S26/S27 原型机

截至目前，从用途上看，SpaceX 公司正在开发至少四种类型的“星舰”：载人“星舰”（Crew Starship）、加油“星舰”（Tanker Starship）、油库“星舰”（Depot Starship）和月球“星舰”（Moon Starship/Human Landing System，HLS）。载人“星舰”和加油“星舰”，由于需要往返于太空和地球，它们都将配备隔热罩和襟翼，是典型的全复用“星舰”。其中加油“星舰”将只在近地轨道与在轨的油库“星舰”进行对接和推进剂转移。带有加长油箱的油库“星舰”将长期留轨，用于储存由加油“星舰”上行的推进剂，并为入轨后需要远航的“星舰”进行推进剂补充加注。由于需要长时间留轨，该型“星舰”需要配置太阳能电池（舰体贴太阳能电池片），以确保其留轨时的电能供应。同时为了减少太阳辐射对燃料贮存的影响，需要在其外部涂装相应的光学特性材料。月球“星舰”用于执行“阿尔忒弥斯”月球着陆任务，由于发射后不再返回地球，且月球无大气层的原因，无需配置隔热罩和襟翼。月球“星舰”最终将被涂装成白色并实现热防护绝缘。另外，由于要实现载人运输，月球“星舰”需要配置环控生保系统、舷窗和出入通道。

S26 与大多数之前的“星舰”相比有区别：一是无隔热瓦，自 2020—2021 年亚轨道“星舰”飞行测试成功后，所有“星舰”（S20、S21、S22、S24、S25）都安装了约 10 000 块黑色陶瓷隔热瓦，以保护“星舰”免受再入大气层所产生的高温影响；二是无襟翼，自 SpaceX 公司于 2020 年 10 月首次完全组装“星舰”以来，该公司完成的每艘“星舰”（SN8、SN9、SN10、SN11、SN15、SN16、S20、S21、S22、S24、S25）都安装了 4 个大襟翼，“星舰”在轨道再入期间需要襟翼来进行姿态控制，最终从水平下落翻转到垂直方向，以实现发动机反推的软着陆；三是无载荷舱。这一切使 S26 最终成为一艘光滑的、看起来像一枚钢铁子弹的“星舰”，这也注定了 S26 无法返回地球，也无法部署空间载荷。正在建造的“星舰”S27，其配置与 S26 如出一辙。因此，可以判断 S26 最大的可能是油库“星舰”，同时也将与 S27 一起进行近地轨道燃料转移试验，从而完成加油和油库“星舰”的关键技术验证。

13.7 首次试飞

随着 SpaceX 公司确认“超重-星舰”已经准备好轨道飞行测试，所有的目光都集中在美国联邦航空管理局发放发射许可证上。2023 年 4 月 14 日晚，美国联邦航空管理局终于批准了“超重-星舰”的发射。SpaceX 公司发布了发射“超重-星舰”的暂定时间安排。在社交媒体上，SpaceX 公司提到 4 月的第 3 周进行发射，最早的暂定发射日期是 4 月 17 日。SpaceX 公司的网站也提到了这个日期，4 月 18 日至 4 月 22 日作为这次飞行的备用窗口。2023 年 4 月 17 日，“超重-星舰”首个预定发射日，一个被冻结的阀门“冻结”了“超重-星舰”首飞。2023 年 4 月 20 日，位于得克萨斯州博卡奇卡基地，编号为“B7＋S24”组合体的“超重-星舰”首次发射升空。

13.7.1 飞行计划

本次飞行是“超重”助推器的第一次飞行试验，也是“星舰”上面级的第一次轨道级飞行试验任务。本次发射没有载荷，“星舰”也不会最终入轨，会在接近入轨速度时提前关机再入大气层，防止“星舰”入轨后出现异常成为巨大的太空垃圾。基本飞行过程如下：

1）“超重-星舰”从位于美国得克萨斯州博卡奇卡基地的发射台上点火起飞，33 台“猛禽”发动机以略低于额定工况状态点火；

2）“超重-星舰”起飞后约 55 s 达到最大动压点，169 s 到达预定高度后，执行“超重”助推器关机动作；

3）在“超重”助推器主发动机关机之前，“超重”助推器使用内置的“猛禽”摇摆发动机将箭体旋转；起飞后约 172 s 分离解锁机构打开，使得“超重”助推器和“星舰”分离；

4）“超重”助推器掉头调姿完成后，内圈 13 台“猛禽”发动机二次启动，进行返场回飞；

5）“超重”助推器火箭发动机关机，无动力再入大气层；

6）起飞后约 495 s，“超重”助推器的两台“猛禽”发动机点火，实施反推减速，海上溅落回收；

7）在“超重”助推器和“星舰”分离后 4 s（起飞后约 176 s），“星舰”发动机点火，继续加速；

8）起飞后约 521 s，“星舰”达到预定速度后发动机关机，“星舰”进行大气层外滑行；

9）起飞后约 70 min，“星舰”以类似航天飞机的姿态再入大气层，腹部和前后翼上覆盖的隔热瓦可承受再入高温，前后翼辅助控制姿态；

10）“星舰”下落到约 500 m 高度时，将会进行翻转并机动，调整为垂直着陆姿态，两台发动机继续工作，进行反推减速并摇摆辅助姿态稳定；

11）起飞后约 90 min 20 s，“星舰”溅落在夏威夷考艾岛西北大约 100 km 处的海面。

13.7.2 试验过程

2023 年 4 月 20 日，SpaceX 公司在位于得克萨斯州博卡奇卡基地发射台（OLP－1）对“超重-星舰”（B7＋S24）组合体进行了轨道试飞，对“超重-星舰”的飞行性能及地面发射支持能力进行了一次全面验证，即“首次全面综合飞行测试”。但令人遗憾的是，“超重-星舰”在起飞后约 4 min 意外解体，人类历史上最大最强的航天运输系统“组合体”首次轨道级发射失败。

起飞后，“超重”助推器的 33 台“猛禽”发动机中 3 台没有点火，30 台持续发力。T＋40 s（T 为起飞时刻，下同），飞行高度约 2 km 时，第 4 台“猛禽”发动机熄火。T＋1 min 01 s，飞行高度约 5 km 时，第 5 台“猛禽”发动机熄火。按照原计划，本应在 T＋55 s 通过最大动压点（Max－Q），但此时组合体的飞行速度和高度都未达到设计要求，直到 T＋1 min 18 s，组合体才通过最大动压点（Max－Q）。T＋1 min 40 s，飞行高度 14 km 之际，第 6 台“猛禽”发动机熄火。T＋1 min 51 s，飞行高度 17 km 时，刚刚熄火的第 6 台“猛禽”发动机“戏剧性”地再次点火。

随后“超重”助推器开始排出大量推进剂白色气体，尾焰也开始出现不对称燃烧状态。T＋2 min 20 s 后，组合体异常旋转加快。T＋2 min 32 s，组合体水平飞行突然转向近 180°，出现了明显不受控异常状态。此时飞行高度达到 32 km，处于墨西哥湾上空。紧接着组合体又出现 360°大翻滚，呈现完全失控状态。经过 5 次 360°翻跟头之后，组合体最终在T＋3 min 59 s发生大爆炸，“超重-星舰”首飞尝试折戟，壮烈“牺牲”在 39 km 高空。

按照发射前的预期，本次“超重-星舰”综合飞行测试的目的是全面收集发动机、计算机和地面系统性能等方面数据，测试结果将用于设计改进。SpaceX 公司认为，此次试验的成功与否并不以入轨为标准，而是通过在试验中取得的经验来衡量，这些经验将为快速推进“超重-星舰”的研发奠定基础。

发射失败后，SpaceX 公司首席执行官马斯克在推特对此次爆炸作出回应，称通过此次任务为几个月后的下一次测试发射吸取了教训。马斯克称，“在一次令人兴奋的‘超重-星舰’测试发射后，祝贺团队！为几个月后的下一次测试发射学到了很多东西。”现场欢呼声依旧不止，普遍认为首次发射就能取得这样的成绩实属不易。首次飞行试验虽然没有达到目标，但是对于开众多先河的开创性产品，研制难度可想而知。“超重-星舰”点火的“一小步”，意味着人类在完全重复使用航天运输系统的研制道路上已经迈出了“一大步”。

13.7.3 后续计划

后续 SpaceX 公司计划尝试搜寻“星舰”S24 上配备 GPS 跟踪信号的数据记录器。如何找到记录器，可以派遣潜水员协助搜寻。此外，“星舰”S24 和“超重”B7 的实时遥测数据，被传输到美国联邦航空管理局的空间数据集成器系统进行分析。“超重-星舰”的跟踪装置包括星地的天线，用于下行遥测。SpaceX 公司将对所获各类数据进行详细研究，准确复盘“超重-星舰”在飞行过程中的实际表现。

客观上讲，一方面，代价高昂的迭代研发策略加速了“超重-星舰”的进度；另一方面，由于引入了大量仍需验证的新技术，导致其首飞日期不断推迟。“超重-星舰”首次发射失败，可能耽误了“二代星链”的组网和美国“重返月球”的进度，但是对“超重-星舰”来说，即使首飞成功也只是万里长征第一步，其后服役、改进历程仍将是道阻且长。

历史上每一项伟大的成就都需要承担一定程度的风险，风险越大回报越大，按照 SpaceX 公司的一贯风格，绝不会止步于此。后续试飞的“超重-星舰”组合体“B9＋S26”和“B10＋S27”就矗立在那里，暂定执行第二次和第三次试飞任务。后续两次任务将与首飞任务相同，不进行回收，主要目的是进一步对进入轨道能力、“猛禽”发动机重启能力、离轨能力、有效载荷部署能力、回收方案以及在轨推进剂加注技术进行测试。相信不久以后，就能看到改进后的“星舰”在“超重”助推器的托举下腾空而起。

按照 SpaceX 公司的计划，“超重-星舰”在进行载人发射之前会进行数百次发射，主要为“二代星链”卫星发射任务，将利用在任务中积累的数据和经验进一步支撑“超重-星舰”的系统设计和操作的改进。目前已知的“超重-星舰”发射计划有 10 次，主要包括 1 次卫星发射任务，1 次月球车发射任务，3 次商业载人飞行任务，3 次美国国家航空航天局“阿尔忒弥斯”计划下的发射任务，以及 2 次 SpaceX 公司火星探测任务。这些任务极具多样性，目标覆盖地球轨道、月球轨道及火星轨道。

展 望 篇

第 14 章　前景——高超声速

14.1　概述

重复使用高超声速飞行器兼有航天器与航空器的优点，融合了人类诸多航空航天的前沿技术，是未来飞行器的一个重要发展方向。1938 年，奥地利科学家欧根·桑格尔首次提出临近空间助推高超声速飞行器研究方案，并于 1944 年发表了长篇研究报告《火箭助推远程轰炸机》，设计了第一种理想化的高超声速飞行器方案，即“银鸟”助推环球轰炸机模型。“银鸟”是一个极具想象力、影响力的设计方案，深刻地影响了美、苏等国家的高超声速技术的发展。第二次世界大战后，欧根·桑格尔的《火箭助推远程轰炸机》报告被多国翻译，并引起了美、苏等超级大国的浓厚兴趣，争相对“银鸟”方案进行研究与分析，揭开了人类高超声速技术研究序幕。

美国是世界上最早研发高超声速飞行器的国家。根据经典高超声速高温气体动力学教科书和美国国家研究理事会（National Research Council，NRC）对美国空军高超声速规划的评估报告，通常定义气体流动速度马赫数大于 5 即为高超声速，以马赫数大于 5 的速度飞行的飞行器称为高超声速飞行器。此时，飞行器周围流场呈现出高超声速气体动力学所具有的特性，即薄激波层、黏性干扰、熵层、高温效应和低密度效应等。20 世纪 50/60 年代远程弹道导弹的出现、载人飞船的成功返回，以及 X－15 试验机飞行速度超过马赫数 6 等事件，标志着人类开始进入高超声速时代。

1995 年在国家空天飞机计划（NASP）之后，美国并没有停止对超燃冲压发动机的研究，也没有放弃研制重复使用航天运输系统，而是在总结国家空天飞机计划失败经验教训的基础上，对发展和应用高超声速技术采取了更为稳妥的循序渐进策略。为弥补超燃冲压发动机技术短板，美国相继开展了 X－43A、X－51A 等计划，分别实现了马赫数 7～10 氢燃料、马赫数 5.1 碳/氢燃料的超燃冲压发动机有动力飞行。根据需求和技术可行性的分析，按照近期、中期和远期应用目标，确定了“高超声速导弹、高超声速巡航飞行器、空天飞行器”的“三步走”技术路线（图 14－1）。

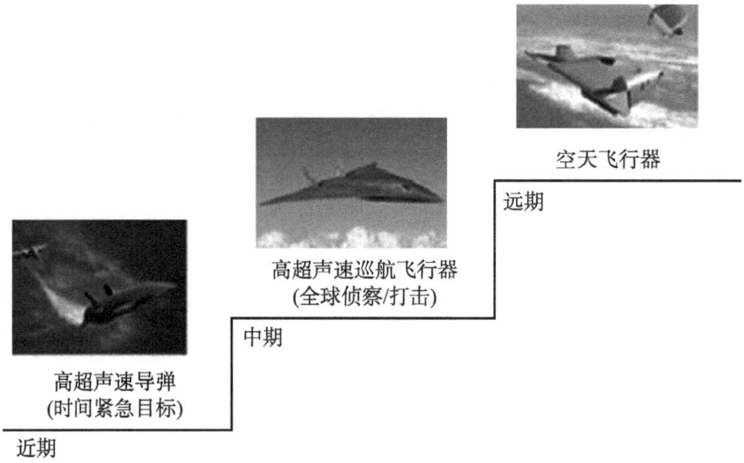

图 14－1　美国高超声速飞行器“三步走”技术路线图

美国的“三步走”战略目标，证明了组合动力技术的发展路线基本形成。继超燃冲压发动机技术、高超声速飞行动力技术之后，涡轮基冲压组合发动机研发项目更迭有序，工程化特征不断显现。其他组合方式也在探索之中，如 2011 年航空喷气发动机公司披露的火箭、涡轮、冲压三组合发动机（Trijet），即通过涡轮、火箭发动机增强引射冲压发动机及“亚燃-超燃”双模态超燃冲压发动机的有机整合，实现从静止到马赫数 7 以上的无缝衔接。但是，在空天飞行方面非常有优势的火箭基冲压组合发动机（RBCC），则更多地转向软性研究（如仿真、优化等），而无重要试验研究成果。

1997 年，美国国家航空航天局启动了高超声速试验飞行器（Hypersonic X－Vehicle，简称 Hyper－X）计划，重点围绕吸气式发动机技术，特别是超燃冲压发动机技术开展研究。该技术发展原计划在高超声速飞行器的高超声速动力技术、高超声速气动力学方面能够有所突破。这些关键技术的发展为未来各种可能的应用打下基础，比如全球作战军用飞机，或者两级入轨航天运输系统的第一级。

Hyper－X 计划包括 X－43、X－51A 等项目。其中 X－43 飞行器属于吸气式超燃冲压验证机，由波音公司研发。2004 年 11 月 16 日，美国第一次成功试射 X－43 高超声速验证飞行器，实现了马赫数 7～10 氢燃料、马赫数 5.1 碳/氢燃料的超燃冲压发动机有动力飞行，创造了马赫数 9.7 的人造飞行器最快速度纪录，并获得了吉尼斯世界纪录认证。然而，美国空军当时并未考虑在 X－43 基础上继续研发实用型的高超声速导弹，因为他们还拥有在技术层面上更先进的产品。

在 Hyper－X 计划开展的同时，2003 年，美国国家航空航天局就发布了综合航天运输计划（ISTP），其中包含先进航天运输计划（ASTP），而高超声速投资领域是美国先进航天运输计划（ASTP）的一部分，关注的焦点是未来航天运输技术。先进航天运输计划包括两个主要领域，即动力和结构方面开发第三代航天运输技术。该计划的主要投资方向是高超声速吸气式动力技术，因为它最具有满足第三代重复使用航天运输系统要求的潜力。先进航天运输计划在三个关键推进领域，即超燃冲压发动机、火箭基冲压组合发动机和涡轮基冲压组合发动机方面使技术成熟化。同一时期，美国空军和美国国防部高级研究计划局还先后开展了快速响应与经济适用型发射（RASCAL）系统研制计划、“猎鹰”（FALCON）计划及“战神”（ARES）计划。其中，快速响应与经济适用型发射计划与“战神”计划由于经费等因素已下马或暂停。“猎鹰”计划则继续进行。

2004年以前，美国国家航空航天局一直与美国空军合作开展重复使用航天运输系统的研制活动。但2004年以后，美国国家航空航天局与空军开始“分道扬镳”，各自独立进行相关研究。美国国家航空航天局重点研制“乘员探索飞行器”（CEV），而美国空军则着重发展“空间作战飞行器”（SOV）和“空间机动飞行器”（SMV）。2004年1月15日，美国总统布什宣布了“太空探索新构想”，称美国要实现探索太空的三个新目标：一是在2010年前完成国际空间站的建设；二是在2008年前研制和试验“乘员探索飞行器”，并在2014年前完成首次载人任务；三是在2020年前重返月球，作为更长远太空探索计划的跳板。

为了响应这一构想，美国国家航空航天局于2004年1月15日宣布对其管理机构进行部分重组，设立了探测系统办公室，负责“乘员探索飞行器”以及新型动力技术等项目的研究和开发工作，并将航空与航天技术的管理分离。2004年8月，美国国防高级研究计划局和美国空军授予洛马公司航天系统分部价值836万美元的合同。在该合同的指导下，洛马公司航天系统分部、洛马公司导弹和火控系统分部、航空喷气公司和联合技术系统公司GASL分部合作开展了“猎鹰”计划第二阶段“高超声速武器系统”样机的研制工作。

此外，美国国家航空航天局还调整了部分航天项目以适应新预算，其中涉及重复使用飞行器的内容包括：逐步停止或转移轨道空间飞机（OSP）计划、下一代发射技术（NGLT）计划和开发重复使用航天运输系统技术计划的资金；为“乘员探索飞行器”项目提供4.28亿美元的经费；取消RS-84重复使用火箭发动机和X-43C高超声速飞行验证两个研究项目；推迟X-37轨道飞行器的研制项目。

14.2 国家航天运输倡议

国家航天运输倡议（NAI）是美国国防部与美国国家航空航天局的联合项目，能够有效地综合航空与航天技术，以提供先进的打击、航天发射与持续的情报、监视与侦察能力。国家航天运输倡议技术开发重点体现在三个相互协同的计划：超声速/高超声速（HSH）计划、空间进入（SA）计划与空间技术（ST）计划（图 14-2）。其中，超声速/高超声速（HSH）计划包括一次性系统，重复使用的远程打击/侦察系统，以及吸气式两级入轨系统。国家航天运输倡议确定了计划中的关键部件与系统/分系统目标，提出了一系列关键技术，包括高速涡轮发动机、超燃冲压发动机、先进空气动力学、热防护系统、组合动力、机体与动力系统一体化，以及高温材料等技术。最终，国家航天运输倡议确立了机体和动力系统成为研制主线与关键。

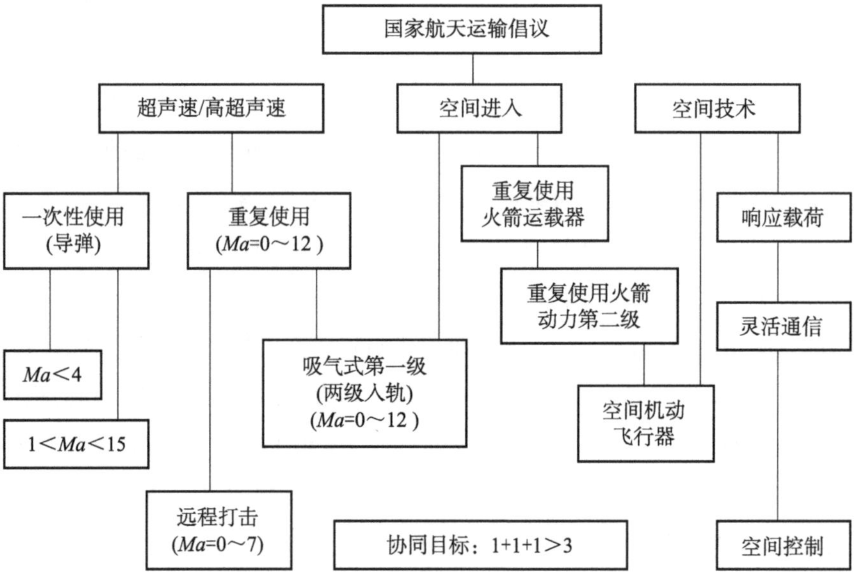

图 14-2　美国国家航天运输倡议技术开发

2001 年秋，国家航天运输倡议启动技术开发途径程序。随后 3 年，美国国防部和美国国家航空航天局多次修订目标和目的，确定关键技术的路线图。2004 年，美国国家研究委员会（NRC）发表了其对国家航天运输倡议的评估，认为国家航天运输倡议有助于美国国防部和美国国家航空航天局为未来军事系统及航天发射提供技术。国家航天运输倡议进行了大量的开发与验证项目。尽管每个项目都有各自具体的目标，但这些项目把焦点都集中在超声速/高超声速技术开发的第一阶段，对于快速全球打击与重复使用航天运输系统的最终开发，也能起到非常重要的基础作用。超声速/高超声速技术研发路径如图 14-3 所示。

2003 年，美国提出了解决第三代航天运输系统的路线图（图 14-4）。这一路线图的设计目标是在 2017 年前完成技术开发，从而可在 2025 年前研制出具有初步使用能力的崭新第三代吸气式重复使用航天运输系统。这一重点技术开发和验证计划具有三条分支路线：飞行器系统的概念研究、增量式的地面和飞行验证、重点技术的开发。该路线的关键部分是“大比例重复使用验证器”。

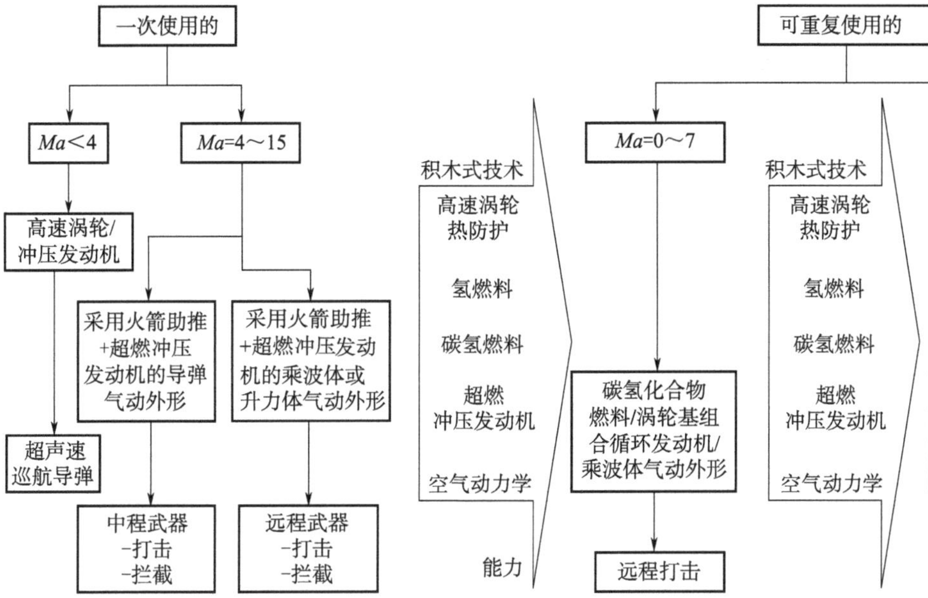

图 14－3　国家航天运输倡议超声速/高超声速技术开发途径

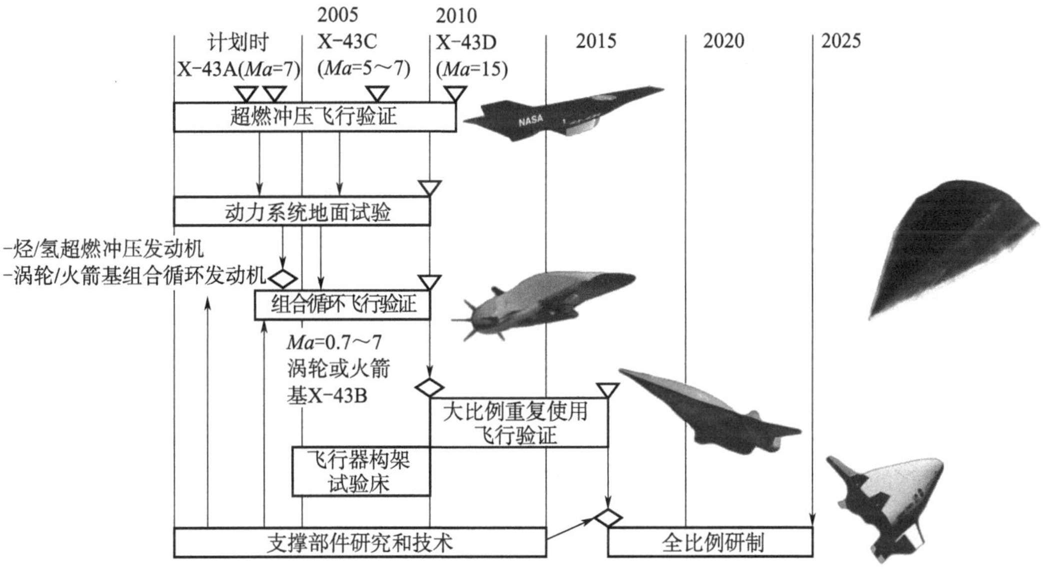

图 14－4　高超声投资领域路线图

第三代重复使用航天运输系统的技术领域包括：超燃冲压推进，高马赫涡轮推进，火箭基冲压组合发动机推进，涡轮基冲压组合发动机推进，长寿命、轻质、有效的结构，轻质的推进部件，易操作系统等。第三代重复使用航天运输系统验证项目包括：X－43A 项目，X－43B 项目，X－43C 项目，X－43D 项目，以及大比例重复使用验证器项目。其中，推进技术集中在两个主要的领域：火箭基冲压组合发动机和涡轮基冲压组合发动机。推进技术包括三个主要项目：吸气式火箭一体化系统试验（ISTAR）项目，革新涡轮加速器（RTA）项目，推进研究与发展（PR&D）项目。

其中，吸气式火箭一体化系统试验项目于2002年9月完成了系统要求评定，具体分两个阶段实现。第一阶段是方案定义和项目表述。第二阶段将实现该项目的设计、制造和地面试验活动部分。吸气式火箭一体化系统试验项目的目标是，通过建立一个火箭基冲压组合发动机系统，在火箭基冲压组合发动机推进开发领域，研制一个自带动力的验证飞行器X-43B，采用空中发射，从亚声速一直加速到高超声速，然后由冲压发动机接替工作，进行组合动力输出。虽然20世纪50年代，火箭与喷气组合动力发动机取得了一定成果[国家空天飞机（NASP）和先进重复使用技术（ART）项目]，但超燃冲压发动机的研究工作进展不大。

革新涡轮加速器项目的目标是以分阶段的方式，为进入空间研制一个涡轮基组合动力系统。以当时技术水平的涡轮系统只能将飞机和导弹推进到马赫数3的速度。革新涡轮加速器项目寻求提高技术发展水平，至2010年使马赫数增加25%，推重比（T/W）增大250%，部件寿命提高2倍。至2015年此项目寻求研制出高马赫数涡轮推进系统，使马赫数增加35%，推重比增大375%，关键部件寿命提高4倍。革新涡轮加速器项目也涉及研制高效“亚燃-超燃”双模超燃冲压发动机的平行计划。此项计划将提供一台用于与涡轮发动机集成的超燃冲压发动机，作为X-43C（高超声速技术）发动机的小增量改进，允许涡轮发动机限于全额与降额状态工作，飞行速度降至马赫数3.5～4.2。此外，革新涡轮加速器项目提供了X-43B飞行验证器用于高马赫数飞行验证机会，即涡轮加速器与超燃冲压发动机的组合飞行验证，然后超燃冲压发动机在马赫数4时接替工作。对于X-43B飞行验证器而言，涡轮加速器和超燃冲压发动机在热动力学上彼此独立。X-43B飞行验证器用于研究低速与高速系统之间的转换，以及关键的推进系统/机体结构一体化问题。

推进研究与发展项目的目标是，开发那些能够研制出像今天的民用航空运输一样，低成本安全运行的第三代高超声速重复使用航天运输系统所需的推进技术，主要是能够研发出推进材料技术和核心部件。而这些材料技术和部件能够用于飞行器的高推重比推进系统。该推进系统在本质上是可操作和耐久的，而为满足简单化维护要求，需开发推进系统配套的健康监控系统。推进研究与发展项目重点放在与大型飞行器及吸气式有关的推进技术上。推进技术开发分为基础技术和关键部件两个领域。

14.3 关键技术

高超声速飞行器具有低成本、高可靠性的技术特征，能够满足未来廉价、自由进出空间的发展需求，发展潜力巨大，但其研制也面临巨大的技术挑战。“宽域”是“宽空域、宽速域、多点优化”的简略说法，指的是飞行器本身除了能够在其任务主要设计工况（例如巡航飞行）下有良好飞行性能之外，还能够在较宽的飞行速度、飞行高度范围内（如加速、起飞/降落），满足其升力、阻力、操纵性与稳定性以及能量机动飞行要求。现有高超声速飞行器，无论是作为滑翔飞行器、巡航飞行器，还是未来作为空天作战飞机、空天往返飞行器和洲际飞行的高超声速飞机，都无一例外地面临着飞行末段较低马赫数飞行的问题。

空天飞行器面临大空域（稠密大气层、稀薄大气空间和外层空间）、宽速域（马赫数0～28）的飞行环境，使其飞行任务剖面（水平起飞、高超声速飞行、加速入轨、离轨再入、返场着陆）十分复杂，具有宽域高速、高气动加热的特征，严酷复杂的应用环境也使高超声速巡航飞行器面临诸多基础科学问题。因此，美国曾要求在 2025 年之前研制并试验马赫数达到 10 的高超声速飞行器项目停止研发，转而重点继续论证和研制两级入轨完全重复使用运载器。两级入轨完全重复使用运载器的第一级为可返回空间操作飞行器（SOV），第二级为能入轨并返回的空间机动飞行器（SMV）。

对于可在临近空间高性能飞行并重复使用的飞行器，美国进行了大量的资金投入，在 2010 年后投入强度更大，多次启动高超声速重复使用飞行器的重大科研项目，并预计在 2025 年前后实现首飞，2035 年左右形成新型号。然而，由于组合动力面临跨声速阻力和高超声速推力陷阱、动力模态转换困难、热力循环效率低、结构热防护与轻量化矛盾、可靠性、多任务适应与多点优化设计等众多技术挑战，目前组合动力宽域飞行器仍处于研究论证阶段。2022 年，美国赫尔墨斯公司新设计的发动机完成了一项重大试验，加速了其重复使用高超声速飞机的研制进程。该公司的“奇美拉”组合动力发动机在印第安纳州的圣母大学涡轮机械实验室进行了一系列试验，成功实现从涡轮喷气发动机到冲压吸气发动机的模态转换。该公司是首家完成这类试验的商业公司。

（1）宽域高超声速流动与燃烧问题

随着飞行速度的增加，粘性系数增加（例如马赫数 12 时的粘性系数可达马赫数 6 时的 2 倍），导致附面层增厚。在高超声速飞行时粘性效应将增强到足以支配整个内流场，传统的边界层分析方法和控制理论已不再适用。高超声速飞行时气流总温约达到5 000 ℃（马赫数 6 为 1 380 ℃），热化学非平衡效应使空气振动温度与平动温度偏离达 50%，传统的超燃冲压发动机化学反应速率计算模型也不再适用。在高超声速流动中，分子的平动/转动温度与振动温度显著偏离、高温气流离解电离与燃烧反应动力学耦合现象均需要在流动机理和化学反应机理上的新突破，才能有效解决高温条件下边界层转捩流动、化学非平衡流动、超声速高效稳定燃烧等问题。

（2）真实气体效应问题

当飞行马赫数大于 8 时将出现高温气体效应，此时出现的气流离解电离、化学非平衡效应、表面催化等现象使气动力和热性能与理想气体预测产生较大差异，高温气体效应及化学非平衡流动将影响气动力和热性能的精准预测。同时，在稀薄大气空间，常规气动性能预测的连续流假设将不再适用。因此，需要研究针对高温气体效应的反应机理和针对稀薄气体效应的流动机理。

（3）多种热力循环模态转换与匹配问题

空天飞行需要历经低声速、亚声速、跨声速、超声速和高超声速飞行阶段，而冲压发动机无法零速启动，需要与其他发动机组合才能实现空天飞行器的全域飞行。宽域工作的组合发动机性能高度耦合且相互干扰，单一几何不可调流道难以满足以冲压发动机为基础的组合发动机全域高性能需求，因此，需要对进气道和尾喷管进行流道调节。空天飞行器的飞行马赫数越宽，发动机流道调节范围越大，组合发动机设计难度也越大。为实现飞行器总体性能的提升和发动机的高效稳定燃烧，需要研究宽域工作组合发动机的应用优化策略、解决不同模态转换与匹配问题，上述问题又与宽域流道调节问题高度耦合，因此设计和实现的难度更大。为此，有必要针对不同组合动力形式开展组合循环优化、模态转换失稳控制机理、多流道变构型设计的研究。

（4）超高温作用下材料和结构热防护与失效问题

高超声速飞行时间长，机体结构温度最高达 3 000 ℃以上，噪声振动等交变载荷量级大，结构蠕变和热机械疲劳问题突出，严重影响热结构完整性及重复使用能力。现有的结构和热防护材料在如此高温条件下易被氧化，甚至出现烧蚀现象。因此需要开展材料超高温抗氧化、耐高温轻量化结构设计、高效主动与被动热防护、高效热疏导等技术研究。

（5）宽域高动态强耦合飞行控制问题

高超声速飞行过程中有高温气体效应、稀薄气体效应、边界层流动转捩等特有过程，动力学耦合关系复杂；高超声速再入飞行走廊对重复使用升力体式空天飞行器气动外形设计、机体结构/热防护设计、轨迹/制导/姿态一体化设计影响较大；飞行末端的能量管理技术对飞行器的减速控制技术也提出了较高的要求。因此开展空天飞行器高动态强耦合机体/动力/结构/热/控制一体化建模理论研究，重塑飞行器飞行动力学与控制设计方法体系，支撑高超声速飞行器宽域、高效机动飞行具有十分重要的意义。

14.4 验证项目

为了验证先进航天运输计划（ASTP）中的高超声速飞行技术，美国研制了一系列的验证器。这些验证器主要验证动力技术而非具体方案，包括未来实用型高超声速飞行器开发所需的计算工具和地面试验方法。总的计划是提供决策依据和“驶出坡道”的增量模块建造方式，以允许开发和验证成本可控的技术。虽然先进航天运输计划是建立在空天飞机等超声速飞行器和美国空军超燃冲压喷气发动机技术计划的基础之上的，但这些技术将超出“冒险之星”/X-33/X-34 等验证器之外，使飞行包线扩大到更低和更高马赫数，还要验证采用预冷却发动机系统，寻求更长工作时间和更大机动飞行能力的技术途径，使研究目标转向较为实际的飞行环境。

高超声速飞行器以速度快、航程远、很难被敌方拦截、作战响应时间短等独特优势被西方军事专家称为“继螺旋桨、喷气发动机之后，人类航空史上的第三次革命性成果”，目前包括高超声速导弹、高超声速飞机和空天飞机等。现有的高超声速飞行器主要分为两类，按采用的动力装置不同，可将高超声速飞行器分为吸气式超燃冲压型和火箭推进型两类。早期的高超声速飞行器，如 X-15，X-20 都是以火箭发动机为动力的。吸气式超燃冲压型飞行器是以超燃冲压发动机为动力，采用机体/发动机一体化结构。从目前的研究情况来看，吸气式超燃冲压型飞行器已经被广泛接受，并已成为研究的重点，如 X-43A、X-51A、空天飞机都属于这一类型。

火箭推进型高超声速飞行器，也称为“助推滑翔型”（简称“滑翔型”）高超声速飞行器，是高超声巡航飞行器的发展方向。这类飞行器通常由助推器和滑翔器两部分组成，助推器通常为火箭发动机，在加速到一定速度和高度后，助推器分离，之后会释放无动力的滑翔器，滑翔器内置制导系统、姿态和弹道控制装置，以及战斗部。这类飞行器的射程和助推器的最大速度相关，最大速度越高，射程越远。例如，美国国防高级研究计划局曾于 2010 年至 2011 年试飞的由洛马公司研发的“猎鹰”计划 HTV-2 滑翔器①，就曾达到过马赫数 20 的飞行速度，这种滑翔器具备洲际打击能力，美军原计划用其在 2 h 内打击 1.6 万 km 外的目标。

---

① 2003 年 7 月 29 日，美军联合项目办公室招标提出“猎鹰”计划，谋求对全球实施快速常规打击、同时探索快速进入空间的计划，兼具快速反应航天发射（ORS）和快速全球打击（PGS）双重任务。“猎鹰”计划的近期目标是，2010 年前使用一次性低成本、快速发射的小型运载火箭（SLV），把称为通用气动飞行器（CAV）或增强型（ECAV）的无动力滑翔机动飞行器发射到亚轨道，然后 CAV 再入大气层进行机动飞行，对全球范围内的目标进行精确打击。通用气动飞行器是一种高超声速再入机动滑翔飞行器，实质上是一种通用的弹药布撒平台，自身不带动力，可用多种发射工具（弹道导弹、运载火箭、高超声速巡航飞行器、亚轨道空间运输飞行器等）发射。远期目标是 2025 年前开发一种重复使用的高超声速巡航飞行器（HCV），HCV 像普通飞机一样从跑道上起飞，由动力系统加速到马赫数 10～12，到达所需位置释放出携带的多种有效载荷（如 CAV、巡航导弹等），对全球范围内的多个分散的目标实施精确打击。2004 年 7 月 20 日，众参两院国防拨款委员会举行会议，最终同意为 CAV 项目拨款 2911 万美元（预算申请为 4 661 万美元）。会议注意到没有安全保证措施确保其他核大国不会曲解“猎鹰”计划的意图，因此规定所提供的拨款只能用于非武器的相关研究，比如小卫星发射等。“猎鹰”项目办公室根据上述决定，立即对原始计划和进度做出了调整，取消了与武器相关的飞行试验，原打算用现有助推火箭发射携带模拟钻地弹头的 CAV 计划被取消。有些工作的名称也作了相应的改变。阶段一和阶段二中的“任务 2-高超声速武器系统（HWS）”，更名为“任务 2-高超声速技术飞行器（HTV）”；CAV 更名为 HTV-1；ECAV 更名为 HTV-2；HCV 验证机更名为 HTV-3；阶段三武器系统验证更名为 HTV 系统验证。

吸气式超燃冲压型高超声速飞行器先由助推器将其加速到一定速度和高度后助推器分离，飞行器再启动超燃冲压发动机以高超声速飞行。由于这类飞行器需要解决超燃冲压发动机的技术问题，研发难度要高于“滑翔型”高超声速飞行器，但由于这类飞行器采用一体化设计，尺寸要小于“滑翔型”高超声速飞行器，更适合战斗机和轰炸机挂载，是未来高超声速飞行器的理想发展方向，也是美国空军发展空天飞机的目标方向。超燃冲压发动机技术是吸气式超燃冲压型高超声速飞行器研制的关键核心技术，它的应用扩展了飞行器的飞行包线，使得飞行器在大气层内能够以更快的速度飞行。从理论上分析，氢燃料超燃冲压发动机的极限马赫数为 12～16，碳氢燃料超燃冲压发动机的极限马赫数为 9～10。

2003 年 6 月，美国空军和国防部高级研究计划局制定了高超声速远程机动滑翔飞行器“猎鹰”计划，对采用乘波体布局且机身上无任何凸出安定面的高升阻比构型 HTV-2 开展了两次试飞。2010 年 4 月 22 日在范登堡空军基地进行了首次发射，原计划滑翔飞行 7 700 km，最高速度达到马赫数 20，但在发射 9 min 后与遥测站失去联系，原因是此次飞行试验的末段，HTV-2 出现了严重的不可控滚转。第二次飞行试验在 2011 年 11 月 8 日进行，在飞行试验进行到 30 min，以马赫数 20 滑翔飞行 9 min 后，再次与地面失去联系。事后调查认为，由于遭受强烈的气动加热作用，飞行器表面部分防热层不断脱落，形成了强烈的激波，进而导致滚转失控，增强后的控制系统起初控制住了激波诱导的滚转，但最后还是超出了控制范围。尽管 HTV-2 的两次试飞均告失败，但还是取得了很大的成绩，获取了宝贵的试验数据，并使研究人员认识到高超声速飞行环境比当前任何一种飞航式武器或平台的使用环境都更为恶劣，安全可靠且高效率的结构热防护、控制、气动设计等技术是高超声速飞行器不可或缺的部分。

虽然吸气式超燃冲压型飞行器在军民应用领域具有广阔的前景，但是由于超燃冲压发动机研制技术难度大，特别是超燃冲压发动机和机体一体化、热保护、吸热型碳氢燃料、高超声速地面模拟和飞行试验方面都面临着巨大的挑战，导致能够满足实际应用要求的吸气式冲压型高超声速飞行器到目前都使用受限。超燃冲压发动机技术与火箭发动机、涡轮喷气发动机技术相结合，使得采用超燃冲压发动机的飞行器能够完成从低速到高速的全包线飞行，从而更具有实际应用价值。

按照入轨方式的不同，高超声速飞行器的飞行方案大致可分为单级入轨和两级入轨。单级入轨的高超声速飞行器飞行跨越亚声速、近声速、超声速、高超声速，在不同的飞行阶段，动力系统所采用的发动机是不一样的。两级入轨的高超声速飞行器由于借助了火箭的推力作用，直接加速到高超声速，在高超声速条件下，采用超燃冲压发动机作为动力系统。但是，对于两级入轨的高超声速飞行器而言，由于在低速阶段采用了火箭的助推作用，当达到高超声速时，还需考虑运载火箭和高超声速飞行器的分离问题。

目前的分离方式有前推式、背负式等。前推式分离是利用分离机构将高超声速飞行器向前推，以达到两者分离的目的，如 X-43A 采用了前推式分离方式。背负式分离是利用自身重力的作用，使两者自然分离。该方式将高超声速飞行器放置在运载火箭的背部，分离前两者沿抛物线运动，其载荷因子近似为零，分离过程中高超声速飞行器迎角不断增大，偏离原抛物线轨迹运动，而运载火箭则继续沿抛物线飞行，这样在短时间内两者间的距离将迅速拉大，达到自然分离的效果。目前，俄罗斯等国家正在对高超声速飞行器背负式分离过程进行探索和研究。

14.4.1 X-43A

在 20 世纪 90 年代后期，美国国家航空航天局启动了一个缩比超燃冲压发动机飞行试验X-43 项目，其目的是演示验证马赫数在 7 和 10 时的氢燃料超燃冲压发动机。X-43 飞行器有一系列型号，包括 X-43A、X-43B、X-43C、X-43D，由美国国家航空航天局德莱顿飞行研究中心（DFRC）秘密研制。X-43 系列飞行器全机身长达 3.65 m，重 1.2 t，外形像一个漂亮的冲浪板（图 14-5），全部的研发资金高达 2.3 亿美元。X-43 飞行器从空中发射，由改型的“飞马座”火箭将其加速到超燃冲压发动机工作所需的速度。

图 14-5 X-43 飞行器概念示意图

X-43 系列高超声速飞行器是高超声速无人驾驶飞行器，自 1996 年以来一直在研究相关技术，包括高超声速试验飞行器计划（Hyper-X）下“亚燃-超燃”双模态超燃冲压发动机、一体化设计与结构（包括防热结构和材料）、重复使用技术。1996 年，X-43A 雏形诞生；1999 年，研制出 X-43A 飞行模拟器；2000 年，X-43A 进行地面试验；2001 年，首次试飞失败；2004 年，第二次与第三次试飞成功。X-43A 最初的设计速度就是马赫数 10，据推测 X-43D 型时速可达马赫数 15，由美国东岸飞至西岸只需 0.5 h，环绕地球飞行一圈仅需 3 h。

（1）第 1 次试飞

2001 年 6 月 2 日下午 3 时 30 分，一架 B-52 轰炸机从加利福尼亚州爱德华空军基地升空向西飞去。两架配备了高清晰度摄像机的 F-18 战斗机在两侧飞行监测，以便让守在基地的专家们及时掌握试验情况。

B-52 很快就飞到预定地点上空，气象条件完全适合飞行试验。基地向飞行员下达了发射“飞马座”火箭的命令。然而，意外发生了。基地的显示器清楚地表明，火箭运行失常，刚一脱离 B-52，就发生了轨道偏转。

一个严峻的问题摆在了美国国家航空航天局专家们面前：是让火箭继续飞行还是摧毁它？如果摧毁它，这架 X-43A 原型机也将粉身碎骨，1.8 亿多美元的试验费用打了水漂；如果不摧毁，后果更加不堪设想，一旦 X-43A 原型机失去控制，可能引发其他事故。

美国国家航空航天局的专家果断决定，引爆火箭和 X-43A 原型机。这样，在火箭与 X-43A 预定的分离时间前数分钟，地面控制人员不得不启动了爆炸装置。“飞马座”火箭和 X-43A 顿时化作了一个巨大的火球，碎片四散，纷纷落向太平洋。让美国国家航空航天局寄予厚望的 X-43A 首飞便这样永远地定格在 2001 年 6 月 2 日。

（2）第 2 次试飞

2004 年 3 月 27 日，当时试飞的第二架 X-43A 原型机在脱离“飞马座”火箭后，在约 28 000 m 的高空中以自身的动力飞行了 11 s，到达约马赫数 7 的高速，然后再进入滑翔直至落入美国西海岸外的太平洋中。这项纪录事后也获得吉尼斯世界纪录的认证，认证书上说明着 X-43A 在一持续了 11 s 的飞行中达到马赫数 6.8316 的速度，是当时世界上最快的吸气式超燃冲压型高超声速飞行器。

（3）第 3 次试飞

X-43A 第三次也是最后一次的飞行，在 2004 年 11 月 16 日进行，由加利福尼亚州爱德华兹空军基地起飞的 B-52B 携带着“飞马座”火箭与 X-43A 升空后，在 12 000 m 的高空中点燃火箭，火箭将 X-43A 推到能够启动超燃冲压发动机的高度与速度。X-43A 最后在短暂的冲刺之后以接近马赫数 9.8（约 11 200 km/h）的超高速飞行，飞到离地表 35 km 的高空。

X-43A 是一项高风险高回报研究项目。该型飞行器设计以马赫数 7～10 飞行，使用新型的超燃冲压式发动机来取代原始的火箭推动，使人类更加接近更快更经济太空飞行目标。这次短暂辉煌的 10 s 飞行，不仅见证了一个新的世界纪录诞生，标志着人类飞行器制造和设计进入了一个新纪元，甚至有美国科学家称 X-43A 的试飞成功是“莱特兄弟首次飞行以来航空技术的最重大的突破”。

14.4.2 X-43C

美国国家航空航天局原计划在 2003—2005 年完成 X-43C 的设计与建造，并于 2007 年进行飞行试验。在 X-43A 第二次飞行试验的前几天，即 2004 年 3 月 19 日，美国国家航空航天局以与新太空政策关系不大为由，取消了 X-43C 计划。计划取消时，该项目已进入了概念设计阶段，其地面验证发动机已于 2003 年 7 月成功进行了地面试验。2005 年 6 月，在美国国会的大力支持下美国国家航空航天局重新恢复了 X-43C 项目的研究。恢复的 X-43C 项目将原来碳氢燃料超燃冲压发动机试验内容改为试验涡轮发动机和碳氢燃料超燃冲压发动机的组合动力装置。

X-43C 利用了美国国家航空航天局的高超声速计划（Hyper-X）和空军“高超声速技术”（HyTech）中所开发的技术。X-43C 发动机设计是建立在美国空军“高超声速技术”的基础之上。“高超声速技术”中研制的发动机于 2002 年 7 月进入试验阶段，该发动机是一个单模（一个流路）、固定几何外形的发动机，能为 X-43C 发动机的研制提供结构认证、性能测量和降低风险等方面的技术支持。X-43C 利用冷却超燃冲压发动机后的碳氢燃料来推进。采用碳氢燃料比采用氢燃料可以显著延长有动力工作时间。利用美国空军“高超声速技术”，发动机舱改进为三舱结构。飞行器被助推至马赫数 5，此刻启动 X-43C 发动机使飞行器加速至马赫数 7，有动力飞行工作时间约为 5 min，验证动力系统性能、“亚燃-超燃”双模态超燃冲压工作状态、连续地飞行机动能力，以及扩大的飞行包线。相对于美国国家航空航天局的高超声速计划 X-43A 而言，X-43C 的发动机增加长度部分原因是碳氢燃料燃烧需要较长的发动机，也就要求深度更大、容积效率更高的空间，以便携带所需的燃料。与 X-43A 相比，X-43C 的发动机更宽，目的是提供强加速所需的更大的空气俘获能力和更高的推力。

14.4.3 X-43B

X-43B 是火箭基冲压组合发动机飞行验证器，其目的是验证吸气式火箭一体化系统试验（ISTAR）项目和革新涡轮加速器（RTA）项目。为了保持飞行器小尺寸，它采用空中发射并使用碳氢燃料。而为了验证由亚声速飞行到完全超燃冲压的所有推进模式，该飞行器要比X-43C 大一些，使其能够足以依靠组合动力从马赫数 0.7 加速到马赫数 7。X-43B 也是第一个完全重复使用的高超声速验证器，可探索飞行包线、飞行时序，并验证系统耐久性。X-43B 验证器将像杠杆一样撬动前面验证项目中所开发的技术。X-43B 的第一次飞行试验于 2010 年进行，验证了整个超燃冲压工作阶段的全部模式转换，并帮助建立吸气式超燃冲压发动机高超声速飞行器的工作程序和成本模型。

X-43B 采用革新涡轮加速器项目的涡轮喷气设计，配置可变几何外形超燃冲压发动机。它保持了 X-43C 那样的吸气式飞行器的外形，可以装配直径 0.1～0.48 m、长度 1.7 m 的革新涡轮加速器项目的喷气发动机。进气道、扩散器和喷管拥有相当大的容积，涡轮的安装也适于空军“高超声速技术”中“亚燃-超燃”双模超燃冲压发动机。

14.4.4 X－43D

X－43D是高超声速（马赫数15）氢燃料验证器。在研制一个近全比例验证（LSRD）飞行器之前，这是一个降低风险的途径。X－43D属于概念设想，但是对该飞行器的某些技术正在开展研究。第一个主要技术是能够以马赫数15加速的超燃冲压发动机。为了保持飞行器尺寸的合理性和项目成本的降低，验证是从马赫数15的初始速度开始的，而且在短时间内（至少30 s至几分钟）即可达到，这一要求需要两级“和平卫士”助推器。

在上述验证机的基础上，最终将研制完全比例重复使用验证器，要具有与2025年实用飞行器同样的结构体系，单级入轨或两级入轨，垂起平降或平起平降，尺寸适合在所有吸气式推进速度范围工作。此外，如果选择单级入轨方案，那么该飞行器可能包括最终的火箭模式，而且有足够的推进剂来进行火箭模式的转换。

14.4.5 X－51A

回顾美国研制高超声速巡航飞行器发展道路（图14－6），从军兵种独立研制到国防部联合研制；从海军高超声速计划（HyFly）和空军X－51A计划齐头并进，到海军高超声速飞行器研制，再到该计划暂时停滞，最终成就了X－51A的一枝独秀。

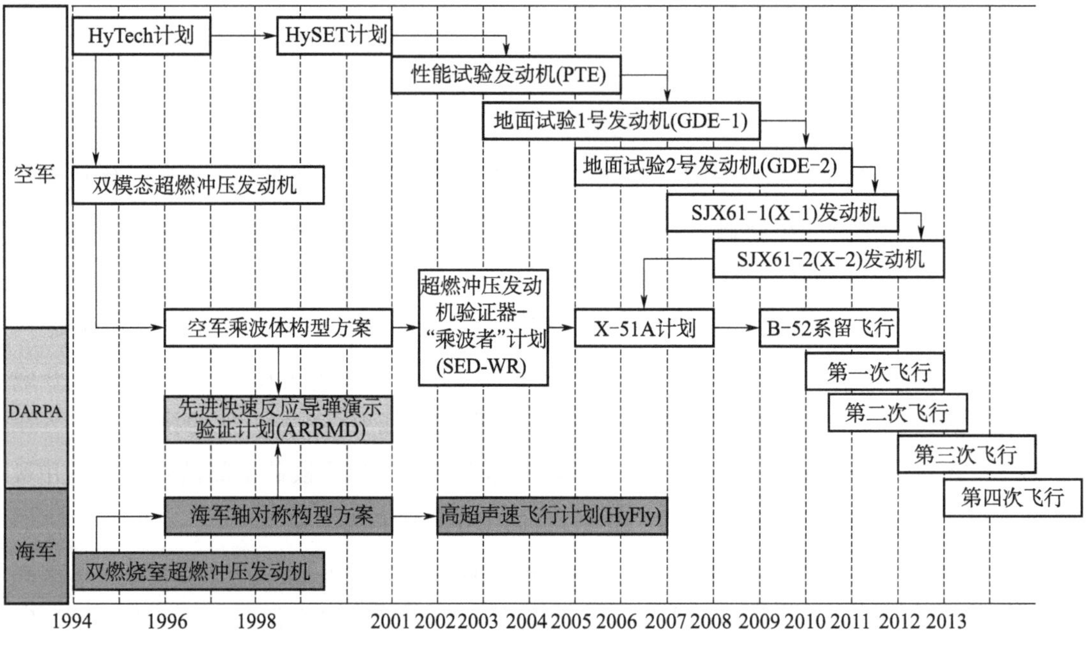

图14－6 超燃冲压发动机验证机“乘波者”计划演变路线图

早在1994年，国家空天飞机计划（NASP）正式终止前，美国空军就提出了高超声速系统技术计划（HySTP），以继承国家空天飞机计划取得的高超声速技术，并进一步促进高超声速技术的发展。但高超声速系统技术计划（HySTP）于 1995 年 2 月 27 日被美国空军停止了，转而投资一些目的性更加明确的高超声速技术计划，特别是以突破高超声速巡航导弹所需的关键技术为目标的计划。例如，美国国家航空航天局的高超声速飞行器（Hyper - X）计划，海军的“神剑”导弹（Excalibur）计划和“高速打击导弹（HiSSM）”计划，空军的“高超声速技术”（HyTech）计划和“快速霍克”（Fast Hawk）计划等。这些计划的开展一方面推进了单级入轨吸气式发动机技术的发展，另一方面又可以转化超燃冲压发动机研究的中间成果，加快高超声速导弹、高超声速飞机的研制。

美国海军原计划在 21 世纪初用高超声速巡航导弹替代目前在役的“战斧”巡航导弹，而美国空军则希望能够拥有高超声速作战飞机，作为未来空军作战的主要进攻平台，这种高超声速飞机能够在 2 h 内到达世界上任何热点地区，执行各项军事任务，在实时侦察、远程快速部署和精确打击方面具有明显的军事价值，通过使用高超声速飞机可以确保美国空军“前沿存在”和“全球作战”的战略目标。

1995 年，美国国家空天飞机计划因过于超前而被取消后，美国空军提出了自己的“高超声速技术”（HyTech）发展计划。“高超声速技术”计划的目标是发展基于碳/氢燃料和主动冷却的超燃冲压发动机技术。

1996 年，美国国防高级研究计划局、美国国家航空航天局、海军、空军在“高超声速技术”项目下，共同开展了经济可承受的快速响应导弹验证机项目（ARRMD）。这一项目主要研究经济可承受的高超声速导弹的基础技术，目标是制造并验证一架试飞器，从而能对经济可承受的、马赫数 6～8、以碳氢燃料超燃冲压发动机为动力的关键技术进行研究，以支持针对时间敏感目标（2～8 min）的快速响应远程打击（185～1 111 km）任务。当时，关于高超声速动力系统的方案主要包括两种：一种是美国海军支持的轴对称双燃烧室超燃冲压发动机，另一种则是空军支持的“亚燃-超燃”双模态超燃冲压发动机。

2002 年，美国国防高级研究计划局和海军研究办公室（ONR）联合进一步启动了海军高超声速计划（HyFly），以超燃冲压发动机为动力，在航程为 1 000 km 时保持马赫数 6.5 巡航，或在航程为 1 500 km 时保持马赫数 4 巡航的冲压发动机技术。2005 年，飞行试验以马赫数 5.5 的速度飞行 15 s，随后由于在速度上或者在射程上未能达到预期，计划终止。2003 年年初，美国空军制定了吸气型超燃冲压发动机飞行验证机（EFSEFD）计划，后来该计划更名为超燃冲压发动机验证机“乘波者”（SED - WR）计划。“乘波者”计划以导弹验证机项目中的乘波体研究为基础。2004 年 1 月，美国空军选择波音公司与普拉特·惠特尼公司共同制造“乘波者”的验证机，由波音公司制造机身，普拉特·惠特尼公司生产发动机。

在此基础上，2005 年，美国空军正式启动了 X－51A 飞行器验证计划。利用吸热式冷却剂减少点火延迟时间，先采用亚燃模态以提高燃烧温度，克服超燃冲压发动机“热障”。2010 年飞行试验因摩阻估计不足和尾喷管热防护问题未达到预期目标。2011 年的第二次飞行试验，因亚燃模态在隔离段的激波引起进气道未启动而导致试验失败。2012 年第三次试飞，水平尾翼出现故障，导致飞行失败而坠入太平洋。三次飞行试验失败后，美国重新调整了验证计划，只进行亚燃模态的飞行试验。2013 年 5 月 1 日进行了最后一次飞行试验，验证超燃冲压发动机克服“热障”技术，助推火箭加速到马赫数 4.8，超燃冲压发动机加速至马赫数 5.1，持续燃烧 300 s，证明了超燃冲压发动机亚燃模态的成功飞行。

X－51A（图 14－7）机身采用了乘波体设计，即飞行器在高超声速飞行时产生的激波前缘平面与机身上的表面重合，就像 X－51A 能“骑”在激波的波面上一样，依靠激波来为机体提供压缩升力，其“驭波者”的绰号也是由此而来。楔形头部、方柱形机身和无收缩尾部，无弹翼，尾部配置有 4 个 X 形全动尾舵；超燃冲压发动机进气口位于腹部，进气口前缘前伸，整流罩一直延伸到发动机尾端。楔形头部产生的激波压缩来流后，使沿着压缩面的流动被限制在前缘激波内，形成较均匀的沿下流场的表面，有利于提高发动机的进气效率。级间段采用气流直通管设计，通过气动加热对燃料进行预热，使超燃冲压发动机进气口在助推过程中即可开启。

图 14－7　X－51A 飞行器概念示意图

（1）发动机试验

X－51A 采用了普拉特·惠特尼公司在“高超声速技术”项目中开发的发动机技术。2007 年 5 月底，X－51A 验证机完成了关键设计评审，并对其发动机进行了首次点火试验，这是首次飞行所必需的两个项目里程碑，从而为 X－51A 的首次飞行试验铺平了道路。评审中确认了技术规范，表明飞行器设计已经成熟，采办、制造和装配流程也同时得到确认。关于超燃冲压发动机试飞器，X－51A 是美国 X 系列研究试验飞行器的第三个计划。最初的 X－30 计划完全失败，其后的 X－43 计划，虽然取得了成功，但其使用的燃料是易燃的氢，实用化难度大。X－51 使用一般的吸热型碳氢燃料，如果飞行试验成功，将使超燃冲压发动机的实用化向前迈进重要一步。

美国空军的"高超声速技术"计划已经为发动机系统完成了许多基础性技术开发。"高超声速技术"部件的研发试验包括：燃烧室直连式试验、进气道/隔热装置模型试验、模拟燃烧室条件下热载荷热交换器子部件测试、燃料分配阀性能测试，以及"高超声速技术"燃料系统与软件的闭环测试。在完成这些部件验证试验后，美国空军又启动了一系列更大也更为复杂的自由射流试验，包括 2001 年对性能试验发动机（PTE）进行的试验，2003 年第一台碳/氢燃料超燃冲压发动机（GDE－1）自由射流试验，以及 2006 年碳/氢燃料超燃冲压发动机（GDE－2）的测试，为 X－51A 发动机的研发积累了很有价值的经验。1997 年以来，X－51A 超燃冲压发动机研制情况见表 14－1。

表 14－1 X－51A 超燃冲压发动机研制历程时间表

时间	主要研究进展
1997 年 9 月	开始可调进气道试验研究
1997 年 10 月	进行部件初步集成，开始马赫数 8 的全尺寸发动机半自由射流试验，验证进气道流场畸变条件下燃烧室性能
1997 年 11 月	制造了缩比燃烧室模型，开始模型发动机试验研究
1997 年 11 月—1998 年 3 月	在直连试验设备上开展了热交换平板试验研究
1998 年 10 月	开始启动进气道试验研究
1999 年 9 月	开始进气道与前体一体化试验研究
2000 年 2 月	普惠公司研制了新的燃烧室模型，开始缩比直连试验研究
2000 年 6 月	开始 15.24 cm×76.2 cm 热交换平板试验研究
2001 年 4 月	完成全尺寸发动机侧板热交换平板试验
2000 年 12 月—2001 年 6 月	开展了进气道前缘、进气道侧板和喷管使用的碳－碳、碳－碳化硅等耐高温材料的研究
2001 年	完成 PTE 的制造、试验和发动机部件匹配特性研究，发动机性能达到甚至超过了预期目标，验证发动机分析工具
2002 年	完成高温燃气调节阀试验研究和改进设计
2002 年 9 月—2003 年 6 月	世界上第一台开环燃油冷却发动机（CDE－1）完成了地面试验，发动机经受住了长时间的热考核
2006 年 3 月—2006 年 7 月	验证了闭环条件下发动机主动冷却结构方案和发动机的高温气态燃料调节系统
2007 年	在 SJX61－1 上验证了发动机点火、JP－7 燃料转换、发动机飞行器一体化、控制硬件和发动机的操纵性
2008 年	在 SJX61－1 上增加了计划用于 X－51A 的乙烯瓶和燃料泵，在非弹道动压条件下进行试验，降低了飞行试验风险
2010 年 5 月 26 日	X－51A 飞行器进行飞行试验，超燃冲压发动机工作超过 200 s，将飞行器从马赫数 4.8 加速至马赫数 5

（2）飞行测试

X-51A的试飞计划由火箭助推，二子级为X-51A，设计重约726 kg。在实际测试时，X-51A由轰炸机或战斗机携带至约14 km高度释放，火箭发动机开始工作，将速度助推至马赫数4.5，火箭助推器分离，X-51A的动力系统开始工作，将速度加速到马赫数5，开始巡航飞行。据分析，X-51A成熟后，一方面可以向太空发射卫星、运送物资，将美国空军的行动范围和作战空间拓展到外太空；另一方面，又可以对全球目标发动“即时打击”，令对手的先进防空系统无法招架。2010年至2013年间，美国空军共进行了四次X-51A试飞，其中两次成功，两次失败。2010年5月26日，X-51A进行了首次试飞，试验基本成功。美国的新闻媒体对此次首飞做了充分的肯定。《基督教科学箴言报》在形容X-51A验证机的飞行速度时，称它比“超人”还快，而且还比喻说，它的超燃冲压发动机的技术难度就好比在12级台风中点燃一根火柴，并且不让火焰熄灭。《洛杉矶时报》这样描述X-51A验证机的首次试飞：一架外观酷似冲浪板的飞机从一架B-52H载机的机翼下分离，然后以超过5 600 km/h的速度在太平洋上空飞行，这让过去的飞行记录逊色很多，也重新点燃了研制高超声速飞行器的热情。X-51A飞行器飞行试验任务剖面如图14-8所示。

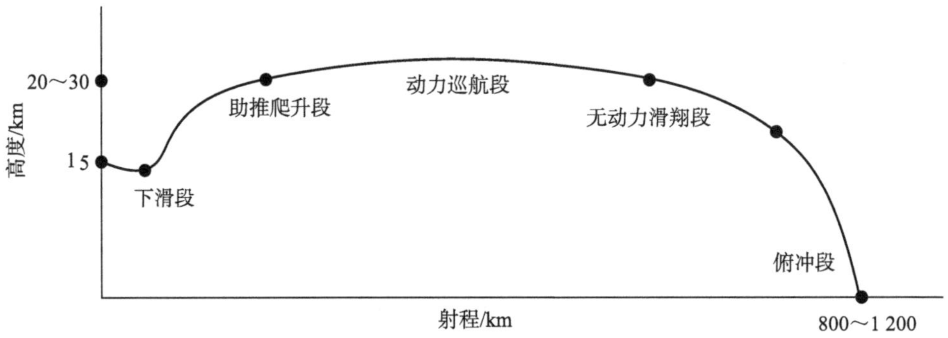

图14-8　X-51A飞行器飞行试验任务剖面

2013年5月3日，X-51A进行最后一次试飞中，在火箭助推器的助推下达到马赫数4.8后，成功点燃了自身的超燃冲压发动机，并首次创造了以马赫数5.1速度持续飞行240 s的最长吸气式高超声速飞行世界纪录，飞行距离则超过了426 km，在当时无疑是世界领先水平，也证明了使用碳氢类燃料的吸气式高超声速超燃冲压发动机应用的可行性。表14-2为X-51A四次飞行试验情况。试飞后，美国空军研究实验室将X-51A的推进测试、风洞测试、计算流体动力学分析结果与飞行测试数据进行了综合，充分证明了超燃冲压发动机概念在航空航天领域的适用性。另外，X-51A其他关键技术，如热防护系统/材料、机身/发动机集成、高速稳定性和控制性等，也为后续高超声速飞行系统（含空天飞行器）的发展奠定了基础。

表 14-2 X-51A 四次飞行试验情况

时间	飞行试验情况
2010 年 5 月 26 日	发动机工作 200 s(预计为 300 s),飞行器马赫数为 5,飞行试验基本成功
2011 年 6 月 13 日	进气道未打开,燃烧不充分造成推力不足,最终导致飞行失败
2012 年 8 月 14 日	X-51A 巡航器因失控而导致坠落,飞行试验失败
2013 年 5 月 3 日	X-51A 达到 19.5 km 的高度,飞行马赫数达到 5.1,飞行试验成功

2020 年 5 月 26 日，美国空军研究实验室举行了高超声速超燃冲压喷气发动机飞行器 X-51A 试飞十周年庆典活动。由于高超声速飞行器发动机点燃时产生大量热量，因此 X-51A 将燃油管线绕在发动机周围，一方面可以冷却发动机，另一方面也可以使燃料加热至最佳燃烧温度。

美国空军曾计划在 X-51A 基础上发展具备“一小时内全球快速打击”能力的高超声速巡航导弹，但在为该项目投入了 9.28 亿美元后，美国空军最终于 2020 年 2 月 10 日宣布决定放弃研发 X-51A 项目，理由包括“该原型机采用的相关技术尚不完善”等。美国空军将更多资源和精力集中到空射快速反应武器（AGM-183A，英文缩写为 ARRW，读音与 Arrow 相近，简称“箭”）项目和高超声速吸气式武器概念（英文缩写 HAWC，读音与 Hawk 相同，也简称“鹰”）项目上来，因为后两个项目“能在更短时间内形成战斗力”。“鹰”属于空射型“吸气式”高超声速导弹，这意味着它能在技术方面继承已下马的 X-51A 所积累的宝贵经验，核心发动机实际就是“师承”X-51A，这意味着“鹰”在相关方面可大大缩短研发周期。

有 X-51A 铺路，“鹰”的表现的确要好于“箭”。2020 年 12 月至 2022 年 7 月，“鹰”至少进行了 4 次试射，只有第一次因为不明原因卡在载机发射架上发射失败，其余 3 次均取得成功。据美国国防高级研究计划局于 2022 年 4 月 6 日公开消息证实，“鹰”在 2022 年 3 月的飞行试验中创下了高超声速持续性动力飞行的新世界纪录，实现了连续飞行327 s 的新纪录，刷新了 X-51A 于 2013 年创下的纪录，这意味着“鹰”采用的新型发动机的稳定性已有了大幅提升。由于“鹰”表现出色，美国国防高级研究计划局已于 2022 年 5 月启动了“鹰”的后续研发项目，代号“莫霍克”（MoHAWC），将在现有基础上继续往实用型武器方向发展。

通过对 X-43A 与 X-51A 比较分析，可以看出二者虽然都是超燃冲压发动机技术的验证飞行器，但二者存在明显的技术差别。X-43A 使用液氢为燃料，X-51A 使用碳氢燃料（例如航空煤油）。液氢燃烧反应简单，易于汽化，更容易燃烧。碳氢燃料相比之下反应机理复杂，难于汽化，燃烧更为困难。但是从液氢燃料可以看出 X-43A 明显偏于研究性质，而碳氢燃料使 X-51A 离实用更近。正是由于这一点，使得 X-43A 的飞行更为成功，而且靠冲压动力加速到接近马赫数 10，首次证明了超燃冲压的可行性。X-51A 的飞行相对来说困难更大，试验结果“四飞两成功”，冲压动力产生的加速也不大，一定程度验证了常规燃料实现超燃冲压飞行的可能性。另外，从外形上也可以看出，X-43A采用“升力体”外形，X-51A采用了乘波体外形。乘波体气动性能要比升力体好，所以X-51A也算是对超燃冲压和乘波体两项前沿技术进行了验证。

14.4.6 XS-1

2009年5月，美国空军研究实验室向工业部门发布了重复使用助推系统（RBS）方案征求书，要求工业部门提交第一级可重复使用、上面级一次性使用的重复使用助推系统方案，用于满足从亚轨道飞行到重型发射任务的各种需求。重复使用助推系统包括火箭动力重复使用的第一级和一个一次性使用的上面级，采用垂直发射方式，第一级与上面级分离后返回发射场，像飞机一样在跑道上着陆。重复使用助推系统周转周期8 h，其中2 h为发射准备时间，6 h为着陆后在机场跑道检查维修时间。

重复使用助推系统（RBS）项目原计划目标是，在2017—2018年进行缩比飞行器的试飞，以演示低成本、快速响应的技术，使技术成熟度达到6级，为开展全尺寸飞行器研制做准备。美国空军原计划通过重复使用助推系统两个不同的状态分别替代“宇宙神”-5和“德尔它”-4运载火箭。其中，亚轨道发射任务由重复使用第一级与一个低温上面级组合完成，高轨及重型发射任务由两个重复使用的低温芯级助推器和一次性使用上面级完成。初始应用能力计划于2025年形成，并在2030年逐步淘汰一次性运载火箭。

美国国防部于2011年12月5日发布的公告中宣布，为实施重复使用助推器系统（RBS）的系统飞行和地面试验（RBS-FGF）计划，需进行系统设计、制造和试验。由美国空军研究实验室分别授予安德鲁航天公司、波音公司和洛克西德·马丁公司为期五年的不定期交货/不定量合同，每份合同金额达到2.5亿美元，首期合同金额为200万美元。三家公司将竞争后续任务订单，以研制重复使用助推系统验证机并进行飞行试验。

2012年10月，重复使用助推系统项目中止，转向更加先进的概念方案研究。重复使用助推系统项目主要负责人在2012年12月加入美国国防高级研究计划局，担任试验性太空飞机（Experimental Space plane，XS-1）项目经理。2013年11月12日，美国国防高级研究计划局正式发布XS-1项目公告，向工业部门公开招标，启动美国空军重复使用军用空间飞机（MSP）项目研究。

“空间作战飞行器”（SOV）亚轨道运输技术验证机（XS-1）（不是美国早期的X计划中的X-1）是一种军用重复使用飞行器，主要起到发射和运载工具的作用，可视为美国空军军用空间飞机（MSP）的技术验证机，旨在验证快速响应、廉价进入空间的相关核心技术，未来可实现有效载荷低成本发射，同时可用作高超声速研究平台（图14-9）。XS-1与美国空军研究实验室的重复使用助推系统项目类似，旨在研发一种返回式重复使用助推器，项目目标是在 10 天内执行 10 次飞行任务。XS－1 本身并不入轨，但可携带一个一次性上面级，将质量不超过 1 800 kg 的有效载荷以每发 500 万美元的价格送入轨道。

XS－1 可在空间和大气层内完成多项军事任务，具有较强的机动能力。XS－1 可携带的有效载荷包括：空间机动飞行器（SMV）、通用气动飞行器（CAV），以及专门将有效载荷转移到更高轨道的轨道转移飞行器（OTV），或者是将有效载荷转移到中、高轨道的模块化轨道级（MIS）。利用 XS－1 发射通用气动飞行器进行实际作战时，XS－1 飞行到达一定高度后，释放通用气动飞行器或其他弹药布撒器进行精确打击地面目标。

2017 年 5 月 24 日，美国国防高级研究计划局宣布选定波音公司作为主承包商，研制名为“幻影快车”（Phantom Express）的飞行器。它能够像火箭一样垂直起飞，加速到高超声速，最大飞行速度马赫数 10，在发射一次性使用的上面级进入轨道后，第一级将会返回地面着陆，并重复使用。

图 14－9 XS－1 飞行器概念示意图

XS－1 是两级并联构型，下面级背驮着上面级，装配两台 SpaceX 公司的“隼”－1D 发动机。在气动布局方面与 X－37B 相似。钝头锥外形机体和细长的边条翼、切尖三角翼的组合使其既能承受再入气动加热，又能提供水平着陆所需的足够升力。XS－1 的防热设计也和 X－37B 类似，都采用复合材料机身，在温度最高的机翼前缘和鼻翼区，采用整体增韧纤维抗氧化复合防热结构（TUFROC）。在机体迎风面等次高温区，选用强化单体纤维绝热材料/铝增强隔热栅（TUFI/AETB）；在机体背风面等低温区，选用可重复使用保温隔热毡（CRI Blankets）。隔热毡材料结构性质保证飞行器的气动外形及热防护的耐久性。在最外层机身采用一种坚硬光滑的涂料，可以产生更小的阻力，从而在一定程度上降低机体表面温度。

XS－1 能够发射小型有效载荷并可以用作试验平台，研究分为三个阶段：第一阶段重点研究 XS－1 演示验证方案、攻关核心关键技术、降低风险和提升技术成熟度，对系统能力进行飞行演示验证；第二阶段主要通过关键设计评审细化 XS－1 演示验证方案，通过组件地面试验充分降低风险，进行制造、总装，并对第一级进行测试，完成试验准备评审；第三阶段重点进行 XS－1 的试验和演示验证。2020 年，虽然美国国防高级研究计划局的亚轨道运输技术验证机（XS－1）项目因主承包商波音公司自身困境而终止，但是带翼飞回式的重复使用亚轨道飞行器能够带来类似于飞机操作方式的快速响应发射能力，对于军方仍有很大的吸引力，未来仍可能会由军方主导相关项目。

XS－1 从入轨程度看，是升力体构型亚轨道重复使用航天运输系统，兼具航空器和航天器技术特点，是以烃类液氧火箭发动机作为主动力，采用升力体构型，垂直起飞、水平着陆，能够通过自动进场着陆方式实现准确着陆和完全重复使用。与航天飞机轨道器或其他轨道级飞行器相比，升力体构型亚轨道重复使用航天运输系统再入返回速度大幅降低，再入返回时的热环境大幅改善，主发动机工作时间可大幅缩短，更有可能实现低成本目标，但也存在诸多技术难点。

（1）气动力热技术

在大空域、宽速域飞行，航迹复杂，机身布局通常采用翼身融合体（BWB）或升力体，控制舵面布局需要考虑多种方式。对于此类运输系统，提高飞行器升阻比的要求往往与降低热流密度的要求相互矛盾。同时，还需要兼顾高速再入返回与低速进场着陆、稳定性与操纵性等难题，并且对于防热、控制等都提出了较高的要求。

（2）天地往返飞行控制技术

由于采用升力体构型，其俯仰、滚转、偏航通道三者存在强耦合关系，飞行全程面临复杂力学环境、不确定性控制等多约束条件。在上升段，风载荷干扰明显，起飞漂移量大。在返回段，偏航和滚转耦合严重。因此，如何实现全程稳定控制是升力体构型亚轨道重复使用航天运输系统面临的一大技术挑战。

（3）轻质高强结构技术

为进一步提高运载能力，降低结构系数是重复使用和提高效率需要解决的难题之一。因此，需要开展轻质高强度结构技术研究，可以从优化贮箱结构、优化主承力结构和采用复合材料等方面进行重点研究。

（4）重复使用评估技术

为实现低成本、高可靠重复使用航天运输系统，需要构建适用于重复使用运输系统的设计准则、标准与评价体系，具备在两次飞行期间准确判断运载器是否具备再次可靠完成飞行任务的能力。对于热防护材料以及轻质结构的重复使用，需要通过无损检测等手段对不同部位、不同结构的材料进行有效检测，评价下一次飞行的结构材料可靠性水平。对于发动机的重复使用，重点需要明确快速检测评估与维修维护方法。

14.4.7 SR－72

2013 年，美国洛马公司首度披露了高超声速作战飞机（SR－72）概念方案及其发展计划。SR－72（图 14－10）是一种以涡轮基冲压组合发动机为动力、巡航速度马赫数 6、飞行高度 30 km 内的高超声速飞行器，可以在短时间内快速抵达全球任意空域。按照高超声速作战飞机的设计，该机的最大特点是高超声速，不给对手以反应时间即可完成任务，体现了“速度是新型隐形”的理念。基于这一理念，高超声速作战飞机不仅具备完成情报收集、监视、侦察等任务的能力，还能出色完成各类作战任务。

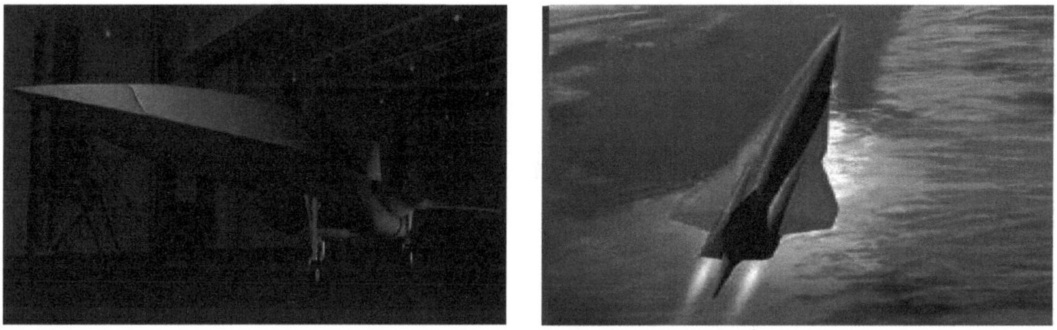

图 14－10 组合动力巡航飞行器 SR－72 示意图

高超声速作战飞机充分继承了黑雨燕（HTV－3X）、高速涡轮发动机（HiSTED）、组合动力发动机（FaCET）、模态转换（MoTr）等项目在内的气动、组合动力、材料结构和热防护等关键技术成果。高超声速作战飞机缩比尺寸验证机于 2018 年开始工程研制，有望在 2030 年服役。高超声速作战飞机全长超过 30 m，最大起飞质量 80 t，有效载荷 2.5 t，最大速度为马赫数 6，最大航程约 5 400 km。

（1）动力技术

采用两台并联式涡轮基冲压组合发动机，即高速涡轮发动机与“亚燃-超燃”双模态冲压发动机并联。其中涡轮发动机的最大工作速度超过马赫数 3，冲压发动机工作速度范围为马赫数 3～6（图 14－11）。根据设想，动力系统舱将安装在机身靠近内侧，采用上下组合式循环式发动机布局以及内旋式发动机进气道。采用共用进气道和喷管的原因在于进气道的溢出阻力和喷管的底部阻力是主要的阻力来源。

（2）气动布局

采用大长细比高脊背机身、大边条大后掠小展弦比的薄机翼、大后掠单垂尾布局形式。前体下表面在高超声速状态下为进气道预压缩，属于翼身融合体，且与发动机高度一体化。前体上表面采用高脊背流线型设计，提高容积、减小阻力。单垂尾布置在大长细比尾锥上，减小机身侧向遮挡，增大高马赫数航向稳定性。双发腹部进气保证了飞行器较大的宽高比，维持了翼身融合外形，可获得较大的升阻比。

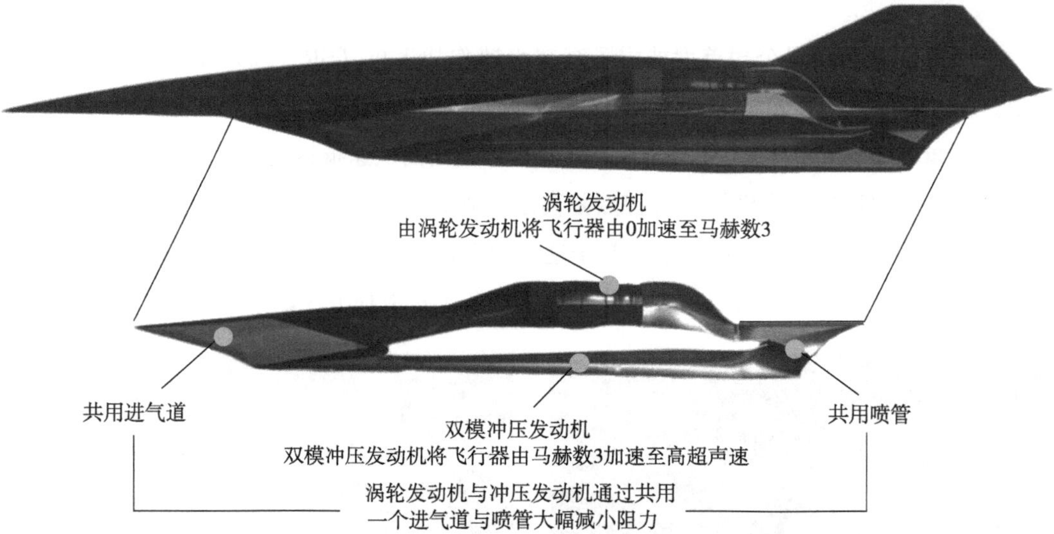

图 14-11　高超声速作战飞机（SR-72）采用的组合发动机

（3）克服“推力陷阱”

美国研究人员认为研发涡轮基冲压组合发动机面临着一个关键难题就是：如何解决现有涡喷发动机最大推进速度为马赫数 2.5，与“亚燃-超燃”双模冲压发动机启动速度马赫数 3～3.5 之间的动力衔接问题。研究人员发现，当组合动力发动机加速至马赫数 3 时，会产生“推力陷阱”现象。根据相关材料分析，臭鼬工厂解决“推力陷阱”的技术措施通常包括：采用喷流预冷却涡轮基冲压组合发动机，喷射流体到进气道，蒸发冷却进气道中的气流，使空气温度下降，密度增加，这样就增大了通过发动机的空气流量，也就增大了推力；采用高速燃烧器，即在涡轮发动机后设置一个加力燃烧室的推力增强装置；采用火箭引射亚燃冲压发动机，实现飞行器在马赫数 0～6 之间的无缝接力。

第 15 章　启迪——未来发展

15.1　发展趋势

近年来，航天技术的颠覆性创新冲击着传统观念、传统产品和传统技术路线，甚至在重新定义航天技术。因此，应进一步研究传统航天向空天一体拓展的技术和产业趋势，正视颠覆性技术创新的冲击和启示，审视原有认知，优化空天一体发展的技术路线。美国在重复使用航天运输系统方面领先了各国 10～15 年。目前在役的六款重复使用航天运输系统都属于美国，轨道级的包括 X－37B 空天飞机和运载级的“猎鹰”－9、“猎鹰”重型、“电子”号火箭，亚轨道级别的包括“太空船”－2 和“新谢泼德”火箭。从发展的角度看，由于美国的商业航天市场已经非常成熟，因此，在研的重复使用产品型号美国也占了大部分。应坚定发展重复使用航天运输系统的决心，统筹垂直起降、垂起平降、水平起降三类技术路线布局，引导推动不同技术路线在不同时代剖面的产业化定位和工程化发展。

（1）重复使用技术日益成熟，航班化航天运输曙光显现

齐奥尔科夫斯基、戈达德，还有冯·布劳恩这些火箭领域的开拓者和传奇人物马斯克都曾梦想去火星。但显然，如果航空航天领域没有一场革命，就凭传统航天漫长的研发时间，靠着低频次的物资补给在火星上临时生存都是难以实现的。按照现在的国际空间站和载人/货运飞船项目，很明显也无法支撑起航班化运行，航天运输系统重复使用是实现航班化的一条可行的路径。SpaceX 公司在降低飞行任务成本上做了很好的示范，人们已经不再怀疑，火箭的重复使用可不可行问题。以美国为代表的世界主要航天国家正在持续提升航天运输系统性能，发展重复使用、智能化、先进结构、高性能发动机、高性能空间转移运输等技术，不断向航班化航天运输方向迈进。像飞机一样实现航班化运营，是革命性提升航天运输系统能力的重要途径。美国发展的重复使用航天运输能力并非仅用于太空部署，美国空军研究实验室在 2021 年 5 月底公布的美国空军 2022 财年预算申请中增加了

“火箭货运”（Rocket Cargo）项目，该项目计划使用商业运载火箭在 1 h 内将 100 t 重的物资送到地球上任何一个地方。该项目也成为“先锋计划”下的第四个项目。

重复使用航天运输系统也为太空旅游提供了途径。太空旅游具有很高的社会价值，可以帮助人们实现自古以来遨游太空的梦想，并在这个过程中让人们认识太空、认识地球、认识自己。美国将体验太空风光的感受称为“总观效应”（Overview Effect）。许多航天员从太空看向地球时，都会感叹太空的浩瀚、地球的美丽和自己的渺小，从而意识到保护地球家园的重要性。此外，乘客在太空中将感受到在微重力环境下活动的许多乐趣。无论是维珍银河公司还是蓝色起源公司，目前实现的太空旅游都是亚轨道太空旅游，即第一类太空旅游，飞行器分别达到 86 km 和 100 km 的高空，能出现 4 min 的失重环境，并能让乘客在太空俯瞰地球的美景。现在这两家公司发展的商用技术无疑将加快亚轨道太空旅游市场的开发速度，并将促进低成本重复使用天地往返运输系统的发展，为将来实现更遥远的太空飞行做准备。例如，贝索斯认为，“新谢泼德”火箭的亚轨道飞行将有助于公司未来发展“新格伦”火箭，其目标是实现轨道飞行。无疑，亚轨道旅游也可能为地球上的点对点交通运输提供新方法。

航班化航天运输系统是实现人类自由进出太空、开发和利用太空资源、寻求新的生存空间的基础，能更好地服务于人类未来的生存与发展。大规模探索与开发太空将为人类提供更广阔的活动空间、更丰富的物质资源，也是实现经济持久健康增长的新动能，将带动相关科学技术快速发展。预计到 2045 年进入空间载荷规模将达万吨级，宝贵的空间轨道、频谱等太空资源将日趋紧张。发展航班化航天运输系统能够满足未来大规模进入空间的需求，以更高效的手段开发和利用空间资源，支撑未来大规模地月空间探索与开发、大规模深空探测、小行星探测与开发、火星移民等重大航天任务的实施。

航班化航天运输包含全球快速运输、地面与地球轨道间运输以及轨道与轨道间运输。采用定期定线路的航班化运营模式，具有可靠、安全、经济、便捷、舒适、环保等特点，能够满足未来大规模进出空间、探索空间和开发空间的任务需求，促进航天产业的蓬勃发展。航班化航天运输系统具有重复使用、智能化、模块化、标准化、产业规模化等技术特征。1 h 全球抵达运输系统主要负责人/货在地球表面的点对点远距离运输，属于亚轨道以下的快速运输，技术途径主要为重复使用运载技术。天地往返运输系统负责地面与地球轨道之间的人/货往返运输，技术途径主要为重复使用运载器和高超声速技术。空间转移运输系统主要负责地球轨道、在轨服务站以及月球轨道之间的往返运输，兼顾更远深空转移运输任务，技术途径主要为轨道间转移运载器技术、自主交会对接技术、新型空间动力技术、在轨加注和维护技术等。

同时，国外主要航天国家还通过应用智能化设计、轻质结构设计、高性能发动机等新技术，不断提升航天运输系统可靠性和运载效率。智能技术的快速进步为航天领域发展带来了新动能，成为研究的重点方向。全生命周期数字化管理、基于数字化虚拟样机设计、快速生产制造、智能飞行和自主返回控制等技术不断取得突破。各国不断发展铝锂合金和复合材料轻质结构技术，降低结构系数；不断发展高性能液氧/煤油、液氧/甲烷和液氢/液氧发动机技术，具备高比冲、高推重比和推力深度调节能力。

(2) 火箭动力是现实选择，组合动力是未来方向

火箭发动机技术经过几十年发展已经相对成熟，并成功运用于一次性火箭和部分重复使用的航天飞机上，因而比较容易在短期内实现。与火箭动力相比，吸气式组合动力可以在不同的飞行高度和马赫数条件下启用最优的工作模式，达到最佳的加速和巡航要求，能够充分利用大气中的氧减轻自身的起飞重量，成为未来最有前途的动力系统。在20世纪90年代吸气式动力的单级入轨空天飞机计划因技术难度较大而夭折后，各国都采取了比较务实的做法，重复使用航天运输系统先采用较为成熟的火箭动力，后发展技术难度更大的吸气式组合动力。

按照最优进入空间方式，发展组合动力是最佳选择。但组合动力技术还不够成熟，距离实际应用还有许多关键技术需要时间去攻克。液体火箭发动机技术相对成熟，已成功应用于现役各型运载火箭和部分重复使用的航天飞机上。采用低温液体火箭动力构建重复使用航天运输系统，是近期较为现实的发展目标。

液体火箭动力日渐向环保型动力方向发展，主要采用液氢/液氧、液氧/煤油、液氧/甲烷这三类绿色环保型组合推进剂。肼类和四氧化二氮类等有毒推进剂逐步被淘汰。新一代无毒、无污染、无腐蚀推进剂组合是液体火箭重复使用发动机的保障。尤其是液氢/液氧、液氧/甲烷、液氧/煤油三种推进剂组合能够满足重复使用发动机基本需求，而且在各国重复使用发动机研究中皆取得了一定的成果。使用液氧/煤油推进剂的SpaceX公司“隼”发动机已经获得了多次飞行回收成功。重复使用发动机鼻祖航天飞机主发动机就采用了液氢/液氧推进剂，蓝色起源公司使用液氢/液氧推进剂的BE-3和RL10发动机也获得了成功回收。液氧/甲烷推进剂的发动机因其成本低、性能适中、无结焦、与液氧沸点接近，利于深空探测飞行，颇受青睐，各国均在倾力研制。

分别采用液氢/液氧、液氧/煤油、液氧/甲烷这三类组合推进剂的液体火箭发动机均具有重复使用的基础，但哪种发动机在重复使用过程中能实现较高的寿命、较低的成本并获得更大的利益，则需要依据重复使用指标体系进一步分析。从目前研制进展上看，液氧/甲烷潜力最大，但却要面临发动机从无到有的研制历程。液氢/液氧发动机由于性能高、可检测维修、推进剂洁净无结焦、返航后易处理、推重比高、燃烧稳定性好等易于实现重复使用，但推进剂制造、贮存、运输成本高。液氧/煤油发动机成本低、推重比高，但由于煤油易结焦，返航后处理复杂，重复使用难度较大。按目前研制的进展，不论哪种推进剂组合下的火箭动力重复使用航天运输系统，都需要持续开展技术攻关。

（3）两级入轨是近期重点，单级入轨是终极目标

组合动力航天运输系统将打通空天飞行屏障，颠覆现有进出空间方式，推动空间探索和太空经济发展，开辟新的太空时代。单级入轨重复使用航天运输系统具有高性能等潜在优势，但技术跨度较大，需攻克新型动力、轻质高效材料等瓶颈技术，短期内难以实现。在单级入轨重复使用航天运输系统的发展史上，大部分方案都因技术或资金问题而搁浅，遭遇了重大挫折，目前仅有“云霄塔”空天飞机在进行相关研究，主要集中在“佩刀”发动机的关键技术攻关上。从主要航天国家的发展历程看，美国单级入轨项目国家空天飞机（NASP）/X-30 计划和“冒险之星”/X-33/X-34 计划相继下马，预算花费超过 40 亿美元，使得各国发展重复使用航天运输系统的策略上采取更加务实和慎重的态度，近期多以两级入轨重复使用航天运输系统为发展重点。美国的试验性太空飞机（XS-1）、俄罗斯的“重复使用太空火箭第一级系统”（MRKS-1）等，都是两级入轨重复使用航天运输系统的典型代表。

未来完全重复使用航天运输系统可能是两级的，也可能是单级的。对于两级入轨，第一级将采用水平起飞、水平着陆方式，以碳氢为燃料、以重复使用的超燃冲压发动机为核心的涡轮基冲压组合发动机系统，取代火箭推进的、重复使用的第一级。第一级加速到马赫数 4 以上或将火箭动力的重复使用航天器加速到马赫数 6，完成发射后返回发射场。第二级将采用由重复使用火箭发动机和重复使用超燃冲压发动机构成的火箭基冲压组合发动机系统，替代一次性的、火箭推进的上面级。对于单级入轨的，将采用重复使用的“涡轮基冲压组合发动机＋火箭基冲压组合发动机”的组合动力。

（4）垂起平降是主流方向，垂直起降是有益补充

与相对成熟的一次性运载火箭相比，重复使用运载器的设计仍面临较大的挑战，技术成熟度不高，且种类有限。目前，仅“猎鹰”-9 火箭采用火箭动力垂直起降实现了重复使用，并取得了商业上的成功。各国一直以来为重复使用持续地开展关键技术验证，也提出了各种完整的回收解决方案。然而，火箭一子级回收仅是重复使用的第一步。由于运载器二子级再入垂直回收在经济性和技术上存在较大挑战，因此，以“猎鹰”-9、“猎鹰”重型和“新格伦”为代表的垂直起降运载器仅开展了一子级的重复使用。“猎鹰”-9 和“猎鹰”重型一子级使用的“隼”-1D 系列液氧/煤油发动机在使用后存在积碳问题，发动机寿命有限，在有限次重复使用后需更换发动机，增加了使用成本。因此，垂直起降运载器需要进一步提高发动机、箭体、箭上设备的维护效率和使用寿命，运载器各子级均可控垂直回收并快速复用，即实现更高水平和意义上的完全重复使用。一方面，还需要优化全箭的整体设计，包括推进剂管理技术、多级火箭回收的统筹协调等；另一方面，还需要解决健康监测等一系列难题，考虑市场的驱动力，以及卫星与火箭产能的匹配、发射工位可用性等外部因素。

垂直起降回收方案适用于子级模块规模大、发动机数量多的大中型火箭，其发动机节流能力较易实现。而对于中小型运载火箭，尤其在发动机数量少、推力大、深度节流困难的条件下，伞降回收也是一个可选方案，技术成熟度高，但回收体规模也较小，着陆冲击难以克服。目前在研、在役和概念设计阶段的可复用航天运输系统共有 28 型，其中 19 型为垂起垂降，占总数的 68%。“猎鹰”-9 和“猎鹰”重型火箭是一级常态化回收的轨道级运载器，并因为其价格及可靠性方面的优势，已经占据了全球商业航天发射的大部分市场。未来新型运载火箭采用了液氧/烃类发动机，选择基于该类发动机的构型进行垂直回收研制，可以起到以点带面的效果，突破的火箭关键技术即可迅速推广到其他新一代运载火箭型号，应用前景广阔。

未来新型运载火箭将采用芯级与助推捆绑整体垂直降落回收方式，两个助推器与芯一级捆绑后作为一个整体进行垂直着陆、重复使用，芯二级一次性使用。在级间分离后，采用整体垂直降落的返回方式，实现减速和着陆，保证捆绑火箭整体可控回收，并根据不同任务需求返回原发射场或其他着陆场。芯级与助推捆绑整体回收垂直起降基于传统火箭构型，采用火箭发动机，技术成熟度较高，总体设计变化小。为满足垂直返回发动机工作需求，需预留推进剂，运载能力损失较大。回收技术难点包括失重条件下发动机多次启动、返回过程子级箭体在线轨迹规划、制导与导航控制、着陆过程箭体着陆支架设计等技术。目前除泵压式发动机大范围推力调节技术成熟度较低外，着陆支撑机构设计、返回过程高精度控制、重复使用子级箭体结构设计等技术成熟度较高。未来，这些技术可以应用于基于传统运载火箭的垂起垂降回收，包括一子级+助推捆绑的整体回收，以及一子级回收。

（5）平起平降潜力巨大，工程应用前景明朗

水平起降空天飞行器可利用大气层中的氧气，大幅度降低起飞重量，可实现飞行器的完全重复使用，从而大幅降低航天运载发射成本，是未来廉价、自由进出空间的理想运载工具之一，具有极大的发展潜力。随着近年来吸气式高超声速技术的突破，重复使用空天飞行器的发展前景日益明朗。但是，水平起降重复使用空天飞行器仍面临重大的技术挑战，需要加大投入，集智攻关，以推动人类航班化自由进出太空时代的早日到来。

组合动力航天运输系统是一种快速、经济、常态化、进出空间的主要途径，是提升国家进出空间能力的重要手段。组合动力发动机优势在于如何充分利用大气，减少氧化剂携带量。其最佳工作范围为大气稠密的空间，约为 0～30 km，而 30 km 以上组合动力发动机需使用自身携带氧化剂，与火箭发动机完全相同。天地往返航天运输要达到 200 km 以上的轨道高度，30 km 以上大气密度下降至 1%，主要依靠火箭动力实现推进。30 km 以下能量占比为 20%～30%，组合动力的优势主要体现在此区间。“挑战者”号航天飞机爆炸后不久的 1986 年 2 月 5 日，美国总统里根在发布的 1986 年度国情咨文中说，“我们打算研究一种新的东方快车（Orient Express），到下个年代末（指 1999 年，实际上并未实

现)，它能够从杜勒斯机场起飞，加速到25倍声速，达到地球低轨道，并在2 h内飞到东京。”这个概念很快演化成国家空天飞机计划（NASP）。目前，水平起降最有可能先期实现的是基于英国“佩刀”发动机的空天飞行器，“佩刀”发动机已突破了三个核心关键技术，即发动机进气流预冷技术、燃烧室冷却技术和适应周围大气压力的先进排气喷嘴技术。英国的单级入轨“云霄塔”方案，于2014年宣布取得了重大技术突破，计划2025年开展缩比样机飞行试验。美国空军研究实验室在2016年9月中旬，公布了基于英国“佩刀”吸气式火箭发动机的两级入轨组合动力运载器方案。该方案中一子级采用“佩刀”发动机作为动力，可自主返回，结构采用无尾式翼身融合体布局方案，飞行器与动力系统解耦设计；二子级为一次性航天器，计划2028年后具备工程应用条件。

15.2 技术挑战

重复使用技术尽管已经取得一系列进展，但未来的发展依然面临较多挑战。面向未来批量化、规模化、航班化应用需求，重复使用技术发展需重点解决的问题主要包括：总体架构平衡优化设计，动力循环模式转换与匹配衔接，宽域飞行气动布局设计，智能化冗余容错自主控制，先进高效重复使用热防护与热管理，轻质结构材料与制造工艺，地面高效仿真与试验验证，快速检测维护与全寿命周期健康管理等八个方向。这些难题和挑战需要持续开展技术攻关，寻求解决途径。

（1）总体架构平衡优化设计

围绕多次快速重复使用，航天运输系统总体技术主要针对跨速域、高马赫飞行条件下的动力切换、气动结构、热防护等设计问题，寻求最佳平衡点，探索总体效能最优设计。未来将依托先进动力、人工智能、超材料等前沿科学技术，实现对不同任务剖面飞行的环境自适应，具备自由进出空间、多次往返飞行能力。面临的难点包括：高集成度、高可靠、多学科综合一体优化问题；重复使用设计标准规范及重复使用性能评估方法与验证问题，高超声速飞行器智能变构型问题，以及自主能源管理问题。

（2）动力循环模式转换与匹配衔接

组合动力是重复使用的未来重点发展方向。大气层内零速启动，发动机燃烧室气流历经亚声速、超声速、高超声速的宽域吸气工作过程。在低空低速段，以涡轮发动机工作为主，当飞行速度达到马赫数2.5～3范围内，涡轮发动机性能急剧下降，而此时冲压发动机尚未达到理想来流条件，不能弥补涡轮发动机性能下降带来的推力损失，导致组合动力存在“推力陷阱”难题。当前的主要解决思路是将涡轮、冲压、火箭发动机有机组合，这就需要实现灵活的动力模态转换，在模态转换期间要做好动力系统分阶段启动过程的稳定衔接与匹配转换。面临的难点包括：极宽速域的推阻平衡设计问题，宽域飞行动力系统经济性寻优问题，多变量非线性协同鲁棒控制问题，发动机结构优化设计问题，新型组合推进机理问题，以及动力系统先进材料和智能制造问题等。

(3) 宽域飞行气动布局设计

现代空气动力学虽经百年发展，仍存在诸多基础问题，如流动分离与再附问题、高温/稀薄等多物理效应及其耦合影响，激波/边界层干扰，湍流燃烧等。重复使用飞行器将经历组合体垂直（或水平）起飞、高速级间分离、在轨运行、高速大攻角再入、能量管理和无动力自主进场着陆等飞行阶段，飞行剖面遇到的气动问题几乎涉及上述提到的所有空气动力学的疑难问题。同时，飞行器的重复使用也将对气动研究带来新的问题与新的技术挑战。面临的难点包括：宽域飞行气动布局综合优化问题，天地差异性和天地一致性问题，高超声速复杂多物理效应强耦合流动机理及预示问题，高超声速边界层湍流效应形成机理问题，以及热环境复杂物理效应作用机理问题等。

(4) 智能化冗余容错自主控制

基于多种动力组合的重复使用航天运输系统，技术复杂度远高于传统的火箭动力运载器，其控制的难度也将大幅度上升，呈现出强耦合性、强不确定性和约束条件多样性的特点，单一子系统无法有效解决这些耦合因素带来的不利影响。未来需要采用基于人工智能的自主控制，以智能演化系统为实现平台，实现环境及模型辨识，强化学习、智能规划与决策，动态重构调度等功能，解决天地往返飞行器全任务剖面下的智能自主化飞行控制，应对复杂故障条件下的实时在线智能处理，实现高安全性与高可靠性，最大限度地确保任务顺利完成。面临的难点包括：基于自主辨识与强化学习的制导理论与方法问题，自主任务规划与决策问题，适应“快时变、强非线性、强耦合”控制对象特点的先进控制理论和控制方法，智能演化硬件与动态重构调度技术等。

(5) 先进高效重复使用热防护与热管理技术

高速、长时间的飞行环境特性给重复使用航天运输系统的结构和热防护系统带来严峻的挑战。现有的材料存在耐高温与重复使用性能、后期维护成本之间的冲突，需要开发超轻量化、重复使用热防护技术和材料，这是天地往返飞行器的重要基础，是决定飞行器“回得来”的关键技术。热防护与热管理对飞行器热量进行控制和统一分配管理，是决定其他系统能否正常工作的使能系统。面临的难点包括：超轻质重复使用高温非烧蚀热防护技术，热防护重复使用性与维护性问题，综合优化的主动热防护问题，冷热源综合利用及集成式热管理问题等。

(6) 轻质结构材料与制造工艺

重复使用飞行器空天跨域飞行，多次重复使用，在任务剖面内将承受主动段大过载引力载荷、大梯度交变温度载荷、粒子撞击、电磁辐射、再入气动力热、高频噪声，以及着陆冲击等“天-空-地”复杂耦合载荷环境作用，使得轻质高效的结构材料与制造工艺技术突破还面临着重大技术难题。这些难题包括：低频次疲劳重复使用飞行器结构完整性评估问题，耐高温、高性能、高韧性、多功能一体化复合材料问题，超大尺度重复使用冷热结构一体化设计与制造技术，自检测、自适应、自修复及仿生结构材料问题，石墨烯、超材料等新材料体系制备及应用问题等。

（7）地面高效仿真与试验验证

地面高效仿真与试验验证是新型飞行器研制过程中的重要手段和必备环节。如何建立可信的多物理场耦合数字化模型，提高地面试验验证的有效性和覆盖性，缩小天地一致性差异，有效揭示和获得极端服役环境下结构力热耦合机理、动力学特性、失效模式、飞行稳定性、可靠性，以及对天地往返飞行器的重复使用性能进行分析，成为需要迫切攻克的技术难题。面临的难点包括：气动/动力/结构等系统的数字耦合建模技术，力/热/氧/低气压综合环境试验模拟技术，先进测试技术与智慧试验技术，跨域飞行气动性能地面预测与天地一致性试验评估，全剖面飞行过程地面动态模拟试验技术等。

（8）快速检测维护与全寿命周期健康管理技术

快速检测维护与全寿命周期健康管理技术是检测与维修的一种革新技术，它的引入能够了解和预报故障何时发生，对全系统健康状态进行评估。它利用先进传感器与底层程序采集系统的各种数据信息，经过智能的数据分析与融合后，采用智能推理算法对故障进行诊断、定位与隔离，评估运输系统的健康状态，在系统故障发生前对故障进行预测；结合诊断与预测信息以及可用资源，对维修活动做出适当规划与决策，实现地面保障系统的视情维修、快速维修保障。面临的难点包括：多源信息感知与融合问题，故障智能在线诊断与自主重构问题，智能故障预测与健康评估问题，全寿命周期健康管理问题，高精度智能传感器设计与布局优化问题等。

15.3 启示建议

重复使用航天运载器是自由进出空间技术发展的必然趋势，对有效载荷的快速运输、低成本快速进出空间和小时级全球点对点快速抵达等能力的形成具有重要战略意义。重复使用航天运载器不同技术方向各有不同的优势和发展前景，在多种技术途径探索的基础上，应不断加强总体方案优化和关键技术攻关，推进重复使用航天运载器工程应用。

基于火箭动力的垂直起降重复使用航天运载器，可充分利用火箭动力的优势，技术路线清晰，可结合新型火箭的研制，尽早实现重复使用技术的先期突破和工程应用。后续应重点围绕发动机重复使用需求，持续开展火箭发动机重复使用设计准则，在线健康检测和评估，泵入口低压力启动，大范围推力调节等关键技术攻关。应当围绕火箭回收重复使用，重点开展在线轨迹规划，多约束高精度着陆控制，高速再入复杂气动力热环境预测，高可靠防隔热等关键技术攻关。升力体火箭动力重复使用在缩比飞行演示验证基础上，需进一步突破气动力热环境、飞行控制、高效结构等核心技术。组合动力重复使用技术在现阶段应以发动机为主攻方向，在突破部分关键技术的基础上，加速工程化应用研究。

以经济性为第一约束，聚焦聚力并尽快实现重复使用航天运输系统的应用，以满足太空互联网建设、空间科研、深空探测、商业发射等高频度、低成本进入空间的迫切需求，应对国外已有先进可重复使用航天产品碾压式竞争和持续颠覆性创新的冲击。规划中的主流发射系统，重复使用应作为主要设计和考核指标。

（1）将经济性作为设计约束贯穿始终

必须指出，重复使用并不完全等于降低发射成本，关键的问题是要尽可能降低为重复使用而付出的研制、维护等关键阶段产生的费用。经济性对重复使用航天运载器非常重要，否则可能重蹈美国航天飞机的覆辙。需要综合考虑全寿命周期成本和重复使用后带来的运载能力损失两大因素，其中全寿命周期成本不仅仅包括研制费、制造费和发射场费用，还包括回收费和维护费。前期由于涉及重复使用技术的攻关，重复使用航天运载器的研制费高于一次性运载火箭。重复使用航天运载器还要增加着陆缓冲机构、栅格舵、回收控制系统等硬件，其制造费也高于一次性运载火箭。发射场费用主要由推进剂、测试、运输、发射、发射场管理和地面技术支持系统等费用构成，这与一次性使用火箭相当。回收费主要包括箭体结构的回收、运输和检查等费用。维护费包括主要部件的维护、修复和更换费用，以及维修的人工成本等。

以两级大中型运载火箭为例，考虑未来利用该火箭执行某进入空间任务总规模为 1 万吨，并以其一次性使用运载能力 20 t 为基准。假设一子级重复使用后运载能力损失 20%，两级完全重复使用后运载能力损失 40%，并综合考虑研发和制造费用的增加，以及回收和维护维修费用的增加，可以看到，在重复使用次数很少时单位载荷发射成本并没有减少，且对于完全重复运载器而言这种情况更显著。当重复使用次数增加，发射成本不断下降。当火箭完全重复使用且复用次数足够多时，全箭制造成本将趋于零，最终发射成本将主要由发射场测试、发射、管理、回收和维护费构成。因此，为最终达到大幅降低进入空间成本的目标，同时还需努力降低发射场、回收和维护维修费用。需要指出的是，如果重复使用后运载能力损失较大，且火箭回收的部分占火箭总成本的比例较低，火箭维修费用过高，将导致回收效率大幅下降，甚至出现单次发射成本与一次性运载火箭单次发射成本的比值永远大于 1 的情况。因此，方案设计需要首先考虑经济性因素，以满足当前阶段太空互联网建设、空间科研、深空探测、商业发射等高频度、低成本进入空间的迫切需求。

（2）持续开展先进重复使用技术研究

除垂直起降方式外，水平起降方式可以有效利用地球大气，在特定应用场景下具有优势。水平起降可以采用火箭动力或组合动力，但由于水平起降需要设计较大的机翼和起落架等装置，其整体结构效率不高，且当前组合动力技术成熟度低、推力量级小，至今还未有成功工程的应用先例。但若合理设计方案和应用场景，则可有效实现大规模洲际极速远程运输。例如把组合动力水平起降方式用于发射小型载荷，采用火箭动力水平起降方式。

组合动力天地往返运输系统是一种快速、经济、常态化进出空间的主要途径。探索浩瀚宇宙，建设航天强国是我们这代人的重要使命。在航天发展过程中，组合动力天地往返运输系统是未来航班化进出空间的理想运输工具和空间高机动平台。同时，组合动力天地往返运输系统的深化研究，是牵引我国航天技术重大发展和超前布局新型航天运输能力的关键举措。

（3）合理选择重复使用动力系统类型

动力的选择对重复使用航天运载器的未来发展具有重要意义。在重复使用火箭动力类型的选择方面，当前主要考虑液氧/煤油和液氧/甲烷两种动力类型。液氧/煤油发动机与液氧/甲烷发动机性能差别不大，但液氧/甲烷发动机的重复使用性能更好。从国际上重复使用运载火箭动力类型的选择情况来看，两种类型的发动机均有应用，但采用液氧/甲烷发动机的新型重复使用运载火箭更加广泛。基于现有火箭主发动机的技术基础以及美国SpaceX的成功经验，短期内液氧/煤油动力系统发展基础好，可基于此进行改进，并开展重复使用技术飞行演示验证。从长期看，液氧/甲烷动力系统在重复使用性能和深空探测中推进剂原位制取等方面具有优势，可作为后续的升级换代。在重复使用组合动力类型的选择方面，涡轮基冲压组合发动机和火箭基冲压组合发动机在近期具有工程应用的可能，推进剂以液氧/烃类为主，具有广泛的应用前景。

（4）突破复杂环境高精度预测技术

为提升重复使用设计性能，如重复使用次数、便捷维护性等，需要实现载荷精细化设计，这就需要开展载荷环境高精度预测，为动力系统、防热系统和结构系统等设计提供精确的输入。除回收一子级外，如果要回收入轨级，箭体将从轨道再入，其环境更为恶劣，面临高温防热、离轨控制等严峻挑战，对载荷环境预测精确度要求更高。需要研究全任务流程载荷与力学环境激励源作用机理，揭示动态载荷与力学环境的传播规律，形成适用于重复使用运载火箭的“外激励表征—动载荷识别—响应预测—载荷与力学环境条件设计”能力。研究复杂构型气动力热环境高精度预测方法，揭示气动力热物理效应和流动机理，发展适用的数值计算方法和力热环境高精度预测模型，以改善重复使用设计性能。

（5）开发重复使用快速检测与维护技术

需要在全寿命周期内进行箭体严格的检测，对关键易损部件进行维护、维修或更换。制定维护维修策略，对回收后是否可以再次使用要进行准确预测和有效评估。应考虑系统易组装和易拆卸设计，应用增材制造等先进工艺可大幅减少甚至完全消除焊缝和结构连接；采用模块化设计，可独立快速拆卸。研究箭体结构无损检测以及集成化、微型化自感知的理论和方法，构建系统薄弱部位与关键结构的一体化监测网络，获得强环境适应性、宽感知范围和高精度的温度、应变、振动等数据，实现回收火箭的性能状态快速评估。利用数据挖掘等技术进行异常诊断，健康监测和预测，实现故障准确定位。采用智能化技术提升快速测试发射和检测维护的效率、准确度及全面性，全面提高重复使用维护的快速性、便捷性和有效性。

（6）建立重复使用设计方法与准则

在新型航天运输系统的设计初期就要考虑重复使用的需求，而一次性运载火箭的设计方法和设计准则已不再完全适用。对于垂直起降运载器，采用多台发动机并联设计是有利于定点软着陆控制的（但也并非一定要设计成多台发动机并联的方案），应把操作、维护、寿命周期和成本等作为重点考虑因素，提升重复使用性能。航天运载器系统功率密度大及内外部工作环境恶劣是制约航天运输系统重复使用性能提升的关键因素。为此，需要改进系统设计理念，实现从基于性能设计到基于可靠性设计的转变。研究航天运载器全寿命周期设计方法，以疲劳寿命、耐久性与损伤容限设计为基础，制定寿命设计模型及准则，并大量应用新材料、新工艺和新技术，提升关键部件的重复使用性能及长寿命工作能力。

（7）提高技术发展预期的科学研判能力

对航天飞机大幅降低发射成本和提高发射频率的预期与实际应用落差非常大，是终结其传奇的主要原因。航天飞机第一次失事后美国快速推出国家空天飞机（NASP）计划，极大地发展了高超声速技术。但其 X-30 单级入轨飞行器核心技术竟然建立在试验数据外推上，严重误判发展预期，至今研制方案仍没有收敛闭合的迹象。科学技术从机理、原理到工程应用必然经历一个进化演化过程，应针对人类尚未实现应用的前沿技术适时开展实用化预期评估，关注评估中关键要素的系统性、全面性和科学性，引导前沿技术持续健康发展。航天技术是实践性科学，应以必要的试验验证，以及开放和理性的思维进行系统分析，科学研判应用前景。

（8）把航天工业和航空工业各自的优势凝集在一起

重复使用航天运输系统是现代卫星技术、载人飞船技术、运载火箭技术和航空技术综合发展的产物。重复使用航天运输系统的设计思想由来已久。航天飞机诞生以来影响深远，航天技术的颠覆性创新更冲击着传统观念、传统产品和传统技术路线，甚至在重新定义航天技术。飞机和航天器虽然在沿着各自的道路发展，但达到一定程度时，两者会出现交叉或融合。不论高超声速飞机和空天飞机出现的时间顺序如何，未来的事实与实践将会告诉我们，过去本来就有着千丝万缕联系的航空和航天工业，现在更是须臾不可分离，甚至航天领域新型项目的成功，在某些重大方面要取决于航空技术的进步与突破。

空天飞机概念已近百年，最大的技术难点主要卡在组合动力发动机上，所以，要发展我国先进的重复使用航天运输系统，就应该把航天工业和航空工业各自的优势凝集在一起。应坚定发展重复使用航天运输系统的决心，统筹垂直起降、垂起平降、水平起降三类技术路线布局，引导推动不同技术路线在不同时代剖面的产业化定位和实用化发展。组合动力航天运输系统是航天技术新的战略制高点，将成为高科技领域的引领者，可以使能量在全空间综合优化，促进航空、航天领域融合发展；将带动先进组合动力、宽域气动设计等关键技术，促进航空、宇航、动力、材料、制造以及空间环境等科学技术群体性创新；对我国高端装备制造、新型动力、空天运输系统、空间信息以及太空经济等领域产生辐射带动作用。

（9）支持民商航天在重复使用领域的积极探索

对于进出空间重复使用航天运载器，垂直起降方式较为适合大中型运载火箭，还可以拓展应用于未来地外行星的着陆探索，并已经被美国 SpaceX 公司证实其重复使用具有可行性。我国多个商业火箭公司正在开展运载火箭垂直起降重复使用的集成演示验证。垂直回收技术对大中型运载火箭而言是一个新的任务流程，如陆上回收或海上回收，其中海上平台回收还涉及着陆后在海上平台自动锁定防倾倒问题。尽管我国在火箭垂直着陆制导与控制、着陆缓冲机构设计等方面取得了突破，但截至 2023 年，仍未有任何一款火箭投入重复使用，仍需通过集成演示验证来带动关键技术的突破并积累经验。目前，我国尤其要聚焦攻克低压条件下的发动机多次启动和推进剂管理，进一步提高发动机的节流深度，以及箭体/发动机防热等难题。

（10）不宜以采用具体技术的先进性评判不同技术路线的优劣

航天飞机把各领域顶级技术集成到一个产品中，但应用效果的利弊已有历史评价。符合时代需求、适应时代发展的成功应用将是航天技术路线发展的主流模式。不宜将商业模式与产业政策、体制内安排相对立。航天商业化是新生事物，需要深化认识。市场是开放和公平的，技术创新力、市场竞争力是检验标准。因此，精准控制和发动机深度调节为特征的火箭动力垂直起降、更多利用空气动力学的火箭动力垂起平降，组合动力的水平起降等不同技术路线的优劣，不应以所采用技术水平的先进性进行划分。在可重复使用运输系统具体应用背景下，以经济性和可实现性为基础，审慎评判和选择所需的技术路线。

参考文献

[1] 钱学森．星际航行概论［M］．北京：中国宇航出版社，2008．

[2] 王丹阳．世界航天运载器大全［M］．北京：中国宇航出版社，1996．

[3] 王振国，等．可重复使用运载器研究进展［M］．北京：国防工业出版社，2004．

[4] 段卓毅．X系列飞行器概览［M］．北京：航空工业出版社，2017．

[5] 闫杰，于云峰，凡永华．吸气式高超声速飞行器控制技术［M］．西安：西北工业大学出版社，2015．

[6] 路建功，涂国勇，等．透视SpaceX公司20年发展历程（2002—2022）［M］．北京：中国宇航出版社，2022．

[7] 叶蕾，时兆峰．X-37项目的发展历程［J］．飞航导弹，2010（9）：14-19．

[8] 谭立忠，朱风云．美国X-37B轨道试验飞行器发展研究［J］．飞航导弹，2011（6）：33-36．

[9] 宋博，李高峰．美国X-37B轨道试验飞行器的发展及分析［J］．飞航导弹．2012（12）：3-9．

[10] 郑雯．X-37B轨道试飞器发展分析［J］．飞航导弹，2012（10）：22-24．

[11] 安慧．美军太空对地打击技术的发展［J］．国际太空，2010（7）：17．

[12] 许红英，侯丹，陈杰，等．美空军发射X-37B飞行器简析［J］．中国航天，2010（6）：21-25．

[13] 郭俊．美军新版《太空作战》联合条令的主要内容、变化及分析［J］．国防科技，2013，34（6）：73-75．

[14] 王自勇，牛文，李文杰．2012年美国高超声速项目进展及趋势分析［J］．战术导弹技术，2013（1）：6-13．

[15] 张如飞，石晓荣．轨道试验飞行器X-37B再入飞行关键技术［J］．飞航导弹，2012（11）：38-42．

[16] 刘基余．空天飞机的应用展望［J］．卫星与网络，2010（95）：12-15．

[17] 杨勇，王小军，唐一华．重复使用运载器发展趋势及特点［J］．导弹与航天运载技术，2002（5）：15-19．

[18] 杨勇．我国重复使用运载器发展思路探讨［J］．导弹与航天运载技术，2006（4）：1-4．

[19] 高朝辉，张普卓，刘宇，等．垂直返回重复使用运载火箭技术分析 [J]. 宇航学报，2016 (02)：145 - 152.

[20] 汪小卫，张普卓，吴胜宝，等．运载火箭子级回收技术研究 [J]. 航天返回与遥感，2016 (3)：19 - 28.

[21] 郑正路，徐振亮，汪小卫，等．重复使用运载火箭箭体结构检测及维护方法研究 [J]. 航天制造技术，2016 (1)：68 - 70.

[22] 果琳丽，刘竹生．未来运载火箭重复使用的途径选择及方案设想 [J]. 导弹与航天运载技术，1998 (6)：1 - 7.

[23] 赵祖虎．航天飞机助推器轻型回收系统 [J]. 航天返回与遥感，1997 (4)：3 - 8.

[24] 罗世彬，罗文彩，张海联，等．基于全寿命周期费用分析的重复使用运载器级数选择 [J]. 国防科技大学学报，2002 (1)：9 - 13.

[25] 庄方方，汪小卫，吴胜宝．重复使用运载火箭全寿命周期费用分析 [J]. 导弹与航天运载技术，2016 (6)：82 - 85.

[26] 高朝辉，刘宇，肖肖，等．垂直着陆重复使用运载火箭对动力技术的挑战 [J]. 火箭推进，2015，41 (3)：1 - 6.

[27] 郑雄，杨勇，姚世东，等．法尔肯 9 重复使用火箭发展综述 [J]. 导弹与航天运载技术，2016，344 (2)：39 - 46.

[28] 鲁宇，汪小卫，高朝辉，等．重复使用运载火箭技术进展与展望 [J]. 导弹与航天运载技术，2017 (5)：1 - 7.

[29] 唐绍锋，张静．世界主要空天飞行器研制情况及未来发展趋势 [J]. 国际太空，2017，466 (10)：30 - 37.

[30] 张志刚，陈静敏，李志永，等．SABRE 发动机吸气模式下氦气闭式循环特性分析 [J]. 战术导弹技术，2016 (2)：57 - 62.

[31] 张蒙正，南向谊，刘典多．预冷空气涡轮火箭组合动力系统原理与实现途径 [J]. 火箭推进，2016，42 (1)：6 - 12.

[32] 张小平．补燃循环发动机推力调节研究 [J]. 火箭推进，2008，34 (4)：1 - 5.

[33] 彭小波．美国航天飞机的设计与实现 [M]. 北京：中国宇航出版社，2015.

[34] 张京男，单文杰，代坤，等．DARPA 试验性空天飞机预研项目开展方案研究 [J]. 中国航天，2014 (7)：46 - 49.

[35] 郭今昌．美国太空探索技术公司发展 [J]. 国际太空，2017 (3)：22 - 28.

[36] 龙乐豪，蔡巧言，王飞，等．重复使用航天运输系统发展与展望 [J]. 科技导报，2018，36 (8)：84 - 92.

[37] 顾诵芬，史超礼，李成智．世界航天发展史 [M]. 郑州：河南科学技术出版社，2000.

[38] 徐倩，郭凤明，苏玲，等．运载火箭助推器伞控回收方案及安全性分析 [J]. 宇航总体技术，2017 (3)：13 - 19.

[39] 张雪松．蓝色起源的新格伦火箭 [J]. 卫星与网络，2017 (4)：68-69.
[40] 杨开，才满瑞．蓝色起源公司“新谢泼德”飞行器及其未来发展分析 [J]. 国际太空，2018，475 (7)：20-26.
[41] 庞之浩．回收火箭的重要意义与关键技术 [J]. 科技导报，2016，34 (1)：15-19.
[42] 高朝辉，张普卓，刘宇，等．垂直返回重复使用运载火箭技术分析 [J]. 宇航学报，2016，37 (2)：145-152.
[43] 胡冬生，张雪梅，刘丙利，等．重复使用火箭垂直回收任务弹道分析 [J]. 导弹与航天运载技术，2018 (5)：21-26.
[44] 丁丰年，张恩昭，张小平，等．论我国重复使用运载器推进系统方案 [J]. 火箭推进，2004，30 (12)：13-18.
[45] 冯韶伟，马忠辉，吴义田，等．国外运载火箭重复使用关键技术综述 [J]. 导弹与航天运载技术，2014 (5)：82-86.
[46] 沈祖炜．重复使用运载器 K-1 的回收系统设计概况 [J]. 航天返回与遥感，2000，21 (6)：6-11.
[47] 志豪．对航天飞机退役的反思 [J]. 国际太空，2011 (9)：30-36.
[48] 才满瑞．重复使用运载近期发展 [J]. 导弹与航天运载技术，1999 (2)：51-61.
[49] 曹志杰．国外重复使用运载器近期进展 [J]. 国际太空，2005 (10)：20-25.
[50] 徐大富，张哲，吴克，等．垂直起降重复使用运载火箭发展趋势与关键技术研究进展 [J]. 科学通报，2016，61 (32)：3453-3463.
[51] 胡冬生，郑杰，吴胜宝．“新格伦”火箭简析及其与“猎鹰重型”火箭的对比 [J]. 国际太空，2017 (6)：43-48.
[52] 祁锋．火箭型单级入轨（SSTO）的初步分析 [J]. 推进技术，1996，17 (3)：61-68.
[53] 张雪松．艾伦·马斯克的终极梦想——可重复使用运载火箭 [J]. 太空探索，2014 (7)：28-31.
[54] 张浩．太空探索技术公司放弃“龙”飞船有动力着陆方案 [J]. 中国航天，2017 (9)：50-51.
[55] 丁文华．美国研究轨道炮与超燃冲压发动机组合发射航天器 [J]. 导弹与航天运载技术，2011 (1)：10.
[56] 荣思远，刘家夫，崔乃刚．太阳帆航天器研究及其关键技术综述 [J]. 上海航天，2011 (2)：56-65.
[57] 果琳丽，谷良贤，蒋先旺，等．未来 30 年航天运载技术的发展预测 [J]. 航空制造技术，2009，(18)：26-31.
[58] 龙乐豪．我国航天运输系统发展展望 [J]. 航天制造技术，2010 (6)：1-6.
[59] 韩鹏鑫，穆荣军，崔乃刚，等．美国重复使用助推器发展综述 [J]. 导弹与航天运载技术，2010 (5)：15-19.
[60] 周新红，陈雅东．航天推进新技术开拓太空探索新时代 [J]. 飞航导弹，2006 (12)：44-46.
[61] 司耀锋，吴林，郝媛媛．美军作战快速响应太空计划发展综述 [J]. 国际太空，2012 (1)：

33-41.

[62] 范嵬娜. 对《美国国家航天政策》的分析 [J]. 卫星与网络, 2010 (9): 12-14.

[63] 李福昌, 余梦伦, 朱维增. 运载火箭工程 [M]. 北京: 中国宇航出版社, 2002.

[64] 世界航天运载器大全编委会. 世界航天运载器大全 (第二版) [M]. 北京: 中国宇航出版社, 2007.

[65] 江绍东, 韩鸿硕. 国外主要新型可复用运载器发展概况 [J]. 中国航天, 2003, (12): 27-31.

[66] 张蕊. 国外新型重复使用飞船特点分析和未来发展 [J]. 国际太空, 2010 (12): 31-38.

[67] 王岩松, 廖小刚, 张峰. 2014 年国外载人航天发展综合分析 [J]. 载人航天, 2015 (1): 91-94.

[68] 杨雷, 张柏楠, 郭斌, 等. 新一代多用途载人飞船概念研究 [J]. 航空学报, 2015, 36 (3): 703-713.

[69] 庞之浩. 美国研制中的几种载人天地往返系统 [J]. 国际太空, 2014 (7): 70-71.

[70] 张蕊. "龙" 飞船首飞空间站, 开启载人航天新纪元 [J]. 卫星应用, 2012 (4): 69-73.

[71] 张蕊. 美国 "龙" 飞船两度执行商业补给服务任务 [J]. 国际太空, 2013 (3): 5-10.

[72] 张蕊. 美国载人航天商业运输的发展 [J]. 航天器工程, 2011 (6): 86-93.

[73] 吴建军, 魏鹏飞. 重复使用液体火箭发动机智能减损控制技术 [J]. 火箭推进, 2005 (4): 8-14.

[74] 梅昌明, 张进, 潘刚, 等. 载人飞船返回舱气囊缓冲多目标优化设计 [J]. 载人航天, 2015 (5): 444-449.

[75] 郭斌, 左光, 程克明, 等. 载人飞船利用返回舱反推发动机制动缓冲方案参数初步分析 [J]. 载人航天, 2013, 19 (4): 17-22.

[76] 王轶鹏, 关成启, 谷良贤. 解读美国 X-37B 空天轨道试验机 [J]. 太空探索, 2015 (4): 30-33.

[77] 李惠增. 法国的空天飞机计划 [J]. 上海航天, 1987 (6): 125-129.

[78] 王凤台. 霍托尔空天飞机近况 [J]. 国际太空, 1987 (4): 29-30.

[79] 王向阳. 西德桑格尔空天飞机方案 [J]. 导弹与航天运载技术, 1987 (6): 3-9.

[80] 杨开. 印度将开展重复使用飞行器试验 [J]. 导弹与航天运载技术, 2015 (1): 78.

[81] 张绍芳, 叶蕾. 云霄塔项目受多方关注原因简析 [J]. 中国航天, 2017 (4): 30-34.

[82] 邓帆, 陈林, 宋巍, 等. 英国空天飞机云霄塔的总体方案设计及任务需求分析 [J]. 飞航导弹, 2017 (2): 41-45.

[83] 梅东牧, 林鹏, 王战. 吸气式空天飞机对 TBCC 动力的需求分析 [J]. 燃气涡轮试验与研究, 2013 (6): 12-14.

[84] 赵禹达. 高超声速飞行器动力系统研究进展 [J]. 自然科学, 2016 (8): 249.

[85] 刘赵云. 国外 TBCC 组合循环发动机方案及发展浅析 [J]. 飞航导弹, 2013 (7): 94-98.

[86] 郭琦. TBCC 用涡轮发动机技术的发展 [J]. 燃气涡轮试验与研究, 2013 (6): 15-20.

[87] 刘晓波, 罗月培, 曾慧, 等. 国外 TBCC 关键技术及试验设备研究综述 [J]. 燃气涡轮试验与研究, 2016 (4): 51-56.

[88] 王巍巍, 郭琦, 曾军, 等. 国外 TBCC 发动机发展研究 [J]. 燃气涡轮试验与研究, 2012 (3):

58-62.
[89] 冯毅，刘深深，卢风顺，等．一种重复使用天地往返升力体飞行器概念及其气动布局优化设计研究 [J]. 空气动力学学报，2017 (4)：563-571.
[90] 刘鹏，宁国栋，王晓峰，等．从 SR-72 项目看美国高超声速平台研究现状 [J]. 飞航导弹，2013 (12)：3-9.
[91] 孟令扬．SR-72 无人机的研制进展 [J]. 航空发动机，2013 (6)：12.
[92] 王巍巍，李丹，曾军．国外水平起降临近空间高速飞机动力的发展 [J]. 燃气涡轮试验与研究，2014 (1)：57-62.
[93] 瞿立生．雄心勃勃十年磨一剑：日本的 HYPR 计划达到预期目标 [J]. 国际航空，2001 (9)：60-61.
[94] 耿苗，薛永广．日本 TBCC 发动机的发展 [J]. 飞航导弹，2013 (9)：73-80.
[95] 张蒙正，张玫，严俊峰，等．RBCC 动力系统工作模态问题 [J]. 火箭推进，2015 (2)：1-6.
[96] 陈健，王振国．火箭基组合循环（RBCC）推进系统研究进展 [J]. 飞航导弹，2007 (3)：36-44.
[97] 刘洋，何国强，刘佩进．RBCC 组合循环推进系统研究现状和进展 [J]. 固体火箭技术，2009 (3)：288-293.
[98] 李峰，李夜兰，周鹏，等．国外 RBCC 发动机技术专利分析 [J]. 飞航导弹，2015 (4)：78-82.
[99] 李志杰，果琳丽，张柏楠，戚发轫．国外重复使用载人飞船发展现状与关键技术研究 [J]. 航天器工程，2016 (4)：106-112.
[100] 鲁宇，蔡巧言，王飞．临近空间与重复使用技术研究 [J]. 导弹与航天运载技术，2018 (3)：1-9.
[101] 牛文，李文杰，叶蕾．美国 X-33 空天飞行器项目回顾与总结 [J]. 飞航导弹，2014 (7)：13-17.
[102] 孙廷宏．俄罗斯的空天飞机计划 [J]. 国际太空，2004 (8)：10-15.
[103] 王存恩．日本重复使用型空间运输系统的研制状况分析 [J]. 控制工程，2003 (4)：22-28.
[104] 王芳，程洪玮，彭博．“猎鹰 9”运载火箭海上平台成功回收的分析及启示 [J]. 装备学院学报，2016 (6)：69-71.
[105] 刘博．美国蓝源公司实现火箭助推器重复使用 [J]. 中国航天，2016 (4)：58-59.
[106] 林斌．飞行器空中回收 [J]. 航天返回与遥感，1997 (2)：4-8.
[107] 史献林，余莉．翼伞空中回收系统的研究及其进展 [J]. 航天返回与遥感，2008 (1)：1-10.
[108] 韩雅慧，王亚伟，杨春信，等．直升机空中回收和投放货物技术发展综述 [J]. 直升机技术，2012 (1)：63-67.
[109] 黄伟．运载火箭伞降回收着陆技术概述 [J]. 航天返回与遥感，2017 (3)：1-12.
[110] 王少鹏．21 世纪空间运输系统的液氧/甲烷火箭发动机 [J]. 火箭推进，2002 (1)：50-54.
[111] 张兴波．俄罗斯未来的液体火箭发动机 [J]. 火箭推进，2002 (4)：42-47.
[112] 张雪松．联合发射公司的新一代火箭 [J]. 太空探索，2015 (1)：54-57.

[113] 王维彬，孙纪国．航天动力发展的生力军——液氧甲烷火箭发动机 [J]. 航天制造技术，2011 (2)：3－6.

[114] 方昕昕，沈赤兵．液氧/甲烷小推力发动机及其变推力技术研究进展 [J]. 飞航导弹，2015 (4)：88－95.

[115] 大鱼号．SpaceX 龙 2 飞船成功载人首飞，世界载人航天迎来第四位玩家 [R]. 微信公众号：IT 手机粉，2020－06－02.

[116] 程亦之．载人首航龙飞船为何呼叫 [奋进号]？为何说开启一个新航天时代？[R]. 微信公众号：三体引力波，2020－05－20.

[117] 黄志澄．载人"龙"飞船——创新与风险并存 [R]. 微信公众号：远望智库，2020－06－05.

[118] 谭云雷，张轩宇，徐恒，等．美国猎鹰火箭发展概述与应用探讨 [J]. 现代工业经济和信息化，2021 (10)：15－19.

[119] 刘帅军，徐帆江，刘立祥，等．Starlink 系统对 GSO 卫星系统的干扰和分析 [J]. 卫星与网络，2021 (7)：58－61.

[120] 思哲．马斯克 AB 面 [J]. 互联网周刊，2022 (4)：66－67.

[121] 郭筱曦．伊隆·马斯克的噩梦 [J]. 国际太空，2015 (9)：28－30.

[122] 朱正．"猎鹰" 9 恢复飞船发射海上回收终成功 [J]. 中国航天，2016 (5)：17－21.

[123] 张雪松．"猎鹰" 9 再创历史一级火箭海上着陆回收成功 [J]. 太空探索，2016 (5)：26－29.

[124] 孔超．"猎鹰" 9 发日本通信卫星一级成功着船 [J]. 中国航天，2016 (6)：51－53.

[125] 陈亮．"猎鹰 9"：一次可回收而未回收的发射 [J]. 太空探索，2019 (3)：31－35.

[126] 刘姝．"猎鹰" 9 实现海上回收火箭重复使用又迈出重要一步 [J]. 中国航天，2016 (5)：26－29.

[127] 江山．"猎鹰 9" 发射"龙"飞船 [J]. 太空探索，2020 (4)：26－26.

[128] 田丰．猎鹰重型火箭通过生死大考 [J]. 太空探索，2019 (6)：35－39.

[129] 李会超．猎鹰重型芯一级回收成为"老大难" [J]. 太空探索，2019 (8)：52－55.

[130] 张雪松．解读重型猎鹰火箭的第三次发射 [J]. 卫星与网络，2019 (6)：30－35.

[131] 李大光，周军．猎鹰-9 火箭着陆回收又一次尝试 [J]. 中国航天，2016 (3)：9－13.

[132] 牟宇，王俊峰，陈宇，等．美国 SpaceX 公司猎鹰火箭创新技术的启示 [J]. 飞航导弹，2016 (6)：3－8.

[133] 龙雪丹，杨开．2021 年国外航天运输系统发展综述 [J]. 国际太空，2022 (2)：48－53.

[134] 刘博．SpaceX 的闪耀——从"猎鹰"－9 到"猎鹰重型" [J]. 国际航空，2018 (3)：32－34.

[135] 吴晗玲，宋保永，苏晗，等．猎鹰 9 运载火箭结构分系统设计特点分析与研究 [J]. 飞航导弹，2017 (9)：1－4.

[136] 崔乃刚，吴荣，韦常柱，等．垂直起降重复使用运载器发展现状与关键技术分析 [J]. 宇航总体技术，2018 (2)：27－42.

[137] 谭永华，李平，杜飞平．重复使用天地往返运输系统动力技术发展研究 [J]. 载人航天，2019 (1)：1－11.

[138] 宋征宇，王聪．运载火箭返回着陆在线轨迹规划技术发展［J］．宇航总体技术，2019（6）：1－12.
[139] 刘佳佳，严宝峰，毕永涛，等．关于发展商业小火箭的几点思考［J］．宇航总体技术，2018（5）：65－70.
[140] 王晓青，王小军，王国辉．空射运载火箭方案研究［J］．导弹与航天运载技术，2008（3）：1－5.
[141] 单文杰，惠俊鹏，黄世勇．英国“云霄塔”空天飞机揭秘［J］．国际太空，2012（1）：6－12.
[142] 康开华．英国“云霄塔”空天飞机的最新进展［J］．国际太空，2014（7）：42－50.
[143] 陈友龙．美国太空新利器——XS－1空天飞机［J］．坦克装甲车辆，2016（4）：43－46.
[144] 关春龙，李垚，赫晓东．重复使用热防护系统防热结构及材料的研究现状［J］．宇航材料工艺，2003（6）：7－11.
[145] 樊伟，等．2022年国外重复使用运载器发展综述［R］．微信公众号：太空域网络．2023－03－10.
[146] 王国辉，王小军，杨勇，等．火箭基组合循环（RBCC）推进系统研究现状［J］．固体火箭技术，2023，26（3）：1－3.
[147] 詹浩，孙得川，邓阳平．基于RBCC的天地往返运载器动力方案研究［J］．固体火箭技术，2008，31（4）：354－357.
[148] 彭小波．组合循环动力技术在天地往返领域的发展与应用［J］．导弹与航天运载技术，2013（6）：78－82.
[149] 凌文辉，侯金丽，韦宝禧，等．空天组合动力技术挑战及解决途径的思考［J］．推进技术，2018，39（10）：2171－2176.
[150] 唐硕，龚春林，陈兵．组合动力空天飞行器关键技术［J］．宇航学报，2019，40（10）：1103－1113.
[151] 张升升，郑雄，吕雅，等．国外组合循环动力技术研究进展［J］．科技导报，2020，38（12）：33－52.
[152] 李平，柳长安，何国强，等．基于ATR动力的飞行器性能分析［J］．弹箭与制导学报，2011，31（6）：173－175.
[153] 陈健，王振国．火箭基组合循环（RBCC）推进系统研究进展［J］．飞航导弹，2007（3）：36－44.
[154] 邓帆，谭慧俊，董昊，等．预冷组合动力高超声速空天飞机关键技术研究进展［J］．推进技术，2018，39（1）：1－11.
[155] 汤继斌，王立宁．组合动力运载器气动布局与气动技术探讨［J］．中国航天，2022（1）：23－28.
[156] 韦宝禧，凌文辉，江强，等．TRRE发动机关键技术分析及推进性能探索研究［J］．推进技术，2017，38（2）：298－304.
[157] 童传琛，娄德仓．预冷技术在涡轮冲压组合动力中的应用［J］．燃气涡轮试验与研究，2013，26（6）：21－25.
[158] 何煦虹，陈英硕．高超声速发动机［J］．飞航导弹，2008（12）：33－36.
[159] 皮布尔斯．通向马赫数10之路：X－43A飞行研究计划的经验教训［M］．北京：航空工业出版社，2012：99－115.

[160] 马娜，门薇薇，王志强，等．SR－72高超声速飞机研制分析［J］．飞航导弹，2017（1）：14－20.

[161] 李建林．临近空间高超声速飞行器发展研究［M］．北京：中国宇航出版社，2012：53－125.

[162] 宋博，沈娟．美国的X－51A高超声速发展计划［J］．飞航导弹，2009（5）：36－40.

[163] 沈剑．2004年美国成功的高超声速飞行试验［J］．飞航导弹，2005（6）：34－39.

[164] 付东升，奚建明．美军高超声速巡航导弹进展［J］．飞航导弹，2006（2）：16－18.

[165] 刘鹏，宁国栋，王晓峰，等．从SR－72项目看美国高超声速平台研究现状［J］．飞航导弹，2013（12）：3－9.

[166] 陈敬一．美国“黑鸟之子”SR－72高超声速飞行器发展与“推力鸿沟”问题解决途径［R］．微信公众号：战略前沿技术，2015－04－23.